2014 年全国农业气象业务服务技术交流论文集

魏　丽　周广胜　毛留喜　郭建平　主编

气象出版社
China Meteorological Press

内容简介

本书收集汇编了农业气象专家、学者高质量的农业气象研究论文42篇,论文分为农业气象试验研究、农业气象灾害分析评价、特色与设施农业气象适用技术研究、农业应对气候变化与生态气象监测评价、气象为农服务体系建设5个部分内容。在当前经济发展新常态下,本书文章围绕促进现代农业健康发展、提高气象防灾减灾能力、开发利用气候资源、应对气候变化等进行了有益探讨,对从事农业气象业务服务和研究的人员、农业科研工作者有一定参考价值。

图书在版编目(CIP)数据

2014年全国农业气象业务服务技术交流论文集 / 魏丽等主编. —北京:气象出版社,2015.8

ISBN 978-7-5029-6168-8

Ⅰ. ①2… Ⅱ. ①魏… Ⅲ. ①农业气象-气象服务-中国-学术会议-文集 Ⅳ. ①S165-53

中国版本图书馆 CIP 数据核字(2015)第 176038 号

2014 年全国农业气象业务服务技术交流论文集

魏　丽　周广胜　毛留喜　郭建平　主编

出版发行:气象出版社

地　　　址:北京市海淀区中关村南大街 46 号　　　邮政编码:100081

总 编 室:010-68407112　　　发 行 部:010-68409198

网　　　址:http://www.qxcbs.com　　　E-mail:qxcbs@cma.gov.cn

责任编辑:王元庆　　　终　审:黄润恒

封面设计:八　度　　　责任技编:赵相宁

印　　　刷:北京中新伟业印刷有限公司

开　　　本:787 mm×1092 mm　1/16　　　印　张:20

字　　　数:546 千字　　　彩　插:11

版　　　次:2015 年 8 月第 1 版　　　印　次:2015 年 8 月第 1 次印刷

定　　　价:78.00 元

前　言

纵观我国农业气象业务服务,国家、省、市、县四级布局的农业气象业务服务体系逐步发展完善,农业气象业务已成为我国发展最早、规模最大、相对成熟的一项重要专业气象业务;农业气象情报预报业务领域不断拓展,特色农业、设施农业、水产养殖业气象业务服务等在部分省(区、市)已经开展,服务效益不断提高,农业气象产量预报已成为国家和各地党政决策部门的重要参考;农业气候资源利用、农业气候资源区划不断深化,农业适应气候变化业务逐步发展;农村气象与经济信息服务逐步发展,已成为气象与防灾减灾信息服务的重要手段;生态气象从无到有,生态气象监测、评估服务初步开展;我国农业气象界已拥有一支有一定数量、一定水平的专业队伍,成为推动我国气象事业发展的一支重要力量。

随着我国经济发展进入新常态,提出了稳粮增收、调结构、转方式、提质增效、创新驱动等"三农"工作方针。为了适应新常态、新需求,提升气象为农服务的质量和效益,构建新型农业气象业务服务技术体系,促进农业气象业务服务综合能力的提升,国家气象中心与中国气象科学研究院联合召开了2014年度全国农业气象业务技术交流会,旨在搭建一个现代农业气象业务服务技术交流平台,通过对农业气象业务服务典型案例的分析和讨论,达到相互学习、共同提高的目的,从而促进农业气象人才队伍成长,推动农业气象业务快速发展,以满足公众和决策部门不断提高的农业气象业务服务要求。

此次会议的主要议题包含农业气象灾害监测预警和定量评价技术、生态质量评价与农业应对气候变化、特色农业气象服务、农业气象新资料应用与专业化系统平台等四个方向。重点体现作物模拟模型、遥感、自动化观测和农业气象业务平台建设等新技术在业务服务中的应用。其中农业气象灾害监测预警和定量评价技术,重点交流近年来发生的南方高温伏旱、华北和西南地区干旱、东北地区低温春涝等农业气象灾害的监测和预警方法,以及灾后影响分析和定量评价技术。生态质量评价与农业应对气候变化,重点交流气候变化背景下的农业气候区划、农业气候资源动态评估和利用、气候变化对农业生产影响的诊断分析、气候变化对农业生产布局和种植制度调整等以及生态质量评价等议题,重点突出区划、评估、诊断和评价的定量化技术。特色农业气象服务,针对经济果蔬、花卉、水产和设施农业等特色农业的气象服务以及"直通式"气象服务进行分析和研讨。农业气象新资料应用与专业化系统平台,重点交流土壤水分自动观测、作物物候期自动观测、卫星遥感等新资料的分析应用技术、专业化系统平台技术。会议先后收到了百余篇论文,选出60篇参加了会议交流。以此为基础,经过专家审议和作者的修改,遴选42篇论文结集出版,以期进一步推动农业气象业务发展,提高农业气象服务精细化、定量化水平。

此次全国农业气象业务技术交流会的召开得到了中国气象局领导的高度重视,中国气象局应急减灾与公共服务司的大力支持。冯利平、刘布春、孙涵、郭建平、毛留喜、侯英雨等学者做了特邀报告。魏丽、周广胜、毛留喜、郭建平、吕厚荃、侯英雨、郭安红、庄立伟、钱拴、延昊、宋迎波、赵秀兰、霍治国、赵艳霞、毛飞、朱勇、金志凤等专家对投稿论文做了认真审改,提出了宝贵意见。李朝生、薛红喜、姚鸣明、姜月清、马玉平等人员为会议的召开和文集的出版做了大量工作。在此一并对他们的无私奉献和辛勤劳动,表示敬意和感谢!

编者

2015 年 8 月 17 日

目 录

第三部分　特色与设施农业气象适用技术研究

第四部分　农业应对气候变化与生态气象监测评价

第五部分　气象为农服务体系建设

第一部分
农业气象试验研究

黄淮海地区冬小麦农业气象指标体系的构建

王纯枝[1]　毛留喜[1]　杨晓光[2]　郭安红[1]　吕厚荃[1]　侯英雨[1]

(1.国家气象中心，北京 100081；2.中国农业大学 资源与环境学院，北京 100094)

摘要：构建冬小麦农业气象指标体系是定量评价冬小麦农业气象条件优劣和灾害预警预报的基础，更是农业气象业务服务的基础。本文在解释冬小麦农业气象指标内涵的基础上，参照冬小麦农业气象指标体系构建的通则，综合农业气象指标研究方法的优缺点，构建了由 4 个一级指标、21 个二级指标构成的我国黄淮海地区冬小麦农业气象指标体系。其中一级指标由冬小麦品种特性农业气象指标、关键生育期农业气象指标、主要农业气象灾害指标、主要病虫害指标四大类构成。冬小麦品种特性农业气象指标主要由反映品种特性和地域布局的指标构成，包括品种类型、区域布局和耕作栽培管理气象指标。关键生育期农业气象指标主要由反映关键生育阶段气象条件适宜与否的指标构成，包括播种出苗期、分蘖期、越冬期、返青期、拔节期、抽穗开花期、乳熟期、成熟收获期气象指标。主要农业气象灾害指标主要由反映受灾程度的指标构成，包括干旱、越冬冻害、晚霜冻、湿渍害、干热风、烂场雨。主要病虫害指标主要由反映病虫害发生发展程度的指标构成，包括白粉病、赤霉病、锈病、蚜虫等。最后本文对指标的筛选和综合集成及赋权方法进行了探讨。

关键词：黄淮海；冬小麦；农业气象；指标体系

　　农业气象指标体系是农业精准化作业与信息化的科学依据和重要内容，对带动常规农业技术升级、科学指导农业生产具有重要意义。农业气象指标是气象部门开展农业气象业务服务的重要基础。自 20 世纪 50 年代中期以来，我国各地陆续开展相关的农业气象研究工作，特别是 70 年代后期至 80 年代中期，随着一些研究项目的开展，提出了不少农业气象指标并取得了很好的应用效果。但是，现有农业气象指标仍有不少空白点，已不能全面反映作物与气象要素间的关系，难以准确评价气象条件对农作物的影响。20 世纪 90 年代以来，更是鲜有农业气象指标研究的文献报道。农业气象指标的"不适应问题"，已经成为制约现代农业气象业务发展的瓶颈。

　　随着农业种植结构合理布局、农业精准化作业、品种改良与换代、农作物栽培技术改进，针对高产、优质、高效的现代农业生产开展农业气象指标体系研究，已经是农业气象业务发展亟待解决的非常重要而且极其复杂的基础性问题。构建农业气象指标体系，对准确评估气象条

基金项目：公益性行业(气象)科研专项(GYHY201106030)资助。

第一作者简介：王纯枝，1976 年出生，女，博士，高工，主要从事农业气象应用和农业气象灾害研究。E-mail：wcz_bj@163.com。

件对粮食生产影响、科学指导农业生产、增强气象服务能力、保障国家粮食安全尤为重要；也是提高农业气象灾害监测预警水平，开展定量准确的气象灾害监测、预报、评估与风险分析，提高农业适应气候变化和防灾减灾能力的需要。冬小麦是我国三大主要粮食作物之一，黄淮海地区是我国冬小麦的最主要产区，在我国粮食安全保障体系中占有举足轻重的地位。本文选择以黄淮海地区冬小麦为研究对象，研建农业气象指标体系并确立构建方法，对指导冬小麦生产具有重要作用，对其他地区冬小麦及其他作物的农业气象指标体系研究也具有重要的参考和借鉴价值。

1 冬小麦农业气象指标的内涵

农业气象指标是反映气象条件对农业生产条件影响的特征量（全国科学技术名词审定委员会）。冬小麦农业气象指标是反映气象条件对冬小麦生产影响的特征量，表示冬小麦生长发育过程对气象条件的要求和反应的数值或数学表达式，并由冬小麦生物学特性所决定，不受地区气候条件的影响而变化。一系列有关冬小麦农业气象特征指标的集合，构成冬小麦农业气象指标体系。

2 冬小麦农业气象指标体系的构建

构建冬小麦农业气象指标体系是定量评价冬小麦农业气象条件优劣和灾害预警预报的基础，而构建科学健全合理的指标体系是科学评价的重要前提。黄淮海平原地处暖温带半湿润气候区，局部为半干旱气候区，降雨较少且年际、季际变化大，空间分布也不均，由北向南逐渐增加；受季风气候影响，旱涝频繁；主要种植制度为一年两熟制，是冬小麦主产区。研究构建黄淮海地区冬小麦农业气象指标体系对指导冬小麦生产、保障粮食安全具有重要意义，指标选择的恰当准确与否直接影响农业气象条件评价结果的准确性、科学性和客观性。而建立指标体系是一项科学、严谨、富有创造性的工作。因此，确定指标的指导思想既要实事求是，又要结合现代农业的需求与时俱进，勇于创新；既要借鉴国内外的相关指标，又要结合本地实际，因地制宜，突出区域特征。

2.1 关于冬小麦农业气象指标的研究现状

国内对冬小麦农业气象指标的研究开始于 20 世纪 50 年代中期。长期以来，农业气象专家对小麦等作物生长发育的气象环境指标有较多研究，并且主要集中在两大方面：一是基本农业气象指标的研究，如各个发育阶段、各个生理过程的三基点温度，不同品种各发育阶段的积温指标等[1~3]；二是各种农业气象灾害指标的建立，确定各种气象灾害发生的临界值及其对冬小麦生长发育与产量的影响程度[4~12]。与此同时，诸多国外学者通过田间试验和作物生长箱，利用统计和作物模型等方法，分析不同品种特性小麦的农业气象指标；基于小麦不同的品种、生育期、种植区域、品种特性，得出小麦不同的三基点温度和水分需求，对小麦植株不同部位生长的三基点温度也进行了研究[13,14]。

但冬小麦农业气象指标多是在 20 世纪 90 年代以前（尤其是 80 年代以前）建立的（图 1），

20 世纪 50 年代中期至 60 年代中期,指标研究侧重于建立光、温、水单要素指标为主,如晚霜冻;60 年代中期至 70 年代末,指标研究侧重于越冬冻害和湿渍害为主,指标由单要素指标开始向综合指标过渡;70 年代末至 90 年代初,指标研究范围明显扩大,是我国冬小麦农业气象指标研究史一个空前活跃的时期,指标研究扩展为除冻害外的关键期适宜温度指标、冬前形成壮苗的热量指标等,指标研究也向综合指标的纵深发展,如建立干热风、干旱等综合指标;90 年代中期以来,指标研究发展了光、温、水等综合指标,研究成果向业务应用中不断渗透并支持了农业气象业务的迅速发展。

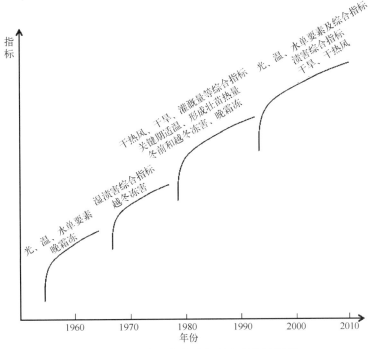

图 1　冬小麦农业气象指标研究的发展历程

　　但随着气候变化、作物品种更替和布局的改变、耕作栽培技术的进步,现有的指标已不能完全满足业务服务和生产应用的需求,一些已有指标的阈值也有待进一步佐证或修订完善,因此,亟须研究更精确、时效性和针对性更强的农业气象指标体系,以更好为农业生产和防灾减灾服务是农业气象指标研究的大势所趋。为此,需要首先弄清楚农业气象指标各种研究方法的优缺点,以建立科学、针对性较强的指标体系。冬小麦农业气象指标研究方法归纳起来主要有田间试验法、人工环境模拟法、分析判断法、统计分析法、遥感监测法[15,16]。各种农业气象指标研究方法有着各自的优缺点,具体见表 1。综合考虑 5 种方法的优缺点,本文在研建指标体系过程中综合运用了前 4 种方法。

表 1　农业气象指标研究方法的优缺点

指标研究方法	优点	缺点
田间试验法	接近实际生产情形,试验结果较客观;试验点覆盖地区越少,求出指标越精准,越能反映当地实际情况,反之指标越粗糙。包括对比试验观测法、分期播种法、地理播种法、地理移植法等	试验周期长,效率低,对重复试验的管理措施、土壤条件等很难达到完全一致

续表

指标研究方法	优点	缺点
人工模拟法	不受自然条件限制,可严格定量控制某气象要素,试验误差低于田间试验;设备简单易操作,实验周期短,效率高	作物群体条件、结构相关研究工作很难开展;设备模拟精度较低,试验结果需经田间试验验证后才可推广应用,常作为田间辅助试验
分析判断法	研究对象不受时空限制,不易受环境因素影响制约,具有很强的灵活性、高效性。包括大田调查法、专家经验法、群众经验分析法	具有历史局限性,人为主观性较大,客观一致性差
统计分析法	操作简便,成本低,指标获取省时、效率高。包括资料对比分析法、图解法、回归分析法等	受资料质量局限大,指标必须经过统计检验和实际验证方可推广应用
遥感监测法	观测视域范围广,可大面积观测。不仅能获得地面可见光波段信息,还可获得紫外、红外、微波等波段信息。信息获取速度快,通过不同时间成像资料对比,可研究地面物体动态变化,便于研究事物发生变化规律	遥感数据库不足,有待进一步完善补充;农业遥感的解译体系有待完善和提高

2.2 农业气象指标体系构建的原则

关于建立指标体系的原则,目前有 2 种典型的表述:一是全面、不重叠(或交叉、或冗余)和指标易于取得;二是科学性、合理性和适用性[17~19]。本文采用第 1 种相对更加明确的方法。一套科学的指标体系首先应根据评价目的来反映有关冬小麦农业气象条件的各方面状况,如果指标体系不全面,就无法对冬小麦生长的农业气象条件做出整体判断;其次,指标间尽可能不重叠,过多的重叠会导致评价结果失真[20],也会增加计算的难度和工作量;最后,计算指标所需要的数据应是容易采集的,指标容易计算或估计,否则指标体系就无法应用。因此,建立指标体系应遵循评价指标尽可能全面、不重叠和易于取得的原则。

(1)科学性原则

选择的指标必须科学地反映冬小麦生长状况的水平,不能选择没有意义的指标而影响整个指标体系的效用;二是指标设计在名称、含义、内容和监测、计算方法等方面必须科学明确、没有歧义,以减少指标数据收集和统计工作中的录入误差。

首先要大量收集有关指标文献,进行细致的梳理、甄别、筛选,确定已验证的指标、待验证的指标和难于验证的指标。在大量烦琐的指标整理甄选过程中,本研究得出了梳理甄选农业气象指标的一套方法准则:①优先参考气象行业标准,如冬小麦霜冻害、湿渍害等。②无气象行业标准的主要农作物气象灾害指标等则通过书刊、文献并据权威性排序查询初步确认,并结合近年来发生的农业气象灾情采用分析法研判传统灾害指标的适用性。③另可通过农业气象灾害典型年进行细致分析,着重考查近 30 年情况。

例如,灾害指标筛选校验具体思路和方法:①划分灾害主体年型、非主体年型。主体年型即为灾害指标平均气候态,其要素范围即为灾害指标;再根据最终产量,把非主体年型划分为丰产年型和歉收年型,得到各年型的非致灾气象单要素指标、致灾指标。②采用 Bayes 准则方法筛选验证。典型年历史灾害分布、发生实况、利用气象数据序列进行指标应用比对分析验证。③采用试验方法验证待验证的指标,如人工气候箱模拟、田间试验方法等。难于验证的指标采用专家法判定。

(2)完备性原则

要求指标体系覆盖面较广,能综合地反映冬小麦生长发育和产量形成的主要影响因素,如单要素指标、综合性指标。

(3)可行性原则和权威性原则

建立的指标不但要能评价冬小麦生长的基本状况而且要让想利用该指标体系的人员便于获取到相应指标,所选取的指标应具有可验证性、权威性,指标概念明确、易获取,应用者能够运用这些指标准确做出相应分析、判断。

(4)层次性原则和无重复原则

根据科学、实用的原则,完整的冬小麦农业气象指标体系应包括总体指标、主体指标、群体指标三个层次,即指标体系分为一级指标、二级指标和三级指标,同一层次的指标彼此独立。上层指标是对下层指标的总结,下层指标则是对上层指标的系统阐释。该指标体系要简洁明了不重复。

(5)定性指标与定量指标相结合原则

由于冬小麦农业气象指标的一些构成要素属于定性指标,无法用定量指标描述,而这些要素又是必须考虑的,故有必要采用定性和定量指标相结合建立冬小麦农业气象指标体系。

借鉴管理学、经济学等[21]学科构建指标体系的方法,本文指标体系构建的流程见图2。

2.3　冬小麦农业气象指标体系构建

在构建冬小麦农业气象指标体系过程中,充分考虑了温度、空气湿度、降水、光照、土壤水分、风速等因子在冬小麦农业气象指标中的核心作用,在此基础上确定了相应的指标。其中一级指标由冬小麦品种特性农业气象指标、关键生育期农业气象指标、主要农业气象灾害指标、主要病虫害指标四大类构成。

(1)品种特性农业气象指标

冬小麦品种特性农业气象指标主要由反映品种特性和地域布局的指标构成,包括品种类型、区域布局和耕作栽培管理气象指标3个二级指标。黄淮海地区冬小麦品种类型包括冬性、半冬性、弱春性3个三级指标。冬小麦区域布局指标包括气候生态区划指标、临界气候条件指标2个三级指标,由于地域、气候条件等的差异,对应冬小麦品种类型和农业气象指标临界值等也不同。耕作栽培管理气象指标包括冬前壮苗指标、缺墒灌溉及灌溉量指标、蹲苗与防倒伏指标等三级指标。每个三级指标分别由气温、积温、水分和日照时数指标组成。

区域布局指标中对临界气候条件应增加的指标:需水关键期指标。冬小麦全生育期需水量指标相对明确,但需水关键期指标在文献中少有体现,而其对指导现代农业防灾减灾必不可少(南方冬麦区 100~150 mm,北方冬麦区 200~300 mm)。

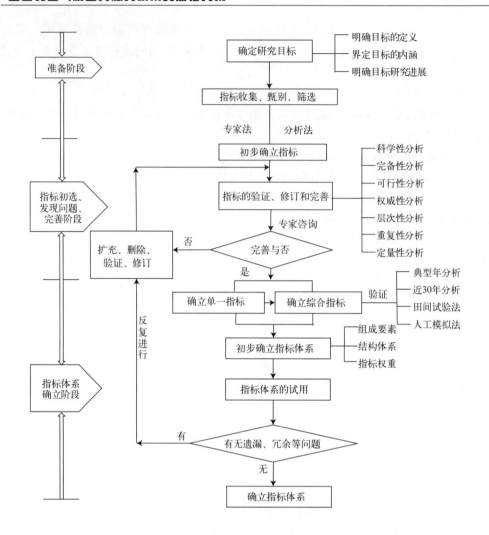

图 2　农业气象指标体系构建流程图

（2）关键生育期农业气象指标

冬小麦关键生育期农业气象指标主要由反映冬小麦关键生育阶段气象条件适宜与否的指标构成，包括播种出苗期、分蘖期、越冬期、返青期、拔节期、抽穗开花期、乳熟期、成熟收获期气象指标 8 个二级指标。每个二级指标分别由适宜和不适宜指标 2 个三级指标构成，每个三级指标又分别由气温、土壤水分、光照和积温组成。据此，建立冬小麦关键生育期农业气象指标集和指标库。

（3）主要农业气象灾害指标

冬小麦主要农业气象灾害指标主要由反映受灾程度的指标构成，包括干旱、越冬冻害、晚霜冻、湿渍害、干热风、烂场雨 6 个二级指标。每个二级指标分别由轻度、中度和重度指标 3 个三级指标构成，每个三级指标又分别由气温、空气湿度或土壤湿度、风速和积温等单个或多个指标组合构成。

（4）主要病虫害指标

冬小麦主要病虫害指标主要由反映病虫害发生发展程度的指标构成,包括白粉病、赤霉病、锈病、蚜虫等4个二级指标,也是小麦主要病虫害指标。每个二级指标又分别由适宜和不适宜指标2个三级指标构成,每个三级指标分别由气温、空气湿度、光照和雨日指标组成。

为了从不同层面全面反映冬小麦农业气象指标,根据冬小麦农业气象指标体系构建的原则,综合农业气象指标研究方法的优缺点,本文从冬小麦农田生态系统土壤—植物—大气连续体(SPAC)的角度,提出由分别反映上述四大类的4个一级指标、21个二级指标、50个三级指标构成的我国黄淮海地区冬小麦农业气象指标体系框架(图3)。

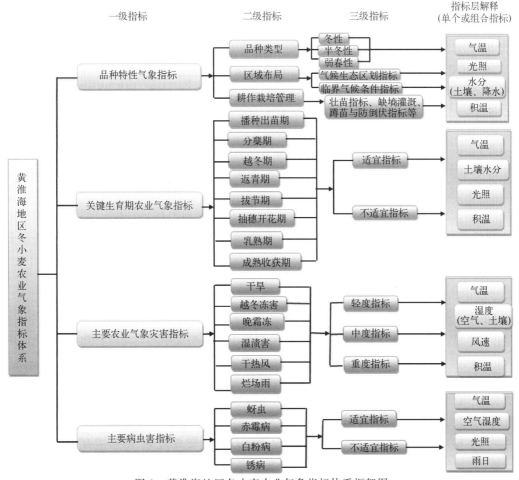

图3　黄淮海地区冬小麦农业气象指标体系框架图

3　指标筛选和综合集成及赋权方法

指标的筛选,是一项庞大而复杂的系统工程,筛选评估者需要对指标系统有全面充分的认识和多方面的综合知识积累。目前,筛选指标的方法,主要有专家咨询法、层次分析法和频度分析法等[22,23]。对于层次分析法（AHP 法），专家在进行两两比较时，特别是指标数量较多时，由于思维上两两比较的模糊性，常常导致判断结果在一致性检验上存在一定差异。故本文在构建指标体系过程中采用的指标筛选方法以专家咨询法和频度分析法为主。频度分析法是从黄淮海地区冬小麦农业气象指标的相关文献中关于指标部分加以整理、分类，并对各类指标进行汇总或统计分析，选择那些出现频度较高的指标和指标值；同时结合黄淮海地区气候特点，根据数据可获得性等指标体系选取原则，选择那些针对性较强的指标，在此基础上，对指标进行筛选，必要时应用专家咨询法（Delphi）适当调整，综合指标甄选、历史气候资料序列分析和试验验证等结果，最终得到黄淮海地区冬小麦农业气象指标体系。

在构建指标体系过程中，仅有指标筛选和层次的划分还不够，还必须确定综合指标获取时同一类指标在综合集成过程中各指标的权重，其大小直接影响预测、评价结果，权重确定的好坏、客观与否，将直接影响到冬小麦农业气象条件优劣评价或受灾等级计算的科学性和客观性。目前，指标权重的确立，常见的方法基本上可以归结为主观赋权法和客观赋权法两大类。其中，主观赋权法有专家咨询法（Delphi）、专家排序法、专家打分法、层次分析法（AHP）、秩和比法（RSR）、相关系数法等；客观赋权方法有主成分分析法、因子分析法等[24]。本文中采用客观赋权法和主观赋权法相结合的方式确定各指标的权重，尽可能减小主观因素对结果的影响。以国家气象中心的国家级农业气象业务服务系统（CAgMSS）中的综合农业干旱指数[25]计算为例，业务中该指数使用了土壤相对湿度指数、作物水分亏缺距平指数、降水距平指数和遥感干旱指数进行综合干旱监测。为便于将 4 个指标进行综合集成，将不同的干旱监测指数进行标准化处理，以使其具可比性，采用客观赋权法将各干旱监测指标进行各自的干旱监测等级划分，不同的等级按照统一规定赋予特定数值；在集成方法上，干旱综合监测集成方法采用多指标的权重合成方法，其综合评估模型为：

$$DRG = \sum_{i=1}^{4} f_i \times W_i$$

式中：DRG 为集成后的综合农业干旱指数；f_1, f_2, f_3, f_4 为各干旱指标；W_1, W_2, W_3, W_4 为各指标的权重值。f_1, f_2, f_3, f_4 分别表示标准化后的土层平均土壤相对湿度指数、标准化后的作物水分亏缺距平指数、标准化后的月降水距平指数、标准化后的遥感干旱指数。

每个标准化后的干旱指标均分为 5 级，取值为 0～4，分别代表无旱 0 级（赋值为 0，后同）、轻旱 1 级、中旱 2 级、重旱 3 级、特旱 4 级。经处理后的各指标数据均为无量纲的相对值，且具有相同的量级，各指标大小等级划分一致，在 1～4 范围内，数值取值越大，表示越干旱。该 5 个级别划分标准取目前人通过数理统计等方法已取得的研究成果，即客观赋权法获取；W_1，$W_2 \cdots W_n$ 各指标权重值的选取采用专家打分法确定，全国被划分为 9 个区，各区内分别取相应的权重进行计算；此外在干旱综合监测集成结果中，引入了背景地理信息数据，河流、湖泊等水体以及裸地、荒漠等特定地物类型被赋予了特定的 DRG 数值，该 DRG 数值以及集成后的综合农业干旱指数等级划分方法采用主客观方法结合确定。该方法计算的综合干旱指标监测结果经业务验证比较可靠。因此，采用单一方法赋权，受赋权方法的影响容易造成偏倚，建议采用组合赋权的方法进行赋权，以校正单一赋权方法的偏倚性，即采用不同类的赋权方法进行组合，汇集其不同的优点，以得出最佳的权重进行指标综合集成。

参考文献

[1] 毛瑞洪. 对冬小麦适播期适温指标的探讨[J]. 陕西农业科学,1986,(3):14-16.

[2] 曲曼丽. 北京地区冬小麦穗分化与气候条件关系的分析[J]. 农业气象,1986,(3):1-6.

[3] 高金成,张发寿,卢小扣,等. 小麦生殖生长阶段综合温度指标研究[J]. 中国农业气象,1993,**14**(5):6-9.

[4] 陶祖文,琚克德. 冬小麦霜冻气象指标的探讨[J]. 气象学报,1962,**32**(3):215-223.

[5] 竺可桢. 论我国气候的几个特点及其与粮食作物生产的关系[J]. 科学通报,1964,(3):189-199.

[6] 崔读昌. 寒地小麦越冬冻害指标及其防御措施[J]. 气象,1978,(2):4-5.

[7] 于玲. 河北省冬麦冻害指标的初步分析[J]. 农业气象,1982,(4):10-13.

[8] 北方小麦干热风科研协作组. 小麦干热风气象指标的研究[J]. 中国农业科学,1983,(4):68-75.

[9] 郑大玮,刘中丽. 冬小麦冻害监测的原理与方法[J]. 华北农学报,1989,(2):8-14.

[10] 康绍忠,熊运章. 作物缺水状况的判别方法与灌水指标的研究[J]. 水利学报,1991,(1):34-39.

[11] 盛绍学,石磊,张玉龙. 江淮地区冬小麦渍害指标与风险评估模型研究[J]. 中国农学通报,2009,**25**(19):263-268.

[12] 崔读昌. 中国农业气候学[M]. 杭州:浙江科学技术出版社,1998.

[13] Miglietta F. Effect of photoperiod and temperature on leaf initiation rates in wheat (Triticum spp.)[J]. *Field Crops Research*,1989,(21):121-130.

[14] Slafer G A,Rawson H M. Photoperiod temperature interactions in contrasting wheat genotypes:Time to heading and final leaf number[J]. *Field Crops Research*,1995,**44**(2):73-83.

[15] 姚克敏. 农业气象试验研究方法[M]. 北京:气象出版社,1995.

[16] 韩湘玲. 农业气候学[M]. 太原:山西科学技术出版社,1999.

[17] 刘贤龙,胡国亮. 综合评价结果的合理性研究[J]. 统计研究,1998,**20**(1):38-40.

[18] 林梦泉,侯富民,王战军. 教育评估指标体系的权重分析与应用研究[J]. 科学学与科学技术管理,1999,**20**(12):12-16.

[19] 杨雄胜,臻黛. 企业综合评价指标体系研究[J]. 财政研究,1998,**17**(5):39-46.

[20] 胡永宏. 综合评价中指标相关性的处理方法[J]. 统计研究,2002,**24**(3):39-40.

[21] 游海燕. 基于BP原理的指标体系建立模型方法研究[D]. 第三军医大学硕士论文,2004:17.

[22] 王敏,上官铁梁,郭东罡. 生物入侵危害的指标体系探讨[J]. 中国农学通报,2008,**24**(2):394-398.

[23] 姜汉侨,段昌群,等. 植物生态学[M]. 北京:高等教育出版社,2004:289-290.

[24] 倪少凯. 7种确定评估指标权重方法的比较[J]. 华南预防医学,2002,**28**(6):54-55,62.

[25] 王建林. 现代农业气象业务[M]. 北京:气象出版社,2010:163-165.

上海地区大棚黄瓜霜霉病农业气象指标研究

薛正平[1]　李　军[1]　张莉蕴[2]　戴蔚明[2]

（1.上海市气候中心，上海 200030；2.上海市松江区气象局，上海 201600）

摘要：根据大棚黄瓜霜霉病株发病率、病情指数及气象要素的同步观测分析，得到以下主要结论：①空气相对湿度是大棚黄瓜霜霉病发生的最重要气象要素。②日均相对湿度≥80％的累计天数能较好反映气象条件与霜霉病的关系，且累计天数 4～5 d 是防治的有利时机，而日均相对湿度≥90％累计天数与霜霉病关系不密切。③相对湿度累计时数比累计天数更能反映气象条件与霜霉病的关系。相对湿度≥80％的累计 140 h 或相对湿度≥90％累计 100～110 h 可作为霜霉病防治的农业气象指标。④黄瓜采收始日的霜霉病株发病率、病情指数对产量（单株结果数和结果重）有显著影响，发病较重的产量下降明显。

关键词：大棚黄瓜；霜霉病；农业气象指标

　　黄瓜霜霉病发生时植株叶片早衰，影响光合作用，坐果率降低，果实较小，对黄瓜生长及产量均构成明显影响。据有关研究报道，霜霉病轻度发生年份黄瓜减产 10％～30％，中度年份黄瓜减产 30％～50％，严重时损失达 50％～70％，甚至绝收[1~5]。

　　黄瓜霜霉病发生流行气象条件已有不少的研究。昼夜温差大，多雨、多雾日、多结露的天气易发生流行。黄晓敏和李惠明等研究认为，上海地区春季雨水偏多、梅雨期偏早且雨量偏多则发病早且重[1~6]。邢俊等研究表明，呼和浩特霜霉病的发生和流行与 6 月下旬至 7 月下旬的平均湿度和累积降雨量以及连续 5 d 以上的阴雨天气关系密切[2]。孔宪阳等用累积活动温度、累积活动湿度来反映黄瓜霜霉病发生流行气象条件[4]。刘峰、高志军、徐杰等分别研究了不同气温和空气相对湿度对黄瓜霜霉病发生的影响，相对湿度越大，黄瓜越易感染霜霉病，而温度则以 15～28℃最为适宜发病[5,7~8]。马树庆、李宝聚等分别提出了大棚黄瓜霜霉病气候生态防治方法以及高温控制方法[9~11]。

　　由于栽培设施不同、环境条件如气候条件及黄瓜品种等差异，霜霉病发生的气象指标有一定的差异。大棚栽培光照强度较低、气温较高、空气湿度大，通风透气较差，霜霉病发生流行速度快，以往采用日平均或以日为基础平均气象指标灵敏度显得不够。随着气象探测技术的进步，有必要进一步精细化气象指标，准确及时地反映黄瓜霜霉病发生动态。

　　本文通过田间试验，研究了大棚黄瓜霜霉病株发病率，病情指数与不同阈值相对湿度的累

基金项目：国家科技支撑计划课题（2014BAD10B07）、公益性行业（气象）科研专项（GYHY200906023）。

第一作者简介：薛正平，1962 年出生，男，上海市人，硕士、高级工程师，主要从事农业气象科研和业务。E-mail：zpxue1962@qq.com。

计天数和累计时数的关系,为大棚黄瓜霜霉病发生和防治提供精细化气象指标。

1 材料与方法

试验地点为位于黄浦江上游的上海市松江区云间大自然蔬菜基地。栽培设施为标准 8 m 塑料大棚,即大棚最大宽度为 8 m,棚顶高度 3.3 m,棚肩高 2.1 m,大棚总长 64 m。

供试品种为博耐 5 号。共设 3 个播期,播种时间分别为 2009 年 5 月 16 日、5 月 23 日和 6 月 3 日,并分别于 6 月 6 日、11 和 15 日定植,小区面积 80 m²,每一播种设 3 个重复。黄瓜定植密度为株距 0.4 m,行距 0.75 m。

霜霉病观测自定植起每 5 d 观测一次,每个播期定 5 个样点,每个样点 10 株,共 50 株。霜霉病株发病率＝发病株数/观测总株数×100%。按如下分级标准确定病情严重程度:0 级,全株无病;1 级,全株 1/4 以下叶片有少量病斑;2 级,全株 1/2 以下叶片有少量病斑或 1/4 以下叶片有较多病斑数;3 级,全株 3/4 以下叶片发病或 1/4 以下叶片全叶枯黄;4 级,全株 3/4 以上叶片发病或全株 1/2 以下叶片枯黄至整株枯黄。黄瓜霜霉病病情指数＝(1 级发病株数×1＋2 级发病株数×2＋3 级发病株数×3＋4 级发病株数×4)/(观测总株数×4)。

在大棚内高度 2 m 处安装自动气象观测仪,黄瓜定植前安装调试。观测气象要素包括气温、相对湿度、总辐射量及风速等。产量性状观测包括主要生育期、果实采收始日、终日、每次采收黄瓜条数、重量等。

2 结果与分析

自第 1 期定植起到试验结束,大棚内最低气温均在 17℃以上,最高气温在 35～40℃,平均气温在 24～35℃,温度条件适宜霜霉病发生。空气湿度高低是霜霉病发生的最重要气象条件。

黄瓜霜霉病株发病率和病情指数的定义均包含累计发病的概念。研究认为,相对湿度 80%或以上是黄瓜霜霉病的主要环境条件[1～3,7]。本文统计分析了相对湿度≥80%、85% 和 90%累计天数、累计小时数与霜霉病株发病率、病情指数以及新增株发病率的关系,提出了霜霉病发生的气象指标。

2.1 相对湿度累计天数与株发病率、病情指数

根据同步观测的气温、辐射及风速等因子与黄瓜霜霉病株发病率、病情指数关系不密切,而随着空气相对湿度的增加,株发病率和病情指数等呈现明显的增长。

日均相对湿度≥80%的累计天数与霜霉病株发病率、病情指数呈较为密切的正相关关系,即随着累计天数的增加,株发病率和病情指数均呈现同步增长。当累计天数达到 4 d 或以上时,株发病率达到 20%或以上,当累计天数达到 15 d 或以上时,株发病率达到 100%;病情指数则在累计天数 5 d 以下时≤10%,累计天数为 17 d 或以上时,病情指数达到 50%以上(图 1)。

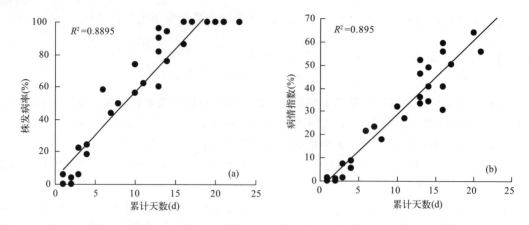

图 1　相对湿度≥80%累计天数与霜霉病株发病率(a)及病情指数(b)的关系

日均相对湿度≥90%的累计天数与株发病率、病情指数的关系分析表明,由于相对湿度阈值较高,丢失了很多有用信息,株发病率、病情指数对累计天数的响应不敏感。例如当累计天数为 0 d,株发病率从 0 到 62%均有分布,累计天数为 1 d 时,株发病率可以从 0 到 96%不等,病情指数情况也与之类似,说明日均相对湿度≥90%时阈值过高,不能及时反映霜霉病发生情况(图 2)。

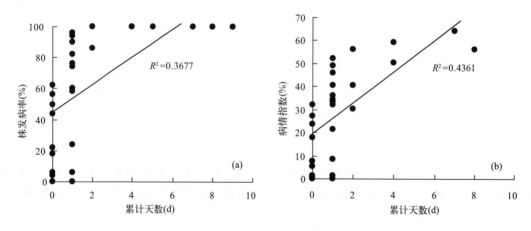

图 2　相对湿度≥90%累计天数与霜霉病株发病率(a)及病情指数(b)的关系

日均相对湿度≥85%累计天数与霜霉病株发病率、病情指数关系介于 80%及 90%之间。

比较发现,采用日均相对湿度累计天数为指标,则相对湿度≥80%较能反映气象条件与霜霉病的关系,累计天数 4～5 d 是发病的先行气象指标,此时株发病率在 20%、病情指数在 10%上下,是防治的有利时机。

2.2　相对湿度累计时数与株发病率、病情指数

根据大棚自动气象站逐时监测数据,作者分析了相对湿度分别≥80%、≥85%和≥90%累计时数与黄瓜霜霉病株发病率及病情指数的关系。

分析看到,当相对湿度≥80%累计时数达到140 h时,霜霉病株发病率达到20%左右,达到450～500 h时,株发病率达到100%;病情指数则与累计时数有更好的正相关关系,随着累计时数的增加而增加,累计时数140 h时病情指数为10%,以后增长迅速,病情指数最高时达到70%(图3)。相对湿度≥90%的累计时数与株发病率、病情指数关系,基本趋势类似。累计时数100 h时株发病率20%左右,300 h时达到100%;累计时数110 h时病情指数达到10%,并随累计时数增加同步增长,也呈现很好的相关关系,特别是与图2比较,其相关的密切性得到较大提高(图4)。

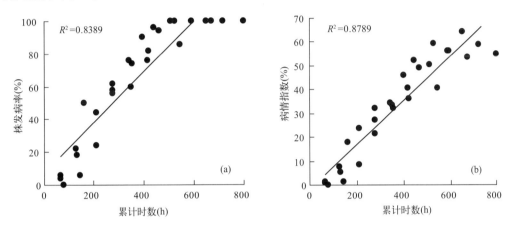

图3　相对湿度≥80%累计时数与霜霉病株发病率(a)及病情指数(b)的关系

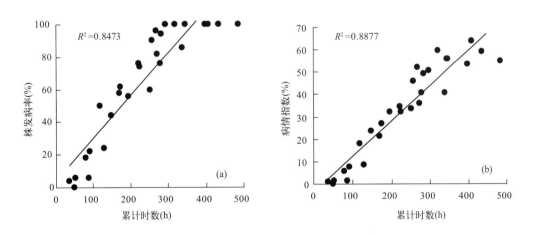

图4　相对湿度≥90%累计时数与霜霉病株发病率(a)及病情指数(b)的关系

相对湿度≥85%累计时数与霜霉病株发病率、病情指数的关系形态与上述情况类似。

分析结果表明,相对湿度累计时数比累计天数更能反映气象条件与霜霉病的关系,尤其是相对湿度≥90%与霜霉病发生关系有较大改善。相对湿度≥80%累计140 h或相对湿度≥90%累计100～110 h,株发病率在20%、病情指数在10%上下,可作为霜霉病防治先行气象指标。

2.3 霜霉病对黄瓜产量和外观品质影响

据观测数据显示,霜霉病对黄瓜产量包括单株平均结果数、平均单株结果重均有显著影响,其中以黄瓜采收始日的霜霉病株发病率、病情指数对产量及构成影响最为明显。表 1 为黄瓜采收始日霜霉病病情与产量及其结构的影响。从表 1 中清晰地看到,随着株发病率和病情指数的增加,黄瓜单株结果数、单株果重和单产均明显下降,且有显著的负相关关系。如播期 Ⅰ 与播期 Ⅱ,株发病率和病情指数分别为 70.8%、29.9% 以及 76.0% 和 39.3%,单株结果数和单株果重则下降 3.0 条和 0.6 kg,最终单产下降 1764.9 kg/hm²,产量降幅达到 30.8%,其原因是与霜霉病降低坐果率、果实较小有关。此外,受霜霉病影响,果实大小均匀性受到明显影响。如播期 Ⅰ 最大与最小单果重差异较小,仅 0.13 kg/条,而播期 Ⅱ、Ⅲ 的差异明显增大,分别达到 0.19 kg/条和 0.27 kg/条,果实的外观品质和商品性受到明显影响。

表 1 黄瓜采收始日霜霉病对产量及产量结构的影响

播期 (月-日)	株发病率 (%)	病情指数 (%)	单株 结果数(条)	单株果重 (kg)	最大单果重 (kg/条)	最小单果重 (kg/条)	单产 (kg/hm²)
Ⅰ:5-16	70.8	29.9	5.7	1.9	0.37	0.24	5718.9
Ⅱ:5-23	76.0	39.3	2.7	1.3	0.42	0.23	3954.0
Ⅲ:6-03	78.0	41.0	1.8	1.3	0.45	0.18	3859.5

3 结论

由上述分析,得到以下结论:

(1)空气相对湿度是大棚黄瓜霜霉病发生的最重要气象要素,结论与以往研究类似[1~4,7~9,11]。

(2)采用大于某阈值的日均相对湿度累计天数作为指标,则相对湿度≥80% 较能反映气象条件与霜霉病的关系,且累计天数 4~5 d 是发病的先行气象指标,此时株发病率在 20%、病情指数在 10% 上下,是防治的有利时机。而日均相对湿度≥90% 累计天数与霜霉病关系不密切,可能是阈值较高,丢失信息较多的缘故。

(3)大于某阈值的相对湿度累计时数比累计天数更能反映气象条件与霜霉病的关系。相对湿度≥80% 累计 140 h 或相对湿度≥90% 累计 100~110 h,株发病率在 20%、病情指数在 10% 上下,可作为霜霉病防治的先行气象指标。结论与文献[4]有所不同。

(4)黄瓜采收始日的霜霉病株发病率、病情指数对产量(单株平均结果数、平均单株结果重)有显著影响。播期 Ⅱ 比播期 Ⅰ 的株发病率和病情指数分别高 5.2%、9.4%,单株结果数和单株果重分别下降 3.0 条和 0.6 kg,单产下降 1764.9 kg/hm²,产量降幅达到 30.8%。

由于本工作基于一年的试验观测分析,资料以及环境条件的相对同质性影响对分析结果肯定有影响,此外,由于试验条件与田间生产环境的差异性,也会对结果的准确性产生影响,这些均有待进一步深入研究。

参考文献

［1］黄晓敏,杨芝.影响上海黄瓜霜霉病发生的因素分析［J］.上海农业学报,1989,**5**(1):83-88.

［2］邢俊,邹集英.气象条件对露地黄瓜霜霉病流行影响的分析［J］.内蒙古农牧学院学报,1993,**14**(2):37-42.

［3］衣杰,宿秀艳,王东来.黄瓜霜霉病的发生规律及综合防治措施［J］.丹东纺专学报,2003,**10**(3):3-4.

［4］孔宪阳,张香云,张金良,等.露地黄瓜霜霉病预测决策系统的研究和应用［J］.中国农学通报,1997,**13**(6):29-30.

［5］刘峰.黄瓜霜霉病发生规律及其化学防治试验［J］.上海蔬菜,2009(4):63-64.

［6］李惠明.蔬菜病虫害预测预报调查规范［M］.上海:上海科学技术出版社,2006:88-93.

［7］高志军,刘九玲,张相梅.温室黄瓜霜霉病发生的气象条件及其防治［J］.河南气象,2001,(2):25-25.

［8］徐杰.日光温室中黄瓜霜霉病发生规律与防治［J］.江苏农业学报,1993,(3):48-49.

［9］马树庆,梁洪海,马吉祥.大棚黄瓜霜霉病生态防治方法研究［J］.应用生态学报,1990,**1**(2):136-141.

［10］马树庆,马吉祥,梁洪海,等.大棚黄瓜霜霉病气候生态防治方法研究再报［J］.应用生态学报,1991,**2**(3):258-263.

［11］李宝聚,彭仁,彭霞薇,等.高温调控对黄瓜霜霉病菌侵染的影响［J］.生态学报,2001,**21**(11):1996-1801.

农业气象指标的计算机描述及业务化应用

刘文英[1]　孙素琴[2]

(1. 江西省气象灾害应急预警中心，南昌 330046；2. 江西省气象台，南昌 330046)

摘要：针对农业气象指标的内在规律，设计了由条件、关系、层等基本内容构成的通用农业气象指标模型。分析了利用计算机技术实现通用农业气象指标模型自动套用时需要注意的关键技术问题，为农业气象灾害监测预警及农用天气预报等业务服务的自动化软件开发提供了理论思路。

关键词：农业气象指标；结构设计；自动判别

农业气象指标表示农业生产对象和农业生产过程对气象条件的要求和反应的定量值，是衡量农业气象条件利弊的尺度，开展农业气象工作的科学依据和基础。随着计算机技术的飞速发展，农业气象指标在各类业务服务系统中得到了广泛的应用，其套用的自动化程度也越来越高。由于农作物种类繁多，其在不同生育期对天气条件要求各不相同，各类农业气象指标的地域性又极强，同时指标在实际的业务服务中需要不断地修订和完善，所以针对每一种指标编制相对应的程序代码是不现实的，也不利于软件的维护和推广。因此，针对各类农业气象指标构建一个通用的模板，由统一的程序代码来实现其套用，成为农业气象业务服务软件开发的一个关键内容。目前针对农业气象指标的设计和开发，有的仅可提供查询，有的实现了固定指标的自动套用，有的通过利用第三方工具实现了单因子指标模型的以参数方式可修改套用，即使有多因子指标模型的实现，也基本上只能处理简单的并列关系[1,2]，对于存在多层嵌套关系的指标却难以表述。本文力图设计出一种具普遍意义的农业气象指标模型，可描述各类具有多层嵌套的复杂指标，以期为农业气象指标的充分自动化提供技术参考。

1　农业气象指标的结构设计

1.1　基本概念

(1)要素。表示某种农业气象因子，如日平均气温。

(2)临界值。用来限定要素的变化范围。

(3)符号。表示在指标中要素与临界值的关系，有"$>$,$\geqslant$,$<$,$\leqslant$,$=$,$<>$"6 种。

(4)单独条件。由单个要素、单个界限值、单一符号共同组成的最简单指标。比如"日照$<$1 小时"。

(5)关系。表示单独条件的组合方式，有"和"(AND)与"或"(OR)两种。

(6)层。用于确定指标中所有单独条件之间的组合方式,层的作用类似于数学算式中的括号。对于层的划分,遵循以下的规则:①同一层的条件具有相同的关系,都为 AND 或者都为 OR;②最下一层的条件必须是单独条件;③相邻层之内的关系必须不同,若第一层为 AND,则第二层为 OR,反之亦然。比如"江西省轻度小满寒"指标(6 月 21 日—7 月 20 日,日平均气温≤20℃持续 3~4 d,或持续 2 d 且期间有 1 d 或以上日最低气温≤16℃),可分为两层:第一层关系为 OR,由两个条件构成,第一个条件"日平均气温≤20℃持续 3~4 d"只有一层,第二个条件由"日平均气温≤20℃持续 2 d"和"期间有 1 d 或以上日最低气温≤16℃"两个条件构成,为整个指标的第二层,其关系为 AND。

1.2 指标的内在规律

(1)所有的定量化农业气象指标最终都可以细化为若干个单独条件,这些单独条件由层和关系来组合成一个整体。

(2)所有的层和条件之间只有 AND 与 OR 两种关系。

(3)指标的分解并不唯一,但是效果相同,只是表述上的不同。如"(a1 OR a2)AND b",等价于"(a1 AND b)OR(a2 AND b)"。

1.3 指标的构成元素

指标由若干个单独条件构成,每个单独条件均有对应的如下构成元素:

(1)指标名称:用于确定当前条件所属的指标。

(2)考虑时段:用于确定指标的适用日期。

(3)要素;符号;临界值。

(4)层,关系:用于确定当前条件与其他条件之间的关系和在整个指标中的位置。

(5)天数:有"持续天数"和"任意天数"两种。

(6)方向:有向前和向后两种;当指标中持续天数多于 1 d 时,用于确定获取资料的时段。比如"高温逼熟轻度"指标需要持续 5 d 达到相关条件,要判断 7 月 15 日是否达到高温逼熟指标,需要向前取数据,即用 7 月 11—15 日的数据来判断;"早稻大田移栽"需要连续 3 d 无暴雨,要判断 4 月 21 日是否可以移栽早稻,需要向后取数据,即用 4 月 21—23 日来综合判断。

1.4 指标分解示例

以气象行业标准《寒露风等级》中[4]干冷型轻度寒露风为例,分解后的具体内容如下:

(1)指标名称:寒露风干冷型;(2)指标等级:3 级轻度;(3)考虑时段:9 月 1 日—10 月 10 日。

层 11:日平均气温(要素),≤(符号),22(数值),3(持续天数),AND(关系);

层 12:日降水量(要素),≤(符号),1(数值),3(持续天数),AND(关系);

层 21:日平均气温(要素),≤(符号),22(数值),2(持续天数),AND(关系);

层 22:日最低气温(要素),≤(符号),17(数值),1(持续天数),AND(关系);

层 23:日降水量(要素),≤(符号),1(数值),2(持续天数),AND(关系)。

2　指标模型业务化应用的关键问题

2.1　套用步骤

由考虑时段确定需要套用的指标,根据指标名称获取指标包含的所有单独条件,确定各条件对应的层索引和各条件之间的关系;根据天数和方向获取每个单独条件所需要的要素数据,对各单独条件按照界限值与符号逐一进行判别;根据各单独条件的层和关系判别是否达到指标的标准。

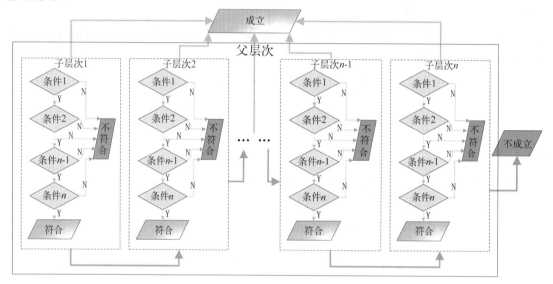

图 1　外层为 OR 内层为 AND 的两层指标判别流程图

2.2　主要关键技术

农业气象指标常分为适宜、较适宜、不适宜或轻度、中度、重度等多个等级,同一个指标的同一等级的不同条件之间差异也很大,利用计算机对通用指标进行自动判别时,都需要充分考虑。

2.2.1　基本判别原理

(1)四种基本判断

根据关系的判别结果来划分,所有的条件判别只有四种情况:AND 关系,True 结果;AND 关系,False 结果;OR 关系,True 结果;OR 关系,False 结果。

(2)优先退出原则

从第一层开始,如果层内的任一条件不能满足,均可立即退出。

①AND 关系的层,当条件全满足才进入下一层;如果任一条件不满足,则整个指标的判别结果为未达到。

②OR 关系的层,当条件全不满足才进入下一层;如果任一条件满足,则整个指标的判别结果为达到。

(3)最底层的判别

如果判别一直进行到了最底一层,因为已经没有下一层了,对于 AND 关系的层,如果本层任一条件不满足则整个指标为未达到,如果全满足则整个指标为达到;对于 OR 关系的层,如果本层任一条件满足则整个指标为达到,如果所有条件均不满足则整个指标为未达到。

2.2.2 不同等级的处理

对于同一个指标,其不同的等级(适宜程度或轻重程度等)分别进行套用。将各个等级按照优先级进行排列,以数字开头进行命名(如 1 级重度,2 级中度,3 级轻度),套用时按名称的排序逐个进行判别,达到任一等级后判别即结束。

可设置一个默认等级,遇到此等级时自动跳过不作判别,当其他所有等级都达不到时,即为此等级。

2.2.3 天数的处理

天数的表述应该有两个数字,如果只用一个数字就需要考虑到任意天数和天数范围两种情况。

(1)任意天数

任意天数都是伴随着持续天数存在的,所以任意天数可以用负号表示。如"日平均气温小于等于 20℃,且其中有一天日最低气温小于 16℃",分解为两个 AND 关系的条件,第一个为持续 2 天可记为"2",第二个为任意 1 天,可记为"-1"。

(2)天数范围

有的指标并不是单纯的持续 m 天或者任意 m 天,而是持续或任意 $m_1 \sim m_2$ 天,这种情况取其下限并加上正号来标记。如"日平均气温低于 22℃持续 3~5 天"可记为"+3"。"+3"与"3"的区别在于,"3"表示只能是 3 天,"+3"表示可以是 3 天以上。假设第 1 等级为某条件持续 6 天,第 2 等级为持续 3~5 天,且已知该条件持续了 4 天;因为判别按优先顺序进行的,等级 1 的 6 天不满足,由于 4 大于 3,所以符合等级 2。

2.2.4 层的描述

以数字 1~9 表示同一层的不同条件,以数字的不同位数表示不同的层。

一个单独条件构成的指标:1

多个单独条件构成的一层指标:1,2,3 …

两层指标:1,3 … 21,22 …

三层指标:2,4 … 11,12 … 311,312 …

如果想描述 9 层以上或一层有 9 个以上的条件时,可增加字母等符号,比如"a~z"和"A~Z",理论上可描述现实中的所有指标。

2.3 数据的处理

(1)指标中涉及要素的数据,均单独存储在各自的数据表中,采用相同的数据结构,便于数据获取模块统一读取。

（2）要素的名称与数据表名通过一个参数表来对应，便于自动获取数据。

（3）综合的要素（如日较差、积温等）可视作基本气象要素，只要将数据存储为同样的结构，并与要素名称对应，程序即可正常读取。

3 讨论

（1）农业气象指标的通用模型，可在农业气象灾害监测预警、农用天气预报等业务服务中采用；通过"省级农用天气预报业务系统推广应用"项目中，已经在华中区域气象中心得到推广，应用效果较好。

（2）在实际应用中，通常的包含多个等级的指标，一般需要分为多个指标分别创建，且指标名称要求以阿拉伯数字开头，在编制软件时尤其需要注意。

（3）本文中仅为农业气象指标提供了一种通用的参考模型，在实际的业务服务实践中，还存在其他更好的模型。

参考文献

[1] 李树岩,成林,马志红. 基于 Web 的河南省农业气象指标查询系统[J]. 气象与环境科学,2010,(02)：90-93.

[2] 邓彪,郭海燕,何潇. 农业气象指标数据库及应用管理系统开发[J]. 四川气象,2007,(03)：32-34.

[3] 马树庆. 现代农用天气预报业务及其有关问题的探讨[J]. 中国农业气象,2012,(02)：278-282.

[4] 王保生,杜筱玲,刘文英,等.寒露风等级(QX/T 94～2008)[S].北京：气象出版社,2008.

太阳辐射减弱对冬小麦叶片光合作用、膜脂过氧化及同化物累积的影响

郑有飞[1,2,3]　　冯　妍[1]　　麦博儒[1]　　吴荣军[1]　　倪艳利[1]

李　健[1]　　孙　健[1]　　徐静馨[1]

(1. 南京信息工程大学环境科学与工程学院，南京 210044；

2. 江苏省气象灾害重点实验室，南京 210044；

3. 江苏省大气环境监测与污染控制高技术研究重点实验室，南京 210044)

摘要：为了探究气溶胶的太阳辐射减弱效应对农作物叶片生理特性及同化物累积的影响，本文以扬麦13为供试材料，在大田试验条件下系统研究了不同辐射减弱处理(100%、60%、40%、20%、15%)对冬小麦叶片光合作用、膜脂过氧化水平和同化物积累的影响。结果表明：太阳辐射减弱至自然光的60%～15%时，冬小麦叶片净光合速率减少15.8%～70.1%，光合色素的含量(叶绿素 a、b 和类胡萝卜素)显著提高，其中叶绿素 b 含量的增加最明显。太阳辐射减弱会抑制冬小麦叶片膜脂过氧化程度，减少细胞膜透性，且辐射减弱的程度越高，影响越大。当太阳辐射为自然光的60%～15%时，冬小麦叶片的可溶性糖含量比对照降低了 32.22%～76.45%，可溶性蛋白含量降低了 19.02%～48.12%，但总游离氨基酸含量比对照增加了 47.46%～177.87%。上述结果表明，太阳辐射减弱后会减弱冬小麦光合作用，增加光合色素含量，抑制膜脂过氧化程度，从而导致作物体内同化物的累积受阻，糖类及蛋白质的含量显著降低，必然会影响作物的产量及品质形成。

关键词：太阳辐射减弱；冬小麦；光合作用；膜脂过氧化；同化物

近年来，气溶胶的环境效应越来越引起人们的关注[1]。大气棕色云会增加反射回太空的太阳辐射，减少达到地表的太阳辐射[2]，降低农作物的太阳辐射吸收量，因而不利于作物的生长发育及产量形成。此外，地表太阳辐射减弱所引起的地面温、湿度下降也会对农作物产生间接影响。UNEP[3]的有关报告指出，大气棕色云通过直接和间接效应对农业有着显著影响。目前普遍认为地表太阳辐射减少会使作物叶面积指数升高[4]，茎秆变细、植株变高[5]，生长减慢、生育期推迟[6]，减少叶绿素含量、降低电子传递能力[7]，干物质积累速率降低、植株 N、P、K 养分吸收量减少[8]，促进植物对 Ca、S、Cu、Fe、Mg 等元素的吸收[9]，影响自由基和各种生物酶活性[7]，降低分蘖数，减少开花率[10]，降低作物生物量与产量[11,12]，同时改善作物品质[13,14]等。

基金项目：1. 国家自然科学基金(41075114)．　2. 江苏省高校自然科学研究重大项目(09KJA170004)．　3. 江苏省普通高校研究生科研创新计划(CX10B_291z)。

第一作者 E-mail：zhengyf@nuist.edu.cn。

我国是农业大国,小麦是我国的重要粮食作物之一。长三角地区是我国重要的粮食生产基地,近年来该地区污染物排放量显著上升。罗云峰等[15]发现,20 世纪 80 年代以来,长江中下游成为我国光学厚度增加较快的区域之一。研究表明[1],绝大部分气溶胶粒子(包括硫酸盐、硝酸盐以及矿物沙尘等)总的直接辐射强迫和间接辐射强迫分别为 $-0.50(\pm 0.40)$ W/m² 和 $-0.70(-1.1,+0.4)$ W/m²,二者总计达到 -1.2 W/m²。作物响应模型模拟认为,太阳总辐射每下降一个单位,水稻或小麦的产量就下降一个单位[16]。因此,深入分析气溶胶的太阳辐射减弱效应对农作物的影响具有重要的现实意义。然而,以往的研究大多集中在光照减弱对农作物生长发育、矿质营养吸收及产量形成的短期影响等方面,有关气溶胶的太阳辐射减弱效应对作物叶片膜脂过氧化及同化物累积的影响鲜见报道。本文以扬麦 13 为供试材料,通过大田试验方法,系统研究了气溶胶的太阳辐射减弱效应对农作物叶片光合特性、膜脂过氧化水平以及叶片糖类、蛋白质、氨基酸等同化物的影响,为更好地应对气候变化对我国农作物的不利影响提供基础理论依据。

1 材料与方法

1.1 试验作物与土壤

本试验于 2009 年 10 月至 2010 年 6 月在南京信息工程大学生态与农业气象试验站($32°14'$N,$118°42'$E)进行,该地属亚热带湿润气候,海拔约 22 m,年平均温度 15.3 ℃,年均降水量 1106.5 mm。供试土壤为黄棕壤,质地均匀细腻,肥力中等,$0\sim30$ cm 土壤 pH 为 7.37,有机质含量为 10.35 g/kg,全氮含量为 0.55 g/kg,全磷含量为 0.47 g/kg,全钾含量为 0.21 g/kg,速效磷含量为 4.46 mg/kg,速效钾含量为 59.38 mg/kg。供试作物为冬小麦(*Triticum aestivum ca. Yangmai* 13),由国家小麦改良中心扬州分中心和江苏里下河地区农科所提供。该品种系春性,中早熟,耐肥抗倒,耐寒、耐湿性较好。

1.2 试验设计及作物处理

采用均匀设计方法,建立了 10 个小区(每小区 4 m×4 m),小区之间预留 1.5 m 的缓冲区,以防相互干扰。以自然光为对照(CK),通过黑色遮阳网分别设置 4 个处理组:70%自然光(T_1)、50%自然光(T_2)、30%自然光(T_3)及 10%自然光(T_4),每处理 2 个重复。随着作物长高,定期调节遮阴网高度,使其与作物冠层距离保持在 0.5 m 左右,从而保证小区内部的空气流通与太阳辐射环境一致。整个试验期间对到达作物冠层的总辐射(TBQ-2 型总辐射表,上海杰韦弗仪器公司生产)、空气温度、相对湿度(HOBO U23-001 环境温度/相对湿度数据记录仪,美国 Onset 公司生产)进行连续动态观测。遮阴篷内总辐射的变化与气溶胶导致的地表辐射减弱相似[16,17],其中太阳光偏向蓝紫光的部分辐射增加,而偏向红光的部分下降[18,19]。各处理的环境变量差异见表 1。

表1　环境因子的变化状况

处理	太阳辐射 减弱处理	实际到达作物 冠层的总辐射	日平均气温 （℃）	日平均 相对湿度
CK	100%	100%	15.10	76.51%
T_1	70%	60%	14.80	77.73%
T_2	50%	40%	14.66	78.23%
T_3	30%	20%	14.63	78.14%
T_4	10%	15%	14.69	77.60%

播前挑选饱满均匀种子，用 1.0 g/L 的 $HgCl_2$ 消毒 10 min，再用去离子水反复洗净，于 2009 年 11 月 4 日播种，播种量为 11.54 kg/亩[①]；播种前施足底肥，每亩 46.15 kg 有机-无机复混肥料，其中 N、P、K 总养分（N 占 8－P_2O_5 占 6－K_2O 占 6）约为 20%，有机质为 20%，腐殖酸为 4%。从 2010 年 2 月 26 日开始（返青期）进行持续遮阴处理，至成熟期结束。整个生长期间的农田管理与一般大田措施相同，使病虫害及杂草等不成为限制因子。

1.3　测定指标与方法

试验期间对小麦生长发育状况进行调查，于灌浆初期（CK 为 5 月 5 日，T_1、T_2、T_3 组均为 5 月 11 日，T_4 组为 5 月 18 日）早上 8:00 按照五分法采取小麦旗叶，分别测定冬小麦叶片光合色素含量、电导率、丙二醛（MDA）含量及可溶性糖、可溶性蛋白、总游离氨基酸等同化物含量，每处理 4 次重复。

（1）光合色素含量的测定采用乙醇提取法[20]。称取 0.2 g 小麦叶片，加入少许石英砂、碳酸钙及 95% 乙醇研磨成匀浆，过滤至 25 mL 容量瓶中。在分光光度计 665 nm、649 nm、470 nm 波长下测定吸光度值。

（2）可溶性糖含量的测定采用苯酚法[20]。称取小麦叶片 0.2 g 于试管中，加入 10 mL 蒸馏水，于沸水中提取 90 min。提取液过滤至 25 mL 容量瓶。取 0.5 mL 提取液，分别加入 1.5 mL 蒸馏水，1 mL 9% 苯酚溶液，5 mL 浓硫酸摇匀显色，在 485 nm 波长下读取吸光度。

（3）可溶性蛋白含量的测定采用紫外吸收法[20]。称取叶片 0.3 g，用 5 mL 蒸馏水研磨成匀浆后，3000 r/min 离心 10 min。取 1 mL 上清液于试管中，再加入 14 mL 0.1 mol/L pH=7.0 磷酸缓冲液进行适当稀释。用紫外分光在 280 nm、260 nm 下读吸光度。

（4）游离氨基酸总量的测定采用茚三铜溶液显色法[20]。称取小麦叶片 0.5 g，用 5 mL 10% 乙酸研磨成匀浆，3000 r/min 下离心 10 min，将上清液转移至 25 mL 容量瓶。吸取样品滤液 1 mL，分别加入无氨蒸馏水 1 mL，水合茚三铜 3 mL，抗坏血酸 0.1 mL，置于沸水中加热 10 min，溶液由淡黄色变为蓝紫色。取出后迅速冷却，用 60% 乙醇定容至 20 mL。混匀后在 570 nm 波长下测定吸光度。

---

① 1 亩=1/15 hm^2，后同。

（5）膜脂过氧化产物丙二醛（MDA malondialdehyde）含量的测定采用硫代巴比妥酸（TBA）法[20]。称取小麦叶片 0.3g，用 5 mL 10％三氯乙酸研磨成匀浆，匀浆在 3000 r/min 下离心 10 min。取 2 支试管，一支加入 2 mL MDA 提取液，一支加入 2 mL 10％三氯乙酸，再分别加入 2 mL 0.6％硫代巴比妥酸，置于沸水上反应 15 min，反应后离心 10 min。以加入三氯乙酸的溶液为对照，取上清液分别在 600 nm、532 nm、450 nm 波长下测定吸光度值。

（6）相对电导率的测定按电导率仪测定法[20]。打出直径为 1 cm 的冬小麦圆叶片，置入抽滤瓶中抽滤至真空。取干净的小试管，每支试管中放入 3 片冬小麦叶叶片，再加入 10 mL 去离子水，静置 1 h，测定煮前电导率。之后放入沸水中煮 2 h，测定煮后电导率。

（7）利用英国 ADC 公司的 LC pro＋光合仪，在设定了恒定的光照强度、温度、CO_2 浓度、空气湿度的条件下，原位测定冬小麦各处理灌浆期的净光合速率（net photosynthetic rate，P_n）。具体测量条件如下：叶片表面光合有效辐射（PAR）设定为 1056 $\mu mol/(m^2 \cdot s)$，利用自动气象观测站测得 4 月份以及 5 月初日平均光照强度约为 1000 $\mu mol/(m^2 \cdot s)$，叶室温度为 25 ℃±0.4 ℃，CO_2 浓度为 400 $\mu mol/mol$，空气相对湿度为 60％±5％。为进一步减少外界环境因子的干扰，均于 8:00 开始测量，叶片在叶室中适应至稳定状态后每隔 20 s 记录一次数据，重复 3 次，每个处理水平共测量 15 次。

1.4 数据分析

用 EXCEL 软件对数据进行处理，求出各测定指标的方差、平均值及标准差（SD）；用 ORIGIN 软件对处理数据进行绘图；用 SPSS 软件的 LSD 法多个处理差异进行多重比较，采用 Pearson 相关分析法进行相关分析。

2 结果与分析

2.1 太阳辐射减弱对冬小麦叶片光合色素及光合速率的影响

由表 2 可以看出，随着太阳辐射减弱，叶绿素 a 含量明显增加，并与辐射强度呈极显著负相关（$r=-0.988^{**}$）。T_2 处理较对照的冬小麦叶绿素含量上升了 45.19％，T_4 处理较对照叶绿素 a 增加了 72.01％，各处理均与对照差异极显著（$P<0.01$）。随着太阳辐射的减少，叶绿素 b 含量也呈增加趋势，且与辐射强度极显著负相关（$r=-0.981^{**}$），T_2 处理组的叶绿素 b 比对照增加了 57.71％，而至 T_4 组时，叶绿素 b 含量比对照增加了 110.70％。随着太阳辐射的减少，冬小麦叶绿素 a/b 值逐渐下降。可见，辐射减弱胁迫会引起冬小麦叶绿素解体，其中叶绿素 a 增加幅度小于叶绿素 b，即辐射减弱主要影响冬小麦叶片中叶绿素 b 含量。

表 2　太阳辐射减弱对冬小麦叶片光合素色含量及组分的影响

太阳辐射	叶绿素 a 含量 （mg/g）	叶绿素 b 含量 （mg/g）	叶绿素总量含量 （mg/g）	类胡萝卜素含量 （mg/g）	叶绿素 a/b
CK	1.372±0.043 cC	0.402±0.010 cC	1.774±0.053 cC	0.331±0.007 cC	3.410
T_1	1.920±0.061 bB	0.607±0.029 bB	2.527±0.089 bB	0.392±0.007 bAB	3.164

续表

太阳辐射	叶绿素 a 含量 （mg/g）	叶绿素 b 含量 （mg/g）	叶绿素总量含量 （mg/g）	类胡萝卜素含量 （mg/g）	叶绿素 a/b
T_2	1.992±0.125 bB	0.634±0.044 bB	2.626±0.169 bB	0.384±0.027 bAB	3.143
T_3	2.363±0.151 aA	0.812±0.083 aA	3.175±0.232 aA	0.418±0.019 aA	2.921
T_4	2.360±0.101 aA	0.847±0.055 aA	3.207±0.155 aA	0.381±0.018 bB	2.791

同列内不同小、大写字母分别表示处理间差异达显著（$P<0.05$）或极显著（$P<0.01$）水平。下同

弱光胁迫下叶绿素总量显著升高，且与太阳辐射强度呈极显著负相关（$r=-0.987**$），当太阳辐射率低于 60% 时，各处理与对照差异极显著（$P<0.01$），且辐射强度越小，影响越大。T_2 组的冬小麦叶片叶绿素总量比对照增加了 48.03%，T_4 处理组则相对对照增加了 80.78%。说明较低的辐射强度下，植物叶片叶绿素含量的增加可能属于某种保护性反应。作物通过产生较多的叶绿素来获取有限的光照，尽可能满足光合作用的正常运转。类胡萝卜素既是植物的光合色素，又是重要的抗氧化剂，在吸收光能、保护叶绿素及猝灭活性氧（ROS）方面起着重要作用。由表 2 可知，各处理冬小麦叶片类胡萝卜素含量均与对照差异极显著（$P<0.01$），其中，T_3 处理类胡萝卜素含量最大，较对照上升了 26.28%，说明弱光胁迫会增加叶绿体中类胡萝卜素含量。

随着太阳辐射减弱程度增加，冬小麦叶片净光合速率（P_n）显著降低（如图 1），与辐射强度呈显著正相关（$r=0.925*$）。自然光照下的冬小麦叶片净光合速率为 16.30 $\mu mol/(m^2 \cdot s)$，T_1 处理较对照组叶片净光合速率下降了 15.80%，T_3 处理组的叶片净光合速率仅为 5.98 $\mu mol/(m^2 \cdot s)$，仅为 CK 处理组的 36.71%。说明过度遮阴引起光合有效辐射显著减少，从而降低冬小麦叶片的光合能力。

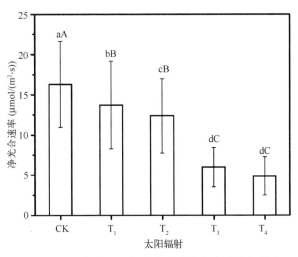

图 1　太阳辐射减弱对冬小麦叶片净光合速率的影响

2.2 太阳辐射减弱对冬小麦叶片膜脂过氧化程度的影响

丙二醛(MDA)是植物膜脂过氧化作用的最终产物,是膜系统受伤害的重要标志之一。由图 2 可以看出,随着太阳辐射减弱程度的增加,MDA 含量逐渐减弱,且与辐射强度呈极显著正相关($r=0.984**$)。从 T_1 开始就出现极显著差异($P<0.01$),MDA 含量较对照下降达 26.53%。各遮阴处理 MDA 含量均与对照差异极显著($P<0.01$)。说明在弱光环境胁迫下植物叶片中活性氧自由基产生减少,从而减缓植物叶片膜脂过氧化程度。

相对电导率的大小可以反映植物叶片的细胞膜透性,相对电导率越小,说明细胞液外渗较少,细胞膜透性较小。随着辐射减弱程度的加深,相对电导率含量减少(如图 3),与辐射强度呈极显著正相关($r=0.974**$)。T_1 处理相对电导率大小与对照不显著,其余均达显著水平($P<0.05$),T_4 处理降幅最大,降幅达到 64.90%。进一步分析,发现 MDA 含量与相对电导率大小呈显著正相关($r=0.933*$),说明辐射减弱减少了冬小麦叶片膜脂过氧化程度,降低了细胞膜透性,致使电解质和某些小分子有机物外渗减少。

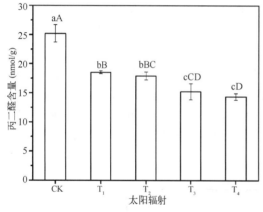
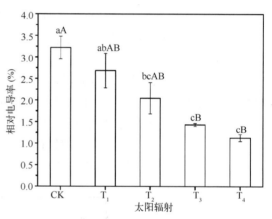

图 2 太阳辐射减弱对冬小麦叶片丙二醛含量的影响   图 3 太阳辐射减弱对冬小麦叶片相对电导率的影响

2.3 太阳辐射减弱对冬小麦叶片同化物的影响

太阳辐射减少会影响冬小麦叶片可溶性糖含量。由图 4 可知,冬小麦叶片可溶性糖含量随着太阳辐射强度降低而降低,且与其呈极显著正相关($r=0.978**$)。各处理与对照均达差异极显著水平($P<0.01$),但 T_1 与 T_2 间的可溶性糖含量差异不显著,T_3 与 T_4 间的差异也不显著。T_4 与对照处理的差异最大,其含量降低高达 76.45%。表明辐射减弱会抑制作物叶片可溶性糖的合成,且太阳辐射愈低,抑制作用愈大。

植物叶片中许多可溶性蛋白的合成受光调控。如图 5 所示,随着太阳辐射减少,冬小麦叶片可溶性蛋白含量显著降低,并与辐射强度呈极显著正相关($r=0.971**$)。T_1-T_4 处理的冬小麦叶片可溶性蛋白含量比对照下降了 19.02%~48.12%,均达差异极显著水平($P<0.01$)。说明辐射减弱会抑制作物可溶性蛋白的合成,当太阳辐射低于自然光的 60% 时抑制作用较明显。

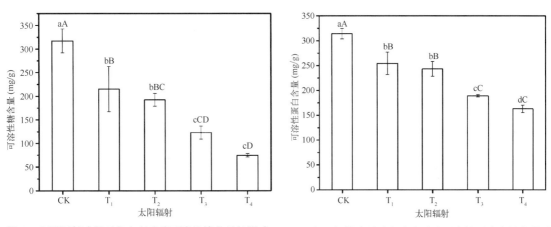

图 4 太阳辐射减弱对冬小麦叶片可溶性糖含量的影响 图 5 太阳辐射减弱对冬小麦叶片可溶性蛋白含量的影响

氨基酸是小麦植株氮化物的基本单位,是源库间实现氮素分配、转运、再分配的基础材料,在作物生长发育过程中起着非常重要的作用。冬小麦叶片总游离氨基酸含量随着太阳辐射的逐渐减弱而增加(图 6),且与辐射强度呈极显著负相关($r = -0.974^{**}$)。各处理总游离氨基酸含量均与对照差异极显著($P < 0.01$),T_2 处理含量比对照上升了 103.25%,T_4 处理总游离氨基酸含量则较对照组增加了 177.87%。可见,辐射减弱明显促进作物氨基酸的合成,当太阳辐射率低于 60% 时促进作用已经明显,且辐射愈低,促进作用愈明显。

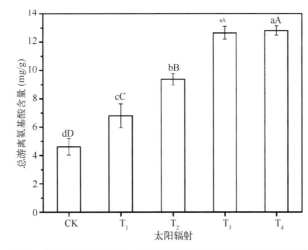

图 6 太阳辐射减弱对冬小麦叶片总游离氨基酸含量的影响

3 讨论

大量的观测结果表明,北美、欧洲和东亚已成为全球 SO_2 和硫酸盐高值中心,其中东亚地区是全球经济发展最快、污染排放增长最快的地区,其大气中硫化物含量的增长也最快[21]。早在 1976 年,Bolin 和 Charlson[22]就估计了硫酸盐气溶胶辐射强迫可使全球平均温度下降 $0.03 \sim 0.06$ K。Kiehl 和 Briegleb[23]计算了硫酸盐气溶胶直接辐射强迫的大小:全球平均为

-0.29 W/m², 北半球为 -0.43 W/m²。王喜红、石广玉[24]估算出东亚地区年平均的人为硫酸盐直接辐射强迫约为 -0.7 W/m²。大气气溶胶的辐射强迫作用直接导致地表接收到的太阳总辐射减少。我国是农业大国,长江三角洲地区又是重要的粮食生产基地,因此,研究气溶胶导致的太阳辐射减弱对农作物的影响具有重要意义。

叶绿素是光合作用的光敏催化剂,与光合作用密切相关,其含量和比例是植物适应和利用环境因子的重要指标。太阳辐射减弱后叶绿素总量呈上升趋势,这与大多数人研究结果相一致[25]。本研究表明,叶绿素总量和类胡萝卜素含量随辐射减弱而增加,这可能是因为遮阴后光强减弱,冬小麦在低光强下为吸收相对较多的日光能,产生更多的叶绿素以提高光合效能,这是对不同弱光环境的一种生理响应和适应。另外也说明,冬小麦在弱光下生长叶片成熟不落黄,延长了生育期。本研究表明,叶绿素含量与 MDA 值呈显著负相关 $r=-0.989$**,表明在自然光照条件下的冬小麦体内产生了大量活性氧,并由此加剧了膜脂过氧化,造成了膜系统损害,叶绿素降解,叶片老化。叶绿素重要的性质是选择性的吸收光,叶绿素中的两个主要成分 chla 和 chlb 有不同的吸收光谱。chla 主要存在于 PSⅠ、PSⅡ核心复合物及天线色素中,主要吸收红光部分偏向长波方面;chlb 是两个光系统的天线色素组成成分,在蓝紫光部分吸收带较宽[26]。叶绿素 a/b 成为评价植物耐阴能力的重要指标[27]。一般认为,辐射减弱后作物叶绿素含量增高,但 chla/chlb 会下降[28,29]。本文也得到了相似的结果,其中太阳辐射减弱对 chlb 的影响更显著,因此,chla/chlb 明显的低于对照。有研究表明,遮光后到达作物冠层的光照含蓝紫光比例偏高[30],叶绿素 b 的增加有利于吸收环境中的蓝紫光,维持 PSⅠ、PSⅡ之间的能量平衡,是植物对弱光环境的生态适应。由此可见,太阳辐射减弱后冬小麦可通过增加的光合色素含量,提高对散射光的利用率,以满足作物正常的新陈代谢及物质合成的需求,对辐射减弱胁迫表现出明显的适应性。

MDA 含量与相对电导率结合可综合反映作物叶片细胞膜的受损程度。本试验表明,太阳辐射减弱后冬小麦叶片 MDA 含量减少,降低了叶片的膜脂过氧化水平,表现为对低光强环境的高度适应性。这说明辐射减弱后,植物叶片·O_2^- 生成速率降低,H_2O_2 含量减少[31],从而提高了叶片膜保护酶系统如超氧化物歧化酶(SOD)、过氧化物酶(POD)、过氧化氢酶(CAT)、抗坏血酸过氧化物酶(APX)等的活性和含量[32],从而使其膜脂过氧化维持在较低的水平。

目前普遍认为,在光饱和点以下时随着光照强度的减弱,植物净光合速率会下降,其降低幅度受温度、CO_2 浓度、相对湿度等因素影响[33]。王惠哲[34]认为,弱光条件下植物净光合速率的降低是由气孔限制因子造成的。但也有研究认为,光合速率下降并不一定是由于气孔导度发生变化的结果,当辐射减弱时,植物叶片的光合速率和气孔导度大致呈平行下降时,如果气孔限制值(L_s)降低、胞间二氧化碳浓度(C_i)提高,则说明在弱光下光合作用的主要限制部位不是气孔,而是在叶肉细胞之间,是光能不足限制了叶绿体光合潜力的发挥[35]。本研究中,随着太阳辐射减弱,叶片的叶绿素含量显著升高,而净光合速率却在下降,这说明植物叶片通过增加光合色素含量所获取的光能不足以弥补太阳辐射减少所带来的损失,最终导致光合速率下降。此外,辐射减弱后叶片光合速率的下降还可能与叶片光能利用率如 F_v/F_m, ΦpsII, ETR, AQY 等的降低有关[36,37],还可能由于光合暗反应中碳素同化效率的下降而引起[38]。

小麦叶片是以合成蔗糖为主的典型的"糖叶"[39],其可溶性糖含量高低反映了叶片合成光合产物的能力[40],较多的可溶性总糖、叶片蔗糖含量有利于籽粒淀粉的积累[41]。有研究表明随辐射减弱,叶片可溶性糖含量显著下降[42],本研究结果表明,辐射减弱胁迫会抑制冬小麦叶片可溶性糖的合成,当太阳辐射率低于60％时抑制作用较强,且辐射减弱程度愈高,抑制作用愈明显。究其原因一方面可能是因为辐射减弱后冬小麦叶片净光合速率降低(如图1),叶片光合产物积累减少;此外,乔新荣等[43]研究表明,遮光后达作物冠层的光照主要为散射光,含蓝紫光比例偏高,而有利于碳水化合物积累的红光减少,这也是遮阴后冬小麦叶片中可溶性糖含量降低的原因之一。另一方面可能是由于叶片所累积的同化物向其他器官输送速率的增加所引起。

蛋白质是生命活动的体现者,可直接表明植物对逆境的抵抗和耐受能力。叶片中许多可溶性蛋白合成受光控制,生长在阴生条件下叶片的可溶性蛋白质含量通常低于正常条件下的叶片[44],但也有人发现阴生条件下蛋白在光合单位中的相对含量增加,并且认为是由于叶绿素b主要存在集光色素蛋白中,因此,叶绿素b在叶绿素中的相对含量的增加可能与集光色素蛋白相对含量的上升有关[45,46]。本研究结果表明,在太阳辐射减弱条件下,冬小麦叶片可溶性蛋白含量降低,其原因可能有以下几方面造成:(1)氮代谢途径中关键酶活性降低,使氨离子补偿能力减弱,造成蛋白质含量下降。Osuji et al[47]指出,植物蛋白质含量降低与氮代谢功能酶谷氨酰胺合成酶(GS)和谷氨酸脱氢酶(GDH)活性受抑有关。(2)蛋白水解酶活性升高导致蛋白质的水解加强。(3)辐射减弱增强了植物叶片对其他器官的蛋白质的输送量。

游离氨基酸是细胞质中渗透调节的重要有机溶质,是逆境条件下植物抗逆性的重要物质基础[48]。本试验结果表明,一定辐射减弱胁迫下,冬小麦叶片总游离氨基酸含量随着辐射减弱强度的增加而增加,处理间差异显著。这与在大豆上的研究结果相似[35]。作物叶片总游离氨基酸含量增加的原因,一方面由于遮阴处理后叶片质膜受损程度,使得叶片中游离氨基酸流失变少,从而辐射减弱下的冬小麦叶片总游离氨基酸含量相对于自然光照下的含量增加。本试验中游离氨基酸含量与膜脂过氧化产物丙二醛(MDA)和电导率含量呈显著负相关,其相关系数分别为 $r=-0.930^*$,$r=-0.994^{**}$。另一方面,由于弱光条件下叶片合成碳水化合物的能力急剧下降,抑制了同化物的正常积累与运转,使植株各器官生长不协调,植株的代谢由碳代谢为主转向氮代谢为主[49],氮含量显著增加。对甜菜的研究发现,遮阴后,总游离氨基酸含量变化趋势与总氮相同,呈增加趋势[50]。本研究中,可溶性糖含量与总游离氨基酸含量呈极显著负相关($r=-0.966^{**}$)也证明了这一点。辐射降低后有利于植物体内氨基酸的积累,但未能提高蛋白质含量,反而使其含量降低,其原因有待进一步的研究。

4 结论

太阳辐射减弱后会引起冬小麦光合速率下降,光合色素增加,其中叶绿素b含量的增加最明显。同时会抑制冬小麦叶片膜脂过氧化程度,减少细胞膜透性。光合速率的下降会直接导致作物体内同化物的累积受到影响,可溶性糖类及可溶性蛋白质含量显著减少,总游离氨基酸含量增加,进而影响作物体内的碳氮代谢,势必会影响冬小麦的产量及品质。

参考文献

[1] 石广玉,王标,张华,等. 大气气溶胶的辐射与气候效应. 大气科学,2008,**32**(4):826-840.

[2] Srinivasan J, Gadgil S. Asian brown cloud-fact and fantasy. *Current Science*,2002,**83**(5):586-592.

[3] UNEP. Assessment Report, Center for Clouds, Chemistry and Climate (C4)University of California, San Diego, 2002, available at www. rrcac. unep. org/abc/impactstudy/.

[4] 袁玉欣,王颖,裴保华. 模拟林木遮阴对小麦生长和产量的影响. 华北农业学报,1999,**14**(增刊):54-59.

[5] 刘金根,刘红霞,丁奎敏,等. 遮光对香根草生长发育的影响研究. 草业科学,2006,**23**(4):36-39.

[6] Chaturvedi G S, Ingram K T. Growth and yield of low land rice in response to shade and drainage. *Crop Science*,1989,**14**:61-67.

[7] Ward D A,Woolhouse H W. Comparative effects of light during growth on the photosynthetic properties of NADP-ME type C$_4$ grasses from open and shade habitats. Photosynthetic enzyme activities and metabolism. *Plant,Cell and Environment*, 1986,**9**(4),271-277.

[8] 蔡昆争,骆世明. 不同生育期遮光对水稻生长发育和产量形成的影响. 应用生态学报,1999,**10**(2):193-196.

[9] 刘贤赵,康绍忠,周吉福. 遮阴对作物生长影响的研究进展. 干旱地区农业研究,2001,**19**(4):65-73.

[10] Thangaraj M, Sivasubramanian V. Effects of low light intensity on growth and productivity of irrigated rice. *Madras Agriculture*,1990,**77**:220-224.

[11] Struik P C. The effects of short and long shading, applied during different stages of growth, on the development, productivity and quality of forage maize (Zea maysL.). *Neth. J. Agric. Sci.*, 1983,**31**(2):101-124.

[12] 汤又悦. 遮阴对水稻生长发育和产量构成因素的影响(简报). 植物生理学通讯,1988,(2):50-53.

[13] Combell C A, Selles F,*et al*. Factors influencing grain N concentration of hard red spring wheat in the semiarid prairie. *Can. J. Soil Sci.*,1997,**57**:311-327.

[14] 任万军,杨文钰,徐精文,等. 弱光对水稻籽粒生长及品质的影响. 作物学报,2003,**29**(5):785-790.

[15] 罗云峰,吕达仁,周秀骥,等. 30 年来我国大气气溶胶光学厚度平均分布特征分析. 大气科学,2002,**26**(6):721-730.

[16] Chameides W L,Yu H, Liu S C,*et al*. Case study of the effects of atmospheric aerosols and regional haze on agriculture:An opportunity to enhance crop yield in China through emission controls? *National Arid Science*,1999,**96**(24):13626-13633.

[17] Xia X G,Li Z Q, Holben B,*et al*. Aerosol optical properties and radiative effects in the Yangtze Delta region of China. *Journal of Geophysical Research*,2007,(112):1-16.

[18] Li H W, Jiang D, Wollenweber B, *et al*. Effects of shading on morphology, physiology and grain yield of winter wheat. *European Journal of Agronomy*,2010, **33**:267-275.

[19] Bell G E, Danneberger T K, McMahon M J. Spectral irradiance available for turfgrass growth in sun and shade. *Crop Sci.*,2009,**40**:189-195.

[20] 李合生. 植物生理生化实验原理和技术. 北京:高等教育出版社,2000.

[21] Fu C B,Kim J W and Zhao Z C. Impacts of global change on Asia,Asian Change in the Context of Global Change,edited by Galloy J. N. and MelilloJ.,Cambridge University Press. 1996.

[22] Bolin B and Charlson R J. On the role of the tropospheric sulfur cycle in the short wave radiative climate of the earth. *Ambio*,1976,**5**:47-54.

[23] Kiehl J T, Briegleb B P. The relative roles of sulfate aerosol and greenhouse gases in climate forcing.

Science,1993,**260**:311-314.

[24] 王喜红,石广玉. 东亚地区人为硫酸盐的直接辐射强迫. 高原气象,2001,**20**(3):258-263.

[25] 李霞,严建民,季本华,等. 光氧化和遮阴条件下水稻的光合生理特性的品种差异. 作物学报,1999,**25**(3):301-308.

[26] 刘悦秋,孙向阳,王勇,等. 遮阴对异株荨麻光合特性和荧光参数的影响. 生态学报,2007,**27**(8):3457-3463.

[27] 沈允钢,施教耐,许大全. 动态光合作用. 北京:科学出版社,1998.

[28] 李长缨,朱其杰. 光强对黄瓜光合特性及亚适温下生长的影响. 园艺学报,1997,**24**(1):97-99.

[29] 李军超,苏陕民,李文华. 光强对黄花菜植株生长效应的研究. 西北植物学报,1995,**15**(1):78-81.

[30] 郭晓荣,曹坤芳,许再富. 热带雨林不同生态习性树种幼苗光合作用和抗氧化酶对生长光环境的反应. 应用生态学报,2004,**15**(3):377-381.

[31] 黄俊,郭世荣,蒋芳玲,等. 遮阴处理及恢复光照对白菜生长及活性氧代谢的影响. 园艺学报,2008,**35**(5):753-756.

[32] 鲍思伟,谈锋. 不同光强对曼地亚红豆杉扦插苗叶片膜脂过氧化和膜保护酶活性的影响. 西部林业科学,2009,**38**(1):1-7.

[33] Ody Y. Effects of light intensity, CO_2 concentration and leaf temperature on gas exchange of strawberry plants:feasibility studies on CO_2 enrichment in Japanese conditions. *Acta Horticultrae*,1997,**439**:563-573.

[34] 王惠哲,庞金安,李淑菊,等. 弱光对春季温室黄瓜生长发育的影响. 华北农学报,2005,**20**(1):55-58.

[35] 宋艳霞. 套作遮阴及复光对不同大豆品种光合、氮代谢及产量、品质的影响. 四川农业大学硕士论文,2009.

[36] 刘文海,高东升,束怀瑞. 不同光强处理对设施桃树光合及荧光特性的影响. 中国农业科学,2006,**39**(10):2069-2075.

[37] Zhao M, Ding Z S,Ishhill R,*et al*. The changes and components of non-photochemical quenching under drought and shade conditions in maize. *Acta Agronomica Sinica*,2003,**29**(1):59-62.

[38] 睦晓蕾,张宝玺,张振贤,等. 不同品种辣椒幼苗光合特性及弱光耐受性的差异. 园艺学报,2005,**32**(2):222-227.

[39] 夏叔芳,于新建,张振清. 叶片光合产物输出的抑制与淀粉和蔗糖的积累. 植物生理学报,1981,(7):135-142.

[40] 邵庆勤,杨文钰,樊高琼. 不同氮肥水平下烯效唑对小麦可溶性糖和淀粉含量的影响. 安徽科技学院学报,2006,**20**(4):12-15.

[41] 李友军,熊瑛,吕强,等. 不同类型专用小麦叶、茎、粒可溶性糖变化与淀粉含量的关系. 中国农业科学,2005,**38**(11):2219-2226.

[42] 彭尽晖,唐前瑞,于晓英,等. 遮阴对四季桂光合特性的影响. 湖南农业大学学报(自然科学版),2002,**28**(3):218-219.

[43] 乔新荣. 光照强度对烤烟生长发育、光合特性及品质的影响. 河南农业大学硕士论文,2007.

[44] Boardman N K. Photosynthesis on sun and shading plant[C]. Winslow R B. Annu Rev Plant Physiology. California:Annal Re-views Inc,1977,**28**:355-371.

[45] 迟伟,王荣富,张成林. 遮阴条件下草莓的光合特性变化. 应用生态学报,2001,**12**(4):566-568.

[46] Chow W S,Andeson J M. Light regulation of Photosystem II and Photosystem I reaction centers of Plant thylkaoid membrane. Dodrercht:Kluwer academic Publisher,1996:325-336.

[47] Osuji G O & Cuezo R G. N-carboxymethyl chitosan enhancement of the storage protein contents of maize

seeds. *Food Bio technology*，1992，**6**(2)：105-126.

［48］张明生,彭忠华,谢波,等. 甘薯离体叶片失水速率及渗透调节物质与品种抗旱性的关系. 中国农业科学,2004,**37**(1):152-156.

［49］李林,张更生. 阴害影响水稻产量的机制及其调控技术 II. 灌浆期模拟阴害影响水稻产量的机制. 中国农业气象,1994,**15**(3):5-9.

［50］孙国琴,蔡葆. 甜菜糖分积累期遮光灌水对植株形态及生理指标影响的研究. 中国甜菜糖科,1990,(4):17-23.

东北地区春玉米农田蒸散规律
及影响因子研究

郭春明[1] 任景全[1] 曲思邈[1] 张铁林[2] 于 海[2]

(1.吉林省气象科学研究所,长春 130062;2.榆树市农业气象试验站,榆树 130400)

摘要:利用大型称重式蒸渗计对东北春玉米农田蒸散进行试验观测,分析春玉米农田蒸散生育期、月、日、时动态变化及其影响因子。结果表明:东北春玉米农田蒸散生长季(播种—成熟)蒸散量为 304.5 mm,日平均蒸散速率为 2.8 mm/d。在播种至三叶期蒸散量较低,从七叶期开始,随着玉米植株生长发育,蒸散量逐渐增加,并在抽雄开花期达到峰值(4.6 mm/d),之后在乳熟至成熟期降低为 2.5 mm/d;6—8 月是高蒸散期,5 月和 9 月是低蒸散期;春玉米农田最大日蒸散率为 6.2 mm/d;晴天与阴天逐时变化表现为早晚低、中午高的"单峰型"曲线特征,阴天蒸散曲线变化较为平缓。叶面积指数是影响春玉米农田蒸散的主要生物因子,太阳辐射是主要的环境因子。

关键词:春玉米;蒸散;叶面积指数;蒸渗计;东北地区

蒸散是地表水分平衡中的重要组成部分,农田蒸散是农田水资源优化配置和提高农田水资源利用率的重要因素。蒸散不仅影响植物的生长发育与产量,还影响大气环流,起到调节气候的作用[1]。蒸散过程是土壤-植物-大气系统内连续而复杂的过程,备受关注[2]。国外许多学者对不同作物农田的蒸散规律进行了研究[3,4]。Lopez et al[5]利用蒸渗计研究了西班牙中部半干旱地区葡萄园的蒸散规律。Goyal et al[6]研究得出气温是印度干旱区蒸散的主要影响因子,其次是饱和水汽压。国内学者也研究了我国不同地区夏玉米农田蒸散规律及影响因子[7,8]。Liu et al[9]研究表明夏玉米农田蒸散规律呈初期小—中期大—末期小的单峰规律变化。在干旱区土壤水分满足条件下,太阳辐射是蒸散的主要环境控制因子;而当土壤水分缺乏时,土壤湿度条件对蒸散的影响更为显著[10]。Kang et al[11]研究认为叶面积指数与半干旱区夏玉米农田蒸散有密切关系。

东北地区纬度较高,气候变化响应明显,是国家重要的商品粮基地和世界三大黄金玉米带之一。近年来,在自然与人类的共同影响下,干旱洪涝等自然灾害频发,降水分布不均,对农业

基金项目:公益性行业(气象)科研专项"蒸渗计在气象观测中的应用试验研究"(GYHY201106043)、公益性行业(气象)科研专项"东北地区春玉米农业气象指标体系研究"(GYHY201206018)。

第一作者简介:郭春明,1962 年出生,吉林公主岭人,高级工程师,主要从事农业气象研究工作。E-mail:Gch8188@sina.com。

生产造成很大影响。曾丽红等[12,13]研究表明,东北地区近 60a 来蒸散总体表现为较小幅度的增加,气温上升和气候干化是影响蒸散的最重要因子。这些研究结果是基于气象数据经公式计算而来,与农田生态系统的实际蒸散有较大差异,并不能较好地反映东北地区春玉米农田的实际蒸散规律。利用高精度的大型称重式蒸渗计测定农田生态系统蒸散是最为有效的方法之一,鉴于此,本文利用大型称重式蒸渗计开展东北地区春玉米农田蒸散规律试验研究,并分析影响春玉米农田蒸散的因子,为建立东北春玉米农田蒸散估算模式提供了可靠数据。这对今后开展作物需水量等业务服务提供了数据支持,对东北地区春玉米农田的合理灌溉具有重要的指导意义。

1　材料与方法

1.1　试验区概况

试验于 2013 年在吉林省榆树市农业气象试验站进行。该地区(126°31′E、44°51′N,海拔196 m)属于温带大陆性季风气候,四季分明,雨热同季,降水主要集中于夏季,多年平均气温为 4.6℃,年平均降水量为 575.2 mm,年平均日照时数为 2561.9 h。研究区域下垫面平坦均匀,土壤为黑土,蒸渗计位于试验地中间。该蒸渗计由甘肃省气象信息与技术装备保障中心研制,精度为 0.1 mm/d,灵敏度为 0.01 mm/h,可以观测蒸散的日变化。为防止地下水位较深和出现长时间的干旱,将蒸渗计有效蒸散面积设计为 4.0 m²,土柱深为 2.5 m,另在土柱下设计有 0.3 m 上细下粗的砾石层,土柱加砾石层总深度为 2.8 m。考虑圆形钢桶受力状况优于矩形钢桶,将蒸渗计形状设计为圆形。为提高观测精度和灵敏度,选择用 300 kg 悬臂梁式传感器,此种传感器结构简单、安装维修方便、环境适应能力力强。采用最大负荷 9000 kg、外径325 mm、高度 500 mm 的新型强力弹簧,使其工作范围在最佳线性状态。蒸渗计内春玉米种植和田间管理措施均与周围农田一致。供试春玉米品种为郑单 958,于 2013 年 5 月播种,9 月成熟。

1.2　数据观测

气象资料由距离试验田 100 m 的榆树农业气象试验站观测场获得,包括空气温度、土壤温度、降水量、日照时数等常规气象要素数据。从玉米三叶普遍期开始,在每个发育期进行叶面积测定。测定方法按《农业气象观测规范》[14]中"叶面积测定"执行。从玉米播种—成熟,在试验区域每旬逢 8 日观测 0～50 cm 深按 10 cm 分层的土壤相对湿度。在玉米苗期,10 cm 土壤相对湿度保持在 70%左右;从拔节期开始,玉米快速生长,水分需求增加,各层次的土壤相对湿度在 80%～90%之间;乳熟—成熟期,土壤相对湿度保持在 70%以上。采用漫灌方式,保证玉米生育期土壤相对湿度满足作物正常生长需要。

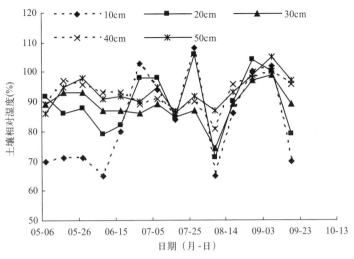

图 1　春玉米生长季内不同深度土壤相对湿度

1.3　土壤水分控制试验方案

根据榆树站历年降水量和土壤水分变化情况,本试验采用以下方案进行土壤灌溉补水。根据每次测定的土壤湿度,若 0～30 cm 土层平均土壤湿度低于同深度可利用水(田间持水量与凋萎湿度之差)的 50％,首先计算出 0～50 cm 所测土壤湿度与田间持水量的差,再依据试验地面积和蒸渗计面积大小,计算出每次需要的灌溉量,进行灌溉,将土壤水分灌至田间持水量。在 2013 年春玉米生长季(播种—成熟)内,榆树站自然降水完全满足玉米生长发育所需的土壤水分条件,无灌溉。

1.4　蒸散量(ET_c)的测定及相关分析

蒸散量由水量平衡法计算得出,计算公式如下:
$$ET_c = P + \Delta W - R \tag{1}$$
式中:ET_c 为实测蒸散量(mm);P 为大气降水量(mm);ΔW 为蒸渗计测得的前一个时刻减去后一个时刻的重量变化(mm);R 为渗漏量(mm)。

蒸散量既有其自身变化规律,又与外界环境密切相关,所以只有环境因子与蒸散变化显著相关,又随时间发生显著变化,才可能成为影响蒸散变化的因子,本文采用完全相关系数法[15,16]分析春玉米农田蒸散的主要影响因子,即
$$QC = |C_1 \cdot C_2| \tag{2}$$
式中:QC 为蒸散量与某影响因子的完全相关系数,C_1 和 C_2 分别表示蒸散量与影响因子和该影响因子与时间的相关系数,C_1 和 C_2 需通过 0.01 显著水平的临界值,QC 的计算才有意义。

2　结果与分析

2.1　春玉米生育期蒸散量变化

分析过程中,剔除了外界因素导致的异常数据,如表 1 所示。春玉米全生育期降水量为

541.2 mm,蒸散量为 304.5 mm,降水完全满足玉米生长发育需求。玉米在播种—三叶期蒸散量较小,日均蒸散量为 0.9 mm/d,蒸散以棵间土壤蒸发为主,受土壤环境因素影响较大。从七叶期开始,随着气温升高,玉米植株的旺盛生长,植株蒸腾量增加,蒸散量逐渐增加,并在抽雄开花期达到峰值(4.6 mm/d),此时玉米叶面积指数达到最大。随着玉米逐渐成熟,生理活动减弱,蒸散量缓慢减小,在乳熟至成熟期为 2.5 mm/d。春玉米农田蒸散存在显著的日间变异(图 2)。最大日蒸散率为 6.2 mm/d(8 月 1 日);最小日蒸散率为 0.2 mm/d(5 月 10 日),整个生长季平均日蒸散率为 2.8 mm/d,呈单峰型规律变化。

表 1　春玉米生育期内蒸散量和降水量变化

生育期	日期	降水量(mm)	实测蒸散量(mm)	实际天数(d)	统计天数(d)	缺值日期
播种—出苗	05-05—05-18	49.9	9.7	14	11	05-14—05-15,05-18
出苗—三叶	05-19—05-22	9.2	—	4	0	05-19—05-22
三叶—七叶	05-23—06-03	12.8	14.1	12	10	05-23—05-24
七叶—拔节	06-04—06-26	58.5	61.0	23	23	
拔节—大喇叭口	06-27—07-08	191.3	10.6	12	4	06-30—07-06,07-08
大喇叭口—抽雄	07-09—07-22	51.6	59.9	14	13	07-16
抽雄—开花	07-23—07-24	6.6	4.5	2	1	07-24
开花—乳熟	07-25—08-18	68.8	76.6	25	20	07-28,08-02—08-03,08-13,08-17
乳熟—成熟	08-19—09-18	92.5	68.1	31	27	08-19,08-28,09-02,09-05
全生育期	05-05—09-18	541.2	304.5	137	109	

2.2　春玉米农田逐月蒸散量变化

将每日蒸散值按月份进行累加,分析东北春玉米农田月蒸散量动态变化(图 2)。从月蒸散值来看,由于 6—8 月降水较多,蒸散量相对较高,累计蒸散量达 272.2 mm,占总蒸散量的 89.4%。其中,6—8 月各月分别占 23.3%、30.8% 和 35.3%。5 月和 9 月相对较低,总蒸散量为 93.4 mm,仅占 10.6%。可知,6—8 月是高蒸散期,日平均蒸散率达到 3.3 mm/d,5 月和 9 月是低蒸散期,日平均蒸散率为 1.7 mm/d,仅为高蒸散期的一半。这是因为 5 月植株矮小,叶面积指数小,蒸散以土壤蒸发为主,蒸散量较低。9 月玉米发育接近成熟,叶片逐渐衰退,叶面积指数降低,作物蒸腾减小,田间蒸散降低。6—8 月是玉米生长的主要时期,叶面积指数较大,植株蒸腾增大,蒸散量较高。

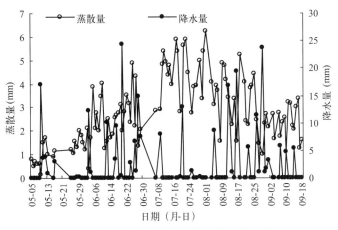

图 2　春玉米农田日蒸散量和降水量变化

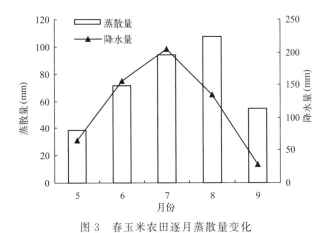

图 3　春玉米农田逐月蒸散量变化

2.3　春玉米农田逐时蒸散量变化

东北春玉米农田逐时蒸散特征在遵循本身周期性变化的同时,还受到蒸散时期和天气的共同影响。本文从高蒸散期和低蒸散期中分别选择晴天(8 月 6 日和 5 月 16 日)和阴天(8 月 8 日和 5 月 29 日)进行蒸散规律分析(图 4)。从图 4a 可知,高蒸散期下晴天的日变化表现为早晚低、中午高的"单峰型"曲线特征。夜间蒸散较低,接近于 0,变化平稳;日间蒸散变化显著,9:00 左右,蒸散量迅速增大,在正午前后达到最大值(0.59 mm/h)。随后蒸散量逐渐下降,直至 21:00 左右,降至 0 附近。阴天蒸散日变化规律与晴天一致,但蒸散量较低,曲线变化平缓,最大值为 0.21 mm/h。低蒸散期晴天和阴天日蒸散规律与高蒸散期一致,但晴天日蒸散峰值(0.43 mm/h)较高蒸散期低,阴天蒸散变化不稳定,但是在中午仍有较高的蒸散值。

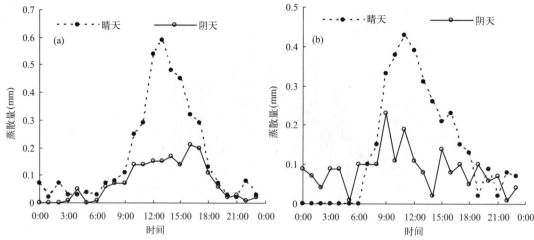

图 4　不同天气条件下的春玉米农田逐时蒸散量

(a)高蒸散期；(b)低蒸散期

2.4　东北春玉米农田蒸散的影响因子分析

生物和环境因子是影响东北春玉米农田蒸散的重要因素。东北春玉米农田蒸散与单一影响因子完全相关分析表明,蒸散量与叶面积指数和太阳辐射的关系最为密切,其中叶面积指数和蒸散量的完全相关系数最大(0.75),太阳辐射次之,饱和水汽压差、5 cm 土壤温度、日平均气温和 10 cm 深土壤相对湿度对农田蒸散量无显著影响(表 2)。综合表明,叶面积指数是影响春玉米农田蒸散最主要的生物因子,太阳辐射是最主要的环境驱动因子。

表 2　春玉米农田蒸散与影响因子的完全相关系数

因子	与蒸散相关 C_1	与时间相关 C_2	完全相关系数 QC	样本数
叶面积指数	0.85**	0.88**	0.75	6
太阳辐射	0.33**	0.34**	0.11	109
饱和水汽压差	−0.12	−0.46**	——	109
5 cm 土壤温度	0.69**	0.04	——	109
日平均气温	0.46**	−0.18	——	109
10 cm 土壤相对湿度	0.34	0.40	——	14

注:** 表示 相关系数通过 0.01 水平的显著性检验,——表示 QC 不存在

3　结论与讨论

本文利用 2013 年东北春玉米农田蒸渗计观测试验数据分析了春玉米农田蒸散规律及其影响因子,得出以下结论:春玉米全生育期蒸散量为 304.5 mm。在播种—三叶期蒸散量较小,日均蒸散量为 0.9 mm/d。从七叶期开始,蒸散量逐渐增加,并在抽雄开花期达到峰值(4.6 mm/d)。随着玉米逐渐成熟,蒸散量在乳熟至成熟期降低为 2.5 mm/d。月蒸散特征表现为 6—8 月是高蒸散期,占总蒸散量的 89.4%,5 月和 9 月是低蒸散期。王菱等[17]认为 8 月

也是黄淮海玉米农田蒸散的高峰期。王宇等[18]研究得出雨养玉米在 7 月蒸散量最大,这可能是由于玉米长势以及农田小气候环境不同而造成。

东北春玉米农田最大日蒸散率为 6.2 mm/d(8 月 1 日);最小日蒸散率为 0.2 mm/d(5 月 10 日),全生育期平均日蒸散率为 2.8 mm/d。与其他农田生态系统相比,本研究最大日蒸散率值高于米娜[19]利用涡度相关系统观测的 5.4 mm/d 和阳付林[20]关于黄土高原半干旱区春小麦日蒸散率值(4.69 mm/d),但低于 Burba[21]对小麦生态系统测量得到的 7.0 mm/d。春玉米农田蒸散逐时变化表现为早晚低、中午高的"单峰型"曲线特征。这与黄土高原春小麦农田蒸散的日变化规律相同[22]。阴天蒸散逐时变化规律与晴天一致,但是蒸散量较低,曲线变化平缓。这是因为晴天太阳辐射较强,能为蒸散提供充足的驱动力,阴天太阳辐射较弱,蒸散驱动力降低,蒸散量减小。

叶面积指数是影响春玉米农田蒸散最主要的生物因子,太阳辐射是最主要的环境驱动因子。蒸散强度受作物本身生长状况(叶面积指数)、蒸散物质来源(土壤水分)和蒸散能量驱动力(太阳辐射)共同影响[23]。由于本试验在土壤水分满足的条件下进行,不考虑土壤水分对蒸散的影响。有研究表明,在玉米生长季植株蒸腾与蒸散量的比值为 70% 左右,而叶面积指数是影响植株蒸腾的重要因子,进而影响蒸散量[24]。太阳辐射是最大的能源,能使大量的液态水变为水汽,促使蒸散增加。

本试验观测的蒸散数据可作为蒸发、蒸散的实测"标准量",用来评估其他蒸散测定方法或估算模式,也为建立东北春玉米农田蒸散估算模式提供了可靠数据,从而为农田灌溉管理、抗旱减灾服务提供科学依据。同时,本文也存在着不足,如试验数据年限较短,没有区分土壤蒸发和植株蒸腾,还需在今后的研究中利用多年观测数据进行更全面深入的研究。

参考文献

[1] Suker A E, Verma S B. Interannual water vapor and energy exchange in an irrigated maize-based agroecosystem[J]. *Agricultural and Forest Meteorology*,2008,**148**:417-427.

[2] Blad B L, Rosenberg N J. Lysimetric calibration of the Bowen ratio-energy balance method for evapotranspiration estimation in the central Great Plains[J]. *Appl. Meteorol.*, 1974,**13**:227-235.

[3] Yarami N, Kamgar-Haghighi A A, Sepaskhah A R, et al. Determination of the potential evapotranspiration and crop coefficient of saffron using a water-balance lysimeter[J]. *Archives of Agronomy and Soil Science*, 2011,**57**(7):727-740.

[4] Shukla, S, Shrestha N K, Jaber F H, et al. Evapotranspiration and crop coefficient for watermelon grown under plastic mulched conditions in sub-tropical Florida[J]. *Agricultural Water Management*,2014,**132**(1):1-9.

[5] Lopez-Urrea R, Montoro A, Manas F, et al. Evapotranspiration and crop coefficients from lysimeter measurements of mature 'Tempranillo' wine grapes[J]. *Agricultural Water Management*,2012,**112**(9):13-20.

[6] Goyal R K. Sensitivity of evapotranspiration to global warming:a case study of arid zone of Rajasthan (India)[J]. *Agricultural Water Management*, 2004,**69**(1):1-11.

[7] Ding R, Kang S, Li F, et al. Evaluating eddy covariance method by large-scale weighing lysimeter in a maize field of northwest China[J]. *Agricultural Water Management*, 2010,**98**(1):87-95.

[8] Ding R, Kang S, Zhang Y, et al. Partitioning evapotranspiration into soil evaporation and transpiration

using a modified dual crop coefficient model in irrigated maize field with ground-mulching[J]. *Agricultural Water Management*，2013，**127**(9)：85-96.

[9] Liu Y J, Luo Y. A consolidated evaluation of the FAO-56 dual crop coefficient approach using the lysimeter data in the North China Plain[J]. *Agricultural Water Management*，2010，**97**(1)：31-40.

[10] 苗海霞. 开垦和放牧对内蒙古半干旱草原蒸发散的影响[D]. 中科院植物研究所博士论文，2008.

[11] Kang S, Gu B, Du T, *et al*. Crop coefficient and ratio of transpiration to evapotranspiration of winter wheat and maize in a semi-humid region[J]. *Agricultural Water Management*，2003，**59**(3)：239-254.

[12] 曾丽红，宋开山，张柏，等. 东北地区参考作物蒸散量对主要气象要素的敏感性分析[J]. 中国农业气象，2010，**31**(1)：11-18.

[13] 曾丽红，宋开山，张柏，等. 近 60 年来东北地区参考作物蒸散量时空变化[J]. 水科学进展，2010，**21**(2)：194-200.

[14] 中国气象局. 农业气象观测规范[M]. 北京：气象出版社，1993：34-36.

[15] 刘波，马柱国，丁裕国. 中国北方近 45 年蒸发变化的特征及与环境的关系[J]. 高原气象，2006，**25**(5)：840-848.

[16] 师桂花. 典型草原区蒸发皿蒸发量变化特征及气象因子影响分析[J]. 中国农业气象，2014，**35**(5)：497-503.

[17] 王菱，倪建华. 以黄淮海为例研究农田实际蒸散量[J]. 气象学报，2001，**59**(6)：784-793.

[18] 王宇，周广胜. 雨养玉米农田生态系统的蒸散特征及其作物系数[J]. 应用生态学报，2010，**21**(3)：647-653.

[19] 米娜，张玉书，陈鹏师，等. 玉米农田蒸散过程及其对气候变化的响应模拟[J]. 生态学报，2010，**30**(3)：0698-0709.

[20] 阳伏林，张强，王润元，等. 黄土高原半干旱区农田生态系统蒸散与作物系数特征[J]. 应用生态学报，2013，**24**(5)：1209-1214.

[21] Burba G G, Verma S B. Seasonal and interannual variability in evapotranspiration of native tall grass prairie and cultivated wheat ecosystems[J]. *Agricultural and Forest Meteorology*，2005，**135**(1/4)：190-201.

[22] 阳伏林，张强，王文玉，等. 黄土高原春小麦农田蒸散及其影响因素[J]. 生态学报，2014，**34**(9)：2323-2328.

[23] 杨晓光，刘海隆，王玉林，等. 华北平原夏玉米农田生态系统蒸散规律研究[J]. 中国生态农业学报，2003，**11**(4)：66-68.

[24] Liu C, Zhang X, Zhang Y. Determination of daily evaporation and evapotranspiration of winter wheat and maize by large-scale weighing lysimeter and micro-lysimeter[J]. *Agricultural and Forest Meteorology*，2002，**111**(2)：109-120.

农田蒸散分析法研究综述

王文娟　姜海峰　蒋国勇　武瑞雅

（宁夏灵武市气象局,灵武 750402）

摘要：本文在前人土壤湿度方面研究成果的基础上,查阅大量文献,总结了农田蒸散的实测和估计方法,通过对比分析各类方法的优缺点,同时总结了现阶段农田蒸散分析法研究现状。

关键词：土壤湿度;农田蒸散;研究方法

0　引言

　　土壤湿度是气候变化研究中备受关注的一个重要的物理量。研究表明,在陆地上,土壤湿度的重要性甚至超过了 SST(海温)的作用,因为在陆地上,降水的水汽有 65% 来源于蒸发,因而在农田生态系统中,蒸散是一个与土壤湿度变化密切相关的量。近年来的很多研究都从不同的角度讨论了土壤湿度的变化及其影响因素,也通过科学的探讨和验证找寻了很多有关农田蒸散和土壤湿度变化的分析方法,这对进一步掌握土壤湿度变化规律和掌握有关蒸散的计算方法有着指导性的意义。目前,计算区域蒸散已有很多种方法,在能量平衡原理、水量平衡原理、互补相关理论、土壤-植被-大气传输理论和参考作物蒸散等理论的支持下,已建立了研究区域蒸散的多种模型。本文对农田蒸散的计算方法和作物系数的计算方法进行综述性的归纳与总结,并会对各方法的优缺点加以比较,进一步分析在农业生产中的相关应用。

1　农田蒸散的相关分析法

1.1　农田蒸散的影响因素

　　农田蒸散主要受气象、作物和土壤三大因素的影响。气象因素包括太阳辐射、温度、湿度和风速等;作物因素主要指作物种类、生育期以及生长状况等;土壤因素是指土壤中的水分供应状况。当土壤水分供应充分时,农田蒸散只取决于气象和作物因素;当土壤水分不充足时,农田蒸散受上述三种因素的制约[1]。用农田蒸发力 PE 来表征气象因素的影响,以作物生物学特性函数 $f(B)$ 来反映作物因素的影响,以农田土壤水分有效性函数 $f(S)$ 来体现土壤因素

　　第一作者简介：王文娟,女,23 岁,大学本科,毕业于南京信息工程大学应用气象学院。2013 年 8 月开始在宁夏回族自治区灵武市气象局工作,主要从事气象服务工作。

的限制,农田蒸散的简单计算模型可表示为:

$$AE = \begin{cases} 0 & W \leqslant W_f \\ PE \cdot f(B) \cdot f(S) & W_f \leqslant W \leqslant W_k \\ PE \cdot f(B) & W \geqslant W_k \end{cases} \tag{1}$$

式中:AE 为农田蒸散量(mm/d);PE 为农田蒸发力(mm/d);$f(B)$ 为作物生物学特性函数;$f(S)$ 为农田土壤水分有效性函数;W 为农田土壤湿度(mm);W_f 为凋萎系数;W_k 为临界土壤湿度即农田蒸散开始受土壤水分影响时的土壤湿度[2]。

1.2 农田蒸散实测法

实测法是从水文循环的角度出发,将土壤水、地下水、植物水和大气水作为一个有机的整体,针对土壤-植物-大气系统(SPAC)中的水分运行与转化,研究 SPAC 各界面上水分与能量的交换过程,从而获取农田蒸散值。

实测法主要采用器测法,分为蒸渗仪法和蒸发皿法。目前应用的蒸渗仪主要有渗漏型和称重型两类。灵敏的 Lysimeter 精度高于 0.05 mm,只要对测得的资料分析得当,Lysimeter 可作为其他方法的矫正。此方法如用于位于一两米土层内的均匀作物,一般都可得到满意的结果。尽管 Lysimeter 设施在具有一定规模的试验站已得到应用,但其总体数量的相对不足制约着使用该法获得数据的普遍性。很多研究人员也认为蒸渗仪内种植的作物须与邻近大田作物生长状况相一致,才能确保代表性。利用蒸发皿测量参照作物蒸散量,对干旱地区偏高 9% 至 20%,在湿润气候下偏低 3% 至 5%。

1.3 农田蒸散估算方法

农田蒸散受内外水气压梯度和水汽扩散阻力的影响,因此,凡是影响水气压梯度、气孔开度和边界层厚度的外界因素,都会影响蒸散量。随着对群体中湍流过程研究的深入和计算手段的提高,基于作物群体上部气象要素资料和群体下部的土壤湿度资料,来模拟土壤-植物-大气系统(SPAC)中能量、物质交换过程,建立作物蒸腾、土壤蒸发与作物群体中辐射及温、湿廓线的单层或多层解析模式,并逐步考虑作物含水量变化和降水、截留、凝结等因素对农田蒸散影响,可能会成为精确计算农田蒸散的有效方法。

1.3.1 水量平衡法

水量平衡法是基于水量守恒原理,即该地区的降水量 R 和农田灌水量 I 的水分输入项,应与农田蒸散量 ET、地表径流 R_0、土壤含水量变化 ΔW 以及水分在作物根系以下的深层渗漏量 P 和侧渗量 S 输出项相平衡,即:

$$ET = R + I - R_0 - \Delta W - S - P \tag{2}$$

一般地,对于农田来说地表径流可以不用考虑。在水量平衡法中,土壤含水量变化的测量非常关键。水量平衡法的优点是在非均匀下垫面和任何天气条件下都可以应用,不受微气象学方法中许多条件的限制。水量平衡法测定蒸散的面积范围可大到一个中小流域,只要能弄清计算区域边界范围内外的水分交换量和取得足够精确的水量平衡各分量的测定值,就可以得到比较可信的农田蒸散值。

1.3.2　零通量面法

零通量面法是从分析土壤水分运移的势能动力出发,结合土壤物理状况来研究农田蒸散的一种方法。国内研究认为,零通量面法的应用是有条件的,当地下水位很高时,一般不能应用。降雨频繁,零通量面不稳定的情况下,也难以应用[3]。此外,零通量面法是测量零通量面以上各层土壤的蓄水变量来计算蒸散量的,因此,精确测定各土壤层蓄水变量是保证取得可靠蒸散量数据的重要条件。当作物根系穿透零通量面并吸取其下部的土壤水分时,这部分用于作物蒸腾的水量,在零通量面法中是没有计算进去的,这是有待进一步研究的问题。

1.3.3　植物生理学法

水分在土壤-植物-大气连续体(SPAC)中的传输过程,也是植物的蒸腾失水过程。常用的生理学法有蒸腾室法和示踪法(又分同位素示踪和热脉冲示踪)以及气孔法。目前各地多是利用气孔计及叶面积仪测定作物叶片的气孔阻抗及水汽传导率来计算作物蒸腾。

1.3.4　涡度相关法

涡度相关法是以澳大利亚著名微气象学家 Swinbank 在 1951 年提出的相关理论为基础的实测方法。根据其理论,在近地层内感热通量 H 和潜热通量 λE 可表示为:

$$H = \rho C_p \overline{W'\theta'} \tag{3}$$

$$\lambda E = \rho \lambda \overline{W'q'} \tag{4}$$

式中:ρ 为空气密度;C_p 为空气的定压比热;λ 为蒸发潜热;W' 为垂直风速脉动量;θ' 为位温脉动量;q' 为比湿脉动量。

1.3.5　能量平衡法

农田生态系统获得的净辐射(R_n),经过转化,形成土壤热通量(G)、感热通量(H)、潜热通量(LE_t)、作物光合固定能量(P)及植物体内能(M)几项,可表示为[4]:

$$R_n = G + H + LE_t + P + M \tag{5}$$

在实际应用中,作物光合固定能量(P)项和植物体内能(M)项的总和一般比主要成分的测量误差还要小,故常可忽略。农田蒸散过程与汽化潜热的能量消耗有关,因而通过测定与蒸散过程有内在联系的其他参变量,依照能量平衡基本原理可换算出农田蒸散量[4]。

1.3.6　空气动力学法

它是基于 Monin-Obukhov(M-O)相似理论,根据近地层气象要素梯度和湍流扩散系数求出某一点的潜热通量。应用湍流交换方程推导出蒸散强度的近似公式为:

$$ET = \frac{\rho \varepsilon K^2 (u_2 - u_1)(e_2 - e_1)}{P_a \left[\ln \dfrac{z_2}{z_1} \right]} \tag{6}$$

式中:ET 为蒸散强度(g/cm² s);ρ 为空气密度(g/cm³);ε 为水的分子量与空气的分子量之比;P_a 为大气压(Pa);e_1、e_2 为对应于离地面高度为 z_1 和 z_2 处的水汽压(Pa);u_1、u_2 为对应于离地面高度为 z_1 和 z_2 处的平均风速(m/s);K 为冯·卡曼(Von Karman)常数。

1.3.7 波文比能量平衡法

依据表面能量平衡方程,Bowen(1926)提出,在一给定表面,分配给显热的能量(H)与分配给蒸发的(λE)能量的比值,相对是常数,波文比β的定义是:

$$\beta = \frac{H}{\lambda E} = \frac{C_p}{\lambda} \frac{K_H}{K_W} \frac{\frac{\partial \bar{\theta}}{\partial Z}}{\frac{\partial \bar{q}}{\partial Z}} \tag{7}$$

式中:K_H、K_W分别为温度、湿度的湍流交换系数;Z表示离地面高度;其他符号意义同前。目前在估算波文比时,均假设$K_H = K_W$,即将上式简化为:

$$\beta = \frac{C_p}{\lambda} \frac{\frac{\partial \bar{\theta}}{\partial Z}}{\frac{\partial \bar{q}}{\partial Z}} \tag{8}$$

1.3.8 估算农田蒸散的经验方法

为估算蒸散,发展了许多经验公式。这些经验公式是根据一给定作物在一给定地区内的情况校订的。由于经验公式几乎都是以物理因素为基础,因此公式中的参数比较容易获得。用气象数据估算的蒸散量可以对不同地区的农田蒸散值进行比较,同时预测某一地区的农田蒸散值。吴凯等人根据冬小麦蒸散与环境因子的相关关系,建立蒸散量与生长期、净辐射、土壤热通量和红外冠层温度的经验关系式[5]。Friesland 等人在其文章中列出大量估算蒸散的经验公式;Jennifer 等人给出 14 种估算参考作物蒸散量的经验模型,这些模型基本上是以温度、太阳辐射为基础。利用气象观测数据通过经验公式估算农田蒸散量虽然会取得较好的效果,但估值的时间精度限制和较强的区域局限性,制约了其自身的普遍应用。

1.3.9 遥感方法

遥感方法主要是根据热量平衡余项模式求取蒸散量。利用热红外遥感的多时信息获取不同时刻地表温度,从而求得土壤热通量,以此表达土壤湿度状况,并结合净辐射资料,推算大面积潜热通量与蒸散值。Caselles 和裴浩等人利用极轨气象卫星 NOAA/AVHRR 资料遥感监测土壤水土的表观热惯流量。Manuel 等人以遥感获取的冠层温度为基础,利用空气动力学公式和波文比能量平衡法对汽化潜热进行很好的估算。卫星遥感的应用,使得每天同步监测估算汽化潜热成为可能。Brown 和 Rosenberg(1985)根据能量平衡、作物阻抗原理建立的作物阻抗—蒸散模型,成为热红外遥感温度应用到作物蒸散模型的理论基础。谢贤群和张仁华等人在上述模型的基础上,对不同气象和空气层结条件下,空气动力阻抗的计算方式进行了修正。

1.4 空气动力学与能量平衡联立

1.4.1 FAO-Penman 公式

Penman 综合了能量平衡与空气动力学方程,对于广阔的湿润表面,用比较容易测得的参数给出计算潜在蒸散的方程。联合国粮农组织(FAO)于 1977 年对原始的 Penman 公式进行了调整。调整后的方程为[6]：

$$\frac{ET_P}{c} = \frac{\Delta V}{\Delta + \gamma}\left[(1-\alpha)R_s - \sigma T^4\left(0.34 - 0.508\sqrt{e_d}\right)\left(0.1 + 0.9\frac{n}{N}\right)\right]$$
$$+ \frac{\gamma}{\Delta + \gamma}\left[36\left(1 + \frac{U}{100}\right)(e_a - e_d)\right] \tag{9}$$

式中：ET_P 为作物潜在蒸散（mm/d）；Δ 为饱和水汽压曲线斜率（Pa/℃）；α 为表面反射率；σ 为玻尔兹曼常数；T 为空气温度（℃）；n/N 为日照百分率（%）；γ 为干湿球常数（Pa/℃）；$e_a - e_d$ 为空气饱和水汽压差（Pa）；c 为区分白天和晚上气象条件的调整因子；U 为 2 m 高度处 24 小时风速（km/d）。

1.4.2　FAO-Penman-Monteith(P-M)公式

Monteith 在 Penman 等人工作基础上提出的计算作物蒸散的阻力模式，是以能量平衡和水汽扩散为基础，既考虑空气动力学和辐射项的作用，又涉及作物的生理特征。FAO 于 1998 年将 Penman-Monteith 公式进一步改进得到估算参考蒸散的方程[7]：

$$ET_0 = \frac{0.408\Delta(R_n - G) + \gamma\dfrac{900}{T + 273}U_2 \times VPD}{\Delta + \gamma(1 + 0.34U_2)} \tag{10}$$

式中：ET_0 表示参考作物蒸散量（mm/d）；R_n 是作物表面净辐射（MJ/(m² · d)）；G 是土壤热通量密度（MJ/(m² · d)）；T 表示 2 m 高处的平均气温（℃）；U_2 表示 2 m 高处 24 小时平均风速（m/h）；VPD 是 2 m 高处饱和水汽压差（kPa）；Δ 是饱和水气压曲线斜率（kPa/℃）；γ 是干湿表常数（kPa/℃）。

Penman-Monteith 方程（10）中的相关物理量可以利用以下方法予以分析：

水汽压斜率 Δ 为在给定的时段内所观测的气温与饱和水汽压的关系，它的计算方法为：

$$\Delta = \frac{2504\mathrm{e}^{\frac{17.27T}{T+237.3}}}{(T + 237.3)^2} \tag{11}$$

式中：Δ 是饱和水汽压曲线斜率（kPa/℃）；T 为日平均气温，其计算方法为：

$$T = \frac{T_{\max} + T_{\min}}{2} \tag{12}$$

式中：$T_{\max}$ 是日最高气温（℃）；$T_{\min}$ 是日最低气温（℃）。

干湿表常数 γ，它表示湿球温度下的饱和水汽压与实际气温下的水汽压的关系，近似等于：

$$\gamma = 0.00163\frac{P}{\lambda} \tag{13}$$

式中：γ 是干湿表常数（kPa/℃）；P 是大气压（kPa），计算方法见（5）式；λ 是蒸发潜热系数（MJ/kg）；0.00163 为换算系数（MJ/(kg · ℃)）。蒸发潜热 λ 表示蒸发单位质量的水分所需要的能量。在通常的温度范围内其变化很小，一般在计算中 $\lambda = 2.45$。

大气压力 P，从典型气体定律导出简化方程，可以假定为：

$$P = 101.3\left(\frac{293 - 0.0065Z}{293}\right)5.26 \tag{14}$$

式中：P 是某海拔高度处的大气压（kPa）；101.3 是海平面大气压（kPa）；Z 是海拔高度（m）；

293 是海拔高度 $Z=0$,温度 $T=20℃$ 时的参照温度(K);0.0065 为空气湿润递减常数(K/m)。

饱和水汽压差 VPD 即给定时段的饱和水汽压和实际水汽压的差值。对 24 小时时段来说:

$$VPD = e_a - e_d = \frac{0.611(e^{\frac{17.27T_{max}}{T+237.3}} + e^{\frac{17.27T_{min}}{T+237.3}})}{2} - e_d \tag{15}$$

式中:VPD 表示饱和水汽压差;e_a 是饱和水汽压;e_d 是实际水汽压。

土壤热通量密度为单位时间通过单位土壤截面的热量,可以利用土壤剖面热量平均简化方法计算:

$$G = 0.1\left(T_i - \frac{T_{i-3} + T_{i-2} + T_{i-1}}{3}\right) \tag{16}$$

式中:G 表示土壤热通量密度;T_i 是当日的平均气温;T_{i-1},T_{i-2},T_{i-3} 分别表示前三天的平均气温;0.1 为经验换算系数。

蒸发表面的净辐射用 R_n 表示,总入射短波太阳辐射用 R_s 表示。晴天大气透过的短波辐射具有一定的比例,在有利条件下,R_s 可达到 R_a 的 70% 到 80%。到达地面的短波辐射一部分被反射回天空;一部分被地面吸收后以长波辐射形式再辐射回天空。这其中的一部分又以长波逆辐射返回到地面。反射回天空的短波辐射取决于反射面的反射特征,即反射率 a。

辐射平衡可以写成:

$$R_n = R_{ns} + R_{nl} \tag{17}$$

式中:R_{ns} 为净短波辐射;R_{nl} 为净长波辐射。没有净辐射观测时,日辐射平衡的计算步骤为:

星际辐射(或到达大气层顶部的辐射,R_a)可以通过年内日数和地理纬度进行计算:

$$R_a = 37.6 \times d_r \times (\omega_s \sin\varphi\sin\delta + \cos\varphi\cos\delta\sin\omega_s) \tag{18}$$

式中:R_a 为日星际辐射;37.6 是计算持续时间与太阳常数的关系系数;d_r 为日地距离系数,见(20)式;δ 为太阳赤纬,见(21)式;φ 为纬度,南半球为负值;ω_s 为太阳时角。

$$\omega_s = \arccos(-\tan\varphi\tan\delta) \tag{19}$$

日地距离系数和太阳赤纬可以用年内日数的函数计算出:

$$d_r = 1 + 0.033\cos(0.0172J) \tag{20}$$

$$\delta = 0.4209\sin(0.0172J - 1.39) \tag{21}$$

(20)式与(21)式中:J 为计算日在一年内的序号,1 月 1 日 $=1$。

地表总辐射(或入射短波太阳辐射,R_s)可以通过日照时数的观测估算出来:

$$R_s = \left(a_s + b_s\frac{n}{N}\right)R_a \tag{22}$$

式中:R_s 是入射太阳辐射;a_s 为阴天的星际辐射的余额,平均气候条件下大约有 $a_s=0.25$;b_s 为比例因子,平均气候条件下大约有 $b_s=0.50$;a_s+b_s 为晴天时的辐射余额,且有近似值 $a_s+b_s=0.75$;$\frac{n}{N}$ 为日照比例;n 是每日日照时数;N 是可照时数,见(23)式;R_a 为星际辐射,见(18)式。

每日可照时数可用太阳时角计算:

$$N = \frac{24}{\pi}\omega_s \tag{23}$$

净短波辐射可以通过入射和反射的太阳辐射平衡得出：

$$R_{ns} = (1-a)R_s \tag{24}$$

式中：R_{ns}表示净短波辐射；a为反射率或表示冠层反射系数，参考作物为草地时，$a=0.23$；R_s为入射太阳辐射，用(22)式计算得到。

净长波辐射R_{nl}常用下面的关系时计算：

$$R_{nl} = -\left(1.35\frac{R_s}{(0.75+2\times10^{-5}Z)R_a} - 0.35\right)\times(0.34-0.14\sqrt{e_d})\sigma\left(\frac{T_{max}^4 + T_{min}^4}{2}\right) \tag{25}$$

式中：R_{nl}为净长波辐射；R_s表示入射太阳辐射；R_a为星际辐射；e_d是实际水汽压；σ是Stefan-Boltzman常数，$\sigma=4.09\times10^{-9}(MJ/(m^2\cdot K^4\cdot d))$；$T_{max}$为日最高气温($℃$)；$T_{min}$为日最低气温($℃$)。

综上，净辐射等于净短波辐射和净长波辐射的代数和：

$$R_n = R_{ns} + R_{nl} \tag{26}$$

式中：R_n为净辐射；R_{ns}为净短波辐射（正值，方向向下），见(24)式；R_{nl}为净长波辐射；（负值，方向向上），见(25)式。

由上述方法，可以求出 Penman-Monteith 方程中的各项物理量以及潜在蒸散量，从而对作物潜在蒸散加以分析讨论。

2　结论与讨论

2.1　对于农田蒸散实测方法的讨论

器测法：蒸发皿主要有 A 类蒸发皿和地中式蒸发皿两种。蒸发皿以其设备造价低廉、使用方便灵活等特点仍在世界范围内被普遍采用。相同下垫面条件下的农田实际蒸散，可以通过蒸渗仪和蒸发皿等器具测量法来直接测定，但是测量面积小，代表性有限，大范围应用比较困难。受田间下垫面特性和土壤水分分布的时空变异性影响使得单点测量值所能代表的区域范围有限，且由于部分蒸渗仪缺乏相应的排水设备或周边土壤易受人为踏踩等缘故造成作物生长期中观测数据的失真或误差[8,9]。一般该方法只能提供至少 10 天以上的平均估值，受自身精度所限无法估算日平均值。总而言之，实测方法的研究思路非常明确，只是在于测试手段存在缺陷，制约了测量精度的进一步提高。今后在不断吸收现代科学技术新成果的基础上，农田蒸散这种研究方法会逐步趋于完善成熟。

2.2　对农田蒸散估测方法的讨论

水量平衡法：由于该法是从计算农田内水量的收入和支出的差额来推求蒸散量的，因此不可能解释蒸散的动态变化过程及阐明控制和影响蒸散的各类因子的作用，而只能给出蒸散的总量。水量平衡法测量农田蒸散应用相当普遍，但在测量精度上尤其是土壤水分的测量精度不够[10]。由于该方法是从计算区域内水量收入和支出的差额推算所求量，难以确切反映所求量的动态变化过程，因此，该方法只能用于较长时段的总蒸散量，一般可测定一周以上的水分运动量。

零通量面法:用零通量面法推求农田蒸散量,是从能量观点研究土壤水分运动的一个范例。它利用实测土壤水势和土壤蓄水变量的两相控制,是有一定的理论基础和较大实践价值的[11]。它不但确切地反映了测试地块的实际条件,而且在计算处理上,避开了像导水率这样复杂的土壤水分参数,减少了麻烦,为提高计算精度提供了良好的前景,是推算农田蒸散的一种新途径、新方法。存在的问题是:①该法推算蒸散量的实质是用土层蓄水变量来求实际蒸散量,这是以大求小的方法,土层蓄水量的测算稍有误差,对蒸散量的数值就影响很大。②该法是用零通量面以上土层的蓄水变量来计算蒸散量的,但对农田来说,作物根系往往穿过零通量面,使其下部的土壤水分消耗于植物蒸腾,这部分水分散失量是该方法计算不到的。

植物生理学法:该法能测定短时间内植株的部分或整棵、数棵植株的水分损耗。但就水分而言,由于土壤条件、作物冠层和根系的形态结构在小尺度范围内有着很大的时空变异,这些变异对根系吸水、土面蒸发、作物蒸腾都有着很大的影响,而植物生理学法在研究蒸散时,在处理植物和土壤的时空变异性方面进行了较大的简化,难以对农田水分的运动与转化实现精确定量化研究[12]。由于该方法使植株的自然环境受到破坏,所以误差很大,一般主要用于帮助了解土壤-植物-水分关系,能对植物因子在蒸腾中的作用给予定量的估计。

涡度相关法:该法的最大特点在于它完备的物理基础,它避免了梯度扩散理论的各种局限性,同时又不需要知道蒸发表面本身复杂特性的各种信息,因此,理论上说涡度相关法是最可靠的精确方法。但实际上该方法面临两个技术问题,一个是需要有良好的感应元件,另一个是需要有一个良好的分析系统。随着现代技术的发展,这些困难正在被克服,最终涡度相关法有可能成为一种常规方法。

能量平衡法:该法具有良好的物理基础。可以了解农田蒸散的物理过程、机制、动态变化规律以及蒸散各控制要素发挥作用的作用机理。它不局限于某一点,可以描述蒸散的空间变化。在使用中既不破坏也不扰动作物与地表间的能量交换,具有较高的时域精度。目前有很多人用能量平衡法对农田蒸散进行研究[13]。同水量平衡法一样,能量平衡法中的蒸散量也是作为余项获得的,所以蒸散量的实测精度就决定于其他各个分量的测量精度,而且当蒸散潜热小于其余分量很多时,获得结果误差会很大。

空气动力学法:该法的优点在于避免了湿度要素的测定,进而提高了计算精度。但由于需要较多的气象要素高程观测点才可以建立起风速、温度的自相关回归函数,故观测数据量偏大。且公式推导是假定为均匀表面,一维稳定状态,这时实际田间情况是一种近似,如实际条件与假定条件相差较大时,此公式计算结果将不甚理想。

波文比能量平衡法:该法是应用比较广泛的估算农田蒸散方法,优点是所需实测参数少,计算方法简单,不需要知道有关蒸散面空气动力学特性方面的信息,并可以估算大面积(约 1000 m^2)和小时间尺度(不足 1 min)的潜热通量。但 $K_H = K_W$ 的假定是把方程的有效使用限于均质的表面,至少不应在没有预测所产生误差的数量级情况下,应用到有大规模非均质的表面。上述假定的要点是把输送限于垂直的方向上,即没有水平的梯度。在下垫面很湿润(通常有逆温层存在)的情形下,由于空气的温、湿铅直廓线的非相似性导致热量与水汽的湍流交换系数的非等同性,使得波文比法的结果偏低,精度下降。

遥感方法:多光谱及倾斜角度的遥感资料能够综合地反映出下垫面的几何结构和热、湿状况,使得遥感方法比常规的微气象学方法精度高,尤其在区域蒸散计算方面具有明显的优越性。遥感技术的应用以及和地面微气象信息的结合,为大面积的蒸散量估算提供了新的途径。但由于遥感所得的表面温度实质上是群体几何结构、群体温度垂直廓线和土表温度的函数,并受群体比辐射率、太阳高度和仪器视角大小等因素的影响,并不能直接代表真正的群体平均温度。

2.3　宁夏现阶段对于蒸散的研究现状

通过对农田蒸散影响因素分析,系统讨论了农田蒸散研究进展,评述了多种研究方法。而宁夏现阶段已有对灌区春小麦、六盘山落叶人工林等环境的蒸散研究,对于农田蒸散的研究还有很大的进展空间。随着科学技术的发展,期望有更多新的思路和方法体系促进宁夏农田蒸散及相关领域的研究,如发展由遥感资料反演地表参数(尤其是地表真实温度)及水热通量的算法,进一步提高定量化监测方法的实时性及计算精度[14]。目前农田蒸散估算方法主要问题在于:首先对农田蒸散的模拟,基本上是将气象因素和土壤水分状况与作物的影响因素独立开来,模型多是在充分供水的情况下来估算蒸散量,在田间非饱和状况下的蒸散估算方法涉及不多;许多模型只是从水汽传输阻力的角度来说明气孔对蒸散的影响,没能深入揭示作物本身形态结构和生理状况是如何来影响蒸散的[15,16]。其次,综合模型所需参数较多,计算复杂,且数据的获取也有困难,不易推广;由于对气象数据观测精度不够,常常使得估算值严重偏离真值。

鉴于上述问题,在估算模拟农田蒸散方面今后需要开展如下工作:

(1)在试验实测数据的基础上,深入研究农田蒸散的物理机制和生理机制,使模型模拟的结果更接近真值;

(2)在原有模型的基础上,校正相关的参数,不断提高农田蒸散计算模拟的精度;

(3)开发数据处理软件,将获取的大量观测数据准确、及时地转换成所需要的数据;

(4)将新的技术成果及时地转化应用到农田蒸散方面的研究观测中,改善传感器和数据采集系统,提高气象数据的观测精度;

(5)根据各地的实际情况,调整已有的数学模型,进行当地农田蒸散的模拟,获取具有一定精度的蒸散数据。

参考文献

[1] 梁文清.冬小麦、夏玉米蒸发蒸腾及作物系数的研究[D].西北农林科技大学硕士论文,2012.

[2] 马柱国,符淙斌,谢力,等.土壤湿度和气候变化关系研究中的某些问题[J].地球科学进展,2001,(4):563-568.

[3] 孙景生,熊运章,康绍忠.农田蒸发蒸腾的研究方法与进展[J].灌溉排水,1994,(4):36-38.

[4] 杜尧东,刘作新,张运福.参考作物蒸散计算方法及其评价[J].河南农业大学学报,2001,(1):57-61.

[5] 王笑影.农田蒸散估算方法研究进展[J].农业系统科学与综合研究,2003,(2):81-84.

[6] 陈镜明.现有遥感蒸散模式中的一个重要缺点及改进[J].科学通报,1988,(6):454-457.

[7] 陈云浩,李晓兵,史培军.中国西北地区蒸散量计算的遥感研究[J].地理学报,2001,**56**(3):261-268.

[8] 吴乃元,张廷珠.冬小麦作物系数的探讨[J].山东气象,1989,(3):119-122.

[9] 史金丽.基于SIMETAW模型的河西走廊地区主要作物蒸散量研究[D].中国农业科学院硕士论文,2009.

[10] 雷志栋,罗毅,杨诗秀,等.利用常规气象资料模拟计算作物系数的探讨[J].农业工程学报,1999,(3): 119-122.

[11] 陈凤,蔡焕杰,王健,等.杨凌地区冬小麦和夏玉米蒸发蒸腾和作物系数的确定[J].农业工程学报,2006, (5):191-193.

[13] 樊引琴,蔡焕杰.单作物系数法和双作物系数法计算作物需水量的比较研究[J].水利学报,2002,(3): 50-54.

[14] 朱钦,苏德荣.草坪冠层特征对蒸散量影响的研究进展[J].草地学报,2010,(6):884-890.

[15] 王志强,朝伦巴根,柴建华.由双作物系数法确定干旱地区人工牧草基本作物系数地区值的研究[J].干 旱区资源与环境,2006,(3):100-104.

[16] 刘钰,Pereira L S.对 FAO 推荐的作物系数计算方法的验证[J].农业工程学报,2000,(5):100-104.

阜新市抗旱需水量评估技术研究

马晓刚[1] 李 凝[1] 谢 媛[1] 洪长春[3] 郭婷婷[2]
关 莉[1] 徐宏光[1] 张青珍[1] 陶 倩[1]

(1.辽宁省阜新市气象局,阜新 123099;2.辽宁省气象局应急减灾处,沈阳 110001;
3.辽宁省阜新市彰武县四堡子乡农科站,彰武 123200)

摘要：本文通过对阜新地区土壤水分与降水量关系及特征的研究,找出了阜新地区土壤水分变化规律,并在此基础上,建立了阜新地区农田抗旱需水量评估方法。结论是：(1)较大降水后,浅层土壤迅速增墒,几小时内土壤重量含水率可达到最大值,并在 20 cm 左右土壤中形成一个高含水层;深层增墒相对缓慢,需要十几到二十几小时达到最大值;(2)较大降水发生一天后,10～50 cm 层土壤重量含水率达到最大值,然后在无降水的情况下土壤重量含水率缓慢下降,基本呈直线型,直到下一次较强降水的到来,重量含水率再次上升;(3)降水增墒速度大于墒情递减速度;(4)受多种因素影响,降水后 10～50 cm 层各月土壤增墒率和各月逐日土壤墒情递减率有各自的变化规律。土壤墒情递减率对抗旱需水量中流失的水分计算起到重要作用;(5)实际抗旱需水量大于设定重量含水率所需的含水量;(6)抗旱需水量评估方法对抗旱方面的政府决策气象服务起着重要作用。可用于自然降水对旱情缓解的分析、节水灌溉工程的精细化气象服务等。

关键词：降水量与土壤水分;抗旱需水量;评估技术

阜新属于多丘陵、水资源匮乏的半干旱农业气候区。多年来,干旱一直是制约和影响阜新地区粮食产量的最重要气候因素。以前,受技术条件等因素限制,抗旱灌溉方法不科学,灌溉粗放、浪费较多,水分利用率低;甚至有时无水可灌。近年来,阜新气象部门积极参与地方节水灌溉工程建设,利用气象科技为当地现代农业发展提供优质服务。抗旱需水量评估技术难度较大,因为不同作物、不同生育期、不同土壤条件等对抗旱需水量的要求有所不同[1~7]。我们利用当地气象部门多年土壤重量含水率和降水资料,对重量含水率与降水关系及土壤抗旱需水量评估技术进行了研究,并建立了评估模型和业务系统。研究抗旱需水量技术对于精细化气象服务具有重要意义。一方面在政府决策气象服务中,对于何时、多大的降水量可以对当前旱情缓解到什么程度有一个科学的判断,为政府提供决策依据;另一方面是为节水灌溉工程提供定量化技术服务,提高水资源利用率及现代农业生产经济效益。

基金项目:辽宁省气象局科研项目(201202)。

第一作者简介:马晓刚,男,1961 年出生,正研级高工,本科,研究方向:气象灾害防御与气候资源开发利用技术研究。

通信地址:123099 辽宁省阜新市经济开发区西山路西北段 101-2 号 阜新市气象局,E-mail:maxiaogang666@sina.com。

1 资料和方法

资料来源于阜新市 1981—2010 年农业气象观测站和土壤重量含水率自动站 10～50 cm
土壤重量含水率和降水量。利用土壤水分自动观测资料,对降水天气过程当中逐时土壤重量
含水率变化规律、降水日前后逐日土壤重量含水率变化及多个降水日土壤重量含水率变化规
律进行了分析研究。在此基础上,建立了农田抗旱需水量的评估模型。

2 土壤水分特征分析

2.1 降水过程中土壤含水率逐时变化特征

土壤在未饱和的状态下,当有明显降水时,土壤会在几小时内吸收大量水分,并使土壤重
量含水率迅速升高[8]。明显降水过后,10～50 cm 各层土壤重量含水率逐时变化有很大差异。
如 2012 年 7 月 22 日 06—14 时,阜新市阜蒙县平安地乡降水量 37.1 mm,主要降水集中在
12—13 时,降水量 29.5 mm;降水前土壤重量含水率无明显变化,降水后 10～20 cm 和 10～
50 cm 平均土壤重量含水率均出现明显升高,10～30 cm 土壤重量含水率在几小时内迅速升
高,其中,10～20 cm 升高明显,并在 20 cm 深度形成一个含水层,最大重量含水率出现在强降
水 2 h 后(图 1、图 2)。降水后,10～20 cm 重量含水率由雨前(13 时)的 13.6%,上升到强降水
2 h 后(15 时)的 17.9%,4 h 后达到最大值 18.0%;10～50 cm 重量含水率由雨前(13 时)的
15.0%,上升到强降水 2 h 后(15 时)的 16.2%,20 h 后达到最大值 16.8%。研究发现,强降水
后,浅层增墒迅速,可在几小时内土壤重量含水率达到最大值;深层相对缓慢,需要十几到二十
几小时土壤重量含水率达到最大值(图 1、图 2)。

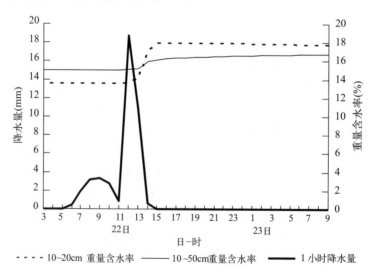

- - - - 10～20cm 重量含水率   ——— 10～50cm重量含水率   —— 1小时降水量

图 1 2012 年 7 月 22 日 03 时—23 日 09 时 10～50 cm 层平均土壤重量含水率和逐时降水量

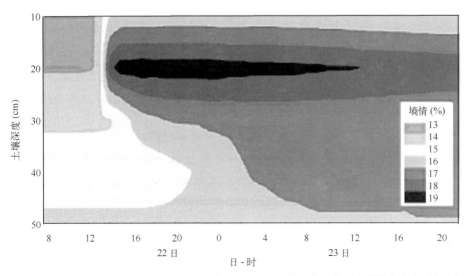

图 2　2012 年 7 月 22 日 08 时—23 日 20 时 10～50 cm 层各层逐时土壤重量含水率时间剖面

2.2　降水日前后土壤重量含水率逐日变化特征

在降水过程中,土壤重量含水率的微观变化较明显;降水过后,土壤重量含水率在各层当中有一个相对缓慢的变化;当降水增墒达到最大值后,受蒸发、植物吸收、渗透等因素影响,整层土壤重量含水率总体表现为下降趋势(图 3)。

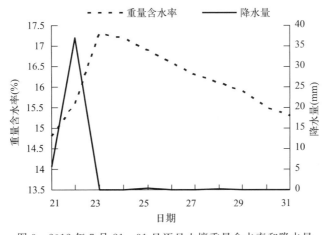

图 3　2012 年 7 月 21—31 日逐日土壤重量含水率和降水量

通过分析 2012 年 7 月 21—31 日 10～50 cm 层土壤重量含水率与降水关系可以发现,强降水发生在 7 月 21 日、22 日,共降水 43 mm,一天后重量含水率达到最大值,然后在无降水的情况下缓慢下降,基本呈直线型,直到下一次较强降水的到来,重量含水率再次上升。降水增墒速度大于墒情递减速度(图 3)。

2.3 几次降水过程之间土壤重量含水率变化特征

两次以上明显降水过程之间土壤重量含水率的变化也有一定的规律和特征。比如,一次明显的降水会带来一次土壤的明显增墒;之后,土壤重量含水率将会出现逐渐减小的趋势。当下一次明显降水来到前一日,土壤重量含水率达到最低值。当第二次明显降水之后,土壤重量含水率还有一次增加过程。同一地块,土壤重量含水率增加程度主要与降水量、降水径流、蒸发、植物吸收、渗透等有关。在降水量一定情况下,降水速度缓慢,径流小,土壤水分吸收率大;反之,土壤水分吸收率小。2012 年 7 月 9—12 日有明显降水,13 日出现重量含水率最大值;7月 21—22 日有明显降水,23 日出现重量含水率最大值。一般,1 d 后增墒最明显(图 4)。如果两次明显降水过程间隔较近,那么,后一次降水增墒的最大值可能会高于前一次降水增墒的最大值。

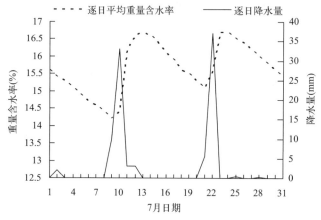

图 4   2012 年 7 月 1—31 日降水与逐日土壤重量含水率变化

2.4 各月降水增墒率、墒情递减率

这里所指的降水增墒率是历年某月多个降水个例 10～50 cm 层土壤重量含水率最大日值与日降水量之比。如,阜新历年 4 月多个降水个例日平均降水量为 23.2 mm,对应 4 月 10～50 cm 日最大平均增墒 1.05%,那么,4 月单位降水增墒率为 0.045%/mm,那么 10 mm 降水增墒率为 0.45%,20 mm 降水增墒率为 0.90%。其中,阜新 9 月降水增墒率最大,为 1.22%/10 mm,8 月次之,为 0.78%/10 mm;最小的为 4 月,降水增墒率为 0.45%/10 mm,7 月次之,为 0.55%/10 mm。各月最大与最小值差为 0.77%/10 mm,4—11 月平均增墒率为 0.73%/10 mm(图 5)。4—11 月最大平均降水增墒量可以通过一个降水过程或一个降水日的降水量求得:$Y=0.057X+0.485$,其中 Y 为 10～50 cm 最大降水增墒量(%),X 为降水量(mm)。由于受降水量、土壤、地温、气温、蒸发、风等因素影响,各月降水增墒率不同[9]。同时,无降水时,土壤重量含水率受蒸发等因素影响会降低,而各月逐日墒情递减率也有所不同[10](图 5)。了解降水增墒率和墒情递减率,对科学、准确开展抗旱决策气象服务十分重要。

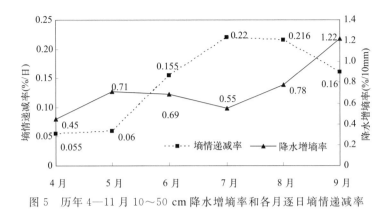

图 5　历年 4—11 月 10～50 cm 降水增墒率和各月逐日墒情递减率

2.5　抗旱需水量评估模型与检验

抗旱需水量是指单位面积内,一定深度的土壤,在数日内,从一种重量含水率状态增加到另一种相对少变或适宜作物生长的重量含水率状态所需要的水分。以往常采用大水漫灌方法进行抗旱浇灌,这种方法最大的不足是浪费大;近年来,喷灌、滴灌等先进灌溉方法广泛推广,提高了灌溉的水分利用率。但无论是常规灌溉,还是节水灌溉,都需要采用定量的技术方法,以达到科学用水、节约用水的目的。

表 1 是 1981—2009 年典型 60 mm 以下自然降水天气过程土壤增墒个例分析数据。通过对这些数据的研究,得出了阜新市降水前后一定体积土壤中含水量的变化规律,并建立了阜新市抗旱需水量的评估技术模型。

表 1　阜新 10～50 cm 土层抗旱需水量评估个例分析数据

编号	年-月-日—月-日	降水几天后土壤中水分 (kg/m³)	降水前土壤中实际水分 (kg/m³)	土壤净增水分 (kg/m³)	蒸发、径流、作物吸收等 (kg/m³)	实际降水量 (mm)	抗旱后与抗旱前总含水量差值 X(mm)	抗旱需水量评估值 Y(mm)	抗旱前各层实际平均重量含水率(%)	降水后第几天平均重量含水率(%)	流失的重量含水率(墒情递减率×天数)(%)
1	1981-0718—0728	95.2	67.7	27.5	26.2	53.7	43.0	51.9	9.6	13.9	0.22×10
2	1982-0708—0718	95.2	71.2	24.0	33.5	57.5	39.5	48.2	10.1	13.5	0.22×10
3	1988-0718—0723	91.6	72.6	19.0	19.2	38.2	26.8	34.5	10.3	13.0	0.22×5
4	1995-0918—0925	74.7	66.3	8.4	10.2	18.6	14.1	20.8	9.4	10.6	0.16×5
5	1990-0628—0708	114.2	84.6	29.6	23.4	53.0	45.1	54.2	12.0	16.2	0.22×10
6	1991-0508—0515	115.6	107.9	7.7	18.0	25.7	11.2	17.6	15.3	16.4	0.06×8
7	1992-0928—1008	98.0	83.2	14.8	1.5	16.3	16.2	23.0	11.8	13.9	0.02×10
8	1993-0503—0505	106.5	105.0	1.5	9.8	11.3	1.5	7.2	14.9	15.1	0.02×2
9	1994-0918—0928	110.7	79.0	31.7	19.2	50.9	40.1	48.8	11.2	15.7	0.155×10
10	1996-0413—0418	99.4	96.6	2.8	13.1	15.9	19.7	26.8	9.4	10.6	0.06×2
11	1998-0424—0429	113.5	89.5	24.0	17.1	41.1	26.1	33.7	12.7	16.1	0.055×5
12	2004-0428—0503	88.1	75.4	12.7	9.1	21.8	18.4	25.4	10.7	12.5	0.06×5
13	2005-0503—0508	130.4	109.3	21.4	0	21.4	25.4	33.0	15.5	18.8	0.06×5
14	2009-0718—0723	91.6	60.6	31.0	8.1	39.1	38.8	47.3	8.6	13.0	0.22×5

以图 6 为例说明降水后与降水前土壤中水分变化。1981 年 7 月 18 日阜新镇 1 m² 范围内,0.5 m 深土壤含水量是 67.7 kg/m³,在出现降水 53.7 mm 情况下,10 天后的 7 月 28 日土壤含水量是 95.2 kg/m³,土壤净增水量是 27.5 kg/m³;其中,受土壤蒸发、作物吸收、作物蒸腾、土壤深层渗透、降水径流等影响,从 7 月 18—28 日流失 26.2 kg/m³。

从平均状态看,在 5～10 d 内,总降水量、降水流失量、降水净增水量三者的比为 1:0.4:0.6。说明,降水量有相当于一部分由于时间的推移,受蒸散、渗透等因素影响流失。

如果考虑水分流失,让 10～50 cm 层土壤几天后达到某种设定的重量含水率状态,则抗旱需水量应由图 6 方法直接计算得出的值,再加上通过土壤蒸发、作物蒸腾、深层渗透、降水径流等流失的水分。实际上,可将设定未来各层要达到的重量含水率加上由墒情递减率造成的损失墒情数,由图 6 方法可直接计算出抗旱前后特定范围内土壤水分差值。将该值代入评估模型可求出抗旱需水量。

检验结果:实际降水量与土壤总水分变化相关系数达到 0.918,通过 0.005 的显著性检验(图 7)。在实际应用中,可根据不同作物、不同生育期利用此方法按设定适宜定量区间实施抗旱服务,为作物提供适宜土壤重量含水率范围的需水量。

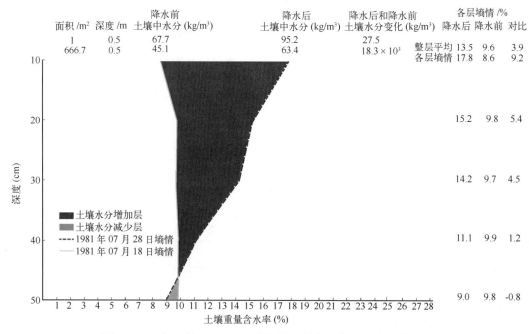

图 6　1981 年 7 月 18 日、28 日阜新镇重量含水率及土壤水分变化

抗旱需水量评估模型:

$$Y = 1.078X + 5.58$$

其中:
$$X = X_1 - X_0$$
$$X_1 = GW_1/100\% = G(W_A + W_B)/100\%$$
$$X_0 = GW_0/100\%$$
$$G = SH\rho$$

所以,
$$Y = 1.078\, SH\rho(W_A + W_B - W_0)/100\% + 5.58$$

式中:Y 为抗旱需水量(kg/m^3);X 为抗旱前后一定土壤体积内水分变化(kg/m^3);X_1 为抗旱后土壤中总水分(原水分、净增水分、流失水分)重量(kg);X_0 为抗旱前土壤中总水分重量(kg);G 为干土重(kg);W_1 为抗旱后土壤重量含水率($\%$);W_0 为抗旱前土壤重量含水率($\%$);W_A 为设定抗旱后第几天 10～50 cm 土层平均重量含水率($\%$);W_B 为抗旱后第几天各层流失的平均重量含水率(等于月逐日墒情递减率乘以天数)($\%$);S 为土壤面积(m^2);h 为土壤深度(m);ρ 为干土密度(kg/m^3)。

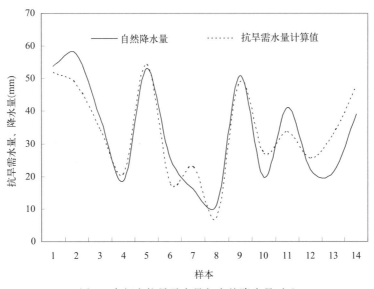

图7　阜新市抗旱需水量与自然降水量对比

3　结论

本文详细分析了阜新地区土壤重量含水率变化与自然降水量关系,发现了土壤重量含水率逐时、逐日、逐月变化规律;在此基础上,总结出了抗旱需水量的评估技术方法。结论如下:

(1)较大降水量后,浅层土壤增墒迅速,几小时内土壤重量含水率达到最大值,并在 20 cm 左右形成一个高含水层;深层土壤增墒相对缓慢,土壤重量含水率需要十几到二十几小时达到最大值。

(2)较大降水发生一天后,10～50 cm 层土壤重量含水率达到最大值,然后在无降水的情况下下降,基本呈直线型,直到下一次较强降水的到来,重量含水率再次上升。

(3)降水增墒速度大于墒情递减速度。

(4)受多种因素影响,10～50 cm 层各月降水增墒率和各月逐日土壤墒情递减率都有各自的变化规律。其中,4月、7月降水增墒率相对较小,9月最大,8月次之;4月、5月逐日土壤墒情递减率最小,6月至9月相对较大,7月最大。土壤墒情递减率在抗旱需水量中流失的水分计算中起到重要作用。

(5)抗旱需水量大于设定重量含水率所需的水分;应考虑土壤蒸发、作物吸收、深层渗透、降水径流等流失的水分。

（6）抗旱需水量评估方法可用于自然降水对旱情缓解的分析、节水灌溉工程中的精细化气象服务。

参考文献

［1］郑和祥,郭克贞,史海滨,等.锡林郭勒草原饲草料作物需水量计算方法比较及相关性分析［J］.干旱地区农业研究,2010,**28**(6):51-57.

［2］尚虎君,马孝义,高建恩,等.作物需水量计算模型组件研究与应用［J］.节水灌溉,2010,(8):66-72.

［3］任星红,唐迪.城市绿地生态环境需水量计算方法初探［J］.中国商界,2010,**200**:337-338.

［4］樊引琴,蔡焕杰.单作物系数法和双作物系数法计算作物需水量的比较研究［J］.水利学报,2002,(3):50-54.

［5］张寄阳,孙景生,段爱旺,等.风沙区参考作物需水量计算模式的研究［J］.干旱地区农业研究,2005,**23**(2):25-30.

［6］王宏,谭国明,孙庆川,等.承德春玉米需水量变化特征及其与气象因子的关系［J］.气象与环境学报,2012,**28**(4):69-72.

［7］刘佳,张玲丽,颉建明,等.干旱气候条件下灌溉方式与灌水定额对辣椒生长的影响［J］.中国沙漠,2013.**33**(2):373-381.

［8］李宝富,熊黑钢,龙桃,等.新疆奇台绿洲农田灌溉前后土壤水盐时空变异性研究［J］.中国沙漠,2012,**32**(5):1369-1378.

［9］马晓刚.天气、气候、农业气象技术与应用［M］.沈阳:辽宁科技出版社,2013:107-121.

［10］马晓刚.阜新地区决策气象服务技术方法研究［J］.气象与环境学报,2006,**22**(2):65-66.

基于区域自动气象站观测资料的农业气象旱涝监测判定方法研究

梁　平[1,4]　韦　波[1]　刘诗滔[2]　袁芳菊[1]　古书鸿[3,4]

(1. 黔东南州气象局,凯里 556000;2. 岑巩县气象局,岑巩 557800;
3. 贵州省山地环境气候研究所,贵阳 550002;4. 贵州省山地气候与资源重点实验室,贵阳 550002)

摘要：进入 21 世纪后贵州地区降水极端事件频发,旱涝灾害不仅对农业生产、农民收入造成了严重影响,而且对旱涝的监测评判也成为气象服务中的难题。本文以贵州省舞阳河下游地区的岑巩县为例,基于区域自动气象站观测资料开展旱涝监测判定方法研究,建立了旱涝监测判定方程和指标,并计算了岑巩县气象站 1971—2013 年共 43 年夏季候旱涝指数和岑巩县 11 个乡镇 2013 年夏季逐候旱涝指数。结果表明:(1)基于区域自动气象观测站观测资料构建的区域夏季旱涝指数能较好地反映岑巩夏季旱涝变化,作为贵州特殊地形下的夏季旱涝监测判定指标是比较合理的;(2)岑巩县夏季旱涝有明显的候际变化特征,并且旱涝的候际变化与西北太平洋副热带高压季节性北跳和西风槽活动有密切关系。

关键词：旱涝监测;区域自动气象站;判定指标研究

进入 21 世纪以来,严重、频繁的干旱和局地性突发性强降雨已经成为贵州省、尤其是黔东南州最为严重的气候灾害之一。对贵州省岑巩县 43 年夏季旱涝统计显示,岑巩县夏季月尺度干旱频率达 39.5%,其中 7 月和 8 月干旱频率高达 42% 和 49%,洪涝频率达 26.4%。俗语讲干旱影响一片,洪涝影响一线,高频率出现的干旱对粮食生产的稳定性影响较为严重,进而影响到农村粮食自给自足的安全。但由于基层气象部门没有适合于当地的旱涝监测、评价方法,决策气象服务造成了很大困扰,决策部门的防洪抗旱、农业生产指挥调度等工作也因此缺少及时准确的技术支撑。

贵州地形破碎、土层浅薄,土地蓄水抗旱能力差,传统的干旱监测指数如帕尔默干旱指数、作物湿度指数、标准降水指数、地表水分供应指数[1]以及综合气象干旱指数 CI[2]应用于贵州,与实际受灾情况往往存在一定的距离;张叶、姚玉璧分别对各类气象和农业干旱指标做了对比分析,指出大多数干旱指标的时间尺度为月或季,少数为周或日,所反映的干旱状况精细度不够,且大都是建立在特定的地域和时间范围内,有其相应的时空尺度,因此强调在研究区域干旱时必须选择适宜区域范围的指标[3,4]。

资助项目:"十二五"国家科技支撑计划课题(2012BAD20B06);贵州省重大科技专项(黔科合重大专项字[2011]6003 号)。

第一作者简介:梁平,女,1972 年出生,高级工程师,从事农业气候资源开发利用研究,E-mail:liangping0714@163.com。

而基于卫星遥感信息的旱涝监测[5~14],虽具有范围广、空间分辨率高等优点,但在贵州的市州级及以下气象部门推广应用还在一定的困难。在气象服务于农业生产防洪抗旱指挥工作时,对旱涝程度、影响范围进行较为准确的定位是十分重要和必要的,因此,开展基于区域自动气象站观测资料、适合贵州旱涝监测、评估方法的研究,具有重大现实意义。本文以夏季干旱多发的贵州省黔东南州岑巩县为例,对夏季旱涝监测评判方法开展研究。

1 资料与方法

1.1 资料

文中所用岑巩县历年(1971—2013 年)气象资料来源于黔东南州气象局气候资料室;2013年岑巩区域自动气象站观测资料来源于贵州省气象局气象信息中心;岑巩县 11 乡镇 2013 年农作物干旱受灾面积来自岑巩县农村工作委员会。所选 11 个乡镇区域自动气象观测站分布如图 1 所示。

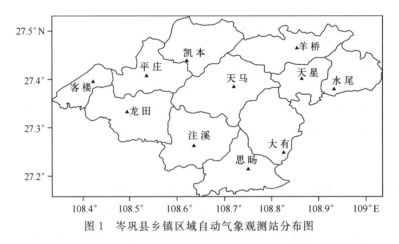

图 1 岑巩县乡镇区域自动气象观测站分布图

1.2 方法

1.2.1 气温与蒸发量的相关性分析

降水量和蒸发量不仅反映一个地点水分的收支情况,同时也很直观地描述一个地点的旱涝程度。但由于我省蒸发量是通过人工观测途径获取,观测受到一定的时间限制,并且不同的气象站所用的观测仪器规格不同,需要进行换算才可对比分析;目前只有国家级观测站才进行蒸发量观测,区域自动气象站没有开展蒸发量观测,因此,文献[15]和[16]中的黔东南夏季旱涝指数的计算方法,如果用来进行乡镇小区域的旱涝监测影响评估分析,受观测历史资料和蒸发观测资料的限制,使得旱涝监测影响评估的空间分辨率较低。

目前区域自动气象观测站多为气温、降水量两要素观测站,农业气象干旱定义[15]以及地理生态学的干燥度指数计算方法[17],都考虑了温度要素。通过对岑巩县气象站 1971—2013 年 6—9 月逐候平均气温与同一时段内的小型蒸发器候蒸发量的相关分析表明(表 1),尽管岑巩 6 月第

5候和第6候的相关性较低,但已通过了0.01的显著性检验,其余各候的相关系数均通过了0.001的显著性检验,也就是说在计算岑巩县乡镇旱涝指数时,可以用候平均气温推算候蒸发量。

表1 岑巩自动气象观测站候平均气温与小型蒸发器候蒸发量相关系数

候	6月						7月					
	1候	2候	3候	4候	5候	6候	1候	2候	3候	4候	5候	6候
R	0.6431	0.5546	0.5387	0.5182	0.4001	0.4142	0.5622	0.5946	0.5580	0.5651	0.6461	0.6655
σ	***	***	***	***	**	**	***	***	***	***	***	***
候	8月						9月					
	1候	2候	3候	4候	5候	6候	1候	2候	3候	4候	5候	6候
R	0.6874	0.6920	0.6859	0.6889	0.7180	0.7211	0.7366	0.7449	0.7749	0.7917	0.7684	0.7733
σ	***	***	***	***	***	***	***	***	***	***	***	***

注:表中 ** 代表为0.01显著性检验,*** 代表为0.001显著性检验

1.2.2 岑巩县夏季旱涝指数确定

岑巩气象站旱涝指数的计算利用文献[15]中的方法,将计算公式中的蒸发因子换成温度因子,即:

$$I = aP_s + bP_t + cT \tag{1}$$

式中:a、b、c 为权重系数,P_s、P_t、T 分别为计算时段内的降水、前60天降水和温度因子项。

1.2.3 气象资料标准化处理方法

由于乡镇气象资料年限短,气象资料的标准化处理不能采用 Z-score 标准化法,因此,对岑巩县气象站观测资料和各乡镇区域自动气象站观测资料均采用极差法进行标准化处理。

极差法是对原始数据的线性变换,首先计算指标值的最小值、最大值,再计算极差,通过极差法将指标值映射到[0,1]上。公式为:

$$x^* = \frac{x - x_{min}}{x_{max} - x_{min}} \tag{2}$$

将标准化值代入公式(1),计算得出岑巩县气象站1971—2013年夏季各候旱涝指数和11个乡镇2013年夏季各候旱涝指数。根据一个地点同一种气象灾害历年分布大致呈正态分布的特点,对岑巩县气象站的旱涝等级进行划分,得出表2的划分标准,并且以此为岑巩县旱涝程度评判的依据。

表2 岑巩县夏季各级旱涝等级划分标准

等级	类型	初夏旱涝指数	伏期旱涝指数
1	重涝	≥0.60	≥0.60
2	中涝	0.50~0.60	0.40~0.60
3	轻涝	0.30~0.50	0.20~0.40
4	正常	0.10~0.30	0.025~0.20
5	轻旱	0.04~0.10	0.00~0.025
6	中旱	0.0~0.04	−0.03~0.00
7	重旱	≤0	≤−0.03

初夏和伏期的划分采用文献[18]和[19]的划分,即将 6 月 1 日—7 月 10 日约 40d 定为初夏时段,把 7 月 11 日—8 月 31 日的 52 d 定为"伏期"阶段。

以候为单位进行分析,初夏有 8 候,伏期有 10 候。

1.2.4 作物受灾率

把岑巩县主栽农作物水稻、玉米、烤烟受灾总面积与耕地面积的比定义为作物受灾率。即:

$$\gamma = \frac{S'}{S} \tag{3}$$

式中:γ 是作物受灾率;S' 是主栽农作物受灾面积;S 是耕地面积。

2 研究结果

2.1 2013 年岑巩夏季旱涝时空特征及影响分析

2.1.1 时间特征

从初夏、伏期旱涝指数平均值来看,2013 年夏季岑巩县属于正常年份,但从候际旱涝指数来看(图 2),干旱和雨涝均有,初夏中期、初夏末期到伏期中期以干旱为主,伏期后期到末期以雨涝为主。伏期第 3 候全县 11 乡镇均均为干旱,其余各候均有局地雨涝和干旱出现,其中有 6 候县境内出现大范围的干旱,即初夏第 3～4 候、初夏第 7 候～伏期第 1 候、伏期第 3～4 候和第 6 候,有 3 候出现大范围的雨涝,即初夏第 6 候、伏期第 8～10 候。总之,2013 年岑巩县夏旱涝交替出现,以旱为主,旱涝的阶段性降低了其对农业生产的影响程度。

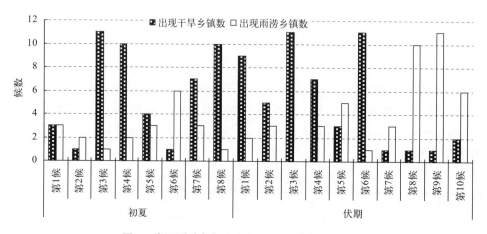

图 2　岑巩夏季各候出现干旱和雨涝的乡镇数

2.1.2 空间分布及对农业生产影响分析

从夏季干旱和雨涝最长候数分布图(图 3)来看,2013 年岑巩县夏季旱涝分布形势是:县境中部以旱为主、东部和西部以涝为主。岑巩县 11 乡镇最长干旱候数为 2～8 候,5 候以上的干旱出现在岑巩县中部一线的凯本、平庄、岑巩县城、大有 4 乡镇,中部以西和以东的各乡镇最长干旱持续时间相对较短。凯本、大有、岑巩县城 3 乡镇最长干旱出现时间是夏玉米抽雄吐丝期和水稻拔节孕穗期,对玉米、水稻的产量形成影响大,而平庄乡最长干旱时段出现较晚,为伏期第 6 候到第 10 候,是水稻抽穗扬花期和玉米收获期,干旱对平庄的农业生产较为有利。

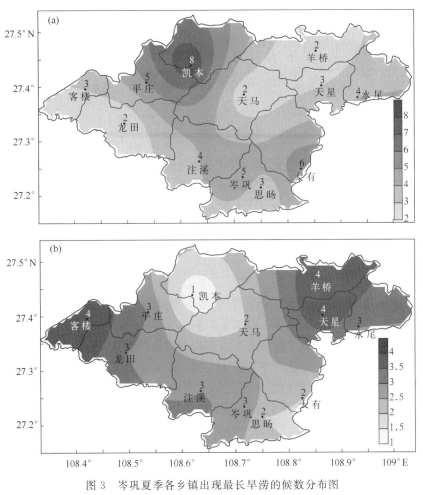

图 3　岑巩夏季各乡镇出现最长旱涝的候数分布图
(a)图为干旱候数;(b)图为雨涝候数

岑巩县 11 乡镇 2013 年夏季最长雨涝持续时间为 1～4 候,持续 4 候的乡镇是岑巩县西部和东部的客楼、羊桥、天星等 3 乡镇。龙田镇最长雨涝持续 3 候,出现在伏期第 4～6 候,是水稻拔节孕穗期、晚玉米乳熟期,对产量的形成十分有利;其余乡镇的最长雨涝出现在伏期第 7～10 候,水稻抽穗扬花期和玉米收获期,对收成影响较大。

综上所述,2013 年夏季岑巩县旱涝时空分布特征显示,对全县农业生产的影响利少弊多。

2.2　指标检验

利用岑巩县 11 乡镇 2013 年农作物干旱受灾率对旱涝监测指标检验。从主栽农作物干旱受灾率图来看(图 4),受灾率与干旱候数基本成正比、与雨涝候数成反比,这证明用本旱涝监测评判方法监测到的干旱较重区域与受灾率较大的区域基本一致,说明本旱涝监测评判方法可以用到对乡镇的旱涝监测和评判中。

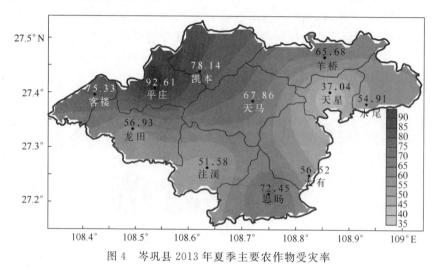

图 4 岑巩县 2013 年夏季主要农作物受灾率

3 结论与讨论

（1）本文利用岑巩县气象站历年夏季气温、降水观测数据，对岑巩县历年夏季旱涝特征进行了分析，结果表明岑巩县夏季旱涝与西太平洋副热带高压季节内突变性北跳、盛夏西风槽活动有关，说明本文所研究的旱涝监测判定方法有较为充分的气候背景依据。

（2）利用本旱涝监测判定方法对岑巩县 11 乡镇 2013 年夏季出现的干旱进行了判定分析，结果表明本判定方法得出的干旱较重区域与受灾率较大的区域基本是一致的，监测评判方法可以用到对乡镇的旱涝监测和评判中。

（3）同时该方法简单易行，可以作为一种快速、便捷的旱涝灾害监测判定方法，可以应用到气象服务中去；如果结合当地主要作物生育期监测资料，可作为旱涝影响评估方法。此外，该方法利用区域自动气象观测站的观测资料，从面上监测旱涝情况，弥补了以往利用气象站观测数据插值造成区域旱情监测不准的缺陷。

（4）岑巩初夏干旱呈增加趋势、雨涝呈减少趋势，伏期中级以上干旱、中级以上雨涝均呈增多趋势。针对岑巩夏季干旱的增多态势，应加大水改旱的力度，改"望天水"田为旱地，种植玉米、烤烟等旱地作物；针对常年少雨区，推行"山上为松、杉等经济林，坡上为茶、果园，坡底种植玉米、烤烟等旱地作物"的种植模式；改善工程性缺水状态，合理布局、修建山塘水库和灌溉水渠等水利设施，收集雨涝期的雨水为旱期所用，从而达到旱涝保收、实现农业增产和农民增收的目的。

参考文献

[1] 侯英雨,何延波,柳钦火,等.干旱监测指数研究[J].生态学杂志,2007,**26**(6):892-897.

[2] 气象干旱等级国家标准(GB/T 20481—2006).

[3] 张叶,罗怀良.农业气象干旱指标研究综述[J].资源开发与市场,2006,**22**(1):50-52.

[4] 姚玉璧,张存杰,邓振镛,等. 气象、农业干旱指标综述[J]. 干旱地区农业研究,2007,**25**(1):185-189.

[5] 刘凤仙. 基于3S的农业干旱监测方法综述[J]. 中国西部科技,2010,**214**(17).

[6] 张红卫,陈怀亮,申双和. 基于EOS_MODIS数据的土壤水分遥感监测方法[J]. 科技导报,2009,**27**(12):85-92.

[7] 王瑜,孟令奎. 基于MODIS的区域动态干旱监测方法[J]. 测绘信息与工程,2010,**35**(4):20-22.

[8] 张洁,武建军,周磊,等. 基于MODIS数据的农业干旱监测方法对比分析[J]. 遥感信息,2012,**27**(5):48-54.

[9] 冯锐,张玉书,纪瑞鹏,等. 基于MODIS数据的作物苗期干旱监测方法[J]. 气象科技,2008,**36**(5):606-608.

[10] 卿清涛,侯美亭,张顺谦. 基于NOAA/AVHRR资料的四川省干旱监测方法初探[J]. 中国农业气象,2008,**29**(2):217-220.

[11] 杜灵通,田庆久,黄彦,等. 基于TRMM数据的山东省干旱监测及其可靠性检验[J]. 农业工程学报,2012,**28**(2):121-126.

[12] 苏涛,王鹏新,许文宁,等. 基于条件植被温度指数的干旱监测研究[J]. 干旱地区农业研究,2009,**27**(3):208-213.

[13] 王鹏新,孙威. 基于植被指数和地表温度的干旱监测方法的对比分析[J]. 北京师范大学学报(自然科学版),2007,**43**(3)319-323.

[14] 杜灵通,李国旗. 利用SPOT数据进行干旱监测的应用研究[J]. 水土保持通报,2008,**28**(2):153-156.

[15] 梁平,冯晓云,韦波. 黔东南夏季旱涝指数及干旱气候特征分析[J]. 气象科技,2006,**34**(5):563-566.

[16] 李玉柱,许炳南. 贵州短期气候预测技术[M]. 北京:气象出版社,2001:1-5.

[17] 孟猛,倪健,张治国. 地理生态学的干燥度指数及其应用评述[J]. 植物生态学报,2004,**28**(6):853-861.

[18] 刘静,王连喜,马力文. 中国西北旱作小麦干旱灾害损失评估方法研究[J]. 中国农业科学,2004,**37**(2):201-207.

[19] 武文辉,吴战平,袁淑杰,等. 贵州夏旱对水稻、玉米产量影响评估方法研究[J]. 气象科学,2008,**28**(2):232-236.

[20] 蔡亮,姜洋. 水稻不同需水关键期适宜灌水下限指标研究[J]. 灌溉排水学报,2010,**29**(6):94-96.

[21] 陶诗言,卫捷. 再论夏季西太平洋副热带高压的西伸北跳[J]. 应用气象学报,2006,**17**(5):513-525.

[22] 朱玉先,喻世华. 副热带高压季节性北跳的诊断研究[J]. 热带气象学报,1997,**13**(3):246-257.

[23] 陶诗言,张庆云,张顺利. 夏季北太平洋副热带高压系统的活动[J]. 气象学报,2001,**59**(6):747-758.

[24] 巩远发,许美玲,何金海,等. 夏季青藏高原东部降水变化与副热带高压带活动的研究[J]. 气象学报,2006,**64**(1):90-99.

基于 FY-3 VIRR 的温度植被干旱指数在
陕西省应用及其 IDL 实现

王卫东　　赵青兰　　李化龙　　周　辉

（陕西省农业遥感信息中心，西安 710015）

摘要：针对 FY-3 数据特征，对 FY-3 VIRR L1 数据的云检测、地表温度、温度植被干旱指数（TVDI）等的反演作了陕西省本地化研究。使用 IDL 程序语言研制了 FY-3 扫描辐射计（VIRR）L1 预处理、云检测、地表温度反演、TVDI 指数法反演土壤湿度等实用性强、自动化程度高的应用程序。结果表明，利用 FY-3 VIRR L1 数据生产的 TVDI 能较好地反映陕西省干旱的分布状况，在延安、关中、陕南的实际旱情与 TVDI 反演的情况更为接近。

关键词：FY-3 VIRR 数据；温度植被干旱指数；土壤相对湿度

干旱是影响我国农业生产的主要自然灾害之一，基于遥感植被指数和地表温度信息进行区域地表水分状况等陆表变化过程研究，是目前遥感和陆表过程研究中的前沿方向。研究表明，极轨卫星遥感得到的大范围地表温度（T_s）和归一化植被指数（NDVI）之间存在负相关关系，其比值在干燥与湿润两类地面状态下有显著的变化，这种关系已被成功应用于地面水分含量估算[1~4]。Sandholt 等[1]避开使用空气温度（遥感不易获取），提出了温度植被干旱指数（Temperature vegetation dryness index，TVDI）用于区域土壤水分状况和旱情监测。王纯枝等使用 MODIS 数据，利用 TVDI 反演了黄淮海平原土壤湿度[3]，许丽娜等使用 Landsat5-TM 数据，利用 TVDI 反演了三峡库区土壤水分[5]。向大享等使用 TVDI 对 FY-3A MERSI 数据干旱监测能力进行了评价[4]。

风云三号（FY-3）气象卫星是为了满足我国天气预报、气候预测和环境监测等方面的迫切需求建设的第二代极轨气象卫星，针对 FY-3 数据特征，结合用户需求，研制简单、实用、自动化程度高的 FY-3 数据处理系统及 FY-3 数据应用反演系统研究已经成为 FY-3 数据用户的普遍要求。陕西省位于我国内陆，水体面积少，地表覆盖类型多样，植被 NDVI 梯度变化明显，适合温度植被干旱指数法的应用。由于 MERSI 数据只有一个热红外通道，在地温反演只能使用单通道模式，与分裂窗模式相比，其反演精度上存在的不足。本文以具有两个热红外通道的 FY-3 扫描辐射计（VIRR）L1 数据为信息源，使用分裂窗地表温度反演算法，利用温度植被

基金项目：陕西省气象局科技创新基金资助。

第一作者简介：王卫东，1970 年出生，男，陕西扶风人，高工，从事卫星遥感与监测。电话：15229018229；E-mail：weidongwang@live.cn。

干旱指数,来监测陕西省的土壤干旱程度。

1　FY-3 数据预处理

对于 FY-3C L1 数据具有全新的结构,与 MODIS 的数据结构类似,有 3 层结构。第一层是文件层,相当于根目录;第二层是组(Group),构成简单,有多个组,分别由数据组(Data)、质量信息组(QA)、时间组(Timedata)、定标系数组(Calibration)、定位信息组(Geolocation)等组成;第三层是所包含的数据对象:多个数据集。每层均具有本层特有的多个属性。比如在 Data组中 MERSI MPT L1 数据(1 km)中的多个数据集:地球观测 250 m 反射通道融合到 1 km、地球观测 1 km 反射通道、地球观测 250 m 热红外通道融合到 1km、定标系数等数据。Geolocation 组中有经度、纬度等数据,对应位于第三层,其数据集属性指明了该数据集的结构、大小、数据单位等内容。与 FY-3A B 星的最显著区别是,FY-3C 定位信息从 L1 数据文件中分离出,由一个单独 GEO 的文件构成。

FY-3 扫描辐射计(VIRR)L1 数据必须经过定标、投影、裁剪、封装等处理后,才可为后续的数据处理工作需求带来方便。

FY-3 VIRR L1 数据辐射定标两个热红外通道为黑体温度,其余的 8 个可见光通道为反射率,辐射定标算法使用国家卫星气象中心的标准算法[6]。

投影变换选取气象行业最常使用的等经纬度投影。先读取经度(Longitude)和纬度(Latitude)数据,并利用周围的数据剔除填充无效值,再作为控制点。对 IDL 来说,无须做投影变换设置,直接做仿射变换后,再重采样,即可完成等经纬度投影变换,这是与其他投影方式如付必涛论文《MODIS 数据几何校正算法设计及其 IDL 实现》中所做的 Albers 等面积圆锥投影[7]有所不同。

按省界裁剪输出的数据采用遥感图像最通用的数据格式 GeoTIFF 文件系统,GeoTIFF作为 TIFF 的一种扩展,在 TIFF 的基础上定义了一些 GeoTag(地理标签),来对各种坐标系统、椭球基准、投影信息等进行定义和存储,使图像数据和地理数据存储在同一图像文件中,这样就为广大用户制作和使用带有地理信息的图像提供了方便的途径。完美支持经过等经纬度投影的卫星图像数据,并支持多通道数据。

因此,根据需要,将投影裁剪后的 VIRR 10 个通道的数据加太阳天顶角、太阳方位角、卫星传感器天顶角、卫星传感器方位角共 14 个通道一同写入同一 GeoTIFF 文件,其中前十个按VIRR 数据通道标准排列,后四个角度数据按太阳天顶角、太阳方位角、卫星传感器天顶角、卫星传感器方位角的顺序排列,由于 GeoTIFF 文件的通用性,这样为后期数据读取和反演等带来极大的方便性。

2　VIRR 数据云检测

为了排除云对干旱指数反演过程中的干扰,必须对云区进行识别,同时在反演过程中,利用 IDL 算法不对云区进行运算,这样也可以提高运算速度。云检测选择适合西北地区使用的以指数法和光谱阈值相结合的多光谱云检测算法[8]。选择了 VIRR 通道 1、通道 6、通道 10 共三个对云比较敏感的波段进行云检测。其中通道 1 波段范围 0.58～0.68 μm，通道 6 波段范围 1.55～1.64 μm，通道 10 波段范围 1.32～1.39 μm。归一化处理用来消除大气辐射及仪器的影响，以便更好地突出云的信息，得到最佳云的检测影像[9]。归一化云指数 Rdvi＝(band1－band6)/(band1＋band6)。

具体云检测算法如下：

第一步：若通道 10 的反射率大于某阈值 ρ_1，判别为云区，此步骤可以检测出大部分高云。

第二步：Rdvi 大于某阈值 ρ_2，小于另一阈值 ρ_3，同时通道 1 大于某阈值 ρ_4，判别为云区，否则为非云区。

经测试验证，陕西省的几个参数分别取为 $\rho_1＝27.0$，$\rho_2＝-0.2$，$\rho_3＝0.4$，$\rho_4＝16.0$。

IDL 主要源程序如下：

```
Image＝read_tiff(tiff_file, geotiff＝geoInfo)
  band1 ＝ reform(image[0, *, *]);写入数据 R
  band6 ＝ reform(image[5, *, *])
  band10 ＝ reform(image[9, *, *]);
dimens＝size(band1, /DIMENSIONS)
  Cloud＝bytarr(dimens[0],dimens[1])
  Rdvi ＝ (band1－band6)/(band1＋band6＋0.000001)
    cloud11＝where((band10 GT 27.0), count)
  if (count ne 0) then begin
    Cloud(cloud11)＝1;写云标识
endif
  cloud11＝where((Rdvi GT －0.2) AND (Rdvi LT 0.4)  AND (band1 GT 16.0), count)
  if (count ne 0) then begin
    Cloud(cloud11)＝1;写云标识
Endif
```

3 FY-3 VIRR 地表温度反演

本文在已有成熟研究的基础上，根据 VIRR 热红外通道光谱响应函数，使用权维俊 2012 年提出具有较高精度的改进型 Becker 和 Li 分裂窗地表温度反演算法[10]，来满足在干旱监测变化研究中对高分辨率地表温度数据的需求。使用 VIRR 热红外通道的通道 4 和通道 5 的亮温 T_4、T_5 来计算地表温度 LST，这样 Becker 和 Li 分裂窗地表温度反演方程可表示为：

$$T_s = P \times (T_4 + T_5)/2 + M \times (T_4 - T_5)/2 - 0.14$$

式中：P 和 M 为通道 4 和 5 的平均比辐射率和比辐射率差值的函数，具体如下：

$$P = 1 + 0.1197 \times (1 - ee)/ee - 0.4891 \times \Delta e/(ee \times ee)$$

$$M = 5.6538 + 5.6543 \times (1 - ee)/ee + 12.9238 \times \Delta e/(ee \times ee)$$

式中：$ee = (e_4 + e_5)/2$ 为通道 4 和 5 的平均比辐射率，$\Delta e = e_4 - e_5$ 为通道 4、5 的比辐射率的

差值。

系数 P 和 M 依赖于 VIRR 通道 4、5 的地表比辐射率，一个可行的地表比辐射率获取方法是归一化植被指数方法。该方法通过归一化植被指数 NDVI 的分级来估算地表比辐射率。

归一化植被指数 NDVI 小于 0.2 的像元认为是裸土像元，它在 VIRR 通道 4、5 的地表比辐射率可用土壤和岩石的比辐射率的平均值来代替。即 VIRR 通道 4 的裸土比辐射率 e_4 为 0.9545，通道 5 的裸土比辐射率 e_5 为 0.9714。

归一化植被指数 NDVI 大于 0.5 的像元认为完全由植被覆盖，这时 VIRR 通道 4、5 的地表比辐射率为一个常数，典型值为 0.99[11]。

归一化植被指数 NDVI 大于 0.2 且小于 0.5 像元是由裸土和植被构成的混合像元，地表比辐射率依赖于植被覆盖度 P_V，使用 Carlson 等(1997)计算式估计。

$$P_V = \left(\frac{\text{NDVI} - \text{NDVI}_{\min}}{\text{NDVI}_{\max} - \text{NDVI}_{\min}}\right)^2$$

式中：$\text{NDVI}_{\max} = 0.5$，$\text{NDVI}_{\min} = 0.2$。

根据权维俊的计算地表比辐射率可近似表示为[10]：

$$e = m \times P_V + n$$

对于 VIRR 通道 4 来说 $m = 0.0107$，$n = 0.9793$。对于 VIRR 通道 5 来说 $m = 0.0030$，$n = 0.9870$。

使用 IDL 编程语言来写这判断，简洁明了，充分显示了 IDL 的功能强大。源程序如下：

```
;计算植被覆盖率
pv = ((NDVI-0.2)/(0.50-0.2))^2
  ;比辐射率
e4 = (0.0107 * pv + 0.9793) * ((ndvi ge 0.2) * (ndvi le 0.5)) + $
  0.9545 * (ndvi lt 0.2) + 0.99 * (ndvi gt 0.5)
e5 = (0.0030 * pv + 0.9870) * ((ndvi ge 0.2) * (ndvi le 0.5)) + $
  0.9714 * (ndvi lt 0.2) + 0.99 * (ndvi gt 0.5)
ee = (e4 + e5)/2
delta_e = e4 - e5
pv = 1 ;空间释放
P = 1 + 0.1197 * (1 - ee)/ee - 0.4891 * delta_e/(ee * ee)
M = 5.6538 + 5.6543 * (1 - ee)/ee + 12.9238 * delta_e/(ee * ee)
;计算地表温度
```

$$T_s = P * (T_4 + T_5)/2 + M * (T_4 - T_5)/2 - 0.1400$$

T_s 即为最终的地表温度反演结果。

4　FY-3 VIRR 温度植被干旱指数

由于植被覆盖度与光谱植被指数存在一定关系，而植被覆盖度决定了传感器接收到土壤背景和植被冠层可见光和热红外信息，从而影响遥感获取的辐射温度。由于蒸散对冠层温度有很大程度的影响,在一定的净辐射条件下,当蒸散量越少,感热量越大,冠层温度就越高。另外,蒸散量同时受三方面的因素控制,即气象条件、植被生长状况和土壤可利用水量。生态系统在一定气象条件下,当土壤水分不能满足潜在蒸散时,用于改变周围环境温度的感热量增加,冠层温度升高,气孔阻力增大,进一步抑制蒸散。显然,土壤水分状况与表面温度之间不存在直接的关系,但土壤水分无疑是影响植被冠层温度的重要因素。从这个意义上,一定植被覆盖条件下的冠层温度能够间接反映土壤供水情况。

Sandholt 等在 2002 年利用简化的 $NDVI-T_s$ 特征空间提出水分胁迫指标,即温度植被干旱指数,在该简化的特征空间,将湿边(T_{min})处理为与 NDVI 轴平行的直线,干边(T_{max})与 NDVI 呈线性关系[1]。由 $NDVI-T_s$ 特征空间计算 TVDI 表达式为:

$$TVDI = (T_s - T_{min})/(T_s - T_{min})$$

事实上,在不同的植被覆盖度条件下,$NDVI-T_s$ 特征空间中最低温度(T_{min})是不同的,如果简单地将湿边描述成与 NDVI 轴平行的直线会给结果带来一定误差,因此,对湿边进行线性拟合是合理的。Moran 等在假设 $NDVI-T_s$ 特征空间呈梯形的基础上,从理论上计算梯形四个顶点坐标的研究结果也说明了这点[2]。对 T_{min} 和 T_{max} 同时进行线性拟合,拟合结果表示为:

$$T_{min} = a_1 + k_1 \times NDVI, \quad T_{max} = a_2 + k_2 \times NDVI$$

式中:a_1,k_1 和 a_2,k_2 分别是干边和湿边拟合方程的系数。结合上面两公式就可以进行温度植被干旱指数的计算。

利用 $NDVI-T_s$ 特征空间中的相应最大和最小地表温度,线性回归拟合可获得干边和湿边方程。在拟合干湿边方程时,仅选择处于中等高植被区像元所占比例较多的,在 7 月到 8 月选取 NDVI 在 0.25~0.65 的像元。显然小于 0 的点对应的像元一般为水体或云,拟合时不考虑。同时注意选择要有不同时期的多幅卫星图像,如干旱期的和湿润期的,且晴空居多的,共同参与回归拟合,这样就会更贴近于实际情况。经比较验证,在本系统使用最小二乘法来做线性回归拟合,选取范围 0.25~0.65,间隔 0.001,共 400 个点计算拟合系数。重点的 IDL 源程序如下:

```
;最小二乘法 温度植被干旱指数 TVDI 的系数获取
ndvi_all = [temporary(ndvi_all), ndvi[site]]
Ts_all = [temporary(Ts_all), Ts[site]]
n=400;
xi = findgen(n) * 0.001+0.25 ;ndvi 范围 0.26~0.65
Ts_min = fltarr(n)
Ts_max = fltarr(n)
;   tvscl,Ts
FORi=0,n-1 DO BEGIN
    site=where((ndvi_all gt (xi[i]-0.00001))and(ndvi_all lt (xi[i]+0.00001)), count)
lll= Ts_all[site]
Ts_min[i] = min(lll,max=mm)
Ts_max[i] = mm
```

ENDFOR

A1 = total(xi * xi)

B1 = total(xi)

C1 = total(Ts_min * xi)

D1 = total(Ts_min)

K1=(C1 * n−B1 * D1)/(A1 * n−B1 * B1)

bb1=(A1 * D1−C1 * B1)/(A1 * n−B1 * B1)

A2 = total(xi * xi)

B2 = total(xi)

C2 = total(Ts_max * xi)

D2 = total(Ts_max)

K2=(C2 * n−B2 * D2)/(A2 * n−B2 * B2)

bb2=(A2 * D2−C2 * B2)/(A2 * n−B2 * B2)

程序中,求得的 bb1、K1 和 bb2、K2 分别就是干边和湿边拟合方程的系数:a_1、k_1 和 a_2、k_2。得到了拟合系数,那么计算温度植被干旱指数 TVDI 就比较简单了,这里就不再赘述。实际应用中计算得到的系数 $k_1=36.492352$,$a_1=−8.3910189$,$k_2=−34.682926$,$a_2=58.231808$。

利用干边和湿边方程,计算各像元的 TVDI 值,计算时,已将云区排除在反演的数据之外,但没有单独考虑水域的情况。实际上当 NDVI<0.005 时,对应像元所代表的区域可能为水域或云区,据此可以进一步将水域和云区信息单独提出来,作为云区和水域识别的补充。

以 TVDI 值作为不同土壤湿度分级指标,参考已有的 TVDI 干旱指数分级研究[3,12,13],并结合陕西省的旱情统计数据,将土壤湿度划分为 5 级,分别是:湿润(0.005≤TVDI<0.4),正常无旱(0.4≤TVDI<0.6),轻度干旱(0.6≤TVDI<0.75),中度干旱(0.75≤TVDI<0.85)和重度干旱(TVDI≥0.85)。表 1 给出了 TVDI、土壤相对湿度和干旱等级间的对应关系。

表 1　TVDI、土壤相对湿度和干旱等级间的对应关系

TVDI	土壤相对湿度（%）	干旱等级
≥0.85	≤40	重度干旱
0.75～0.85	40～50	中度干旱
0.6～0.75	50～60	轻度干旱
0.4～0.6	60～80	正常无旱
0.005～0.4	≥80	湿润

5　遥感反演结果分析

选用 2014 年 7 月 13 日和 2014 年 8 月 13 日的数据,来分析 2014 年夏季干旱。经过 FY-3 数据预处理、云检测、地表温度反演、TVDI 指数法反演土壤湿度等数据处理后,可得到研究区域 2014 年 7 月 13 日和 2014 年 8 月 13 日的土壤干旱程度分布图(图 1),图 1 中白色区域为云区或水域。

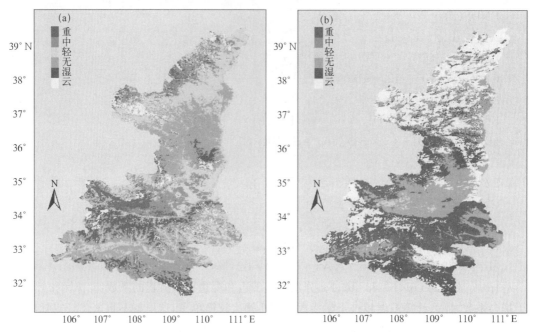

图 1 土壤干旱程度分布图(对应彩图见第 315 页彩图 1)
(a)2014 年 7 月 13 日;(b)2014 年 8 月 13 日

利用陕西省自动土壤水分站共 52 个站点的土壤湿度 10 cm 和 20 cm 的数据分别生成 2014 年 7 月 13 日和 2014 年 8 月 13 日的土壤相对湿度等值线图(图 2)。

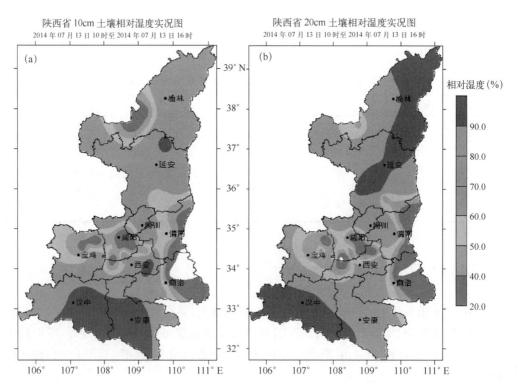

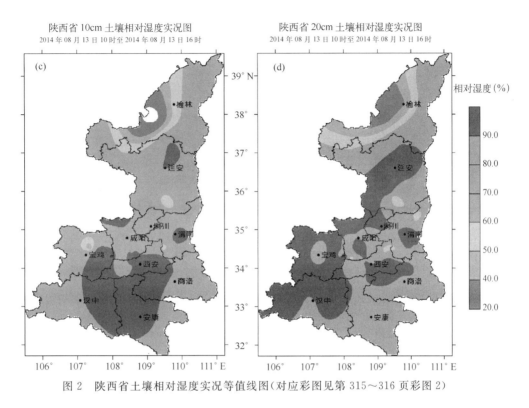

陕西省 10cm 土壤相对湿度实况图
2014 年 08 月 13 日 10 时至 2014 年 08 月 13 日 16 时

陕西省 20cm 土壤相对湿度实况图
2014 年 08 月 13 日 10 时至 2014 年 08 月 13 日 16 时

图 2　陕西省土壤相对湿度实况等值线图（对应彩图见第 315～316 页彩图 2）

　　干旱监测最直接的是实测的土壤相对湿度，验证温度植被干旱指数与实测土壤相对湿度之间的关系是验证干旱监测结果最直接的方法。但实测土壤相对湿度与测站设置的科学性、测量仪器的一致性和准确性关系极大。典型自动站土壤相对湿度和 TVDI 关系见表 2。在全省多数地区 TVDI 与对应的 10 cm、20 cm 的土壤相对湿度之间存在极显著的负相关关系，特别是 20 cm 的土壤相对湿度与 TVDI 相关度更高，这是由于 10 cm 深度的土壤水分易受到地表风速等气象条件的影响，并不能完全反映地表反射率特性；而 20 cm 深处的土壤水分更接近作物根部，对作物的生长影响更大，更能反映作物的受旱情况，这与已有的研究结论基本一致[12]。

表 2　典型自动站土壤相对湿度和 TVDI 关系表

站名	经度（°）	纬度（°）	2014 年 8 月 13 日 10 cm 层土壤相对湿度（%）	2014 年 8 月 13 日 20 cm 层土壤相对湿度（%）	2014 年 8 月 13 日 TVDI	2014 年 7 月 13 日 10 cm 层土壤相对湿度（%）	2014 年 7 月 13 日 20 cm 层土壤相对湿度（%）	2014 年 7 月 13 日 TVDI
陈仓	107.4	34.2667	88.4	82.6	0.275792	45.4	42.9	0.90344
渭南西北	109.28	34.32	74.3	96.4	0.316071	70.3	97.7	0.54533
子长	109.7	37.1833	96.3	91.5	0.38581	96.6	93.8	0.55601
绥德	110.2333	37.5	69.6	82.2	0.38634	78.4	97	0.65654
宜川	110.1833	36.0667	71.4	81.1	0.411009	71.7	79.2	0.56787
汉滨	109.0333	32.7167	93.7	72.6	0.440212	99.8	84.9	0.5992
华阴	110.0167	34.5333	60.6	86.7	0.445341	24.1	33.1	0.76938

续表

站名	经度(°)	纬度(°)	2014 年 8 月 13 日 10 cm 层土壤相对湿度(%)	2014 年 8 月 13 日 20 cm 层土壤相对湿度(%)	2014 年 8 月 13 日 TVDI	2014 年 7 月 13 日 10 cm 层土壤相对湿度(%)	2014 年 7 月 13 日 20 cm 层土壤相对湿度(%)	2014 年 7 月 13 日 TVDI
淳化	108.5167	34.8667	66.4	79.8	0.483705	20.2	30.6	0.65005
泾阳	108.8833	34.55	59.3	68.4	0.500294	27.1	26.8	0.79334
合阳	110.15	35.2333	61.1	58.1	0.513982	37.4	19.9	0.69526
白水	109.5833	35.1833	64.1	79.2	0.529929	59.7	57.7	0.79984
临潼东	109.14	34.24	69.7	74.2	0.530569	38.8	54.5	0.80777
临潼	109.2333	34.4	82.1	58.3	0.542292	39.8	25.2	0.79533
榆林	109.78	38.27	59.7	65.3	0.571022	81.2	87.3	0.68144
武功	108.1667	34.25	58.5	48	0.591504	30.6	10.9	0.86196
蒲城	109.5833	34.95	67.1	89.2	0.603716	57.2	85.7	0.80826
汉台	107.0333	33.0667	72.5	77.3	0.639495	97	99.3	0.79433

2014 年 8 月 13 日典型自动站 10 cm 层土壤相对湿度与同日 TVDI 相关性:−0.5062;2014 年 8 月 13 日典型自动站 20 cm 层土壤相对湿度与同日 TVDI 相关性:−0.5385;2014 年 7 月 13 日典型自动站 10 cm 层土壤相对湿度与同日 TVDI 相关性:−0.5147;2014 年 7 月 13 日典型自动站 20 cm 层土壤相对湿度与同日 TVDI 相关性:−0.5344

利用陕西省自动气象站共 99 个站点的降水生成 2014 年 7 月 1 日到 2014 年 7 月 13 日和 2014 年 8 月 1 日到 2014 年 8 月 13 日的降水实况图(图 3)。

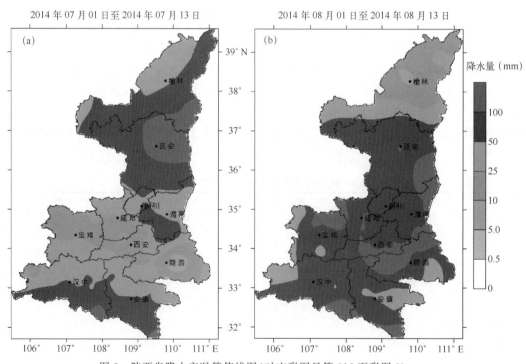

图 3　陕西省降水实况等值线图(对应彩图见第 316 页彩图 3)

　　但在榆林市、渭南市、商洛市的关系不明显,这可能与上述提到的实测土壤相对湿度与测站设置的科学性、测量仪器的一致性和准确性关系极大。这需要进一步证实,我们使用陕西省的降水和气象资料来统计分析,进行间接验证,见图3陕西省降水实况等值线图。土壤水分自动站全省有52个站点,分布较少;自动气象站全省有99个站点,分布较多。

　　陕西秋粮主产区分为春播区(渭北、陕北)和夏播区(关中、陕南)。在关中、陕北以玉米为主,另外,陕北还有马铃薯、小米、豆类等作物。陕南以玉米和水稻为主。2014年秋粮生长期,春播区降水较常年偏多,底墒较好。夏播区普遍出现苗期干旱和伏旱,旱情严重;高温天数较上年偏多,加剧了旱情。该时段平均降雨量关中25 mm、陕南33 mm。与常年相比,关中偏少39%,陕南偏少48%。在8月5日到8月12日,全省大部分降水量在60 mm以上,旱情得到有效缓解,这一点在8月13日温度植被干旱指数(TVDI)上得到充分体现。总之,在延安、关中、陕南的实际旱情与温度植被干旱指数(TVDI)反演的情况更为接近。

　　分析7月13日的温度植被干旱指数,陕北边缘那些重旱和中旱的地域,大多属于固定的沙漠,植被覆盖较差,土壤水分本身不易保持,更易受温度、风速的影响;同时土壤水分自动站在这些区域设置很少;再加上此处的归一化植被指数低,可能不处于TVDI的线性区域。这三方面的原因导致了与土壤水分自动站相比,陕北的边缘旱情有加重的趋势。

6　结论

　　利用FY-3 VIRR数据反演到的温度植被干旱指数(TVDI)对陕西省进行了干旱监测,建立了针对陕西省干旱灾害的TVDI干旱等级标准。从卫星遥感干旱监测结果与实测土壤相对湿度和实际气象资料对比来看,在延安、关中、陕南的实际旱情与温度植被干旱指数(TVDI)反演的情况更为接近。但在陕北榆林的边缘旱情有加重的趋势,这与陕西省南北气候差异性大,地表覆盖类型多样,植被NDVI变化梯度明显,有一定的关系。TVDI干旱指数能较好地反映陕西省干旱的分布状况和旱情发展趋势。但在陕北榆林边缘的旱情监视,还需要进一步的研究。

参考文献

[1] Sandholt I,Rasmussen K,Andersen J. A Simple Interpretation of the Surface Temperature/Vegetation Index Space for Assessment of Surface Moisture Status[J]. *Remote Sensing of Environment*,2002,**79**:213-224.

[2] Moran M S,Clarke T R,Inoue Y. Estimating Crop Water Deficit Using the Relation between Surface Air Temperature and Spectral Vegetation Index[J]. *Remote Sensing of Environment*,1994,**49**(3):246-263.

[3] 王纯枝,毛留喜,何延波,等.温度植被干旱指数法(TVDI)在黄淮海平原土壤湿度反演中的应用研究[J].土壤通报,2009,**40**(5):998-1004.

[4] 向大享,刘良明,韩涛.FY-3A MERSI数据干旱监测能力评价[J].武汉大学学报(信息科学版),2010,**35**(3):334-337.

[5] 许丽娜,牛瑞卿,尚秀枝.利用温度植被干旱指数反演三峡库区土壤水分[J].计算机工程与应用,2011,**47**(25):235-238.

[6] 杨军,董超华,等.新一代风云极轨气象卫星业务产品及应用[M].北京:科学出版社,2011:100-106.

［7］付必涛,王乘,曾致远. MODIS 数据几何校正算法设计及其 IDL 实现[J].遥感应用,2007,**90**(2):20-23.

［8］张旭,崔彩霞,毛炜峰,等.基于 MODIS 数据的云检测及其在新疆的应用[J].干旱区研究,2011,**28**(4):707-708.

［9］李微,方圣辉,佃袁勇,等.基于光谱分析的 MODIS 云检测算法研究[J].武汉大学学报(信息科学版),2005,**30**(5):435-438.

［10］权维俊,韩秀珍,陈洪滨.基于 AVHRR 和 VIRR 数据的改进型 Becker"分裂窗"地表温度反演算法[J].气象学报,2012,**70**(6):1356-1365.

［11］Sobrino J A, Jimenez-munoz J C, Paolini L. Land surface temperature retrieval from LANDSAT TM5 [J]. *Remote Sensing of the Environment*, 2004,**90**(4):434-440.

［12］李峰,赵玉金,赵红,等. FY-3A/MERSI 数据在山东省农田干旱监测中的应用[J].干旱气象,2014,**32**(1):17-22.

［13］柳钦火,辛晓洲,唐娉,等.定量遥感模型、应用及不确定性研究[M].北京:科学出版社,2010:202-210.

基于 Oracle 的国家级农业气象数据库设计与实现

李　轩　　庄立伟　　吴门新　　何延波

(国家气象中心,北京 100081)

摘要:国家级农业气象数据库包括气象、涉农行业、地理信息等数据资源,为国家级、省级、地县级农业气象业务服务提供一个完善统一的现代农业气象数据库,为现代农业气象业务服务和科研工作提供强大的数据支撑。该文详细介绍了国家级农业气象业务数据库的设计、数据库建库内容、数据库建库关键技术及数据库最后实现。

关键词: Oracle;农业气象;数据库;设计

0　引言

气象因素是农业生产的重要环境因子和关键因素,及时准确地提供农业气象信息,正确评价气象因素对作物生长的影响,提出趋利避害的适用技术,对指导农业生产具有特别重要的意义。随着设施农业、特色农业、精准农业等现代农业的发展,农业生产对农业气象服务的要求越来越精细,农业气象服务也越来越深入,已从传统的生育期安全、产量保障向品质、精细化种植区划、小气候调控等服务方向发展,农业对气象服务范围、服务实效、服务产品以及服务产品发布的手段都提出了更高的要求,农业气象服务对气象及相关专业的数据要求越来越高。农业气象业务服务与科研涉及的数据量大而庞杂,需要一个信息丰富、功能齐全、使用方便、准确快捷的数据库系统提供支持。

随着信息技术的不断发展和社会对信息共享需求的日益迫切,采用现代数据库技术和网络技术管理海量信息资源得到了快速发展。科技部大力推进国家科学数据共享工程[1],中国科学院的科学数据库系统在管理科学数据网格方面取得了一些成果[2]。中国气象局国家气象信息中心建设了国家级气象资料存储检索系统[3,4],不仅为气象业务和科研,也为相关领域提供基础数据共享服务,用户可根据需求查询下载所需要的数据。农业气象方面,江苏省[5]、贵州省[6]和安徽省[7]气象局都分别建立了各自的农业气象数据库,这些农业气象数据库有明显的时域和地域局限,不能满足国家级现代农业气象实时业务和科研的要求,也不能为国家级农业气象所需的基础地理信息和社会、经济、灾害统计数据等空间信息提供支持。因此,围绕现代农业气象业务服务、科研的需求,研究现代农业气象业务数据库建设标准,为现代农业气象业务服务研制一个完善统一的数据库,为现代农业气象业务服务系统提供数据支撑,满足现代和未来农业气象业务系统、应急服务等的需要,已显得紧迫而意义深远。

本文主要是围绕现代农业气象业务服务和科研的需求,利用功能强大、性能优异的 Oracle 数据库管理技术和 ArcSDE(空间数据库引擎),依托现有的计算机软硬件资源和网络环境,建立国家级农业气象数据库系统。

1 国家级农业气象数据库设计

农业气象业务服务与科研,涉及的数据类型多种多样不仅包括地基、空基和天基立体监测信息,同时也包括基于气象站点的离散点数据、高空和遥感监测所得到的区域面上信息和收集得有关社会、经济、灾害等报表信息。为了高效地管理这些格式多样、特性各异的信息,把它们按属性和空间两类来进行管理。涉及基本气象资料、农业气象资料、产量资料、辐射资料、社会、经济、灾害等统计信息,由属性数据库进行管理。而与地理位置息息相关的空间信息,如基础地理信息、土地利用、气象站点等等数据,由空间数据库进行管理。图 1 给出了国家级农业气象数据库设计流程。

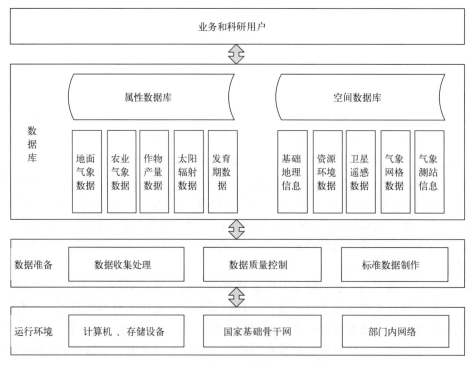

图 1　国家级农业气象数据库设计流程

属性数据库选择功能强大的 Oracle 数据库管理系统;空间数据库的建立是通过中间件技术在属性数据库平台上搭建的,即选用 ArcSDE 作为中间件以实现利用属性数据库存储空间信息。

国家级农业气象数据库设计要遵循如下原则：

（1）标准性、规范性：在属性数据库的设计中，遵循了国家级气象资料存储检索系统的规范标准和国家气象中心数据库的规范标准。

（2）高效运行化：数据要符合规范要求，避免数据重复采集；建立索引以提高数据库操作效率。

（3）建库与更新有机结合：在建库的同时建立更新机制，建库完成后，及时更新实时数据、及时和实时入库，以保证农业气象业务服务的高效性和准确性。

（4）实用原则：为农业气象业务服务和科研工作提供科学的基础数据，为各级政府部门提供决策依据。

（5）适用性、先进性：农业气象数据库要以用户使用为原则，使之操作方便、使用灵活；农业气象数据库应是一个多数据源、多时相、无缝隙、具有先进水平的集成化数据库。

（6）网络化：采用分布式数据库管理模式，提供 Client/Server 服务模式。

2 国家级农业气象数据库运行环境

2.1 硬件环境

选用 IBM System x3850 M2 服务器（双 Intel Xeon CPU（Xeon MP E7330）、16G DDRII 内存、高容量 SAS 高速存储设备，支持热插拔硬盘和磁盘阵列）和大容量的磁盘阵列存储系统（配置 16 个硬盘槽位，支持 SATA 2 大容量硬盘，可配置 12BT 以上的存储能力，具有 IP SAN/NAS 一体化访问功能，能实现 Windows 系统数据完全备份）设备，可以满足业务、科研的需求。

2.2 软件环境

运行采用客户机/服务器（Client/Server，简称 C/S）模式。数据库服务端：操作系统为 Windows Server 2003；大型关系数据库管理软件 Oracle，空间数据库引擎 ArcSDE；客户端：操作系统为 Windows XP sp3 或更高，Oracle 客户端，通用访问组件，ArcEngine Runtime；网络协议为 TCP/IP。

3 国家级农业气象数据库建库的内容

3.1 属性数据库内容

调查、收集各类用户需要的数据，对数据进行分类，农业气象属性数据库主要包含基本气象要素资料、农业气象资料、作物产量资料、辐射资料、作物发育期评价资料等数据，如表 1 所示。

表 1   属性数据库的内容

数据类型	数据内容
历史气象资料	整合、收集现有的逐日地面气象资料,整理了从各站建站日期到当前的逐日地面气象资料。包括以下气象要素:本站气压、2 m 高度处干球气温、极端最高气温、极端最低气温、水汽压、相对湿度、总云量、低云量、风速、0 cm 地温、20 时—翌日 20 时降水量、日照时数、日蒸发量(大型)、日蒸发量(小型)
实时气象资料	收集现有的逐日地面气象资料,包括以下气象要素:本站气压、海平面气压、风向、风速、气温、露点温度、相对湿度、总云量、低云或中云的总云量、24 小时降水量、总降雪深度、地面最低温度、24 小时最高气温、24 小时最低气温、蒸发量、净长波辐射、总日照、1 小时降水量、3 小时降水量、6 小时降水量、12 小时降水量
农业气象资料	收集现有的逐日地面气象资料,主要包括以下资料:天气资料、作物相关资料、土壤水分资料、灾情资料
作物产量资料	收集现有的国内外各作物的产量资料,包括单产、总产和面积。国内包括以下作物:玉米、大豆、棉花、冬小麦、油菜、早稻、一季稻、晚稻。国外包括:巴西大豆、美国大豆、美国玉米、美国小麦、印度小麦、印度水稻
辐射资料	1971—2000 年辐射气候标准数据集;辐射候值、辐射旬值、辐射月值、辐射年值
作物发育评价资料	包括作物各发育期的名称、基本情况、适宜的农业气象条件、不利的农业气象条件及可能出现的危害、应采取的农业措施及主要的农事活动

农业气象、基本气象资料来源于国家气象信息中心的实时数据库,全国农作物产量资料来源于国家统计局,世界主产国作物产量资料由联合国粮食及农业组织网站 http://www.fao.org 提供。

3.2   空间数据库内容

农业重大气象灾害空间数据库包含基础地理信息背景数据库、地基、高空和遥感监测、观测的地理位置相关的离散点监测信息、面状监测信息以及灾害监测产品库等。农业气象空间数据库建库内容如图 2 所示。

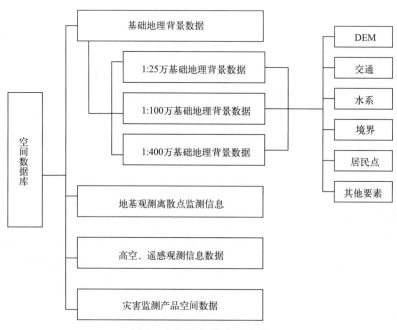

图 2   空间数据库建库内容

4 国家级农业气象数据库建库关键技术

农业气象属性数据库中气象数据量较大,在进行数据库物理设计时,要充分考虑到数据的存储过程和读取时间效率,尽可能使其达到最佳。采用了分区、存储过程、索引技术以保证属性数据库的性能。

4.1 分区技术

历史气象资料包含了从1961年到目前气象站的观测数据,数据量十分庞大,如果把这些数据放在一个表中,数据库进行管理和查询都比较耗时。为了能够更精确地管理和访问数据库中的历史气象资料,对历史数据进行分区。由于历史数据存放的时间序列的时间特性比较明显,因此把历史数据按时间范围划分表结构,每十年一个区,这样数据就分散部署到多个相对较小的子分区中,不同的子分区的历史数据保存到不同(或相同)磁盘的不同表空间的数据文件里。在对历史气象资料进行指定逻辑范围数据的检索时,只需要在指定的部分物理子分区范围内进行扫描,而无须访问整张表的所有数据,明显降低了磁盘I/O,提高了数据库查询性能。分区后历史气象资料分为多个段,数据库管理员对这些段即可集体管理也可单独管理,这就增加了管理的灵活性。图3显示了按时间范围分区的历史气象资料数据。

分区名	表空间	VDATE - High values
PART_HSY_1950	SPACE_HSY_1950	1960年1月1日
PART_HSY_1960	SPACE_HSY_1960	1970年1月1日
PART_HSY_1970	SPACE_HSY_1970	1980年1月1日
PART_HSY_1980	SPACE_HSY_1980	1990年1月1日
PART_HSY_1990	SPACE_HSY_1990	2000年1月1日
PART_HSY_2000	SPACE_HSY_2000	2010年1月1日
PART_HSY_2010	SPACE_HSY_2010	2020年1月1日
PART_HSY_2020	SPACE_HSY_2020	2030年1月1日

一般信息　约束条件　分区　存储　选项　统计信息

范围分区:

图3 历史气象资料数据按时间范围分区

4.2 存储过程

存储过程是一组为了完成特定功能的SQL语句集,经编译后存储在数据库中。用户通过指定存储过程的名字并给出参数(如果该存储过程带有参数)来执行它。存储过程的能力大大增强了SQL语言的功能和灵活性。存储过程可以用流控制语句编写,有很强的灵活性,可以完成复杂的判断和较复杂的运算。存储过程只在创建时进行编译,以后每次执行存储过程都不需要重新编译,所以使用存储过程可提高数据库执行速度。存储过程可以重复使用,可减少数据库开发人员的工作量。在农业气象数据库中为了有效地提高数据库性能,也创建了一些存储过程。图4给出了农业气象数据库中创建对历史气象资料进行数据更新的存储过程。存储过程建立完成后,只要通过授权,用户就可以用SqlPlus、Oracle开发工具或第三方开发工具来调用运行。

```
名称: PRO_UPDATE_T_METE_HISTORY
方案: AGROM
源
(V01000_ in t_Mete_History.V01000%TYPE,
V04001_ in t_Mete_History.V04001%TYPE,V04002_ in t_Mete_History.V04002%TYPE, V04003_ in t_Mete_History.V04003%TYPE,
V12004_ in t_Mete_History.V12004%TYPE,
V12021_ in t_Mete_History.V12021%TYPE,V12022_ in t_Mete_History.V12022%TYPE,
V11002_ in t_Mete_History.V11002%TYPE,
V13241_ in t_Mete_History.V13241%TYPE
) is
begin
    update  T_mete_history1
    --更新某天的数据行
    set V01000=V01000_,V04001=V04001_,V04002=V04002_,V04003=V04003_,V10004=32766,V12004=V12004_,
        V12021=V12021_,V12022=V12022_,V13004=32766,V13003=32766,V20010=32766,V20311=32766,
        V11002=V11002_,V12231=32766,V13241=V13241_,V14032=32766,V13233=32766,V13232=32766
    --站号、年、月、日相等，则更新
    where V01000_=t_Mete_History1.V01000 and V04001_ = t_Mete_History1.V04001 and
        V04002_ in t_Mete_History1.V04002 and V04003_ in t_Mete_History1.V04003;
end pro_update_T_mete_history;
```

图 4　更新历史气象资料存储过程

4.3　索引技术

用户使用农业气象属性数据库中的数据资料时,经常会对其中的部分站点、某个时间段和部分要素感兴趣,为使用户快速地查到所需要的信息索引,农业气象属性数据库在建库时使用索引。索引是提高数据库性能的常用方法,索引是建立在表的一列或多个列上的辅助对象。索引可以令数据库服务器以比没有索引以快得多的速度查找和检索特定的行。进而加快查询速度,减少 I/O 操作,消除磁盘排序。图 5 给出了农业气象属性数据库中所建立的索引。

索引	表所有者	表	表类型	已分区	位置	对齐方式	状态
PK_T_ABA1	AGROM	T_ABA1	TABLE	No	N/A	N/A	Valid
PK_T_ABA2	AGROM	T_ABA2	TABLE	No	N/A	N/A	Valid
PK_T_ABDI	AGROM	T_ABDI	TABLE	No	N/A	N/A	Valid
PK_T_ABWA	AGROM	T_ABWA	TABLE	No	N/A	N/A	Valid
PK_T_CROP_FYQ	AGROM	T_CROP_FYQ	TABLE	No	N/A	N/A	Valid
PK_T_METE_HISTORY1	AGROM	T_METE_HISTORY	TABLE	No	N/A	N/A	Valid
PK_T_METE_REALTIME	AGROM	T_METE_REALTIME	TABLE	No	N/A	N/A	Valid
PK_T_YIELDCHINAA	AGROM	T_YIELDCHINAA	TABLE	No	N/A	N/A	Valid
PK_T_YIELDCHINAP	AGROM	T_YIELDCHINAP	TABLE	No	N/A	N/A	Valid
PK_YIELDGLOBAL	AGROM	T_YIELDGLOBAL	TABLE	No	N/A	N/A	Valid

图 5　农业气象综合数据库中建立的索引

4.4　国家级农业气象数据库数据入库

4.4.1　属性数据库数据入库

用 Visual stadio VB. net ＋ sql 语言设计导入数据程序,分别将气象数据、农业气象数据和产量资料数据导入各数据表中,导入数据过程中,需要对数据进行格式化、标准化及质量控制等,流程见图 6。

(1)数据整理:对某些资料(如日期格式)做格式化处理;对一些数据进行单位的统一,并且根据数据表的设计对数据进行合并或拆分;根据需要在某些资料入库前进行适当的翻译。

如：作物代码、发育期代码和灾害代码的翻译。

（2）数据质量控制：错值、缺值的处理；无意义数据的检查和剔除。

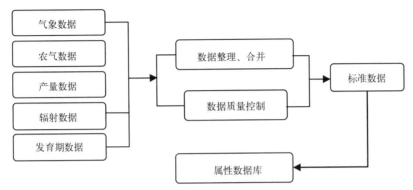

图 6　农业气象数据库数据导入流程

4.4.2　空间数据库数据入库与导出

基础地理信息背景数据，如 1：25 万、1：100 万、1：400 万，在入库前都进行了数据预处理工作，包括数据拼接等处理，并通过投影变换、格式转换等处理，将数据处理成经纬度坐标的 Coverage 或 Shape 格式；地基观测离散点信息也转换成带经纬度坐标的 Shape 格式；DEM 和高空、遥感观测的空间面信息转换成带经纬度坐标的 ArcGIS 的 Grid 格式。

在数据处理好后，可利用 ArcSDE 支持的数据导入、导出工具来进行数据的入库与导出操作。在 ArcCatalog 和 ArcToolBox 中都可以找到导入（Import）和导出（Export）工具。

5　国家级农业气象数据库的数据安全

农业气象数据库数据的安全措施主要通过用户管理和数据库备份预恢复两方面实现。用户管理是保护数据库系统安全的重要手段之一。

5.1　用户管理

农业气象属性数据库中建立了管理员和用户来进行管理，管理员对数据库中的数据有读写权利，用户对数据库中的数据只有读的权利。

空间数据库中采用了不同的用户存储不同类型数据的安全策略。使用到的用户有 SDE、ADMIN100、ADMIN25、ADMIN400、LANDUSE、SOIL 等。SDE 用以管理空间数据库的元数据等信息；ADMIN100 名下建立了基于 1：100 万的基础地理信息空间数据；ADMIN25 名下建立了经拼接处理后的基于 1：25 万的基础地理信息空间数据；ADMIN400 名下建立了 1：400 万的资源环境空间数据；LANDUSE 名下建立了土地利用空间数据；SOIL 名下建立了中国土壤特性空间数据。

5.2　数据备份与恢复

农业气象数据库能自动进行数据备份，包括数据源备份、日志备份、库备份、文件备份等。

数据恢复包括数据库恢复、文件恢复等。通过数据备份和恢复来实现数据库中数据的安全。

6 结语

（1）通过梳理、采集、整合建立了包括气象、涉农行业、地理信息等数据资源的现代农业气象业务数据库，为国家级、省级、地县级农业气象业务服务提供一个完善统一的现代农业气象数据库，为现代农业气象业务服务系统提供数据支撑，满足业务系统、应急服务、决策服务等的需要。

（2）农业气象业务数据库已在国家级农业气象业务服务中运行，为国家级农业气象业务服务提供了数据支撑，为现有的农业业务产品数据分析提供了强有力的支持，为现有的农业科研课题提供了充分的数据资料。

（3）围绕农业气象业务数据库将开发具有查询、统计、管理数据等功能的农业气象数据库应用管理系统，使用户通过应用系统可以方便、及时、准确地从农业气象数据库中获取所需要的数据信息。

参考文献

［1］李晓波,祝孔强,贾光宇,等. 科学数据共享技术平台构想. 中国基础科学,2003,(1):52-54.

［2］马永征,南凯,阎保平,等. 基于 MDS 的数据网格信息服务体系结构. 微电子学与计算机,2003,(8):1-3.

［3］沈文海,赵芳,高华云,等. 国家级气象资料存储检索系统的建立. 应用气象学报,2004,**15**(16):727-736.

［4］李集明,熊安元. 气象科学数据共享系统研究综述. 应用气象学报,2004,**15**(增刊):1-9.

［5］汤志成,高苹. 农业气象数据库系统的研制. 中国农业气象,1996,**12**(6):17-23.

［6］刘丽,刘清,宋国强,等. 基于 GIS 组件的农业气象信息服务系统. 中国农业气象,2006,**27**(4):305-309.

［7］杨太明,等. 农业气象数据库管理及应用系统. 安徽气象,1996,(1):27-29.

第二部分
农业气象灾害分析评价

PART2

高温年景下的高温热害与中稻空秕率分析

冯　明[1]　秦鹏程[1]　汤　阳[1]　苏荣瑞[2]　刘凯文[2]

(1. 武汉区域气候中心,武汉 430074;2. 湖北省荆州农业气象试验站,荆州 434025)

摘要:通过实地调查、定点观测及相近年分析等手段,对 2003 年、2013 年湖北省典型高温年中稻高温热害及其受灾情况进行了对比分析。结果表明:2013 年中稻高温热害受灾程度较 2003 年轻,其中高温强度小及品种抗高温能力的提高是主要原因。结合定点观测资料分析认为中稻抽穗开花期高温危害的温度指标应修正为 37℃,较原 GB/T 21985—2008 的指标上调 2℃。

0　引言

长江中下游地区是我国著名的水稻产区,该区在夏季 7、8 月常受副热带高压影响,易出现持续高温天气,且该区粮食主产区多为平原,这种平原河谷山间盆地环境常会加重高温天气的持续日数,水稻花期高温危害是长江流域水稻生产的主要问题之一[1, 2]。

湖北省 2003 年和 2013 年夏季出现了罕见的高温热害,对正处在抽穗开花期的一季中稻造成了严重的影响。这两年的高温较类似,但对中稻的影响有差异。全省中稻单产比上年下降为:2003 年减 5.36%;2013 年减 2.46%。平原地区气象部门中稻观测报表显示,当年中稻空秕率比上年增加为:2003 年增加 6%～15%;2013 年增加 2%～8%。理论产量下降为:2003 年下降8%～13%;2013 年下降 3%～6%。从以上数据看出 2003 年高温热害对中稻影响比 2013 年重。

1　高温分析

湖北省中稻抽穗的主要集中时段为 7 月下旬至 8 月上旬,2003 年和 2013 年均在这时段内出现了高温天气。图 1 为武汉市东西湖区气象站这两年 7 月下旬至 8 月上旬逐日最高温度变化曲线。从中可看出,这 20 多天的时间内,最高温度绝大多数时间在 35℃以上。不同的是,2013 年比 2003 年的高温范围较大,而高温强度较小(图 2),这也是 2013 年中稻受害较轻的主要原因。进一步分析两年 7 月下旬至 8 月上旬逐日高温变化情况。2013 年 7 月下旬仅25 日为 36.6℃,31 日为 37℃,21 日为 29℃,22 日为 33.9℃,其余 7 天为 35.0～35.9℃,在这11 天当中绝大多数时间 11 点以前穗部温度未达到 35℃,所以此时水稻开花基本未受到高温危害。再看 8 月上旬情况,前期和后期高温到 37.0～38.8℃,可使 10:00 前后穗部温度达35℃或以上,水稻开花可能受到高温危害;中期(8 月 4—6 日)为 33.7～36.1℃,水稻开花未受

本文由行业专项 GYHY201306035 资助。

到高温危害,且对前期高温危害起了"缓冲"的作用。而 2003 年的高温强度大,从 7 月 23 日至 8 月 9 日,高温在 36.5～39.6℃(仅 8 月 4 日为 34.4℃),有 7 天在 38℃以上,水稻在开花时穗部温度在 35℃或以上,所以当年中稻受害较重。

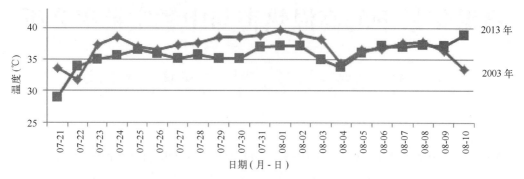

图 1　武汉 7 月下旬至 8 月上旬 2003 年和 2013 年两年高温比较

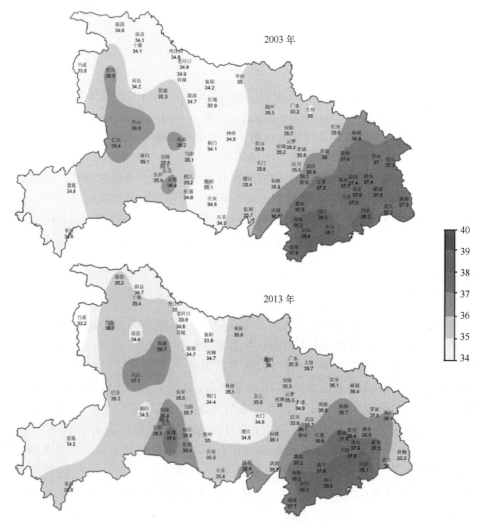

图 2　2003 年和 2013 年湖北省 7 月下旬至 8 月上旬最高温度分布(对应彩图见第 317 页彩图 4)

2 空秕率实地调查和定点观测

2.1 实地调查

2013 年高温出现之后,9 月上旬气象和农业两部门组成了 10 多人的专家调查组,深入全省中稻种植区五县(市)13 个乡镇 28 块农田,主要考查广两优系列、丰两优系列、新两优系列、扬两优系列、深两优系列和粳稻系列。针对 7 月下旬至 8 月上旬抽穗开花的受害中稻田块取样、考种,获取大量中稻产量多种性状资料。55 个样本资料的空秕率为 5%~33%,处在高温强度最大时的抽穗开花空秕率也最高,说明当年的高温对中稻生长发育确实产生了影响。但空秕率比我们预期的要小许多,也比相关"高温与空秕率"模式计算结果小许多。

另一方面,我们咨询了许多农业专家得知,现在湖北省中稻种植以两系为主,而 10 年以前是以三系为主。通过农业育种专家们多年努力和品种筛选,两系的抗高温性比三系强,这也是 2013 年中稻受害较 2003 年轻的原因之一。

2.2 定点观测

我们承担的行业专项"长江中下游地区高产优质一季稻生长气象指标体系研究"也对 2013 年的高温与空秕率进行了深入研究,设在省农展中心的田间自动气象观测站记录,7 月 22 日至 8 月 20 日的日平均气温在 31.6℃,较常年同期高 2.6℃,较上年同期高 2.0℃。最高气温超过 35℃的日数有 27 天,且高温时段多在上午 11 时至下午 6 时,如图 3 所示。

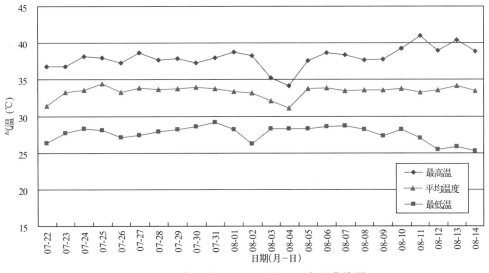

图 3 2013 年 7 月 22 日—8 月 14 日气温曲线图

另外,我们统计了近三年湖北省农展中心中稻抽穗扬花期田间自动气象站的气温数据如表 1 所示。从中可看出 2013 年的高温比前两年较严重。

表 1　湖北省农展中心近 3 年中稻抽穗扬花期气温统计表(℃)

		常年平均	2011 年	2012 年	2013 年
	平均气温	28.9	30.3	30.9	30.8
7 月下旬	最高气温	35.9	36.1	36.4	37.2
	最低气温	23.0	23.1	25.4	24.3
	平均气温	29.1	26.5	29.0	32.0
8 月上旬	最高气温	36.3	33.5	36.5	39.6
	最低气温	23.2	22.0	24.5	25.9
	平均气温	29.1	26.5	29.0	32.0
8 月中旬	最高气温	36.3	33.5	36.5	39.6
	最低气温	23.2	22.5	23.3	26

我们考查了高温时段内抽穗开花的中稻结实率,并与前两年进行对比。省农展中心近三年都有展示种植的 5 个中早熟品种进行考察,始穗期记载在 7 月 26 日至 8 月 9 日,齐穗期在 7 月 30 日至 8 月 12 日,田间稻穗处于灌浆期,稻穗中上部籽粒已经转黄,通过随机取样考种,5 个品种的平均结实率为 79.0%,较 2012 年(丰产年份)的平均结实率低 10 个百分点,较 2011 年三个品种的平均结实率低 4.8 个百分点,如表 2 所示。

表 2　部分中稻品种近三年结实情况统计

品种名称	2013 年				2012 年				2011 年			
	播种期 (月-日)	始穗期 (月-日)	齐穗期 (月-日)	结实率 (%)	播种期 (月-日)	始穗期 (月-日)	齐穗期 (月-日)	结实率 (%)	播种期 (月-日)	始穗期 (月-日)	齐穗期 (月-日)	结实率 (%)
丰两优香一号	04-30	08-03	08-07	82.1	05-05	07-30	08-02	94.4	04-28	07-31	08-05	83.1
丰两优四号	04-30	08-09	08-12	79.3	05-05	08-03	08-07	87.2	04-28	08-07	08-12	78.1
新两优 6 号	04-30	08-04	08-08	79.1	05-05	08-01	08-05	92.5	04-28	07-30	08-05	90.1
广两优 1128	04-30	07-26	07-30	81.4	05-05	07-28	08-01	90.4	/	/	/	/
武香优华占	04-30	07-30	08-02	73.3	05-05	07-30	08-04	80.7	/	/	/	/
5 个品种年平均结实率(%)			79.0				89.0				83.8	

比较表 1 和表 2 可看出 2013 年高温对结实率的降低影响较大。

3　相关理论指标

目前,大多数研究和生产实际中的高温对水稻空秕率影响的温度指标是 35℃[3~5]。笔者在 2007 年主持编制了国家标准《主要农作物高温危害温度指标》[6],也提出危害的温度指标是 35℃。但随着种植水稻品种的变化,此指标显示出不适应当前水稻生产的形势。

以前也曾有学者指出,水稻开花时致害的临界高温为 34℃[7]。任昌福等[8]认为,杂交水稻的空秕率以 32℃ 为最低，超过 32℃ 时，则随温度的提高而急骤上升。娄伟平等[9]认为，"水稻幼穗分化期处在气温为 28.5～32℃ 的晴好天气下，可获得大穗和高结实率。"间接指出，水稻幼穗分化在气温超过 32℃ 即会产生不利影响。

4　初步结论

通过以上分析，结合行业专项"长江中下游地区高产优质一季稻生长气象指标体系研究"的阶段性研究成果。我们认为，中稻抽穗开花期高温危害的温度指标应该为 37℃，比原来的指标上调 2℃。

参考文献

[1] 田小海，松井勤，李守华，等. 水稻花期高温胁迫研究进展与展望[J]. 应用生态学报，2007,(11)：2632-2636.

[2] 谢晓金，李秉柏，李映雪，等. 抽穗期高温胁迫对水稻产量构成要素和品质的影响[J]. 中国农业气象，2010,**31**(3)：411-415.

[3] 万素琴，陈晨，刘志雄，等. 气候变化背景下湖北省水稻高温热害时空分布[J]. 中国农业气象，2009,**30**(S2)：316-319.

[4] 江敏，金之庆，石春林，等. 长江中下游地区水稻孕穗开花期高温发生规律及其对产量的影响[J]. 生态学杂志，2010,**29**(4)：649-656.

[5] 高素华，王培娟. 长江中下游高温热害及对水稻的影响[M]. 北京：气象出版社，2009：1-214.

[6] 冯明. GB/T 21985—2008 主要农作物高温危害温度指标[S]. 2008.

[7] 许传桢，元生朝，蔡士玉. 高温对杂交水稻结实率的影响[J]. 华中农学院学报，1982,(2)：1-8.

[8] 任昌福，陈安和，刘保国. 高温影响杂交水稻开花结实的生理生化基础[J]. 西南农业大学学报，1990,(5)：440-443.

[9] 娄伟平，孙永飞，吴利红，等. 孕穗期气象条件对水稻每穗总粒数和结实率的影响[J]. 中国农业气象，2007,(3)：296-299.

2013 年安徽省夏季高温特点及其
对一季中稻产量的影响

杨太明[1]　张建军[1]　陈　刚[2]

（1. 安徽省农业气象中心，合肥 230031；2. 安徽省农科院水稻研究所，合肥 230031）

摘要：在已有一季稻温度适宜性评价模型的基础上，建立了安徽省分区域的一季稻抽穗开花期温度适宜性评价指标；结合 2013 年安徽高温发生特点，分析夏季高温对一季稻生长适宜性的影响。结果表明：2013 年夏季高温期间，安徽省各区域一季稻的温度适宜性等级为较适宜，评估的各区域一季稻减产率分别为 2.0%、3.6%、1.9%，与全省一季稻单产实际减产 2.9%较为一致，评估效果较好；通过调查发现，高温导致一季稻的结实率和千粒重均有所下降。

关键词：一季稻；夏季高温；温度适宜性；评价；指标

　　水稻是安徽省三大粮食作物之一，其中一季稻的种植面积占水稻种植面积的 70%以上。安徽一季稻种植区域主要分布在沿淮、江淮、沿江三个地区。其中，一季中稻主要集中在江淮之间，其次分布在沿淮、沿江地区。

　　每年的 7—8 月是安徽省高温天气多发的时段[1]，此段时间正值一季稻处于孕穗、抽穗开花期，正是对温度最为敏感的时期，如此期长时间出现日最高气温超过 35℃的高温天气，会影响花粉管伸长和花粉扩散，导致不能正常受精而形成空壳秕粒，结实率降低[2~5]。据研究，高温热害是制约水稻高产、稳产的主要气象灾害之一[6~8]。2013 年 7 月 1 日—8 月 18 日安徽省遭受大范围、持续性高温少雨天气，尤其是 7 月下旬至 8 月中旬的高温天气，此期正值一季稻处于抽穗开花期，持续高温影响了一季稻的正常生长。本文分析了 2013 年安徽省夏季高温天气的特点，同时利用构建的一季稻抽穗开花期温度适宜性评价指标[9]分析了一季稻抽穗开花期温度适宜性，并对一季稻单产的增减幅度进行了评估，以求为定量评价农业气象条件对一季稻生长的影响提供一种可业务应用的方法。

1　资料与方法

1.1　资料及其来源

　　安徽省一季稻主要种植区 45 个气象台站 1961—2013 年逐日平均气温、降水量和日照时

基金项目：国家自然基金面上项目（41171410）；国家科技支撑计划课题（2012BAD04B09）。

第一作者简介：杨太明，1966 年出生，男，汉族，安徽芜湖人，硕士，高级工程师，主要从事农业气象灾害研究。E-mail：ytm0305@126.com。

数资料以及产量结构资料来源于安徽省气候中心。1961—2013 年一季稻产量资料来源于安徽省农业统计年鉴。

1.2　资料处理

根据地理、气候的差异,耕作制度特点和生产水平等因素,将安徽省一季稻主要种植区分为沿淮、江淮和沿江三个区域,各区所含气象观测站依次分别为12、14 和 19 站。分别利用各站点气象要素的逐日观测值得到逐旬值,并分别取各区域内某要素所有站点的平均值作为该区域相应气象要素的区域平均值。

区域一季稻单产为区域内各县一季稻总产和总面积之和的比,并对产量作如下处理:

$$产量丰歉指数＝[(当年实产－近五年平均值)/近五年平均值]×100\% \qquad (1)$$

1.3　评价指标的建立

根据模糊数学理论,利用马树庆[10]的方法建立逐旬温度适宜性评价模型,在已有研究[9]建立的一季稻不同发育阶段温度适宜性评价模型基础上,参照一季稻气候适宜性评价指标的建立方法,建立一季稻温度适宜性评价指标,见表 1。

表 1　一季稻温度适宜性评价指标

区域	适宜	较适宜	不适宜
沿淮	$S \geqslant 0.93$	$0.89 \leqslant S < 0.93$	$S < 0.89$
江淮	$S \geqslant 0.80$	$0.70 \leqslant S < 0.80$	$S < 0.70$
沿江	$S \geqslant 0.82$	$0.73 \leqslant S < 0.82$	$S < 0.73$

2　2013 年夏季高温特点

2.1　高温持续时间长

2013 年安徽全省平均高温日数(日最高气温≥35.0℃日数)达 31 天,较常年同期偏多 19 天,为 1961 年以来最多。从空间分布来看(图 1),高温日数普遍在 25 天以上,其中沿江江南大部达 35 天以上,皖东南地区超过 40 天,芜湖县、泾县及广德县为 41 天。

与常年同期相比,全省均偏多,其中沿淮淮北大部、江淮之间西部及皖东南偏多 20～30 天。沿淮淮北、江淮之间西部及沿江江南有 50 个县(市)为 1961 年以来同期最多。高温日数和覆盖范围均超过 2003 年(2003 年同期,20 天以上区域仅限于沿江江南,高温日数最多为 35 天)。

持续高温日数长。最长持续高温时段分为 7 月 1 日—8 月 4 日和 8 月 5—18 日两段统计。7 月 1 日—8 月 4 日江淮中西部和沿江江南中东部普遍在 10 天以上(图 2a),江淮东北部、大别山局部不足 6 天,其他地区在 6～10 天之间;8 月 5—18 日,除淮北局部和大别山局部外,全省大部持续高温日数超过 12 天(图 2b)。尤其芜湖、马鞍山、繁昌、芜湖县、青阳、泾县 6 站 7 月 23 日至 8 月 18 日高温未中断,持续高温日数达 27 天。

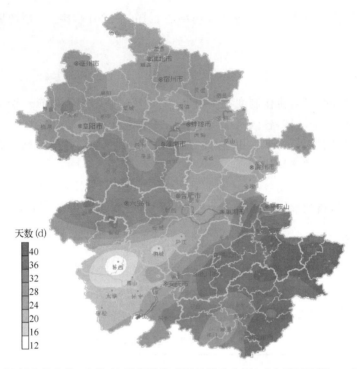

图 1 2013 年 7 月 1 日—8 月 18 日安徽省高温日数分布图(对应彩图见第 317 页彩图 5)

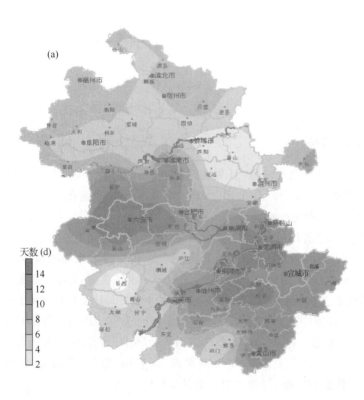

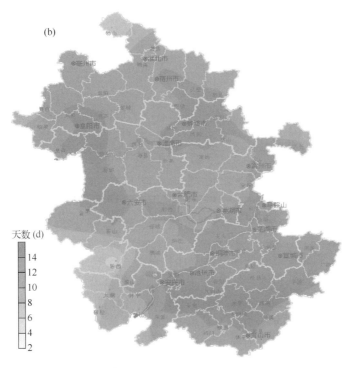

图 2   2013 年 7 月 1 日—8 月 4 日(a)和 8 月 5 日—8 月 18 日(b)
最长持续高温日数分布图(对应彩图见第 318 页彩图 6)

2.2 高温覆盖范围广

2013 年全省有 75 个县(市)高温日数超过 20 天,占全省面积的 97%;有 67 个县(市)高温日数超过 25 天,占全省面积的 87%;有 42 个县(市)高温日数超过 30 天,占全省面积的 51%。8 月 8 日、10—14 日以及 16—17 日全省所有县(市)均出现了 35.0℃以上的高温天气。

与 1966 年、1967 年、1978 年、1988 年、1994 年以及 2003 年等历史典型高温年同期相比,2013 年高温日数超过 15 天、20 天、30 天、40 天县(市)数均超过典型年份(表 2)。

表 2   典型高温年受影响的台站数

年份	高温超过 15 天台站	高温超过 20 天台站	高温超过 30 天台站	高温超过 40 天台站
1966	70	64	10	0
1967	63	55	18	0
1978	71	46	12	2
1988	71	23	6	0
1994	74	67	31	0
2003	40	28	10	0
2013	76	75	42	9

2.3 高温强度大

7 月 1 日—8 月 18 日全省平均气温 30.6℃,较常年同期异常偏高 2.7℃,为 1961 年以来最高。全省平均最高气温及最低气温也均为 1961 年以来最高。全省极端最高气温普遍超过 39℃,其中江淮之间西部及沿江江南有 33 个县(市)达 40℃,沿江江南中东部超过 41℃。全省有 21 个县(市)极端最高气温突破本站有气象记录以来极值。

3 2013 年夏季高温对一季稻产量结构的影响

2013 年安徽遭受罕见的盛夏高温,由于高温出现时间长,且持续高温时段集中出现在 7 月下旬至 8 月上中旬,此时当地水稻正处于抽穗扬花期,水稻遭受严重危害,导致开花后不灌浆,结实率严重不足。

利用建立的一季稻温度适宜性评价模型计算得到各区域 2013 年及历年的一季稻抽穗开花期及全生育期的温度适宜指数。2013 年沿淮、江淮、沿江三区域一季稻抽穗开花期的温度适宜指数分别为 0.90、0.79 和 0.79,均低于常年值。经计算,各适宜指数所对应的单产分别减少 2.0%、3.6%、1.9%(当年全省一季稻单产实际减产 2.9%)。

根据监测县调查数据表明:7 月下旬抽穗扬花的一季稻平均结实率较正常结实率减少 10 多个百分点,8 月上旬抽穗扬花的一季稻,受热旱叠加影响,结实率减少 15 个百分点左右,同时籽粒充实度差,粒重降低。

4 防御水稻高温热害的应急措施

安徽常年一季中稻是 5 月下旬移栽,其抽穗开花期正好在 7 月下旬—8 月上旬,很容易遭受高温危害。如果从灌溉用水等管理措施上予以配套,将栽培时间推迟 10～15 d,其最佳抽穗扬花期安排在 8 月中旬,即可有效地避开江淮之间 7 月下旬—8 月上旬的高温期。这是江淮地区中稻防御高温热害的最有效和最易行的措施之一。

另外,为了减轻或避免高温热害的威胁,在抽穗扬花期如遇 35℃以上的高温天气可能遭受的热害,在高温期将临或到来时,还可以采用以下应急防范措施:

(1)增施肥料 对后劲不足的禾苗,在最后一片叶全展时,每亩可追尿素 2～2.5 kg,或草木灰 400～500 kg。在始穗—齐穗期间用尿素、过磷酸钙等兑水进行叶面喷肥,有利于提高结实率和千粒重。

(2)水层管理 扬花期要浅水勤灌,日灌夜排,适时落干,防止断水过早,以改善稻田小气候,促进根系健壮,增强抗高温的能力。高温时白天加深水层,可降低穗部温度 1～2℃;日灌夜排可增大昼夜温差,效果更好。

(3)喷灌 喷灌能明显降低温度,增加湿度。喷灌一次后,田间气温可下降 2℃以上,相对湿度增加 10%～20%,有效时间约 2 h,喷灌可降低空秕率 2%～6%,增加千粒重 0.8～1.0 克。其时间以盛花期前后为最显著。

参考文献

［1］安徽省地方志编写组.安徽省志——气象志［M］.合肥：安徽人民出版社，1990：9-11.

［2］王前和，潘俊辉，李晏斌，等.武汉地区中稻大面积空壳形成的原因及防止途径［J］.湖北农业科学，2004，(1)：27-30.

［3］上海植生所.高温对早稻开花结实的影响及其防治［J］.植物学报，1976，**18**(4)：323-329.

［4］杨建昌，朱庆森，王克琴，等.亚优 2 号结实率与谷粒结实率的研究［J］.江苏农学院学报，1994，**15**(4)：14-18.

［5］黎用朝，李小湘.影响稻米品质的遗传和环境因素研究进展［J］.中国水稻科学，1998，**12**(增刊)：58-62.

［6］盛绍学，马晓群，陈晓艺.2003 年夏季安徽省罕见高温对农业生长的影响［J］.气象，2004，**30**(增)：封 2，封 3.

［7］杨太明，陈金华.江淮之间夏季高温热害对水稻生长的影响［J］.安徽农业科学，2007，**35**(27)：8530-8531.

［8］岳伟，杨太明，陈金华.安徽省夏季高温发生规律及对一季稻生长的影响［J］.安徽农业科学，2008，**36**(36)：15811-15813.

［9］张建军，马晓群，许莹.安徽省一季稻生长气候适宜性评价指标的建立与试用［J］.气象，2013，**39**(1)：88-93.

［10］马树庆.吉林省农业气候研究［M］.北京：气象出版社，1994：33.

干旱胁迫对鲁西北夏玉米生长
发育及产量影响的分析

吴泽新[1]　　王永久[1]　李蔓华[2]　薛晓萍[2]

（1.山东德州市气象局，德州 253078；2.山东省气候中心，济南 250031）

摘要：以郑单 958 为研究材料，在土壤、肥力、环境条件及管理一致的前提下，采用防雨棚和人工补水方法控制土壤水分，利用大田分区种植办法，分析研究干旱胁迫对夏玉米生长发育及产量的影响。结果表明，干旱胁迫抑制夏玉米生长发育，使株高变矮、绿色叶面积下降、干物质减少，致使单株籽粒数减少、百粒重减轻，最终导致减产。干旱胁迫危害夏玉米的程度与水分胁迫发生的生育期密切相关，在拔节—抽雄期进行干旱控制，植株最矮，相对适宜水分条件下的植株矮 16% 左右，绿色叶面积系数最小，下降 9%～27%，株干物质重下降 22%～60%，灌浆速度较慢，库容较小，产量下降 16%～24%；在抽穗—乳熟期进行干旱控制，植株较矮，株高下降 7%～11%，轻度干旱处理的绿叶面积指数较小，但灌浆速度最慢，库容最小，对产量影响最大，产量下降 61%～66%。干旱危害程度也与水分胁迫强度有关，重度干旱危害比轻度干旱危害大。这表明，干旱是制约鲁西北夏玉米高产、稳产的关键因子，提高农田灌溉能力，可有效预防干旱造成的减产。

关键词：干旱胁迫；鲁西北；夏玉米；生长发育；产量

0 引言

随着全球气候变暖，中国大部分地区气温升高，华北地区变暖尤为明显，潜在蒸发量增大，且华北地区年降水量下降，暖干气候趋势加重[1,2]，不利于夏玉米生产。尽管夏玉米生长季（6—9 月）是该地区一年中降水较为丰富的时期，占全年降水量的 70% 以上，但降水时空分布不均，年际间变化较大，干旱时有发生。夏季气温高，作物生长旺盛，农田蒸发、蒸散量极大，一旦降水偏少，极易发生旱灾，而且造成的灾害更为严重。为此，诸多学者开展一系列干旱胁迫对夏玉米生长发育、产量形成过程的研究，白莉萍、葛体达、孙景生等[3~5]系统研究表明，在夏玉米各生育期，水分胁迫均对其外部形态、内部生理特性以及产量形成过程产生影响，不同时期的严重水分胁迫对产量造成的损失，在抽穗、孕穗期最大，其次是灌浆期，最发达的根系有利于作物吸收水分和营养物质，促进作物健壮生长。邹序安、常敬礼、张维强等[8~10]从微观角度

基金项目：公益性行业（气象）科研专项资助项目夏玉米高产稳产保障关键技术研究（GYHY2010060411）资助。

第一作者简介：吴泽新，1970 年出生，女，山东茌平人，硕士，工程师，从事生态与农业气象工作。E-mail：wzx701113@126.com。

揭示水分胁迫对玉米产生的危害、造成减产的原因,指出水分胁迫对作物产生的负面效应与干旱胁迫的强度和作物所处发育期有关。前人试验大多采用盆栽或大田池栽的方法,这限制了作物根系的生长空间,试验结果难以推广到大田。为此,本文试验设在大田,分区种植,采用防雨棚和人工补水的方法控制土壤水分,真正模拟自然环境中的干旱,在玉米产量形成的两个关键时期进行不同强度的干旱胁迫,分析干旱胁迫对夏玉米生长发育、产量因子的影响,为鲁西北科学利用有限水力资源合理灌溉,调整玉米生长发育,促进夏玉米高产稳产提供理论依据,也为探讨玉米对水分胁迫响应与适应机制的研究提供参考。

1　资料与方法

1.1　试验地点

试验于 2011 年 6—10 月在山东省夏津县气象局试验田进行,该站位于鲁西北平原上,土壤为黄棕壤土,土壤基础肥力:0~20 cm 土壤 pH 8.54,有机质 5.7 g/kg、碱解氮 50 mg/kg、有效磷 4.7 mg/kg、速效钾 119 mg/kg,前茬作物为冬小麦。夏玉米生长季常年气候概况(6—9 月):平均气温 24.5℃,降水量 352.6 mm,日照时数 863.8 小时,降水量年际间变化较大,最少的为 161.8 mm,最多的为 646.2 mm。试验期间平均气温 24.1℃,降水量 426.2 mm,日照时数 860.3 小时。

1.2　试验方法

试验设 6 个处理,分别为 CK_1(自然条件下)、CK_2(全生育期土壤相对湿度控制在 75% 左右,玉米生长处于最佳土壤水分状态)、G_1(拔节—抽雄期,重度干旱控制)、G_2(拔节—抽雄期,轻度干旱控制)、G_3(抽雄—乳熟期,重度干旱控制)和 G_4(抽雄—乳熟期,轻度干旱控制)。重度胁迫土壤相对湿度(即土壤重量含水率占田间持水量的百分比)控制在 30%~40%,轻度胁迫土壤相对湿度控制在 50%~60%。每个处理有 3 个重复,试验小区面积 7 m×4 m,南北方向条播;每个小区间有 2 m 的隔离带,防止处理间土壤水分相互影响;供试玉米品种为郑单 958,播种行距 50 cm,株距 35 cm,深度约 5 cm;基肥为史丹利 525 kg/hm²,拔节前后追肥为尿素 150 kg/hm²,抽雄前后追肥为尿素 300 kg/hm²。

土壤湿度监测,自玉米播种后每 10 天测定一次土壤湿度,水分胁迫开始前 10 天开始每 5 天测定一次,胁迫结束后恢复每 10 天测墒一次,每次测墒上午进行,人工测墒。防雨控制,G_1 和 G_2 处理拔节期前 10 天不再进行灌溉,遇降水时用大型活动全封闭塑料防雨棚进行遮挡,抽雄后,恢复自然状态,即与 CK_1 相同;G_3 和 G_4 处理抽雄前 10 天不再进行灌溉,遇降水时用防雨棚进行遮挡,乳熟后,恢复自然状态;CK_2 全生育期期间均有防雨棚和灌溉控制土壤湿度。湿度控制,根据实测墒情、预估未来 5 天作物需水量,结合控制的土壤湿度,计算小区灌水量,为灌溉均匀,采用人工小桶灌溉法。

1.3　测定项目与方法

从七叶期开始,每 7 天测定一次玉米的株高、叶面积、干物质重等;大约授粉 10 天后,开始测定籽粒重;玉米成熟后,测产并分析产量构成因素。高度、干物质以及产量结构因素测量参照《农业气象观测规范》中的方法[11];叶面积参照仪器的说明,测量样本植株绿色面积≥50%叶片的绿色面积之和,再求均值,最后按《农业气象观测规范》中的方法计算叶面积系数。每次测量时,每个小区随机选取有代表性的 5 株测量,先将每一种处理累计,再求平均值。

1.4 数据分析方法

利用 SPSS 17.0 和 Excel 软件分析试验数据。

2 结果与分析

2.1 干旱胁迫对夏玉米生长发育和外部形态的影响

试验表明干旱胁迫对玉米的株高有一定的影响,土壤水分亏缺能抑制玉米的株高,使其发生矮化现象[12]。图 1 表明,与土壤水分较为充足的自然状态(CK$_1$)和土壤湿度始终保持在适宜状态(CK$_2$)相比,干旱胁迫均会抑制植株长高,矮化程度与干旱胁迫发生的时期有重大关系,在拔节—抽雄期矮化作用最为明显,因为进入拔节期植株生长旺盛,是玉米一生中的快速增高期,也是玉米植株成体的重要时期,因此这一时期的矮化效果最明显,且矮化效果持续到玉米发育结束,G$_1$ 和 G$_2$ 处理的最终株高比 CK$_2$ 分别下降 16.5% 和 16.0%,通过显著水平 0.05 检验,高度差异显著;抽穗—乳熟期干旱胁迫对株高影响较轻,G$_3$ 和 G$_4$ 处理的最终株高比 CK$_2$ 分别下降 6.6% 和 11.0%,通过显著水平 0.10 检验。同时,干旱胁迫对植株矮化效果因胁迫强度而异,在同一时期,重度胁迫对植株矮化作用最大,如图 1 描述的 G$_2$ 株高比 G$_1$ 的高,G$_4$ 株高比 G$_3$ 的高。

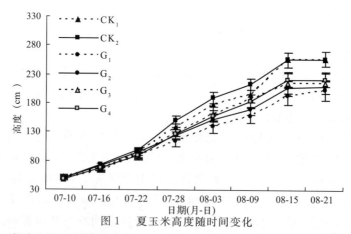

图 1 夏玉米高度随时间变化

(相对于 CK$_2$,干旱胁迫后,G$_1$—G$_4$ 株高显著偏矮。通过显著水平 0.10 检验)

在干旱胁迫下,玉米叶子生长缓慢,冠层叶面积小,绿色叶面积系数(LAI)明显降低。图 2 说明,在土壤水分较为充足的自然状态和湿度始终适宜状态下,玉米生长发育较快,LAI 较大,进入干旱胁迫后,玉米 LAI 逐渐降低,重度干旱胁迫的 LAI 明显比中度干旱胁迫的小。在 G$_1$ 和 G$_2$ 干旱胁迫解除不久,8 月 9 日 G$_1$ 的 LAI 比 G$_2$ 的小 8.9%,比 CK$_2$ 的小 26.9%;而且水分胁迫解除后,轻度胁迫玉米叶片生长迅速,LAI 增长较快。G_3 和 G_4 进入干旱胁迫后叶片增长缓慢,LAI 比对照处理小,但减小的幅度比在拔节—抽雄期进行水分胁迫的小。图 2 还说明,在玉米生长的中后期,遭受重度干旱胁迫的 LAI 有下降趋势,这说明玉米有早衰现象,植株底部老叶出现干枯。

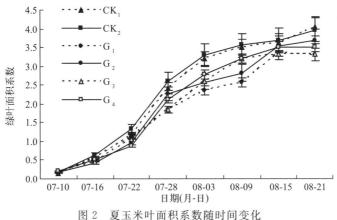

图 2　夏玉米叶面积系数随时间变化

(G_1、G_3、G_4 绿叶面积指数明显偏小,通过显著水平 0.10 检验)

图 1 和图 2 还表明,干旱胁迫对玉米生长发育产生的不良影响,具有延期性,在拔节—抽雄期受到干旱影响,植株增高和叶面积增大受阻,作物群体较小,尽管后来解除干旱胁迫,土壤水分供应充足,作物群体有了一定的改观,但还是不能完全恢复到全生育期土壤水分适宜和水分较为充足的自然状态。

此外,干旱胁迫使玉米发育期推迟,轻度胁迫影响较弱,推迟 2 天左右,重度胁迫使发育期推迟明显,普遍推迟 2～4 天,如表 1 所示。

表 1　干旱胁迫对玉米发育期的影响

处理	七叶	拔节	抽雄	吐丝	乳熟	成熟
CK_1	7 月 10 日	7 月 25 日	8 月 15 日	8 月 18 日	9 月 10 日	9 月 26 日
CK_2	7 月 10 日	7 月 25 日	8 月 15 日	8 月 18 日	9 月 10 日	9 月 25 日
G_1	7 月 10 日	7 月 26 日	8 月 18 日	8 月 22 日	9 月 12 日	9 月 24 日
G_2	7 月 10 日	7 月 25 日	8 月 17 日	8 月 20 日	9 月 11 日	9 月 25 日
G_3	7 月 10 日	7 月 25 日	8 月 16 日	8 月 19 日	9 月 13 日	9 月 23 日
G_4	7 月 10 日	7 月 25 日	8 月 15 日	8 月 18 日	9 月 12 日	9 月 25 日

2.2　干旱胁迫对夏玉米干物质积累及灌浆期的影响

如前所述,干旱胁迫抑制玉米生长发育,使其株高度增长、叶面积增长缓慢,农田作物群体较小。叶片是作物进行光合作用和呼吸作用主要器官,它的大小直接影响光合作用的速度与效率,影响植株活力,进而影响植株干物质的积累和经济产量;同时,干旱胁迫减慢植物体内营养物质、水分、光合产物的移动速度,降低光合物质转换效率[5～8],从而降低干物质积累。图 3 表明,干旱胁迫严重影响作物的光合作用,影响植株干物质积累,与土壤水分适宜条件比较,干物质积累的差异均通过显著水平 0.05 检验。轻度胁迫后植株干物质降低 24.1%～37.4%，重度胁迫后植株干物质降低 34.1%～60.0%；在拔节—抽雄期遭受水分胁迫，植株干物质降低 22.4%～60.0%，在抽穗—乳熟期玉米遭受水分胁迫，干物质降低 24.1%～40.6%。可见干旱胁迫强度、遭受胁迫所处发育期不同，对植株干物质积累影响不同，重度胁迫对玉米干物质积累产生的不利影响比轻度胁迫的大，玉米拔节时受到不利影响，持续时间较长，最终干物质积累较少。因为处理 G_3 的植株在后期出现早衰，最终干物质积累下降最大，为 40.6%。

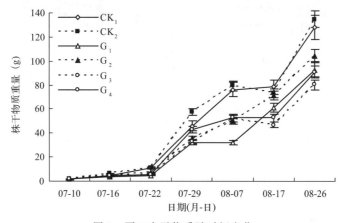

图 3　夏玉米干物质随时间变化

玉米籽粒形成期，果穗籽粒体积基本建成，胚乳呈清浆状，故称灌浆期。到乳熟期，果穗籽粒干重迅速增加，胚乳呈乳状，至此玉米籽粒大小基本定型，籽粒库容定型[13]。图 4 表明，在其他环境条件基本一致的情况下，土壤水分高低对玉米籽粒库容及灌浆速度影响极大，在土壤水分充足和适宜条件下，玉米籽粒大，库容最大；其次是在拔节—抽雄期进行干旱胁迫的玉米籽粒；库容最小的是在抽穗—乳熟期进行干旱胁迫的。而且籽粒灌浆速度与库容的变化规律相似。由此可见，抽穗—乳熟期受重旱，将使果穗性状受到严重影响，体积减小，导致库容量不足，无法贮存较多的干物质，灌浆提前结束，导致籽粒重下降，产量大幅降低。同一时期遭受干旱胁迫，重度胁迫比轻度胁迫的库容小、灌浆速度小。

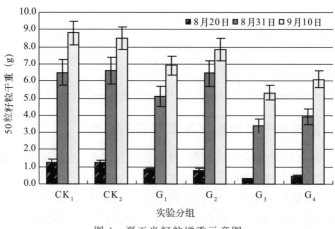

图 4　夏玉米籽粒增重示意图

2.3　干旱胁迫对夏玉米产量的影响

表 2 表明,在水分适宜和水分较为充足的自然状态下,玉米发育良好,双穗率高,无不孕穗,果穗秃尖比小,株粒数明显多,百粒重较大,各产量因子综合结果是高产。在轻度干旱胁迫下,玉米发育状况较差,部分产量因子下降,产量偏低,比水分适宜条件下减产 $16\% \sim 20\%$ 。在重度干旱胁迫下,玉米发育严重受阻,抽雄、吐丝、授粉受到严重影响,产量明显降低,降低 $61\% \sim 64\%$ 。

表 2 表明,在玉米不同的生育期,干旱胁迫对玉米产量及构成因子的影响存在明显差异。在抽穗—乳熟期干旱胁迫的试验结果与 CK_1 、 CK_2 、 G_1 及 G_2 的结果有显著差异,植株不结双穗,秃尖比显著偏大、株粒数显著偏少,这说明,干旱胁迫严重影响玉米的穗分化和小花分化、降低花丝和花粉活性,受精成功率急剧下降,从而降低结实粒数,与 CK_2 相比,结实粒数降低 $41\% \sim 61\%$;这个时期的干旱胁迫也严重影响玉米灌浆质量,降低籽粒重,与其他水分处理相比,百粒重降低 $6\% \sim 25\%$,最终产量下降 $61\% \sim 66\%$;而且干旱胁迫对玉米授粉影响远比对灌浆的影响大。拔节—抽雄期干旱胁迫影响玉米的穗分化、小花分化,降低玉米授粉基数,致使株双穗率明显降低、株粒数减少;相对于水分适宜和水分较为充足的自然状态下,该时期水分胁迫玉米的秃尖比低,大穗饱满度高,而且百粒重略高,这主要是因为干旱胁迫使植株双穗率低、籽粒数少,在植株源相近,且灌浆时水分充足情况下,物质和能量流向相对集中,但综合产量因子的结果是产量较低,产量下降 $16\% \sim 24\%$ 。

表 2 还表明,在同一生育期,干旱胁迫强度对玉米产量因子的影响不同。在拔节—抽雄期干旱胁迫处理中,轻度胁迫比重度胁迫对玉米造成的不利影响轻, G_2 的双穗率、百粒重及产量高于 G_1 ,但两者相差不明显,各产量因子不存在显著差异。在抽穗—乳熟期水分胁迫处理中,重度胁迫比轻度胁迫对玉米造成的不利影响严重得多。 G_3 的不孕穗率、秃尖比明显高于 G_4 ,而百粒重、产量低于 G_4 ,部分产量的因子存在显著差异;这表明该时期水分严重缺失,会造成雌性小花大量不孕,致使秃尖比增大,甚至整株果穗不育,降低株粒数,致使产量降低最明显。

表 2 还表明,在拔节—抽雄期玉米遭受干旱胁迫,可促使植株物质、能量流向籽粒,因此,籽粒与茎秆比其他处理高。

表 2　水分胁迫对玉米产量构成因子及最终产量的影响

处理	双穗率(%)	不孕穗率(%)	秃尖比	株粒数(粒)	百粒重(g)	籽粒产量(g/m²)	籽粒与茎秆比
CK_1	22	0	0.16 cEF	521cEF	27.9E	869.9EF	0.41eF
CK_2	33	0	0.15cEF	467EF	30.2F	824.9cEF	0.39 EF
G_1	5	0	0.10eF	371aEF	30.1ef	661.6bEF	0.49bef
G_2	10	0	0.11EF	388ef	33.3AEF	693.9EF	0.49bef
G_3	0	11	0.33ABdf	210ABDC	25.0bCD	296.6ABCDf	0.20ac
G_4	0	0	0.20ABCe	220ABCD	26.3BCD	322.6ABCDe	0.19ABCD

注:A—F 对应 CK_1 — G_4 不同的处理;大写字母、小写字母标记 0.05 和 0.10 显著水平,分别代表差异显著和非常显著

3 结论与讨论

试验表明,在玉米生长关键时期,干旱胁迫均会影响作物正常的生长发育,产生一系列不良后果,其中最明显的是植株矮小、叶面积较小和产量下降,这一结论与白莉萍、葛体达、邹序安、黄晓俊等[3,4,8,12,13]绝大多数学者研究的结果基本一致,但各自研究的侧重点和方法不同,研究的结论存在一些差异。干旱胁迫对玉米造成伤害的程度及表现形式在很大程度上取决于干旱胁迫发生时玉米所处的发育阶段。夏玉米进入拔节期,植株生长旺盛,是夏玉米植株成体的重要时期,也是生殖生长的起点,土壤水分供应充足,有利于植株健壮生长,积累更多的干物质,为以后的生殖生长奠定良好的基础。这一时期干旱胁迫对植株矮化效果最为明显[12],干旱胁迫抑制叶片生长的作用也十分明显,绿色叶面积指数比 CK_2 低 26.9%;而且这一时期干旱胁迫不利于玉米穗分化,降低株双穗率,对株籽粒数和产量也有一定的影响。在抽雄—乳熟期,夏玉米由营养和生殖生长并重转向以生殖生长为主,植株高度、绿色叶面积指数达到其一生最高值,生殖生长和体内的新陈代谢旺盛,同时进入开花、授粉、籽粒胚乳细胞增殖期,是玉米需水的临界期[5]。该时期水分亏缺,将导致株高停止增高,绿叶早衰,花丝受精受阻,对玉米籽粒形成极为不利,致使不孕穗率和秃尖比较高,株籽粒数明显减少;同时,干旱降低了乳熟前的灌浆速度,籽粒体积减小,甚至籽粒畸形,导致库容量不足,无法贮存较多的干物质,致使百粒重明显降低,严重影响夏玉米产量,这与黄晓俊研究结果一致[13]。水分胁迫抑制玉米生长发育,使发育期推迟,推迟 3 天左右,不如白莉萍试验[5]中推迟明显。

干旱胁迫对玉米造成的危害与胁迫强度也有很大关系,不论其的外部形态,还是籽粒形成过程以及最终产量,重度胁迫对玉米造成的不良后果要比轻度胁迫重,与其他学者[3~10,12,13]研究的结果一致。重度胁迫对玉米造成危害往往是不可逆的,如花丝受精率急剧降低,导致株结实粒数最低;植株早衰,绿叶枯黄,直接影响营养物质合成、转化,导致百粒重降低。

干旱胁迫对玉米造成的不良影响具有延期性,如拔节—抽雄期受到干旱胁迫,植株增高、叶面积增大受阻,作物群体较小,尽管后来解除胁迫,土壤水分供应充足,作物群体有了一定的改观,但仍不能完全恢复到土壤水分适宜和水分较为充足的自然状态,而作物群体较小最终将影响到产量。前期干旱使发育期推迟,缩短了玉米灌浆时间,不利于籽粒增重。

综上所述,在拔节—乳熟期,水分亏缺对玉米生长发育影响较大,干旱严重影响其产量的形成,造成减产,因此如何利用有限的水资源,合理灌溉,对鲁西北玉米生产意义重大。

参考文献

[1] 丁一汇,任国玉,石广玉,等.气候变化国家评估报告(Ⅰ):中国气候变化的历史和未来趋势[J].气候变化研究进展,2006,(1):3-78.

[2] 李爽,王羊,李双成.近 30 年气候要素时空变化特征[J].地理研究,2009,**28**(6):1593-1604.

[3] 白莉萍.夏玉米不同生育期对干旱胁迫的响应与适应机制[D].中国科学院植物研究所博士后论文,2007.

[4] 葛体达.夏玉米对干旱胁迫的响应与适应机制的研究[D].莱阳农学院硕士论文,2004.

[5] 孙景生,肖俊夫,段爱旺,等.夏玉米耗水规律及水分胁迫对其生长发育和产量的影响.[J]玉米科学,1999,**8**(1):45-47.

[6] 康绍忠.新的农业科技革命与 21 世纪我国节水农业的发展[J].干旱地区农业研究,1998,(1):13-14.

[7] 刘庚山,郭安红,任三学,等.夏玉米苗期有限水分胁迫拔节期复水的补偿效应[J].生态学杂志,2004,**23**(3):24-29.

[8] 邹序安,远红伟,陆引罡,等.水分胁迫对玉米生理特性及产量因子的影响[J].贵州农业科学,2009,**37**(8):41-42.

[9] 常敬礼,杨德光,谭巍巍,等.水分胁迫对玉米叶片光合作用的影响[J].东北农业大学学报,2008,**9**(11):1-5.

[10] 张维强,沈秀珍.水分胁迫和复水对玉米叶片光合速度的影响[J].华北农学报,1994,**9**(3):44-47.

[11] 许维娜,余万明,姚克敏,等.农业气象观测规范(上)[M].北京:气象出版社,1993:19-38.

[12] 黄晓俊,于飞,敖芹.干旱对玉米生长及产量影响的试验研究[J].贵州气象,2012,**36**(6):25-28.

[13] 李绍长,陆嘉惠,孟宝民,等.玉米籽粒胚乳细胞增殖与库容充实的关系[J].玉米科学,2000,**8**(4):45-47.

高温热害对江西早稻产量影响的定量分析

李迎春[1]　帅细强[2]　杨　蓉[3]　田　俊[1]　张金恩[1]　陆魁东[2]

(1. 江西省气象科学研究所,南昌 330096;2. 气象防灾减灾湖南省重点实验室,长沙 410118;
3. 江西省赣州市气象局,赣州 341000)

摘要：按地理区域划分,选取有代表性的 9 个县级气象台站 1981—2010 年早稻产量、减产百分率、产量结构及对应的高温指标即日平均气温≥30℃持续日数、日最高气温≥35℃持续日数,采用通径分析法,定量分析高温热害对江西省早稻减产百分率及产量结构的影响。

关键词：早稻;减产百分率;产量结构;高温逼熟;定量分析

0　引言

高温热害是我国南方双季水稻产区的主要农业气象灾害之一,影响水稻花粉活性、受精率和灌浆速率,从而影响产量和品质。在全球气候变暖背景下,江西省高温逼熟天气出现越来越频繁,持续时间也有延长趋势,对早稻的影响逐渐突显,但高温天气对早稻产量影响的定量分析却不多见。本文将选取婺源、余干、南昌、瑞昌、宜丰、莲花、泰和、龙南、南康 9 个气象部门长期观测水稻产量、生物量的气象台站,统计自有规范记录以来 1981—2010 年共 30 年 9 个农业气象观测站早稻产量、对应社会产量、产量结构(千粒重、空壳率、秕谷率)和对应时段的气象资料,按高温逼熟轻度、中度、重度指标,采用通径分析法分析高温对早稻减产百分率和千粒重、空壳率、秕谷率等产量结构因素的影响。

1　资料和处理方法

1.1　水稻产量和气象资料

1981—2010 年江西省 1 个国家级农业气象试验站(南昌县)和 8 个农业气象观测站(婺源、余干、瑞昌、宜丰、莲花、泰和、龙南、南康)早稻考种资料、5 月 20 日—7 月 20 日气温数据、对应社会产量。

基金项目:科技部行业专项(GYHY201206020);科技部行业专项(GYHY20100625)。

第一作者简介:李迎春,1973 年出生,男,汉族,江西高安市人,大学本科,应用气象高级工程师,主要从事农业气象防灾减灾、3S 技术应用研究。E-mail:553841477@qq.com。

1.2　处理方法

减产百分率的处理:[(当年产量－正常年份平均产量)/正常年份平均产量]×100%。正常年份是指气象条件较有利于水稻生产的年份,该年水稻产量为平或丰。

分析方法:多元线性回归系数间不能直接比较各因子的贡献大小,因为各回归系数间带有不同的量纲。存在两个以上的自变量时,其影响往往不是独立,有时要研究 x_i 通过 x_j 对因变量的影响。通径系数能有效表示自变量对因变量的直接或间接影响效应,达到区分自变量各因子间的重要性及其关系。

本文主要是定量分析早稻高温热害期间减产百分率、产量结构(即通径分析中的因变量)和高温热害因子(即通径分析中的自变量)间的关系。高温热害因子为高温热害指标中的日平均气温≥30℃、日最高气温≥35℃两个因子,两个因子对早稻产量均有影响,但影响程度不一,且两因子间存在相关关系,正好适用于通径分析法。

通径分析法首先要对早稻产量结构数据、社会产量数据、高温热害数据的可分析性进行正态性检验,当满足正态性或近似正态性的要求后,再用回归分析法建立日平均气温≥30℃、日最高气温≥35℃两个自变量与减产百分率、产量结构等因变量间的多元线性回归方程:

$$y = a_0 + a_1 x_1 + a_2 x_2 + a_3 x_3 + \cdots a_m x_m$$

式中: a_i 是自变量 x_i 对因变量 y 的偏回归系数,由于偏回归系数的量纲和自变量本身变异程度的不同,使偏回归系数绝对值并不能准确反映相应自变量对因变量相对贡献的大小。因此,需要将各偏回归系数标准化,即用相应自变量的标准差(δ_{xi})与因变量的标准差(δ_y)之比乘以各偏回归系数,所得标准化偏回归系数 P 即为自变量 x_i 对因变量 y 的直接通径系数。自变量 x_i 通过其他相关变量对因变量 y 的间接通径系数等于相关变量的直接通径系数乘以两者的相关系数。

2　结果分析

2.1　早稻高温逼熟影响程度分析

早稻减产百分率统计比正常年份减产 3% 以上的年份;高温逼熟指标按轻度(持续 3~4 d)、中度(5~7 d)、重度(8 d 以上)标准统计分别出现年数、单个指标出现年数、两个指标同时出现年数,总年数为 9 站 30 年共 270 年数,时段 5 月 20 日—7 月 20 日。细分的统计因子为:

A_1:日平均气温≥30℃轻度出现年数;

A_2:日平均气温≥30℃中度出现年数;

A_3:日平均气温≥30℃重度出现年数;

A_4:日最高气温≥35℃轻度出现年数;

A_5:日最高气温≥35℃中度出现年数;

A_6:日最高气温≥35℃重度出现年数;

A_7:单出现日平均气温≥30℃的年数;

A_8:单出现日最高气温≥35℃的年数;

A_9：日平均气温≥30℃、日最高气温≥35℃同时出现年数；

A_{10}：未出现高温逼熟的年数。

由表 1 可知，早稻日平均气温≥30℃轻度、中度、重度分别出现了 98 年、72 年、63 年，分别占总年数的 36.3%、26.7%、23.3%；日最高气温≥35℃轻度、中度、重度分别出现了 103 年、117 年、43 年，分别占总年数的 38.1%、43.3%、15.9%；说明日最高气温≥35℃热害出现频率比日平均气温≥30℃热害出现频率高。一年中单出现日平均气温≥30℃的热害年数仅为 10 年，占总年数的 3.7%，这其中单出现轻度 7 年，中度 3 年，重度未出现过；单出现日最高气温≥35℃的热害年数为 35 年，占总年数的 13.0%，其中单出现轻度 23 年，中度 9 年，重度 3 年；两个指标同时出现的年数为 166 年，占总年数的 61.5%，未出现高温逼熟的年数为 59 年，占总年数的 21.9%。以上数据说明江西约每 5 年中仅 1 年不会出现高温逼熟天气，且两个指标多同时出现，单独出现不多见；单出现日最高气温≥35℃的年数明显多于单出现日平均气温≥30℃的年数，且多以轻度、中度危害为主，单出现重度热害罕见。

统计分析全省 9 站 30 年 270 个基于社会产量的早稻减产百分率，得出全省有 61 年数早稻减产百分率在 3% 以上。由表 1 分析，对应日平均气温≥30℃轻度、中度、重度热害的年数分别为 23 年、20 年、18 年，分别占总出现年数的 23.5%、27.8%、28.6%；对应日最高气温≥35℃轻度、中度、重度热害的年数分别为 30 年、22 年、9 年，分别占总出现年数的 29.1%、18.8%、20.9%；减产率 3% 以上且单独出现日平均气温≥30℃热害的仅 2 年，说明若单出现这一热害指标，无论轻重，对早稻产量几无影响；减产率 3% 以上且单独出现日最高气温≥35℃热害的有 9 年，其中单在轻度热害条件下约 10.5% 的概率造成减产 3% 以上，中度热害条件下的概率约为 50%，重度热害条件下的概率也约为 50%。在两个指标同时出现的条件下（不考虑轻中重影响组合），有 46 年数早稻减产百分率 3% 以上，占两个指标同时出现年数的 27.7%，即若日平均气温≥30℃持续 3 天以上且日最高气温≥35℃持续 3 天以上，全省每 10 年约有 3 年造成早稻减产 3% 以上。

表 1　江西早稻高温逼熟影响程度指标出现年数统计因子

统计因子	A_1	A_2	A_3	A_4	A_5	A_6	A_7			A_8			A_9	A_{10}
							轻	中	重	轻	中	重		
全省累计年数	98	72	63	103	117	43	8	4	0	23	11	4	166	59
对应减产率3%以上年数	23	20	18	30	22	9	0	2	0	3	6	2	46	7

2.2　高温对早稻减产率的影响分析

受减产百分率 3% 以上且出现高温逼熟天气样本数的限制，高温逼熟对早稻减产率的影响分析按全省区域进行。统计日平均气温≥30℃持续 3 天以上、日最高气温≥35℃持续 3 天以上日数（分别以 x_1、x_2 表示，下同），出现但持续 3 天以下的日数不统计，所以不是累计日数。

各指标对减产百分率或产量结构的直接通径系数计算方法：$P_{x_i} = x_i$ 的系数×（x_i 的标准偏差/y 的标准偏差）。式中：P_{x_i} 表示第 i 个指标对减产百分率的直接通径系数；x_i 表示第 i 个高温逼熟指标;y表示减产百分率或产量结构。

从表 2 统计结果可以看出,早稻减产百分率和日最高气温≥35℃持续 3 天以上天数的偏斜度较接近于 0,说明这两组数据近似满足正态性要求,进行相关统计、回归和通径分析的结果可靠;而日平均气温≥30℃持续 3 天以上天数的偏斜度低于 0.5,远大于 0,数据的正态性分布不好,进行统计、回归和通径分析的结果可靠性将较差,这与样本数较少有关,另一种可能是早稻减产与其他灾害或非自然因素有关。

表 2　早稻减产百分率(y)与高温逼熟指标数据的统计结果

	减产百分率(%)	日平均气温≥30℃ 持续 3 天以上天数(x_1)	日最高气温≥35℃ 持续 3 天以上天数(x_2)
平均值	−0.05898	10.95652	11.95652
标准误差	0.00595	1.20355	0.78393
标准偏差	0.02851	5.77202	3.75957
样本方差	0.00081	33.31621	14.13439
峰值	−0.22255	0.43532	−0.7541
偏斜度	−0.95685	0.47184	0.30126

由表 3 结果可看出,早稻减产百分率与日平均气温≥30℃持续 3 天以上日数和日最高气温≥35℃持续 3 天以上日数呈正相关。方差分析结果表明,达极显著水平($F=137.95$、Significance $F=1.989\times10^{-12}$);相关系数 $R=0.966$,显著水平的临界值为 0.5139,极显著水平的临界值为 0.6411;可见日平均气温≥30℃持续 3 天以上天数和日最高气温≥35℃持续 3 天以上天数与早稻减产百分率相关性达极显著水平。说明江西早稻关键生育期间,日平均气温≥30℃、日最高气温≥35℃持续天数越多,对早稻产量影响越明显。另外,日最高气温≥35℃持续 3 天以上天数对早稻减产百分率的直接通径系数为 0.502,日平均气温≥30℃持续 3 天以上天数对早稻减产百分率的直接通径系数为 0.44,说明日最高气温≥35℃持续 3 天以上天数比日平均气温≥30℃持续 3 天以上天数对早稻产量影响的贡献大。

表 3　早稻减产百分率与高温逼熟天数的相关分析

	相关方程	相关系数 (R)	多元决定系数 (R^2)	方差分析 F 值	方差分析 F 值	直接通径系数
x_1	$y=-0.0015-0.0051x_1$	0.979	0.959	494.13	4.488×10^{-16}	
x_2	$y=0.03548-0.0078x_2$	0.969	0.939	322.57	3.18627×10^{-14}	
x_1 和 x_2	$y=0.01306-0.00218x_1-$ $0.00403x_2$	0.966	0.932	137.95	1.98968×10^{-12}	$P_{x_1}=0.440$ $P_{x_2}=0.502$

2.3　高温对早稻产量结构的影响分析

江西高温逼熟虽较严重,但受南北纬度差异、地形地貌、海拔高度等影响,不同区域高温逼熟对水稻的影响有明显差异,如地处赣东北的婺源和赣中南的泰和,海拔高度均为80 m左右,但早稻生育期间婺源年日平均气温≥30℃持续3 d以上日数仅为2.04 d,而泰和则高达11.48 d,差异十分明显。且由于高温逼熟发生年数对应的产量结构的样本数较多,所以,对早稻产量结构的影响,将分4个区域进行,分别为赣东北的武夷山区、赣西北的庐山区、赣西的井冈山区和赣南的南岭山区,其划分标准按经纬度、山系分布对区域气候影响的一致性进行。区域划分见图1。9个站点划分结果见表4。

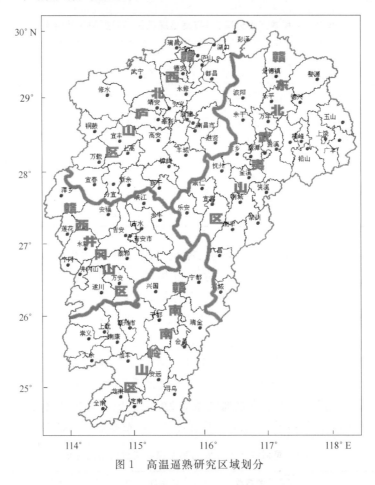

图1 高温逼熟研究区域划分

表4 农业气象观测代表站点划分结果

区域	代表站点
赣东北武夷山区	婺源、余干
赣西北庐山区	南昌、瑞昌、宜丰
赣西井冈山区	莲花、泰和
赣南南岭山区	龙南、南康

根据 1981—2010 年 9 个农业气象观测站资料,按表 4 区域分别统计分析。早稻千粒重、空壳率、秕谷率与高温逼熟指标的通径分析结果分别见表 5、表 6、表 7。

由表 5 可看出,除赣东北武夷山区千粒重与日最高气温≥35℃持续 3 天以上天数回归方程未通过检验外,其余均通过信度 0.05 以上的检验,说明江西无论南北东西,早稻千粒重受高温逼熟影响显著,高温持续时间越长,千粒重下降越明显。另外,直接通径系数值表明,除赣南南岭山区 x_2 对千粒重影响比 x_1 权重大外,其余 x_1 影响权重均大于 x_2。

表 5　早稻千粒重(y_1)与高温逼熟因子回归分析

区域	x_1	x_2	x_1 和 x_2	多相关直接通径系数
赣东北武夷山区	$y_1=26.183-0.244x_1$ $F=20.16$ 通过检验	$y_1=25.716-0.173x_2$ $F=2.97$ 未通过检验	$y_1=26.307-0.238x_1-0.0217x_2$ $F=9.79$ 通过检验	$P_{x_1}=-0.618$ $P_{x_2}=-0.038$
赣西北庐山区	$y_1=34.902-0.718x_1$ $F=131$ 通过检验	$y_1=34.603-0.699x_2$ $F=42.05$ 通过检验	$y_1=35.428-0.6338x_1-0.1388x_2$ $F=67.28$ 通过检验	$P_{x_1}=-0.766$ $P_{x_2}=-0.139$
赣西井冈山区	$y_1=31.065-0.406x_1$ $F=28.58$ 通过检验	$y_1=32.985-0.538x_2$ $F=23.56$ 通过检验	$y_1=32.285-0.27x_1-0.229x_2$ $F=15.38$ 通过检验	$P_{x_1}=-0.487$ $P_{x_2}=-0.296$
赣南南岭山区	$y_1=30.185-0.323x_1$ $F=54.4$ 通过检验	$y_1=30.987-0.381x_2$ $F=63.69$ 通过检验	$y_1=30.812-0.102x_1-0.27x_2$ $F=31.68$ 通过检验	$P_{x_1}=-0.266$ $P_{x_2}=-0.606$

由表 6 可看出,所有区域早稻空壳率与 x_1 和 x_2 的回归方程均通过信度 0.05 的检验,说明早稻空壳率受高温逼熟影响是显著的,空壳率与高温逼熟呈正相关,高温逼熟时间越长,空壳率越大。直接通径系数结果表明,所有区域 x_1 对空壳率的影响均比 x_2 的影响大。

表 6　早稻空壳率(y_2)与高温逼熟因子回归分析

区域	x_1	x_2	x_1 和 x_2	多相关直接通径系数
赣东北武夷山区	$y_2=13.921+0.823x_1$ $F=18.48$ 通过检验	$y_2=9.797+1.249x_2$ $F=30.58$ 通过检验	$y_2=7.235+0.555x_1+0.982x_2$ $F=29.2$ 通过检验	$P_{x_1}=0.43$ $P_{x_2}=0.573$
赣西北庐山区	$y_2=6.656+1.222x_1$ $F=54.91$ 通过检验	$y_2=6.727+1.233x_2$ $F=41.76$ 通过检验	$y_2=6.299+1.199x_1+0.0253x_2$ $F=26.54$ 通过检验	$P_{x_1}=0.789$ $P_{x_2}=0.016$
赣西井冈山区	$y_2=3.614+0.821x_1$ $F=54.28$ 通过检验	$y_2=3.521+0.790x_2$ $F=21.73$ 通过检验	$y_2=2.869+0.731x_1+0.148x_2$ $F=27.08$ 通过检验	$P_{x_1}=0.699$ $P_{x_2}=0.118$
赣南南岭山区	$y_2=7.491+0.825x_1$ $F=159.7$ 通过检验	$y_2=5.470+0.987x_2$ $F=80.91$ 通过检验	$y_2=6.106+0.578x_1+0.401x_2$ $F=115.61$ 通过检验	$P_{x_1}=0.644$ $P_{x_2}=0.349$

由表 7 可知,除赣东北武夷山区早稻秕谷率与 x_2 回归方程未通过检验外,其余均通过检验。说明早稻秕谷率与高温逼熟呈正相关,即高温时间越长,秕谷率越大。直接通径系数结果表明,所有区域 x_1 对秕谷率的影响远大于 x_2 的影响。

表7 早稻秕谷率(y_3)与高温逼熟因子回归分析

区域	x_1	x_2	x_1 和 x_2	多相关直接通径系数
赣东北武夷山区	$y_3=3.757+0.677x_1$ $F=60.53$ 通过检验	$y_3=6.695+0.448x_2$ $F=4.78$ 未通过检验	$y_3=3.941+0.689x_1-0.036x_2$ $F=29.2$ 通过检验	$P_{x_1}=0.852$ $P_{x_2}=-0.032$
赣西北庐山区	$y_3=0.924+1.394x_1$ $F=98.15$ 通过检验	$y_3=0.833+1.446x_2$ $F=49.94$ 通过检验	$y_3=1.082+1.463x_1-0.087x_2$ $F=47.48$ 通过检验	$P_{x_1}=0.922$ $P_{x_2}=-0.048$
赣西井冈山区	$y_1=-1.089+0.848x_1$ $F=66.38$ 通过检验	$y_3=-1.766+0.817x_2$ $F=25.29$ 通过检验	$y_3=2.973+0.689x_1+0.3x_2$ $F=38.06$ 通过检验	$P_{x_1}=0.668$ $P_{x_2}=0.244$
赣南南岭山区	$y_3=6.483+0.980x_1$ $F=198.24$ 通过检验	$y_3=4.143+1.123x_2$ $F=59.85$ 通过检验	$y_3=5.774+0.849x_1+0.208x_2$ $F=102.18$ 通过检验	$P_{x_1}=0.809$ $P_{x_2}=0.151$

3 结论与讨论

(1)高温对早稻产量影响显著。通过分析得出,江西省高温逼熟与早稻产量结构的相关性显著,赣南南岭山区、赣东北武夷山区千粒重影响因素中日最高气温影响权重大,其余各区日平均气温对产量结构的影响权重大。

(2)对早稻减产率的影响分析有待细化。早稻减产的年份数较少,特别是社会产量,且要排除非高温逼熟造成减产的因素,用于统计分析的样本受到限制;全省常年观测水稻生物量、产量结构的气象台站不多,样本分布在地理上较零散,区域代表性和精度较差。

(3)分析方法上有改进的空间。本文对高温逼熟的影响分析是基于常年气象观测台站现有高温资料,其代表的空间和范围有限。在现有台站高温数据的基础上,应用 GIS 等技术通过合理的空间分析模型计算无气象观测台站区域的高温数据,增加高温指标的样本数,再结合产量结构分析高温对早稻的影响,结果将可能更接近真实情况,且更具有代表性,是技术方法上改进的方向。

参考文献

[1] 任红松,朱家辉,杨斌,等. EXCEL 在通径分析中的应用[J]. 农业网络信息,2006,(3):90-92.

[2] 魏丽."高温逼熟"和"小满寒"对江西省早稻产量的影响[J].气象,1990,**17**(10):47-49.

[3] 黄义德,曹流俭,武立权,等. 2003 年安徽省中稻花期高温热害的调查与分析[J].安徽农业大学学报,2004,**31**(4):385-388.

[4] 陆魁东,黄晚华,申建斌,等.湖南一季超级稻种植气候区划[J].中国农业气象,2006,**27**(2):79-83.

[5] 钟飞,付慧.吉安市近 50 年早稻灌浆期高温危害的初步分析[J].江西农业学报,2009,**21**(2):108-109.

[6] 谢志清,杜银,高苹,等.江淮流域水稻高温热害灾损变化及应对策略[J].气象,2003,**39**(6):774-781.

[7] 万素琴,陈晨,刘志雄,等.气候变化背景下湖北省水稻高温热害时空分布[J].中国农业气象,2009,**30**(增刊 2):316-319.

[8] 查光天,鲍思祈.气候因子对早稻产量构成的影响[J].浙江农业科学,1986,(4):176-179.

[9] 汤昌本,林迅,简根梅,等.浙江早稻高温危害研究[J].浙江气象科技,2000,**21**(2):14-18.

[10] 谢远玉，张智勇，刘翠华，等. 赣州近 30 年气候变化对双季早稻产量的影响[J]. 中国农业气象，2011，**32**(3)：388-393.

[11] 曾凯，居为民，周玉，等. 高温逼熟等级对早稻产量与品质特征的影响[J]. 中国农学通报，2011，**27**(30)：120-125.

[12] 田俊，聂秋生，崔海建. 早稻乳熟初期高温热害气象指标试验研究[J]. 中国农业气象，2013，**34**(6)：710-714.

登陆广东的热带气旋对水稻产量
影响定量评估

黄珍珠　刘锦銮　刘　尉　李春梅　王　华

(广东省气候中心，广州 510080)

摘要：利用 1983—2010 年登陆广东省的热带气旋(TC)资料、该省及其各市水稻产量、早稻与晚稻发育期等资料，借用数理统计方法分析 TC 对水稻产量的影响，再采用个例分析法，建立不同时间登陆广东的 TC 级别与水稻减产率的对应关系。结果表明：①当热带风暴或强热带风暴在早稻或晚稻生长后期登陆、台风在早稻或晚稻生长中期登陆时，登陆地区或附近地区早稻或晚稻单产与上年比减产 5%～7%，应发布中等级别的灾害预警。②当台风在早稻或晚稻生长后期登陆时，登陆地区或附近地区早稻或晚稻单产与上年比减产 8%～12%，应发布重等级别的灾害预警。利用所建立的评估指标对 1117 号台风"纳沙"进行评估，评估结果基本符合实际产量灾损，说明评估指标可应用于实际业务。

关键词：热带气旋；水稻产量；影响评估

0　引言

水稻是世界上三大粮食作物之一，广东粮食生产的主体是双季早稻和双季晚稻。近年来，广东省水稻的播种面积占粮食总播种面积的 80% 左右，产量占粮食总产量的 80% 以上。21 世纪以来，广东省水稻单产处于下降趋势，平均单产比 20 世纪 90 年代减少 150 kg/hm² 左右，单产的下降主要受农业气象灾害的影响[1,2]。据研究，影响广东水稻产量的主要农业气象灾害是热带气旋、龙舟水、冷害(寒露风、霜降风及低温阴雨)和干旱[3,4]。严重的农业气象灾害常对广东省农业生产造成不利影响。

广东濒临南海，有着漫长的大陆海岸线，极易遭受热带气旋(Tropical cyclone，TC)的袭击，是全国受 TC 影响最严重的省份[5]。据统计，年均登陆及严重影响广东的 TC 有 5.3 个，登陆广东的 TC 有 3.8 个，近 5 年每年因 TC 造成的经济损失平均在 60 亿元以上，占总经济损失的 50% 左右。如何准确、定量评估登陆广东的 TC 对水稻产量的影响，对广东省粮食安全、

基金项目：气象关键技术集成与应用项目(CAMGJ2012Z10)；公益性行业(气象)科研专项(GYHY201406025)；广东省科技计划项目(2011A032100006，2011A030200021)资助。

第一作者简介：黄珍珠，1962 年出生，女，广东人，学士，高级工程师，主要从事气候与农业气象的研究工作。E-mail：zzhuang@grmc.gov.cn。

农业可持续发展、农业防灾减灾对策和措施的制定意义重大。近十多年来,国内学者已对农业气象灾害风险评估进行了大量的研究和探索[6~11],台风灾害的风险评估[12~14]也取得了一些进展。但是,台风对某种作物产量的影响评估报道很少,实用性和可操作性强的风险评价模型也甚少。本文在现有农业生产实况的前提下,从农业生产的自然气候条件出发,利用近28年台风资料、水稻产量资料,采用统计分析法中的个例分析法,建立不同时间登陆广东的TC级别与水稻减产率的对应关系,从而对水稻产量影响进行定量评估,为政府和生产部门防御或减轻TC对水稻的危害,制定救灾措施提供科学依据。

1　资料与方法

1.1　资料

登陆广东的热带气旋(TC)资料来自于《台风年鉴》和《热带气旋年鉴》;全省水稻产量及各市水稻产量资料来自《广东省农村统计年鉴》;早稻、晚稻发育期资料及观测点实际产量资料来自广东省气象局农业气象观测站农气表-1;气象资料来自广东省气象信息中心。TC资料、全省水稻产量资料、气象资料序列为1983—2011年,各市水稻产量资料、农气表-1资料序列为1992—2011年,其中分析与建立指标模型时用1983—2010年资料,2011年资料用做评估模型指标检验。

1.2　方法

1.2.1　分区及水稻发育期资料处理

广东地跨中亚热带、南亚热带和北热带,而且濒临海洋,山脉交错,各区域光、温、水的变化有所不同[15~17],按照广东省气候特征并结合行政区域的划分方法把广东省分成5个区域。在综合考虑了广东省一级农业气象观测站点的地理分布和作物生育期观测资料的连续性及完整性的基础上,选取了5个区域中共12个代表站,包括西北部为连州、曲江;东北部为梅县、河源;中部为高要和南海;东南部为潮州、陆丰;西南部为化州、阳西、中山和徐闻。由于1997年后广东气候出现了以变暖为特征的显著变化[18,19],气候变暖后水稻种植期及发育期也发生相应的变化,因此,本文统计1997—2010年各区域早稻、晚稻发育期平均日期来代表当前水稻各发育期出现时间。

1.2.2　气象产量资料提取

用正交多项式回归的方法对实际水稻(早稻＋晚稻)产量(单产)资料序列(y)进行处理,在不考虑其他因素影响的情况下,分解为趋势产量(y_t)和气象产量(y_w)[20]。趋势产量反映了耕作技术的改进、市场因素等造成的缓慢变化,气象产量则反映了每年气象条件的不同造成的波动,即$y = y_t + y_w$。图1是正交多项式拟合的时间趋势产量,拟合方程:

$$y_t = 0.045x^4 - 2.592x^3 + 43.86x^2 - 160.1x + 4725 \tag{1}$$

相关系数R^2为0.836,经曲线回归检验,回归效果显著。通过拟合方程先求出时间趋势产量,从而求得气象产量:

$$y_w（气象产量）＝y（实产）－y_t（趋势产量）。 \tag{2}$$

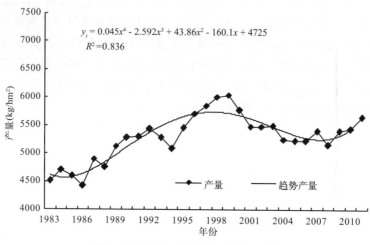

$$y_t = 0.045x^4 - 2.592x^3 + 43.86x^2 - 160.1x + 4725$$
$$R^2 = 0.836$$

图 1　广东省全省水稻单产历年变化

1.2.3　热带气旋资料处理

若同一 TC 多次登陆同一省份,仅记录为一次登录,且剔除副中心(指热带气旋环流中心附近分裂或新生的中心)的影响。规定登陆 TC 包括热带低压(TD,中心风速为 10.8～17.1 m/s,风力 6～7 级)、热带风暴(TS,中心风速为 17.2～24.4 m/s,风力 8～9 级)、强热带风暴(STS,中心风速为 24.5～32.6 m/s,风力 10～11 级)、台风(TY,中心风速为 ≥32.7m/s,风力≥12 级)[21]。分别统计每年各级别 TC 登陆个数及登陆地区。

2　结果与分析

2.1　广东水稻发育期出现时间

当前广东中部、西南部和东南部水稻发育期出现时间:播种—分蘖期,早稻为 3 月上旬—5月上旬,晚稻为 7 月中旬—8 月下旬;拔节—孕穗期,早稻为 5 月中旬—6 月上旬前期,晚稻为9 月上旬—9 月下旬前期;抽穗—成熟期,早稻为 6 月上旬后期—7 月中旬,晚稻为 9 月下旬后期—11 月上旬。北部地区水稻发育期出现时间:播种—分蘖期,早稻为 3 月中旬—5 月中旬前期,晚稻为 7 月上旬—8 月中旬;拔节—孕穗期,早稻为 5 月中旬后期—6 月上旬,晚稻为 8 月下旬—9 月中旬;抽穗—成熟期,早稻为 6 月中旬—7 月中旬,晚稻为 9 月下旬—10 月下旬。

2.2　热带气旋对水稻产量影响评估

2.2.1　全省分析

1983—2010 年登陆广东最早的 TC 是在 4 月 19 日,最晚的 TC 是在 11 月 4 日,TC 在不同时间登陆,水稻所处的发育期不同,对水稻产量的影响就不一样。由于 TC 登陆或影响较大的是西南部、东南部和中部地区,因此,主要考虑中部和南部水稻不同发育期及 TC 不同时间登陆导致的水稻减产率来定义 TC 影响系数 T(表 1)。

表 1　不同时间登陆广东的热带气旋对水稻的影响系数

发育期	播种—分蘖(前期)	拔节—孕穗(中期)	抽穗—成熟(后期)
早稻	4 月中旬到 5 月上旬	5 月中旬—6 月 5 日	6 月 6 日—7 月中旬
晚稻	7 月下旬—8 月下旬	9 月上旬—9 月 25 日	9 月 26 日—11 月上旬
影响系数(T)	0.6	1	1.5

根据 TC 登陆时间的影响系数及 TC 级别求出各年 TC 影响总强度 Q。

$$Q = \sum_{i=1}^{n} A_i \cdot T_i \tag{3}$$

式中:A 为 TC 级别,按 TC 的强度分别定义:热带低压为 1 级,即 $A=1$;热带风暴为 2 级,即 $A=2$;强热带风暴为 3 级,即 $A=3$;台风为 4 级,即 $A=4$。i 为某年 TC 登陆个数,i 从 1 到 n,其中 n 为某年 TC 登陆总个数。T 为 TC 不同时间登陆时的影响系数(表 1)。

根据气象资料及广东省气候监测公报分析,2004 年 10 月 1—15 日,广东省晚稻抽穗开花期出现大面积"寒露风"天气;晚稻灌浆成熟期出现严重干旱,影响晚稻产量形成,晚稻减产明显。2005 年早稻抽穗开花期"龙舟水"影响严重及灌浆成熟期洪涝灾害导致早稻减产。2006 年主要是早稻减产,减产的原因一是抽穗开花期"龙舟水"影响严重;二是灌浆成熟期受强热带风暴"碧利斯"(在台湾登陆)影响,造成严重洪涝灾害,导致早稻减产。因此,去掉 2004—2006 年非 TC 登陆影响而减产的特殊年份。

把 1983—2010 年全省水稻产量分离出来的气象产量与同期 TC 影响总强度 Q 进行相关分析,得出气象产量与 TC 影响总强度 Q 有明显的负相关,相关系数为-0.4451,通过了 95% 的显著性检验。这说明水稻产量与 TC 强度关系密切,TC 强度越强,产量越低;反之,产量越高。图 2 为 TC 强度及气象产量变化图,从图 2 可以看出,TC 影响产量严重年份为 1993 年和 1995 年,其次是 2001 年和 2008 年等年份。

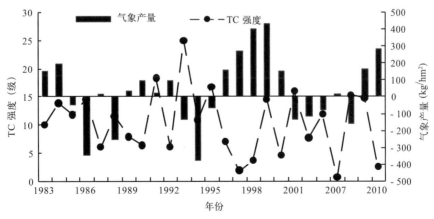

图 2　1983—2010 年 TC 强度及气象产量变化

2.2.2 个例分析

根据典型年份,首先是计算 TC 登陆点所在市(或登陆点附近市、县)当年早(晚)稻与上年早(晚)稻单产变化百分率,即减产率,建立不同时间登陆广东的 TC 级别与水稻减产率的一一对应关系。在建立 TC 级别与水稻减产率的对应关系时,只考虑某地一造水稻只遭受一个 TC 登陆影响的减产率数据,不考虑一个地方一造水稻多次遭受 TC 袭击的减产率数据,如 1993 年阳江和台山晚稻分别遭受 3 个和 2 个 TC 登录,造成晚稻减产严重,因此,不考虑两站减产率数据。其次是统计 TC 登陆前后降雨情况,从统计的降雨数据来看,早稻或晚稻减产率与 TC 带来的降雨对应关系不明显。如 1996 年 9 月 20 日登陆湛江市徐闻县的 9618 号强热带风暴及 1999 年 9 月 16 日登陆中山市的 9910 号强热带风暴,两个强热带风暴登陆时间都是 9 月中旬,晚稻生长处于中期,导致的减产率分别为 4% 和 3%,但两个强热带风暴带来的大暴雨站日分别是 6 站日和 23 站日,因此,在确定 TC 影响水稻致灾因子时不考虑降雨因子,只考虑大风强度,这与文献[22]的研究相符。为此,利用统计方法建立不同时期登陆广东的 TC 级别与水稻减产率的对应关系,并定义减产率为 0~4% 时影响程度为较轻、减产率为 5%~7% 时影响程度为中等、减产率为 8%~12% 时影响程度为严重(表 2)。

表 2 广东省水稻生育期间 TC 致灾风险等级及其减产率

TC 级别	地面中心附近最大平均风速(m/s)	登陆时间	水稻生育期	致灾等级	减产率(%)
热带低压	10.8~17.1	4 月—5 月上旬、7 月下旬—8 月下旬	前期	无	0
		5 月中旬—6 月 5 日、9 月上旬—9 月 25 日	中期	无	0
		6 月 6 日—7 月中旬、9 月 26 日—11 月上旬	后期	轻等	0~4
热带风暴、强热带风暴	17.2~32.6	4 月—5 月上旬、7 月下旬—8 月下旬	前期	轻等	0~4
		5 月中旬—6 月 5 日、9 月上旬—9 月 25 日	中期	轻等	0~4
		6 月 6 日—7 月中旬、9 月 26 日—11 月上旬	后期	中等	5~7
台风	>32.7	4 月—5 月上旬、7 月下旬—8 月下旬	前期	轻等	0~4
		5 月中旬—6 月 5 日、9 月上旬—9 月 25 日	中期	中等	5~7
		6 月 6 日—7 月中旬、9 月 26 日—11 月上旬	后期	重等	8~12

2.2.3 指标回代检验

利用 TC 登陆导致水稻的减产率评估模型(表 2)对 TC 历史资料回代检验,得出 19 个 TC 登陆有 16 个 TC 评估正确,3 个 TC 评估错误,错误的都是相差一个级别,其中 2 个 TC 评估减产率只相差 1%,1 个相差 2%;评估正确率 84%,表明评估模型可投入业务使用。

2.2.4 实例评估检验

利用登陆广东徐闻县的 1117 号强台风"纳沙"对表 2 指标进行检验。1117 号强台风"纳沙"于 2011 年 9 月 29 日 21 时 15 分在广东省徐闻县角尾乡沿海地区登陆,登陆时中心附近风力 12 级(35 m/s)。由于中国的 CMA 资料主要采用 2 min 平均最大风速来记录中心附近地面最大风速[23]，目前广东省气象自动站采集的风速资料只有 10 min 和 3 s 时间段的风速，因此，首先要对自动站采集的 10 min 平均最大风速转换成 2 min 平均最大风速来评估。

在 WMO 第六次热带气旋技术协调会上，Harper 等人[24]总结了某时段平均风速与该时段内阵风进行转换的阵风系数 $G_{\tau,TO}$，并由此提出平均风速与阵风之间的转换关系：

$$V_{\tau,TO} = G_{\tau,TO} \cdot V \qquad (4)$$

式中：$V_{\tau,TO}$ 为阵风；V 为平均风速。通过转换得出 1 小时内 2 min 阵风与 10 min 阵风的转换公式如下：

$$V_{120,3600} = (1.19/1.08) \cdot V_{600,3600} \qquad (5)$$

利用该公式对台风登陆过程期间(2011 年 9 月 28 日 20 时—2011 年 9 月 30 日 20 时)全省区域自动站 10 min 最大平均风速进行转换，得到小时内 2 min 最大风速，并根据表 2 指标绘制 TC 对晚稻产量影响评估图 3。从图 3 可以看出，台风"纳沙"对登陆地区晚稻的影响局部为重等，大部为中等或轻等，由于台风登陆时风速很快就减弱，从台风级别减弱为强热带风暴级别、热带风暴级别再到低气压级别，因此对晚稻的影响有重等、中等、轻等之分，图 3 与表 2 致灾等级除重等级别的范围偏小外，其他级别的基本相符。再看 2011 年晚稻实际产量灾损：徐闻减产率为 7%，湛江减产率为 6%，属于中等灾损，评估图大部为中等，局部为轻等；茂名减产率为 5%，属于中等灾损，评估图大部为中等或轻等，局部为重等或无灾损；阳江减产率为 0，属于轻等或无灾损，评估图大部为轻等或无影响，可见登陆地区及影响地区实际产量灾损与评估图结果基本相符，表明表 2 指标可以投入业务应用。

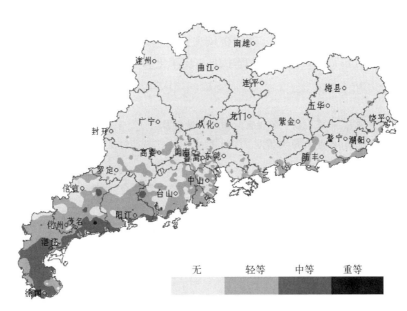

图 3　台风"纳沙"对晚稻产量影响评估

3 结论与讨论

3.1 结论

(1)当低压在早稻或晚稻生长后期登陆、热带风暴或强热带风暴在早稻和晚稻生长前期或中期登陆、台风在早稻或晚稻生长前期登陆时,登陆地区或附近地区早稻或晚稻单产与上年比减产 0%～4%,发布较轻级别灾害预警。

(2)当热带风暴或强热带风暴在早稻或晚稻生长后期登陆、台风在早稻或晚稻生长中期登陆时,登陆地区或附近地区早稻或晚稻单产与上年比减产 5%～7%,发布最高级别是中等的灾害预警。

(3)当台风在早稻或晚稻生长后期登陆时,登陆地区或附近地区早稻或晚稻单产与上年比减产 8%～12%,发布最高级别是严重灾害预警。

3.2 讨论

(1)此模型简单、直观、可操作性强。在实际业务过程中,TC 登录前预评估是通过数值天气预报、多普勒天气雷达的监测获得未来 TC 级别预报数据再根据表 2 指标进行预评估,发布灾害预警;TC 登录期间或登录后评估:采集气象自动站 10 min 平均最大风速,然后转换成 2 min 平均最大风速再根据表 2 指标进行评估。

(2)由于台风成灾的原因很复杂[25,26],造成台风灾害损失的影响因子众多,除台风带来的狂风、暴雨和风暴潮的共同影响外,还受区域地形、植被等下垫面条件的影响,本文研究只考虑风的因子[22],因此,会出现一些误差。目前台风灾害定量评估技术仍处在继续探索之中,选择因子的合理性有待在以后的业务应用过程中进一步深化和完善。

参考文献

[1] 王春乙,娄秀荣,王建林.中国农业气象灾害对作物产量的影响[J].自然灾害学报,2007,**16**(5):37-43.

[2] 林举宾,涂悦贤,麦建辉.农业气象灾害对广东水稻生产的影响及防御对策[J].中国农业气象,1997,**18**(4):42-45.

[3] 广东省农业厅,广东省气象局.广东省农业气象灾害及其防灾减灾对策[M].北京:气象出版社,2000:273-274.

[4] 广东省人民政府农业办公室,广东省气象局农业气象中心.广东气候与农业[M].广州:广东高等教育出版社,1996:106-112.

[5] 广东省地方史志编纂委员会.广东省志·自然灾害志[M].广州:广东人民出版社,2001:147-148.

[6] 霍治国,李世奎,王素艳,等.主要农业气象灾害风险评估技术及其应用研究[J].自然资源学报,2003,**18**(6):692-703.

[7] 刘新立,史培军.区域水灾风险评估模型研究的理论与实践[J].自然灾害学报,2001,**10**(2):66-72.

[8] 武文辉,吴战平,袁淑杰,等.贵州夏旱对水稻、玉米产量影响评估方法研究[J].气象科学,2008,**28**(2):232-236.

[9] 朱自玺,刘荣花,方文松,等.华北地区冬小麦干旱评估指标研究[J].自然灾害学报,2003,**12**(1):140-144.

[10] 陆魁东,罗伯良,黄晚华,等.影响湖南早稻生产的 5 月低温的风险评估[J].中国农业气象,2011,**32**(2):283-289.

[11] 余卫东,张弘,刘伟昌.我国农业气象灾害评估研究现状和发展方向[J].气象与环境科学,2009,**32**(3):73-77.

[12] 丁燕,史培军.台风灾害的模糊风险评估模型[J].自然灾害学报,2002,**11**(1):34-43.

[13] 孙伟,高峰,刘少军,等.海南岛台风灾害损失的可拓评估方法及应用[J].热带作物学报,2010,**31**(2):319-324.

[14] 陈文芳,徐伟,史培军.长三角地区台风灾害风险评估[J].自然灾害学报,2011,**20**(4):77-83.

[15] 黄珍珠,秦鹏,胡娅敏,等.48 年来广东省不同区域的温度变化特征[J].广东气象,2008,**30**(3):1-3.

[16] 黄珍珠,张锦华,时小军,等.全球变暖与广东气候带变化[J].热带地理,2008,**28**(4):302-305.

[17] 黄珍珠,蔡玲玲,秦鹏,等.49 年来广东省不同区域的日照时数变化特征[J].广东气象,2009,**31**(6):23-25.

[18] 王华,陈新光,黄珍珠.气候变化背景下广东早稻气象灾害变化[J].热带气象学报,2011,**27**(6):937-941.

[19] 陈新光,钱光明,陈特固,等.广东气候变暖若干特征及其对气候带变化的影响[J].热带气象学报.2006,**22**(6):547-552.

[20] 欧阳海,郑步忠,王雪娥,等.农业气候学[M].北京:气象出版社,1990:38.

[21] 广东省气象局《广东省天气预报技术手册》编写组.广东省天气预报技术手册[M].北京:气象出版社,2006:511.

[22] 张继权,李宁.主要气象灾害风险评价与管理的数量化方法及其应用[M].北京:北京师范大学出版社,2007:267-269.

[23] 梁进,任福民,杨修群.中美两套西北太平洋热带气旋资料集的差异分析[J].海洋学报,2010,**32**(1):10-22.

[24] Harper B A, Kepert J D, Ginger J D. Guidelines for converting between various wind averaging periods in tropical cyclone conditions[A]. Sixth tropical cyclone RSMCs/TCWCs technical coordination meeting,2009.

[25] 杨慧娟,李宁,雷飏.我国沿海地区近 54 a 台风灾害风险特征分析[J].气象科学,2007,**27**(4):413-416.

[26] 欧进萍,段忠东,常亮.中国东南沿海重点城市台风危险性分析[J].自然灾害学报,2002,**11**(4):9-17.

浅谈吴忠高酸苹果花芽、幼果期
冻害特点及防御措施

杜宏娟[1]　　张　磊[2]　　赵斯文[1]　　陈　妍[1]

魏月娥[1]　　金　飞[1]　　姬菲菲[1]　　侯兴祥[1]

（1.宁夏吴忠市气象局，吴忠 751100；2.宁夏气象科研所，银川 750002）

摘要：为了掌握吴忠高酸苹果花期冻害的特点，通过走访调查历史冻害资料和田间观测相结合，并对资料进行分析研究。结果表明：吴忠高酸苹果花芽、幼果期（4 月上旬至 5 月上旬）发生霜冻的次数随年代呈减少趋势，造成冻害的概率也减小，花芽期冻害由 20 世纪 70 年代 10 年 8 遇减少到 2000—2010 年 10 年不遇，花期冻害由 20 世纪 70 年代 10 年 6 遇减少到 2000—2010 年 10 年不遇，同样幼果期冻害由 20 世纪 70 年代 10 年 1 遇减少到 2000—2010 年 10 年不遇。并且出现暖冬情况下，高酸苹果花期提前 7 天左右，同时吴忠终霜冻的时间由 20 世纪 70 年代的 5 月 12 日提前到 2000—2010 年的 4 月 16 日。花期提前导致花期受冻害的危险性增加，建议加强苹果花期冻害预警，运用农业技术栽培及进行科学管理，避开灾害，减少损失。

关键词：高酸苹果；冻害；防御措施

0　引言

宁夏吴忠市依据地理、气候特点，先后在吴忠市园艺场、孙家滩开发区，引进种植的澳洲青苹果系列，2005 年引进种植高酸苹果，通过嫁接栽培技术，2007 年开始开花结果。高酸苹果最大的特点是酸度高，适应能力强，抗干旱，耐瘠薄，易管理。加工生产的果汁酸度在 1.5～3.6（大部分在 2.0 以上）。"十一五"期间，吴忠市新建 10 万亩高酸苹果基地。

到 2020 年，全市高酸苹果基地总规模将达到 35 万亩，年生产优质高酸苹果 100 万 t，使吴忠市成为全国最大的高酸苹果生产基地之一。

吴忠市利通区园艺场、孙家滩等自然条件虽十分适宜高酸苹果生长，但受大陆性季风气候影响，春季气温低而不稳，常造成高酸苹果花期冻害，对当年的产量及品质影响很大。花期冻害已成为影响当地苹果生产的首要气象灾害。因此，分析高酸苹果花期气象条件、气候特点及冻害发生规律，对防灾减灾和发展高酸苹果生产意义重大。

项目资助：国家自然科学基金(31160249)，宁夏气象局项目。

第一作者简介：杜宏娟，1979 年出生，女、汉族，宁夏隆德人，本科，工程师，主要从事农业气象与决策服务。

1　吴忠高酸苹果花期、幼果期霜冻害发生的成因

吴忠高酸苹果花期、幼果期冻害发生主要受气象条件和管理状况决定。不良气象条件是造成果树低温霜冻危害的直接因素。随着近年来气候变暖，暖冬特征明显，受暖冬气候影响，春季气温回升早，果树提前进入花期，枝条内贮藏养分用于生长和呼吸代谢，根大量吸水，花叶细胞内的含水量相对增多，原生质黏液减少，抗寒力大大降低，此时再遇 0℃ 以下的强冷空气侵袭，容易遭受冻害[2]。其次受早春温度不稳定，气温猛升后又急剧下降，花芽各器官得不到锻炼，不能适应气温的骤然变化，最易诱发花期冻害。

另外，管理粗放、偏施氮肥、土壤瘠薄、结果过多、长势太旺、剪伤太重、树势衰弱，则抗逆性差，受低温冻害严重。

2　吴忠高酸苹果种植基地的气候特点

由表 1 可知，高酸苹果花期至幼果期时间段在 4 月上旬到 5 月上旬。利用吴忠利通区气象站 1971—2012 年气象资料分析花期至幼果期的气象条件及气候特征。

2.1　吴忠高酸苹果花期、幼果期物候期

通过调查和田间观测，吴忠市高酸苹果花期至幼果期的物候期时间统计如表 1 所示。

表 1　高酸苹果花芽、幼果期物候期

年份	花芽萌芽期	始花期	盛花期	幼果期
2007	4 月 7 日	4 月 18 日	4 月 23 日	5 月 3 日
2008	4 月 15 日	4 月 25 日	4 月 30 日	5 月 9 日
2009	4 月 7 日	4 月 18 日	4 月 23 日	5 月 5 日
2010	4 月 10 日	4 月 20 日	4 月 25 日	5 月 5 日
2011	4 月 10 日	4 月 20 日	4 月 25 日	5 月 5 日
2012	4 月 12 日	4 月 22 日	4 月 27 日	5 月 6 日

由表 1 可知，近 6 年高酸苹果花萌芽期最早出现在 4 月 7 日，最晚出现在 4 月 15 日，始花期最早出现在 4 月 18 日，最晚出现在 4 月 25 日，盛花期最早出现在 4 月 23 日，最晚出现在 4 月 30 日，幼果期最早出现在 5 月 3 日，最晚出现在 5 月 9 日。

2.2　暖冬对果树物候期的影响

利用吴忠 1971—2012 年气象观测资料分析可知（如图 1）：受气候变暖影响，吴忠市冬季气温及气温距平值均呈振荡上升趋势。其中根据定义[气象学上把某个区域整个冬季（全国范围冬季为 12 月到次年 2 月）的平均气温高于常年值或 30 年气候平均值时，称该年该区域为暖冬]可知，近 41 年有 24 年出现暖冬，其中进入 21 世纪，除 2007/2008、2011/2012 年冬季外均为暖冬。

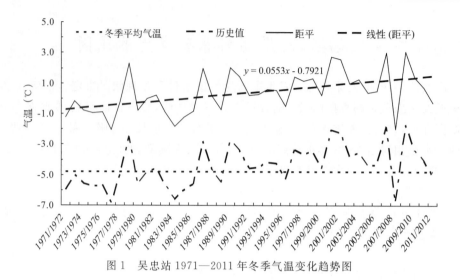

图 1 吴忠站 1971—2011 年冬季气温变化趋势图

春季当日平均温度稳定通过 8.0℃时吴忠高酸苹果幼芽萌发,一般始花期在 4 月上旬,盛花期在 4 月中旬,适宜温度为 15.0～21.0℃。在暖冬气候背景下早春气候温暖,花期提前,结合近五年苹果物候期资料,暖冬年份较其他年份发育期提前 7 天左右。

2.3 吴忠春季霜冻的发生特点

分析吴忠站 1971—2012 年气象资料及苹果花期霜冻的特点。吴忠春季霜冻为平流辐射型霜冻,这类霜冻多发生在 4 月中旬,以平流降温为主,表现为冷空气南下,伴有大风或雨雪天气,温度变化剧烈,危害严重。高酸苹果始花期和盛花期一般在 4 月上中旬,而这一段又正好是终霜冻出现的时间。

以气象站最低气温为着眼点,并依据李建[11]等对陕西果业冻害指标制定依据,以日最低气温≤2℃作为高酸苹果霜冻指标,分析吴忠站 1971—2010 年终霜变化趋势。

图 2 分析:从 20 世纪 70 年代到 2010 年高酸苹果花芽幼果期(4 月上旬至 5 月上旬)霜冻日数呈减少趋势,70 年代平均霜冻日数 12.2 d/a,80 年代平均霜冻日数 9.4 d/a。90 年代平均霜冻日数 7.4 d/a,2000—2010 年年平均霜冻日数 4.5 d/a,平均以 2.6 d/10a 的速度提前。

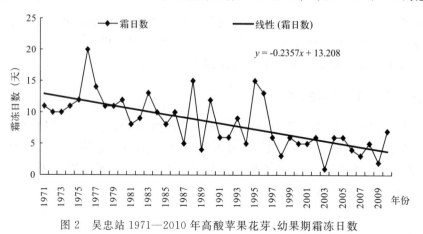

图 2 吴忠站 1971—2010 年高酸苹果花芽、幼果期霜冻日数

从图3可知,吴忠站平均终霜日期在4月27日,分析年代际平均终霜日期,从20世纪70年代到2010年终霜冻呈提前趋势,20世纪70年代平均终霜日期在5月12日,80年代平均终霜日期在4月29日。90年代平均终霜日期在4月22日,2000—2010年平均终霜日期在4月16日,平均以8 d/10a的速度提前,其中80年代终霜期比70年代提前13天,90年代比80年代提前7天,2000—2010年比90年代提前6天,即提前分别是13 d/10a、7 d/10a、6 d/10a。

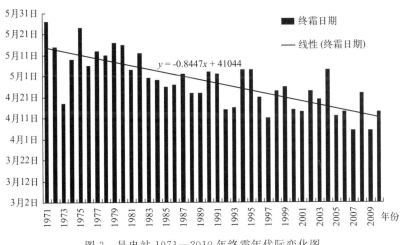

图3　吴忠站1971—2010年终霜年代际变化图

终霜冻结束越早,苹果花期遭遇冻害的危险越增加。因此,加强苹果花期冻害预警,对于防止花期冻害至关重要。

2.4　春季霜冻对高酸苹果的影响

通过调查、走访林技局专家介绍,吴忠果树春季发生冻害主要受晚霜冻的影响较严重。苹果花期霜冻与降温幅度、低温延续时间及苹果树的物候期关系十分密切。据资料介绍,苹果的花蕾、花朵和初受精的幼果对低温的忍受力是逐渐减弱的。在低温持续30 min条件下,苹果现蕾期、花期和幼果期所能经受的低温临界期分别是$-4.0℃$、$-2.3℃$和$-1.7℃$。

由表1可知高酸苹果现蕾期、花期和幼果期的时间分段为4月上旬、花期为4月中旬末期至下旬、幼果期为5月上旬,分别与所能经受的临界期低温$-4.0℃$、$-2.3℃$和$-1.7℃$结合气象资料进行分析。

表2　高酸苹果花芽、幼果期发育期时段内临界低温的天数年际变化

发育期时段	临界最低气温(℃)	天数(d)			
		1971—1980	1981—1990	1991—2000	2001—2010
4月7—15日	-4	8	1	3	0
4月16—30日	-2.3	6	0	0	0
5月1—10日	-1.7	1	0	1	0

由表 2 可知,在高酸苹果花芽萌芽期,临界低温(−4℃)出现的天数随年代也呈震荡减少的趋势,进入 21 世纪,出现的天数为零。在高酸苹果开花期,临界低温(−2.3℃)出现在 20 世纪 70 年代,进入 80 年代以后,出现的天数为零。在高酸苹果幼果期,临界低温(−1.7℃)出现的天数随年代也呈震荡减少的趋势,进入 21 世纪,出现的天数为零。总的来说,高酸苹果冻害临界低温影响随着气候变暖,出现的概率也变小,如果运用农业技术栽培及进行科学管理,可以避开灾害,减少损失。

3 防御措施

3.1 运用农业技术,推迟花期,躲避灾害

(1)早春灌溉。在苹果树萌芽后到开花前灌水 2～3 次,能明显降低地温,一般延迟开花 2～3 d。(2)树体涂白。通过涂白可延迟苹果花期 3～5 d。从而避开低温霜冻危害。

3.2 人工改善果园小气候

(1)果园灌溉。强冷空气来临前,对苹果园进行灌溉,果园灌溉后,增加土壤湿度,使夜间地温降低的程度缓和,并增加了果园中水汽含量,当温度降低,放出凝结潜热,从而缓解果树体温下降,保护果花不受或少受冻害。(2)果园熏烟。于可能有霜冻危害的夜晚在果园内熏烟,熏烟能明显减少地表长波辐射,有效降低果园地表温度,点火熏烟在气温≤0℃ 晴朗且无风(微风)的夜间进行。

3.3 化学防冻

在冻害发生前 1～2 d,喷果树防冻液加 PBO 液各 50～100 倍液,可有效增强苹果花朵的抗寒性。

4. 小结

(1)吴忠高酸苹果花期、幼果期冻害气象服务关键时段为 4 月上旬至 5 月上旬。

(2)影响高酸苹果花期、幼果期冻害的外部气象条件主要是暖冬和春季霜冻。吴忠冬季气温及气温距平值均呈振荡上升趋势,及暖冬出现的频率较高。而春季晚霜冻主要集中在 4 月中下旬,正是高酸苹果花期,所以春季苹果霜冻害防御不可忽视。

(3)调查苹果现蕾期、花期和幼果期所能经受的低温临界值分别是 −4.0℃、−2.3℃和 −1.7℃,从 20 世纪 70 年代到 2012 年,出现的概率逐渐变小,如果运用农业技术栽培及进行科学管理,可以避开灾害,减少损失。

(4)结合走访调查分析,提出了高酸苹果花期、幼果期防御措施。通过调整开花期、增强树势、改善果园小气候和化学防冻等措施,减轻和缓解果树花期低温冻害的危害。

参考文献

［1］史宽,杨鉴普.苹果花期霜冻规律及预防调查［J］.山西果树,2005(1):27,29.

［2］康新娟.澄城县苹果花期冻害特点及防治措施［J］.陕西农业科学,2009,**96**(6):128.

［3］鄂慧娟.辽东山区寒富苹果花期冻害的预防［J］.新农业,2009(5):30-31.

［4］李兴敏.针对苹果花期冻害的疏花疏果方法［J］.西南园艺,2006,**34**(5):12.

［5］窦慎.苹果开花期冻害防御技术试验通报［J］.陕西气象,2003,(6):19-20.

［6］汪景颜.红富士苹果高产栽培［M］.北京:金盾出版社,1993:48-76.

［7］陈尚谟,黄寿波,温福光.果树气象学［M］.北京:气象出版社,1988.

［8］李化龙,赵西社.陕西黄土高原果业气候生态条件研究及应用［M］.北京:气象出版社,2010.

［9］杨梅宁.苹果花蕾期冻害及预防对策［A］.河北省果树学会第十三届学术年会论文集［C］.石家庄:《河北果树》编辑部,1995:71-75.

［10］王秋萍.果树冻害的发生与防治［J］.中国林业,1994,(10):43-47.

［11］李健,刘映宁,李美荣,等.陕西果树花期低温冻害特征及防御对策［J］.气象科技,2008,**36**(3):318-322.

云南省橡胶辐射型寒害综合指标
及时空分布特征研究

张加云[1] 朱 勇[1] 余凌翔[1] 朱 崖[2]

鲁韦坤[1] 赵 泽[1]

(1.云南省气候中心,昆明 650034;2.云南省大气探测技术保障中心,昆明 650034)

摘要:利用云南省 37 个橡胶种植县 1974—2005 年逐日气象资料、1974—2000 年橡胶低温寒害历史灾情资料以及 1974—2005 年橡胶干胶产量资料对橡胶辐射型寒害综合气候指标及时空分布特征进行了分析研究。结果表明,橡胶辐射型寒害的致灾因子包括辐射型寒害持续时间、辐射型寒害总有害积温、最长辐射型寒害有害积温和极端最低气温,且 4 个致灾因子之间相关性显著。利用主成分分析法对 4 个辐射寒害指标进行简化,得到综合辐射寒害指数。根据综合辐射寒害指数分析云南橡胶辐射型寒害时空变化特征后发现,辐射型寒害主要发生在哀牢山以西的滇西南地区,而哀牢山以东的滇东南地区虽然也有发生,但发生强度相对较轻;哀牢山以西地区和以东地区橡胶辐射型寒害的发生年频率相差并不明显,但辐射型寒害发生强度却随着纬度的升高而增加;1974—2005 年,各县橡胶年辐射寒害强度整体上均呈下降趋势,但哀牢山以西地区各县橡胶年辐射寒害强度的下降趋势较为明显,特别是以盈江县和耿马县为代表的滇西南北部地区;而哀牢山以东地区各县橡胶辐射型寒害强度变化存在显著的波动,下降趋势并不明显。

关键词:云南省;橡胶辐射型寒害;综合指标;时空分布特征

0 引言

天然橡胶产业是我国热带地区的农业支柱产业之一,2003 年植胶面积约 75.9 万 hm^2,居世界第 5 位,年产干胶 53.79 万 t,居世界第 6 位[1]。目前我国南方各地广泛种植的橡胶树(Hevea brasiliensis)原产于南美洲亚马孙河流域,是典型的热带雨林经济树种,喜高温、高湿、微风和肥沃疏松土壤,对低温较为敏感[2]。云南省是规模上仅次于海南省的我国第二大天然橡胶生产基地,也是我国唯一大面积平均亩产超过 110 kg,达到世界先进水平的高产基地[3]。但由于云南植胶区纬度偏北、海拔偏高以及复杂的地形地貌条件,低温寒害成为云南橡胶种植发展的瓶颈和主要矛盾[4]。在橡胶低温寒害方面,我国的许多科学工作者进行了大量的研究[5~14]。林梅馨等[15]通过实验认为,在人工零上低温下,巴西橡胶树叶质膜透性随低温延长而持续上升。王树明等[16]通过对滇东南植胶区 2007/2008 年冬春橡胶树寒害情况的调查,认为此次寒害过程属于平流型寒害过程,且从品种抗平流寒害能力来看,云研 77-4＞IAN873＞GT1＞PRIM600＞PR107。但目前橡胶树低温寒害方面的研究主要集中在橡胶树寒害过程分析和橡胶树受害生理生化机制方面,在橡胶寒害致灾气象因子及综合气象指标方面研究较少。本文通过对云南省橡胶辐射型寒害致灾气象因子的系统分析,提出橡胶辐射型寒害综合指标并利用该指标对云南省橡胶辐射型寒害时空分布特征进行分析,以期为云南橡胶辐射型寒害评估和橡胶种植区划提供一定的参考和依据。

1　资料与方法

1.1　资料

云南省 37 个橡胶种植县橡胶寒害易发期(11 月—次年 4 月)气象资料来自云南省气候中心,起止时间为 1974—2005 年,相关气象要素包括逐日平均气温、逐日最低气温、逐日最高气温、日平均风速、逐日日照时数、日平均相对湿度和日降水量。1974—2000 年橡胶低温寒害历史灾情资料来源于《中国气象灾害大典——云南卷》[17],1974—2005 年橡胶干胶产量资料取自《云南农垦历年统计资料汇编——天然橡胶专辑(1955—2006)》[18]。

1.2　研究方法

橡胶辐射型寒害过程中,橡胶的受害程度主要与辐射型寒害期间日最低气温成负相关而与辐射型寒害持续时间成正相关,气温愈低,持续时间愈长,受害愈重,严重者可使茎干枯死,甚至整株死亡[19]。辐射型寒害过程有害积温 T_{rh} (Radiation harmful accumulated temperature)可近似采用下式计算:

$$T_{rh} = \sum_{i=1}^{n}(C - T_{mini})$$

式中:T_{rh} 为一次辐射型寒害过程有害积温,单位为摄氏度(℃);T_{mini} 为辐射型寒害过程期间逐日最低气温,单位为摄氏度(℃);$i = 1,2 \cdots n$;C 为辐射型寒害过程橡胶受害临界温度($C = 5℃$),n 为一次辐射型寒害过程的持续日数。

采用 5 年滑动平均法从橡胶干胶产量数据中分离出橡胶干胶的气象产量[20],使用 Pearson 相关系数法分析橡胶辐射型寒害过程中各致灾因子的相关性[21],并利用主成分分析法对多个致灾因子进行综合和简化,得到橡胶辐射型寒害综合气象指标。主成分分析法的基本原理和分析步骤见文献[22]。

2　结果与分析

2.1　各年橡胶减产率的计算

影响作物产量形成的各种因素可以按影响的性质和时间尺度划分为农业技术进步、气象条件和"随机噪声"三大类,其中"随机噪声"类比较小,可忽略不计。与此对应,作物产量序列分解为两个周期不同的波动的合成[15]。

$$Y = Y_t + Y_w$$

式中：Y 为作物实际单产；Y_t 为反映品种更新、栽培技术进步等历史时期生产力发展水平的长周期产量分量，称为趋势产量；Y_w 是受以气象要素为主的产量分量，称为气象产量。取云南省各橡胶种植县 1974—2005 年的橡胶干胶单产资料，用 5 年线性滑动平均法确定橡胶干胶趋势产量 Y_t，则橡胶干胶气象产量 Y_w 可以表示为：

$$Y_w = Y - Y_t$$

定义各橡胶种植县橡胶减产率采用逐年的橡胶实际产量偏离其趋势产量的相对气象产量的负值表示，则各县各年橡胶干胶减产率 Y' 为：

$$Y' = \frac{Y - Y_t}{Y_t} \times 100\%$$

式中：Y 为橡胶干胶实际产量，Y_t 为橡胶干胶趋势产量，且 $Y < Y_t$。

2.2 致灾因子的确定及其相关性

根据江爱良等[19]的研究，橡胶辐射型寒害过程的降温主要是由夜间辐射冷却作用引起的，其天气特点是晴天，过程期间日最低气温基本都在 5℃ 以下，且气温日较差甚大（一般都大于 10℃）。当橡胶发生辐射型寒害时，部分叶片和嫩枝会出现干枯，且夜间低温越低受害越重；而当辐射型寒害持续时间达到一定长度，橡胶茎干基部尤其是北面的树皮开始出现坏死，且低温天气持续越长，橡胶受害越重。

本文认为橡胶辐射型寒害受害临界温度为 5℃。根据受害临界温度及辐射型寒害特点，定义橡胶辐射型寒害过程为：当日最低气温 ≤5.0℃，且气温日较差 >10.0℃ 时，辐射型寒害过程开始；当日最低气温 >5.0℃，或气温日较差 <10.0℃ 时，辐射型寒害过程结束。过程期间出现的极端最低气温、持续时间、有害积温作为过程最低气温、过程持续时间和过程有害积温。将历年橡胶寒害敏感时段（上年 11 月—当年 4 月）全部辐射型寒害过程持续时间之和、最长持续时间、极端最低气温、绝对值最大有害积温和有害积温之和作为该年辐射型寒害总持续时间、最长持续时间、极端最低气温、极端有害积温和有害积温和。

利用各橡胶种植县 1974—2005 年逐日气象资料，根据辐射型寒害过程判断标准，分离出各县辐射寒害年，并计算出各辐射寒害指标值。选取辐射寒害年序列相对较长的勐海县来分析各辐射寒害指标与辐射寒害年减产率的相关性。

表 1　辐射寒害指标与减产率的相关性分析

辐射寒害指标	与减产率相关系数
辐射型寒害持续日数	−0.539
最长辐射型寒害持续时间	−0.293
辐射型寒害总有害积温	0.724
最长辐射型寒害有害积温	0.602
极端最低气温	0.631

在辐射型寒害年中，各辐射寒害指标与年减产率相关系数除最长辐射型寒害持续时间未通过显著性检验外，其余指标均通过水平为 0.01 的显著性检验。这可能与辐射型寒害对橡胶

树造成危害的特征有关系。辐射型寒害主要使橡胶树的茎干基部受到伤害，且这种伤害一旦形成，寒害过后，橡胶树当年干胶产量较难恢复。选取通过水平为 0.01 显著性检验的指标（辐射型寒害持续时间 Y_1，辐射型寒害总有害积温 Y_2，最长辐射型寒害有害积温 Y_3，极端最低气温 Y_4）作为橡胶辐射型寒害指标，并分析这些指标之间的相关性。

表 2　云南省各橡胶种植县辐射寒害指标间的相关系数矩阵

辐射寒害指标	Y_1	Y_2	Y_3	Y_4
Y_1	1	-0.905^{**}	-0.733^{**}	-0.600^{**}
Y_2	-0.905^{**}	1	0.896^{**}	0.752^{**}
Y_3	-0.733^{**}	0.896^{**}	1	0.750^{**}
Y_4	-0.600^{**}	0.752^{**}	0.750^{**}	1

注：** 为在 0.01 水平上显著相关

由于 4 个辐射寒害指标之间相关显著（表 2），如果不对它们进行有效处理，就会导致信息大量或一定程度上的重叠，影响分析效果。为此，利用主成分分析法对 4 个辐射寒害指标进行综合简化，使得简化后的指标既能有效地反映原来指标的主要信息量，同时新的指标之间又不存在相互关系。

2.3　橡胶辐射型寒害综合气候指标的计算

利用主成分分析法对 4 个辐射寒害指标进行简化后，综合辐射寒害指标的表达式为：

$$HI_{辐射} = \sum_{i=1}^{4} b_i Y_i$$

式中：$HI_{辐射}$ 为逐年综合辐射寒害指数；Y_1 为逐年辐射型寒害总持续时间的标准化值；Y_2 为逐年辐射型寒害总有害积温的标准化值；Y_3 为逐年最长辐射型寒害有害积温的标准化值；Y_4 为逐年辐射型寒害极端最低气温的标准化值；b_i 为相应因子的权重系数。

云南省各橡胶种植县 1975—2005 年间的 4 个辐射寒害指标的权重系数如表 3 所示。从各橡胶种植县 4 个辐射寒害指标权重系数值的分布来看，辐射型寒害总持续时间 Y_1、最长辐射型寒害有害积温 Y_3 和辐射型寒害极端最低气温 Y_4 对综合辐射寒害指数的贡献相当，而辐射型寒害总有害积温 Y_2 的贡献最大。其次，从 4 个指标的物理意义来看，辐射型寒害总持续时间越长，辐射型寒害总有害积温越大，最长辐射型寒害有害积温越大，辐射型寒害过程极端最低气温越低，则综合辐射寒害指数越大。

表 3　云南省各橡胶种植县 4 个辐射寒害指标权重系数

橡胶种植县	Y_1	Y_2	Y_3	Y_4
耿马	0.45	0.547	0.5	-0.499
河口	0.459	0.526	0.498	-0.515
江城	0.441	0.536	0.493	-0.525
金平	0.49	0.513	0.503	-0.494
景洪	0.424	0.531	0.533	-0.505
麻栗坡	0.495	0.517	0.512	-0.475
马关	0.491	0.532	0.51	-0.464

橡胶种植县	Y_1	Y_2	Y_3	Y_4
芒市	0.499	0.535	0.485	-0.479
勐海	0.49	0.528	0.497	-0.483
勐腊	0.472	0.518	0.498	-0.511
孟连	0.497	0.521	0.493	-0.489
瑞丽	0.493	0.527	0.502	-0.477
盈江	0.502	0.523	0.486	-0.489

2.4 云南橡胶辐射型寒害时空变化特征

利用描述分析法对云南省1974—2005年各橡胶种植县辐射型寒害综合指数的变化特征进行分析,结果见表4。

表4 云南省1974—2005年各橡胶种植县辐射型寒害综合指数变化特征

地区	县	发生年频率	最大值	最小值	均值	标准差
哀牢山以西地区	盈江	32	5.21	-1.70	0.90	1.48
	瑞丽	25	0.40	-2.16	-1.17	0.73
	芒市	32	2.26	-1.92	0.19	1.11
	耿马	32	5.96	-0.66	2.40	1.86
	孟连	27	2.43	-2.20	-0.79	1.28
	勐海	32	7.45	-1.48	1.22	2.00
	景洪	3	-0.74	-1.68	-1.15	0.48
	勐腊	5	0.65	-2.20	-0.90	1.17
	江城	26	0.46	-2.23	-1.51	0.75
哀牢山以东地区	河口	9	-0.43	-2.23	-1.59	0.63
	马关	31	1.99	-1.98	-0.33	1.31
	麻栗坡	24	3.39	-2.16	-0.44	1.53
	金平	12	0.37	-2.07	-1.49	0.65

从1974—2005年间,云南省发生橡胶辐射型寒害的橡胶种植县的地理位置来看,辐射型寒害主要发生在哀牢山以西的滇西南地区,而哀牢山以东的滇东南地区虽然也有发生,但发生强度相对较轻。

从橡胶辐射型寒害发生的年频率和发生的强度来看,哀牢山以西地区和哀牢山以东地区橡胶辐射型寒害的发生年频率相差并不明显,但辐射型寒害发生强度却随着纬度的升高而增加。

分别从哀牢山以东和以西地区选取1974—2005年发生橡胶辐射型寒害10年以上的县研究橡胶辐射型寒害的年际变化特征和趋势(图1和图2)。利用5年等权滑动平均法和线性趋势分析法对各县1974—2005年逐年辐射寒害指数的变化进行分析发现,随着全球气候的普遍变暖,各县橡胶年辐射寒害指数整体上均呈下降趋势,但哀牢山以西地区各县橡胶年辐射寒害指数的下降趋势较为明显,特别是以盈江县和耿马县为代表的滇西南北部地区;而哀牢山以东地区各县橡胶辐射型寒害强度变化存在显著的波动,下降趋势并不明显。

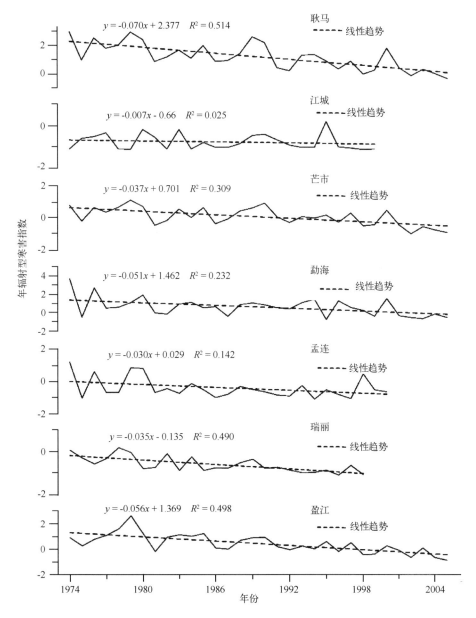

图1　1974—2005年哀牢山以西各县橡胶年辐射型寒害指数变化

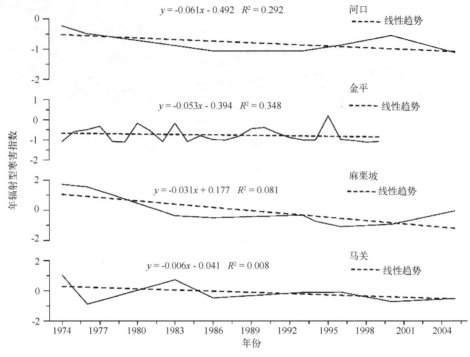

图 2　1974—2005 年哀牢山以东各县橡胶年辐射型寒害指数变化

3　结论

通过对云南省橡胶辐射型寒害过程、辐射型寒害综合指标及其时空分布特征研究,作者认为:

(1)根据橡胶受害临界温度、生理特征及辐射型寒害特点,可以将橡胶辐射型寒害过程定义为:当日最低气温≤5.0℃,且气温日较差>10.0℃时,辐射型寒害过程开始;当日最低气温>5.0℃,或气温日较差<10.0℃时,辐射型寒害过程结束。

(2)辐射型寒害持续时间、辐射型寒害总有害积温、最长辐射型寒害有害积温和极端最低气温 4 个辐射型寒害指标与橡胶干胶减产率相关系数的绝对值达 0.5 以上,且通过 0.01 显著性水平检验,可以作为橡胶辐射型寒害致灾因子。且这 4 个致灾因子之间相关性明显,利用主成分分析法对其进行综合简化,得到的综合辐射型寒害指数既能有效地反映原来指标的主要信息量,且物理意义清晰。

(3)利用综合辐射型寒害指数对云南省橡胶辐射型寒害时空变化特征进行分析后发现,橡胶辐射型寒害主要发生在哀牢山以西的滇西南地区,而哀牢山以东的滇东南地区虽然也有发生,但发生强度相对较轻。哀牢山以西地区和哀牢山以东地区橡胶辐射型寒害的发生年频率相差并不明显,但辐射型寒害发生强度却随着纬度的升高而增加。随着全球气候的普遍变暖,各县橡胶年辐射寒害指数整体上均呈下降趋势,但哀牢山以西地区各县橡胶年辐射寒害指数的下降趋势较为明显,特别是以盈江县和耿马县为代表的滇西南北部地区;而哀牢山以东地区橡胶辐射型寒害强度变化存在显著的波动,下降趋势并不明显。

参考文献

[1] 李国华,田耀华,倪书邦,等.橡胶树生理生态等研究进展[J].生态环境学报,2009,**18**(3):1146-1154.

[2] 何康,黄宗道.热带北缘橡胶树栽培[M].广州:广东科技出版社,1987.

[3] 罗仲全,何天喜.对巩固提升云南天然橡胶产业的几点意见[J].热带农业科技,2003,**26**(S1):20-23.

[4] 徐勤宝,龙继文.短期内大规模发展橡胶应注意的几个问题[J].云南热作科技,2001,**24**(1):25-28.

[5] 曾友梅.关于橡胶的抗寒和防寒问题[J].热带作物,1955,(8):18-25.

[6] 华南热带作物科学研究所寒害研究小组.寒害观察初步报告[J].热带作物,1955,(8):44-84.

[7] 韦庆龙,谭明玮.我国大陆植胶避寒环境选择利用问题浅析[J].广西热作科技,1990,(1):13-17.

[8] 许闻献,潘衍庆.我国橡胶树抗寒生理研究的进展[J].热带作物学报,1992,**13**(1):1-5.

[9] 何景,林鹏.低温与三叶橡胶树寒害相关性的初步研究[J].东北林学院学报,1980,(1):58-65.

[10] 温福光,陈敬泽.对橡胶寒害指标的分析[J].气象,1982,(8):33.

[11] 张汝.橡胶树寒害的农业气象条件分析[J].中国农业气象,1985,(4):52-54.

[12] 陈瑶,谭志坚,樊佳庆,等.橡胶树寒害气象等级研究[J].热带农业科技,2013,(2):7-11.

[13] 张承运.龙溪地区橡胶树寒害和避寒环境的选择[J].热带作物研究,1983,(2):41-46.

[14] 莫居左,农奇.冬季光照与橡胶平流寒害关系的初步分析[J].福建热作科技,1982,(3):34-36.

[15] 林梅馨,杨汉金.橡胶树低温伤害的生理反应[J].热带作物学报,1994,**15**(2):7-10.

[16] 王树明,钱云,等.滇东南植胶区2007/2008年冬春橡胶树寒害初步调查研究[J].热带农业科技,2008,**31**(2):4-8.

[17] 温克刚.中国气象灾害大典——云南卷[M].北京:气象出版社,2006:436-477.

[18] 云南省农垦总局.云南农垦历年统计资料汇编——天然橡胶专辑(1955—2006年)[M].(内部资料).

[19] 江爱良.农业气象学//江爱良.气候学农业生态学研究(江爱良论文选集)[M].北京:气象出版社,2002:95-99.

[20] 王馥棠.农业产量气象模拟与模型引论[M].北京:科学出版社,1990:40-61.

[21] 施能.气象科研与预报中的多元分析方法[M].北京:气象出版社,1995:58-100.

[22] 裴鑫德.多元统计分析及其应用[M].北京:北京农业大学出版社,1991:191-214.

德州市小麦越冬期旱灾加重的成因分析

吴泽新[1,2]　郑光辉[3]　张荣霞[4]

(1.山东省气象科学研究所,济南 250031;2.山东德州市气象局,德州 253078;
3.山东德州市农业局,德州 253078;4. 山东聊城气象局,聊城 371500)

摘要: 2008/2009 年度小麦越冬期德州市降水接近常年而略偏多,小麦冬前一越冬期降水较常年偏少,却出现较严重的旱灾,本文通过综合分析气象资料、实时灾情调查和苗情调查资料,初步查明旱灾加重的成因,并提出切实可行的措施。研究结果表明,降水匮乏是导致干旱发生的直接原因,气候变暖、暖冬中出现的急剧降温是导致旱灾加重的气候原因,非适时播种、施肥或秸秆还田等生产管理措施不当也是造成旱灾加重的主要原因之一。揭示旱灾成因有助于改善管理措施,提高农业抵御自然灾害的能力。

关键词: 小麦越冬期;旱灾;成因;德州

0　引言

德州市位于山东省西北部,属于暖温带季风气候,气候温和,四季分明,降水集中在夏季,春、秋季次之,冬季最少。德州市小麦一般在 10 月上旬播种,翌年 6 月上旬收获,主要生长季(10 月初一翌年 5 月底)降水量为 135.8 mm,远不能满足小麦生长发育的需要[1],且年际间变化大,变异系数达 0.36,降水欠缺是制约小麦生产的主要气象因子。2008/2009 年度小麦播种一越冬末期的降水量较常年偏少,但不显著,而在小麦越冬末期却出现较严重的旱灾。据农业部门调查,全市小麦受灾 398667 hm²,占播种面积的 80%,重灾 120200 hm²,绝产接近 6667 hm²,造成的农业损失超过 4200 万元,是近 10a 来小麦冬季遭受气象灾害最严重的一年。随着气候变暖,干旱形势加重[2~4],德州市秋冬连旱出现的概率增大,新出现的气候特点对小麦生产造成一定威胁,本文拟研究小麦越冬期间旱灾发生情况,查明旱灾成因,以便采取措施,减轻气象灾害造成的损失。

1　资料来源

气象资料来源于德州市 11 个县市气象台站 1951 年以来(或建站以来)的逐日观测资料;灾情和苗情数据来源于德州市农业局和气象局实地调查和普查资料。

基金项目:山东省气象局课题"现代农业气象保障服务系统"(2007sdqxz02)资助。

第一作者简介:吴泽新,1970 年出生,女,山东荏平人,硕士,工程师,从事生态与农业气象工作。E-mail:wzx701113@126.com。

2　结果与分析

德州市小麦 10 月上旬播种,12 月上旬进入越冬期,翌年 2 月中旬返青。造成小麦越冬期间旱灾加重的原因较多,既有气候方面的原因,也有生产管理和品种方面的原因。在 2008/2009 年度小麦越冬期干旱调查中发现,气候和管理不当对作物旱灾影响较大,作物品种间受旱程度的差异不明显,因此,本文仅讨论前两个方面的原因。

2.1　旱灾的气候成因

图 1 和图 2 表明,自 1951 年以来,德州市小麦生育期降水和平均气温均是呈增加趋势,且自 20 世纪 80 年代开始,增温趋势比降水增加趋势更明显,致使农田蒸散量增加,气候干旱加重,这种变化不利于小麦生产。小麦冬前—越冬期气温变化趋势与整个生育期基本一致,而越冬期降水呈现弱的减小趋势(详见图 3 和图 4)。图 1 和图 3 还说明,降水量年际间变化较大,全生育期变化范围 63.7～319.2 mm,其中 33% 的年份降水量不足 100 mm,降水严重匮乏,4% 的年份降水在 260 mm 以上,缺水较少。冬前—越冬期降水量变化范围是 12.2～223.4 mm,19% 的年份降水在 30 mm 以下,对小麦播种及幼苗生长极为不利,14% 的年份降水量超过 100 mm,出现不同程度的内涝,也不利于小麦播种及冬前生长,如 2003 年秋播期间降水异常偏多,达到 150 mm,致使小麦播种推迟了半个多月,导致冬前积温不足,造成冬前弱苗。冬季气温显著升高的变化趋势及年际间降水变率较高的气候特点是导致干旱发生的气候背景原因。

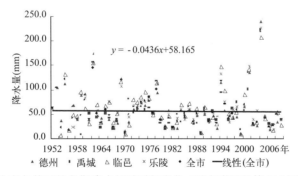

图 1　小麦冬前至越冬期降水量随时间变化（对应彩图见第 319 页彩图 7）

（德州、禹城、临邑、乐陵分别代表德州市不同方位的点，全市是 11 个县市平均值,后图同）

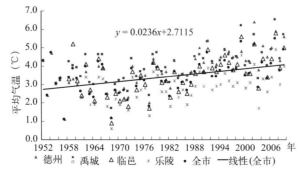

图 2　小麦冬前至越冬期平均气温随时间变化（对应彩图见第 319 页彩图 8）

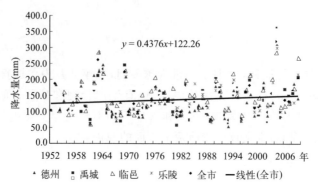

图 3　小麦主要生育期降水量随时间变化（对应彩图见第 320 页彩图 9）

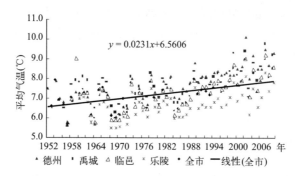

图 4　小麦主要生育期平均气温随（对应彩图见第 320 页彩图 10）

2008/2009 年度小麦越冬期旱灾主要是由降水不足、气温异常偏高造成的。冬前降水 24.8 mm，较历年同期偏少 49%，是有气象记录以来第 15 个少雨年份，平均气温 10.2℃，较历年同期偏高 2.2℃，是有气象记录以来第 2 个高温年份，仅次于 2006/2007 年度。2008 年 12 月初小麦进入越冬期，因前期降水较少，未浇越冬水的麦田墒情欠缺，尤其是播种时造墒水也未浇的麦田墒情更差。自小麦越冬开始至 2 月初，全市几乎未出现有效降水，而气温较历年同期高 1.5℃，是有气象记录以来第 7 个暖冬年份。由于长期降水缺乏，麦田墒情明显下降，到 2 月上旬，部分麦田 0～20 cm 土壤相对湿度下降到 55% 以下，少数麦田出现 3 cm 以上的干土层，麦苗心叶出现皱缩，甚至死苗。2 月 8—9 日全市出现一次明显降水过程，平均降水量 7.7 mm，才有效缓解了当时的旱情。可见降水异常偏少是导致旱灾发生的直接原因。此外，气温升高增大了农田蒸散量，加剧了农田水分供需矛盾，使旱灾更加严重。

造成 2008/2009 年度小麦越冬期旱灾加重的另外一个气候原因，是暖冬中出现短时急剧降温，麦苗因受冻，降低了其抗御干旱的能力，使旱灾加重。在近 10a 来小麦越冬期发生旱灾的年份中，2008/2009 年度受灾最重、2006/2007 年度受灾最轻、2001/2002 年度和 1998/1999 年度受灾较轻。表 1 列出了影响小麦安全越冬的主要气象要素，以分析研究气象要素对小麦干旱的影响。表 1 说明，在降水缺乏的年份，气温变幅、低温日数都与旱灾加重有关。2008/2009 年度平均气温和平均最低气温基本与其他年份持平，平均最高气温较低，但极端最高气温与极端最低气温差值较大，变幅达 32℃，且寒冷低温天气较多，造成小麦出现轻度冻害，抗旱能力下降，而使旱灾加重。2008 年 12 月上旬小麦进入越冬期后，连续 2 旬气温较常年显著偏高,小麦较长时间处于缓慢生长状态,自身抗寒能力降低。12月下旬、1月上旬各出现1次急剧降温天气过程,出现短时寒冷天气,小麦因抗寒能力下降而受冻害。受害麦苗再遇降水稀少、墒情较差,便出现根受伤、心叶皱缩或死苗现象,受害症状加重。

表1 小麦越冬期气象要素情况

年度	平均气温 (℃)	极端最高气温 (℃)	极端最低气温 (℃)	平均最高气温 (℃)	平均最低气温 (℃)	低温日数 (d)	降水量 (mm)	旱灾类型
2008/2009	−0.9	17.8	−14.2	5.3	−5.5	10.0	7.9	中
2006/2007	−0.6	12.8	−10.9	5.4	−5.0	2.4	4.7	轻微
2001/2002	0.2	17.2	−11.7	6.7	−4.7	4.0	2.5	轻
1998/1999	0.4	15.0	−12.2	6.9	−4.5	2.4	0.1	轻

2.2 干旱调查结果分析

2009年2月上、中旬德州市气象局、农业局对全市冬小麦受害状况进行了系统的观测和调查,结果表明:缺乏灌溉,施肥过多、播种过早造成冬前旺苗,夏玉米秸秆还田后耕作不当,均对小麦安全越冬产生了较大影响。根据小麦受灾情况将麦田进行分类,见表2。

表2说明,不论麦田墒情如何麦苗均出现受害或死亡现象,这主要是由冬季冻害造成的;农田土壤墒情不良,土壤相对湿度在65%以下,麦苗受害率和死亡率明显升高,这主要是干旱所致。土壤相对湿度低于60%的麦田是未浇播种造墒水和越冬水的麦田,这类麦田苗情普遍较差,多为三类苗,弱苗抗逆性差,受旱重。冬前旺苗,即越冬时茎数1200万/hm² 以上,单株分蘖6个以上,三叶以上大蘖4个以上,单株次生根8条。这类麦田蒸散量大,农田耗水多,失墒快,同时麦苗因旺长而在冬前消耗较多的糖分,降低抗寒、抗旱能力,因而受旱较重。

表2 2008/2009年度小麦越冬末期旱灾调查情况

调查类型	冬前旺苗		秸秆还田		冬前缺墒		冬前足墒
0～20 cm土壤相对湿度(%)	60～70	>70	65～55	>70	<55	55～65	>70
受害率(%)	25	20	50	10	40	10	4
死亡率(%)	15	10	30	5	30	5	1
旱灾类型	中	轻	重	轻微	重	中	轻微

值得关注的是极少部分秸秆还田的麦田也出现较重的旱灾。大量的事实、研究[5~7]表明,秸秆还田可增加土壤速效N、P、K和有机质,改善土壤通透性,增强农田保肥保水性能,具有一定的增产作用。德州市农业局连续5 a秸秆直接还田的研究结果证明,夏玉米秸秆粉碎还田可使土壤有机质增长0.6%,微团粒结构增加0.6～1.1倍,土壤孔隙度增加6%,容重降低6%～8%,土壤的理化性状明显改善,保肥保水能力明显增强,能够使土壤达到吨粮田,增产增收效果显著。可见秸秆还田已成为改善农业生态环境、提高农业产量的有力措施,但措施要实施得当,否则会起到相反的效果[7]。目前德州市作物秸秆还田方式以直接还田为主,有小麦留茬30 cm、麦秸盖田及夏玉米收获时秸秆直接粉碎还田三种方式。麦秸还田后经过雨季消解,

到小麦播种时对麦田结构的影响极小,而夏玉米秸秆还田对冬前麦田土壤结构影响较大。秸秆还田受旱灾较重的麦田均出现秸秆还田量大、耕作较浅或秸秆覆盖不严的现象,且未浇小麦越冬水。由于秸秆耕翻还田后覆土不严密,较多的秸秆覆在土壤表层,使土壤通透性太强,土壤跑墒严重;同时,因上层有较厚的秸秆而影响小麦播种,麦种入土较浅,不利于麦苗根系生长,降低小麦抗旱及抗寒能力。

2.3 旱灾加重成因

通过对 2008/2009 年度小麦越冬期旱灾成因的研究发现,降水匮乏是导致干旱发生的直接原因。气候变暖、气温升高,导致农田蒸散量增大,土壤失墒较快,加快干旱发生或使旱灾加重;随着气候变暖出现的暖冬现象对小麦越冬不利,冬季气温升高,小麦出现缓慢生长,如遇急剧降温,小麦易发生冻害,降低其抗逆性,也使旱灾加重。此外,生产管理措施实施不当也是小麦越冬期旱灾加重的一个主要原因:①未浇小麦越冬水是导致旱灾加重的主要原因之一。②适时播种对小麦生产十分重要,过早播种,冬前热量充足,易造成旺苗,如播种太晚,冬前热量不足,又会造成弱苗,均不利于小麦抗寒和抗旱,造成灾害;同时合理施底肥有利于小麦越冬,但施肥不当也会造成冬前旺苗或弱苗。③秸秆还田可改善农田土壤结构,提高肥力,对作物生长发育及产量形成有利;但如果方法不当,则会加快农田失墒,加速干旱发生或加重干旱程度。

2.4 应对旱灾措施

为避免旱灾的发生或减轻旱灾,减轻气象灾害对作物带来的不利影响。在对小麦越冬期旱灾成因分析的基础上,提出以下措施。

(1)气候变暖,降水稀少或显著偏少是导致小麦越冬期旱灾发生的主要原因,依据墒情适时适量浇灌小麦播种造墒水和越冬水是防止干旱发生的最重要措施。

(2)适时播种可有效防止冬前旺苗、弱苗,增强麦苗抗寒、抗旱能力,可减轻干旱对作物造成的危害。

(3)提高麦田管理水平能有效防止或减轻气象灾害对作物造成的危害。秸秆还田要做到秸秆适量、耕深 30～35 cm 还田后覆土严密,或采用堆肥腐熟方法秸秆还田,避免跑墒现象的发生,才能收到好的效果。

(4)根据苗情和墒情,在冬前或初春镇压麦田,也是预防冻害及旱灾发生简单易行的方法。

3 结论

德州市小麦生长季降水量常年值仅 135.8 mm,比适宜华北小麦生长的实际需水量少 $\frac{1}{2}\sim\frac{2}{3}$,且降水量在年际间变化较大,尤其是在降水很少的冬季。降水资源匮乏直接导致小麦冬季干旱的发生,是造成旱灾的主要原因。

与整个华北一样,德州市正在经历气候变暖变干的过程,尤其是进入 20 世纪 80 年代以后,这种气候变化对小麦生产有利也有弊[2,3]。暖冬的出现,不仅加大冬季麦田需水量,而且易诱发小麦冻害,使其抗旱能力下降,造成冬季旱灾加重。

农业生产管理跟不上实际生产的需要或不恰当的生产管理措施均会诱发旱灾发生或加重旱灾程度。一般年份德州市降水不能满足小麦生长需要,需要灌溉补墒,因此,降水缺乏的年份,缺乏灌溉或灌溉不及时是导致干旱加重的另一重要原因。此外,适时播种、合理施肥以及合理秸秆还田对小麦冬前生长及安全越冬十分重要。播种过早,施底肥过量,小麦冬前易产生旺苗;而播种过晚、秸秆还田秸秆量较大或还田后覆土不严造成的跑墒,又易造成弱苗。旺苗、弱苗冬季抗寒能力差,因小麦受冻害而使旱灾加重。气候干旱的形势人类无法改变,但通过科学管理可以创造良好的农业生态环境,增强作物抵御干旱能力,降低灾害发生的概率或减轻灾害造成的损失。

参考文献

[1] 太华杰,姚克敏,刘文泽,等.中国农业气象情报概论[M].北京:气象出版社,1994:154-155.

[2] 李元华,车少静.河北温度和降水变化对农业的影响[J].中国农业气象,2005,**26**(4):224-228.

[3] 李长军,刘焕彬.山东省气候变化及其对冬小麦生产潜力的影响[J].气象,2004,**30**(8):49-53.

[4] 石慧兰,邵志勇,陈成果,等.德州温湿气候特征变化[J].山东气象,2006,(2):28-31.

[5] 郑元红,潘国元,何天强,等.不同作物秸秆还土对玉米及土壤肥力的影响[J].贵州农业科学,2009,**23**(1):77-78.

[6] 张同法.济宁市小麦、玉米双季秸秆还田的实践与思考[J].现代农业科技,2006,(3):193-1194.

[7] 尹永强,何明雄,韦峥宇,等.堆肥腐熟机理研究进展[J].安徽农业科学,2008,**36**(23):10053-10055.

衢州市早稻低温冷害风险评估
及大气环流背景分析

余丽萍[1]　　兰小建[1]　　吴利强[1]　　陈建明[2]

(1.浙江衢州市气象局，衢州 324000；2.浙江衢州市农业局，衢州 324000)

摘要： 应用衢州市 1960—2012 年日气象观测资料，针对早稻苗期出现低温冷害灾害，从气象因子入手，采用主分量分析法确定主分量及表达式，建立综合评价指标模型，计算出综合评价指标，并且对历年综合指标进行了评价。应用 NCEP 1°×1° 500 hPa、850 hPa 资料，分析了较严重春季低温冷害年的大气环流背景。结果表明：20 世纪 60 年代到 90 年代春季低温冷害发生频率 3～4 年出现一次，强度为 90 年代最强，2000 年以后，春季低温发生次数甚少。1987、1993、1996、2010 年出现了较严重的早稻春季低温冷害相对应的气候异常；综合评价指标和早稻产量相关密切，能客观地反映低温冷害的风险程度。较严重的早稻春季低温冷害年 4 月上中旬亚欧地区呈经向型环流，使冷空气活动频繁南下，导致长江中下游地区气温偏低，而副热带高压强度强，南支槽、西南暖湿气流活跃，造成长江中下游地区持续阴雨天气。西风带、副热带、热带系统的有利配置，是造成早稻春季低温冷害发生的大气环流背景。

关键词： 早稻；春季低温冷害；主分量；综合评价指标；风险评估；大气环流背景

0　引言

早稻是衢州市主要粮食作物，种植区域主要集中在中、东、南部地区，全市常年总产量 21 万 t 左右。衢州市早稻一般在 3 月中下旬播种，4 月发育期处于秧苗期，期间常常出现低温冷害，导致早稻烂秧，造成秧苗不足，推迟季节，对产量影响很大，而烂秧不只影响产量，还会影响全年水稻生产部署。2010 年 4 月中旬，衢州市出现连续低温阴雨天气，导致早稻大批烂秧，造成早稻明显减产。王建林[1]指出：灾害风险分析的目的是对农业生产管理者把握相关灾害的总体风险规律及其致灾风险标准提供量化依据。目前对早稻低温冷害的评估，主要根据温度因子进行评估，缺乏多气象要素的定量评估。在借鉴了一些有关水稻低温冷害风险评估的文献，针对衢州市早稻生产过程中的苗期，选择对其产生不利影响的气象因子，采用主分量分析法确定主分量，建立各主分量的表达式，然后建立综合评估指标模型。为了提高春季低温冷害的预测预警水平，根据模型计算得到定量的综合评估指标，对出现较严重的春季低温冷害年，

基金项目：浙江省气象局重点项目(2013ZD05)资助。

第一作者简介：余丽萍，女，1961 年出生，高级工程师，从事农业气象业务工作。E-mail：qzyuliping@163.com。

应用 NCEP 1°×1° 500 hPa、850 hPa 资料,分析了较严重春季低温冷害年的大气环流背景,将有利应对春季低温冷害对粮食生产安全构成的严重威胁,提前提醒种植户积极采取防御措施,对保障粮食生产安全具有重要意义。

1 资料与方法

1.1 资料来源

所用气象资料为衢州市气象部门 1960—2012 年 4 月日观测资料;早稻生育期观测资料为 1990—2011 年来源于龙游国家一级农业气象试验站;1971—2012 年 4 月 NCEP 1°×1°资料来源中国科学院大气物理研究所;衢州市统计年鉴来源于衢州市统计局;农业灾情来源于衢州市农业局。

1.2 研究方法

1.2.1 致灾气象因子确定

衢州早稻的播种、秧苗生长一般在 3 月中下旬开始,到了 4 月上旬开始移栽,但此时正值冷暖空气活动交替季节,气温变化幅度大,常常出现日平均气温低于 12℃的天气,如果低温持续 3 d 以上,则会造成早稻出苗参差不齐、秧苗出现烂秧、死苗等现象,降低植株抵抗力。当温度在 12℃以下,秧苗生理受到损坏,最后导致烂秧。秧苗受害程度与低温绝对值高低和持续时间有关,低温时间的延长,叶片原生质透性逐渐增大,烂秧率也相应增高。

王素艳和潘瑞炽[2,3],提出了影响早稻春季低温冷害气象因子,选择 4 月 1—20 日与低温冷害密切相关的气象因子(见表 1)。

表 1 早稻春季低温冷害气象因子

气象因子	变量
积温(℃·d)	X_1
持续 3 天以上温度低于 12℃的天数(d)	X_2
温度低于 12℃的总天数(d)	X_3
积寒(℃·d)	X_4
日照时数(h)	X_5
无日照的日数(d)	X_6
降雨日数(d)	X_7
降雨量(mm)	X_8
持续 3 天以上连续降水的日数(d)	X_9

瞬时温度与临界受害温度 T_C($T_C = 12.0℃$)差值之和为一次低温冷害过程的积寒,其计算式为:

$$X_4 = \int_{t1}^{t2} (T_C - T(t)) \mathrm{d}t \qquad (T(t) \leqslant T_C) \qquad (1)$$

由于中尺度区域自动站从 2003 年以后陆续开始建设,因此,低于某一界限温度的积寒,采用近似公式求得。

$$X_4 = \frac{1}{4} \sum_{N=1}^{X_2} (T_C - T_{min})^2 / (T_m - T_{min}) \qquad (T_{min} \leqslant T_C) \qquad (2)$$

式中:T_{min} 为日最低气温(℃);T_m 为日平均气温(℃)。

对上述 9 个因子进行相关分析,分析结果表明,9 个因子之间相关比较显著,体现了它们存在信息上的重叠,故选择主分量分析方法。

1.2.2 主分量分析法

黄嘉佑[4]指出,主分量分析又称主成分分析,它是气象上多变量分析中常用方法之一。主分量分析与回归分析、判别分析不同,它主要是作为一种分析方法而不是预报方法。设有 p 个空间点,n 个样本,记 p 个空间点上要素为 $x_1, x_2 \cdots x_p$,其观测值为 $x_{ki}(k=1,2 \cdots p; i=1,2 \cdots n)$,由 p 个变量线性组合成一新变量,表达式为:

$$y = v_1 x_1 + v_2 x_2 + \cdots + v_p x_p \qquad (3)$$

王素艳[2]用主分量分析法对水稻冷害进行全面、系统地分析,指出较多的指标不仅会带来分析问题的复杂性,而且这些指标彼此之间常常存在着一定的甚至是相当大的相关性,所得到的统计数据在一定程度上反映的信息有所重叠。而主分量分析方法就是实现这一目的有效途径之一。

以衢州市本站为例,首先对原始变量进行标准化处理,然后计算其协方差矩阵,求出协方差矩阵的特征根及累计方差贡献率。用特征值大于 3 作为主分量提取标准,提取 2 个主分量,即 $m=2$,详见表 2。

表 2 衢州市总方差分解

主分量	特征根 λ	方差贡献率(%)	累计方差贡献率(%)
1	3.996	44.399	44.399
2	3.076	34.181	78.580
3	0.721	8.006	86.586
4	0.475	5.275	91.862
5	0.347	3.854	95.716
6	0.172	1.909	97.625
7	0.097	1.073	98.698
8	0.072	0.796	99..494
9	0.046	0.506	100.000

将特征向量与标准化后的数据相乘,得出各主分量表达式如下:

$F_1 = -0.705ZX_1 + 0.417ZX_2 + 0.505ZX_3 + 0.375ZX_4 - 0.820ZX_5 + 0.860ZX_6 + 0.797ZX_7 + 0.626ZX_8 + 0.701ZX_9$

$F_2 = -0.401ZX_1 + 0.871ZX_2 + 0.812ZX_3 + 0.859ZX_4 + 0.315ZX_5 - 0.168ZX_6 - 0.478ZX_7 - 0.373ZX_8 - 0.514ZX_9$

式中：F_1 为第一主分量；F_2 为第二主分量；ZX 为各变量标准化后的数值。

1.2.3　综合评价分析法

在主分量分析的基础上采用综合评价分析法。以每个主分量的贡献率为权数构造一个综合评价函数(式4)，把每一个主分量的贡献都考虑了，不会造成信息的丢失。利用综合评价函数计算出各研究对象的综合得分，进行比较分析。

$$F = \frac{\lambda_1}{\lambda_1 + \lambda_2} F_1 + \frac{\lambda_2}{\lambda_1 + \lambda_2} F_2 \tag{4}$$

综合评价分析，主分量综合评价模型为：

$K = -0.57ZX_1 + 0.61ZX_2 + 0.64ZX_3 + 0.59ZX_4 - 0.33ZX_5 + 0.41ZX_6 + 0.24ZX_7 + 0.19ZX_8 + 0.17ZX_9$ (5)

式中：K 为综合指标，K 越大，表明低温阴雨冷害程度越重，反之越轻。

2　结果分析

2.1　综合指标评价

2.1.1　春季低温冷害综合指标年际分布

通过公式(5)计算出 1960—2012 年衢州市早稻春季低温冷害综合指标 K，从早稻春季低温综合指标分布图(图1)中看出，20 世纪 60 年代到 90 年代春季低温冷害发生频率在 3～4 年出现一次，强度为 90 年代最强，2000 年以后，随着气候变暖，春季低温发生次数最少，只有 2010 年较重。纵观衢州市 50 年的早稻春季低温冷害综合指标，显而易见，1996 年、2010 年和 1987 年、1993 年的春季低温阴雨冷害比较严重。

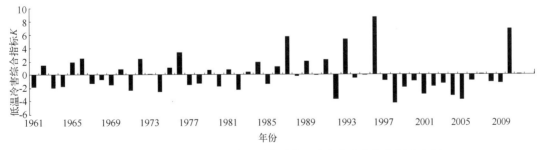

图 1　1960—2012 年衢州市早稻春季低温冷害综合指标年际分布图

2.1.2　低温冷害较重年气候异常

从衢州市低温冷害较重年 1987 年、1993 年和 1996 年、2010 年 4 月 1—20 日主要气象因子数据分析(详见表3)，积温 1996 年为历史最低，2010 年、1993 年、1987 年分别排 3、5、9 位；温度低于 12 ℃ 的总天数 1996 年为历史最多，2010 年、1987 年、1993 年分别排 2～4 位；积寒 1987 年历史最大，1996 年、2010 年、1993 年分别排 2、3、6 位。显而易见，在这低温冷害较重年中，4 月上中旬均出现气候异常。

表3　衢州市低温冷害较重年4月1—20日主要气象因子概况

年份	积温(℃·d)	历史最低排位	温度低于12℃的总天数(d)	历史最多排位	积寒(℃·d)	历史最大排位
1987	285.3	9	8	3	37.53	1
1993	275.6	5	7	4	12.99	6
1996	238.9	1	12	1	34.6	2
2010	263.3	3	9	2	25.13	3

　　根据衢州市统计年鉴资料,数据显示上述4年中早稻均出现减产在6%或以上。据衢州市农业部门统计,2010年全市早稻烂秧面积3720 hm²,占早稻播种面积的9.1%,比上年早稻栽种面积减少12%,早稻移栽期普遍推迟7~10天。

2.1.3　低温冷害综合指标和早稻产量的关系

　　2004年开始,国家对种粮农民实行补贴后,大大增加了农民种植早稻的积极性和稳定性。计算2004—2012年春季低温冷害综合指标和早稻产量相关系数高达−0.887,并通过信度0.01的显著性检验。由此,进一步说明了采用主分量分析和综合评价分析法对衢州市早稻春季低温阴雨冷害进行评估是可行的。

2.2　早稻春季低温冷害发生的大气环流背景分析

　　余丽萍等[5]对4月上中旬衢州市湿暖天气进行了大气环流背景分析,针对严重春季低温冷害年1996年、2010年和1987年、1993年4月上中旬湿冷气候特征,基于NCEP 1°×1° 500 hPa、850 hPa资料,从高度和温度场及其距平的分布,对大气环流背景进行了分析。

2.2.1　500 hPa平均高度场分析

　　在4月1—20日500 hPa平均高度、温度场合成图(图2a),可以看出,高纬地区亚欧大陆上环流呈经向型,在乌拉尔山有冷高压维持,冷空气沿脊前南下频繁,而东亚大槽和南支槽强度明显,导致长江中下游维持降水天气。李慧[6]指出了西太平洋副热带高压对中国长江中下游夏季降水异常的影响。而春季长江中下游气候异常同样与副热带高压相关,从图2a可以看出,低纬地区副热带高压较强,588线维持20°N以北地区,有利于副高西北侧西南暖湿气流向长江中下游地区的输送。同时从500 hPa平均高度距平场也可以看出(图2b),乌拉尔山地区和西太平洋有为正的距平存在,而贝加尔湖到中国东北以及日本地区为大范围的负距平,进一步表明4月上中旬乌拉尔山和副热带高压强度强,东亚大槽强度深厚,冷空气活动强,利于高纬地区冷空气快速向南暴发。冷空气强和西南暖湿气流较强使得北方冷空气的快速东移南下,并不断侵入长江中下游地区,使该地区维持低温阴雨天气。

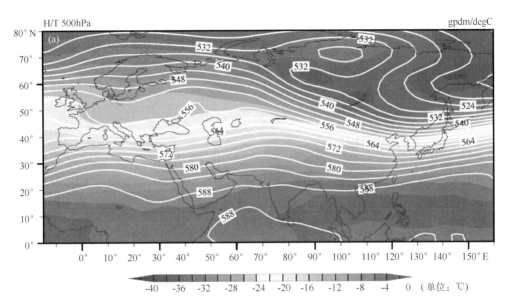

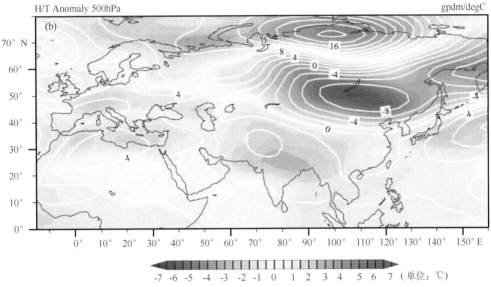

图 2 (a)2010 年 4 月 1—20 日 500 hPa 平均高度温度图;

(b)2010 年 4 月 1—20 日 500 hPa 平均高度温度距平图(对应彩图见第 321 页彩图 11)

2.2.2 850 hPa 平均温度场分析

分析严重低温冷害年 1996 年、2010 年和 1987 年、1993 年 4 月上中旬 850 hPa 平均温度场合成图(图 3a),可以看出,4℃等温度线在长江中下游地区,东亚地区有明显的冷舌存在。从 850 hPa 平均温度场距平合成图看出(图 3b),贝加尔湖到我国东北及日本有大片的负距平,并且负距平舌南伸到华南东部地区,说明上述地区气温相对显著偏低。

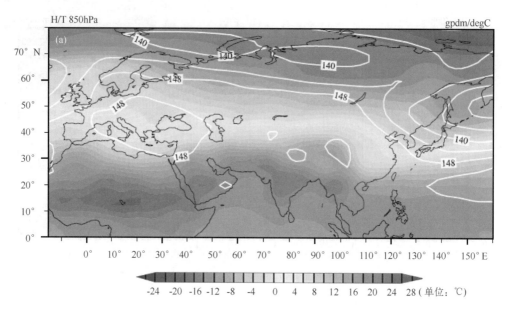

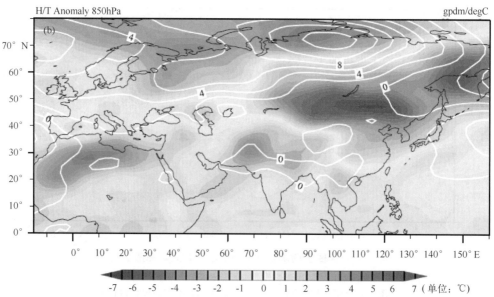

图3 (a)2010 年 4 月 1—20 日 850 hPa 平均高度温度图；
(b)2010 年 4 月 1—20 日 850 hPa 平均高度温度距平图(对应彩图见第 322 页彩图 12)

由此可以看出,早稻春季低温冷害发生年 4 月上中旬亚欧地区呈经向型环流,冷空气活动较频繁,导致长江中下游地区气温偏低;而副热带高压强度强、南支槽、西南暖湿气流活跃,造成长江中下游地区持续阴雨天气。西风带、副热带、热带系统的适宜配置,是造成早稻春季低温冷害发生的大气环流背景。

3 结论与讨论

(1)选择对衢州早稻秧苗期产生低温冷害的影响气象因子,采用主分量分析法确定的2个主分量,并建立了主分量的表达式,在此基础上采用综合评价分析法建立了综合评估指标模型,根据模型计算1960—2012年衢州市早稻春季低温冷害综合指标。20世纪60年代到90年代春季低温冷害发生频率3~4年出现一次,强度为90年代最强,2000年以后,春季低温发生次数甚少,只发生2010年1次较严重的春季低温冷害。

(2)根据历年早稻春季低温冷害综合指标与相应的气象资料进行验证,结果显示综合评估指标和气候异常相呼应,1987年、1993年、1996年、2010年出现了较严重的早稻春季低温冷害,上述4月上中旬阶段性气候异常。综合评价指标和早稻产量相关密切,因此,综合评价指标能够很好地反映早稻低温冷害程度,采用主分量分析和综合评价分析法对衢州市早稻秧苗期的低温冷害进行评估是可行的。

(3)早稻春季严重低温冷害年1996年、2010年和1987年、1993年4月上中旬均为湿冷天气特征,多雨、气温偏低气候异常。4月上中旬亚欧地区呈经向型环流,乌拉尔山地区维持较强高压脊,冷空气活动频繁,导致长江中下游地区气温偏低;而副热带高压强度强,南支槽、西南暖湿气流活跃,造成长江中下游地区持续阴雨天气。西风带、副热带、热带系统的适宜配置,是造成早稻春季低温冷害发生的大气环流背景。

(4)通过定量评估早稻秧苗期产生低温冷害风险,分析早稻春季严重低温冷害年的大气环流背景,利用获取的预报产品信息,制作低温冷害气候预测方法,将天气气候预测中的先进技术、方法引进到农业气象灾害预测预警中来[7],有利于应对春季低温冷害对粮食生产安全构成的严重威胁,对保障粮食生产安全具有重要意义。

参考文献

[1] 王建林.现代农业气象业务[M].北京:气象出版社,2010:175-176.

[2] 王素艳,郭海燕,邓彪,等.四川省中稻低温阴雨冷害风险评估方法研究[J].应用基础与工程科学学报,2006,**14**(5):48-54.

[3] 潘瑞炽.水稻生理[M].北京:科学出版社,1979:250-256.

[4] 黄嘉佑.气象统计分析与预报方法[M].北京:气象出版社,2004:121-129.

[5] 余丽萍,陈江锋,陈健民,等.衢州柑橘潜叶蛾始见期的天气气候背景分析及其预测[J].中国农学通报,2011,**27**(10):243-249.

[6] 李慧,周顺武,王亚非.西太平洋副热带高压异常与中国长江中下游夏季降水关系研究综述[J].气象与环境学报.2013,**29**(1):93-102.

[7] 王石立,郭建平,马玉平.从东北玉米冷害预测模型展望农业气象灾害预测技术的发展[J].气象与环境学报.2006,**22**(1):45-50.

[8] 王冬妮,郭春明,刘实,等.吉林省水稻延迟型低温冷害气候风险评价与区划[J].气象与环境学报,2013,**29**(1):103-107.

[9] 廖荣伟,沈艳,张冬斌.基于格点降水场的中国东部冬季降水变化特征[J].气象与环境学报,2013,**29**(5):55-62.

宁夏中南部马铃薯霜冻发生变化特征

杜宏娟[1]　张　磊[2]　赵斯文[1]　金　飞[1]　魏月娥[1]

陈　妍[1]　马　宁[1]　侯兴祥[1]

(1.宁夏吴忠市气象局,吴忠 751100;　2.宁夏气象科学研究所,银川 750002)

摘要:本文利用调查收集的马铃薯的早晚霜冻指标,宁夏中南部 9 个站点气象资料分析早晚霜冻的气候变化特征,并利用南部山区马铃薯物候期观测资料分析马铃薯生长发育受早晚霜冻影响。结果表明:近 40 年来,宁夏中部干旱带和南部山区春、秋霜天数呈显著减少的变化趋势。马铃薯的苗期呈提前趋势,终霜期也显著提早,但马铃薯平均苗期时间较平均终霜日期迟 13 天。马铃薯的平均可收期(薯块膨大—淀粉积累期)呈逐渐提前趋势,初霜期呈推迟趋势,但马铃薯平均可收期较初霜期迟 3 天。因此气候变暖背景下马铃薯苗期、薯块膨大—淀粉积累期遭受霜冻呈减小趋势,为了减轻霜冻的危害,应合理选择马铃薯品种或依据气候变化趋势合理安排生产日期。

关键词:马铃薯;霜冻;影响分析

0　引言

宁夏中南部土壤疏松、土层深厚,气候凉爽、昼夜温差大。雨量热量分布与马铃薯块茎生长膨大期同步,非常适宜马铃薯生长。其生产的马铃薯质量在国内档次最高,近年来马铃薯产业作为宁夏固原特色产业之一得到迅速发展。马铃薯在生长和发育过程中受气象条件的影响很大。孙芳等[1]通过基于 DSSAT 模型的宁夏马铃薯生产的适应对策进行研究,谢萍[2]等研究了气象条件对宁夏马铃薯生长及品质的影响,朱赟赟等[3]研究了气候因子对宁夏不同区域马铃薯气象产量的影响效应分析。但是早晚霜冻对宁夏中南部山区马铃薯的生长发育影响及指标研究很少。在气候变暖的背景下,危害宁夏中南部马铃薯生产的霜冻发生特征和马铃薯受冻害的变化趋势尚不清楚。因此,本文通过对宁夏中南部早晚霜冻发生的规律、霜冻发生对马铃薯生长发育影响的气象条件进行分析,从而提高马铃薯霜冻灾害的预测能力,为宁夏中南部马铃薯高产、优产提供科学依据,保障马铃薯安全生产具有重要的现实意义。

1　资料和方法

1.1　资料

本文利用宁夏中南部 9 个气象站 1961—2010 年的逐日最低气温资料,包括盐池站、同心站、兴仁站、海原站、麻黄山站、固原站、西吉站、隆德站和泾源站,这 9 个气象台站的观测资料序列长,并且较为完整,绝大多数分布在不同县级行政区域,具有较好的代表性。马铃薯物候观测资料利用宁夏中南部山区固原原州区马铃薯物候观测资料,查阅文献及调查收集。

1.2　霜冻指标

早霜冻:发生在秋季的霜冻,称为秋霜冻(早霜冻);晚霜冻:发生在春季的霜冻,称为春霜冻(晚霜冻)。在农业气象研究中,以日最低气温低于 0℃作为霜冻指标,有以日最低气温降到 2℃或以下作为霜冻的气候指标。本文以日最低气温≤2℃作为马铃薯霜冻的气候指标,宁夏马铃薯霜冻指标(1.5m 百叶箱气温):0℃<轻度霜冻≤2℃;−1℃<中度霜冻≤0℃;重度霜冻≤−1℃。

2　结果和分析

2.1　宁夏中南部早、晚霜冻的基本气候特点

表 1　1961—2010 年宁夏中南部春、秋霜冻日数统计

站名		春霜冻				秋霜冻			
		平均终日	平均天数	最多天数	最少天数	平均初日	平均天数	最多天数	最少天数
南部山区	固原	5 月 17 日	3.4	10	0	9 月 28 日	1.4	7	0
	泾源	5 月 16 日	3.6	12	0	9 月 30 日	1.1	6	0
	隆德	5 月 29 日	6.6	14	1	9 月 23 日	2.0	8	0
	西吉	5 月 24 日	5.8	15	0	9 月 23 日	2.5	11	0
中部干旱带	兴仁堡	5 月 19 日	4.1	14	0	9 月 27 日	1.7	7	0
	麻黄山	5 月 5 日	1.9	6	0	10 月 5 日	0.4	2	0
	盐池	5 月 9 日	2.0	8	0	9 月 30 日	1.1	6	0
	同心	4 月 30 日	1.1	6	0	10 月 8 日	0.3	4	0
	海原	5 月 6 日	1.7	7	0	10 月 6 日	0.4	3	0

从秋霜冻平均初日来看,南部山区平均初日在 9 月 26 日,中部干旱带在 10 月 3 日,南部山区比中部干旱带早 7 天;从春霜冻平均终日来看,南部山区平均终日在 5 月 21 日,中部干旱带在 5 月 8 日,南部山区比中部干旱带晚 13 天。从每年春、秋霜冻天数看,南部山区明显多于中部干旱带,南部山区平均春霜冻天数为 3~7 d,最多春霜冻天数为 10~15 d,中部干旱带平均春霜冻天数为 1~4 d,最多春霜冻天数为 6~14 d;南部山区平均秋霜冻天数为 1~3 d,最多秋霜冻天数为 6~11 d,中部干旱带平均秋霜冻天数为 0.3~1.7 d,最多秋霜冻天数为 2~7 d。除隆德其余各地均有出现不发生春、秋霜冻的年份。

2.2 宁夏中南部早、晚霜冻的年际变化特点

2.2.1 初霜日

表 2 是不同年代的初霜日变化情况。平均初霜日在 20 世纪 60 年代(此处指 1961—1970 年,下同)和 70 年代偏早,20 世纪 80 年代和 21 世纪初偏晚,20 世纪 90 年代的初霜日与 50 年平均值接近。20 世纪 90 年代,中部干旱带的初霜日偏早,南部山区偏迟。尤其是 21 世纪初,初霜日偏迟较明显。

表 2　不同年代初霜日统计特征值

年代	中部干旱带		南部山区	
	均值(月-日)	距平(d)	均值(月-日)	距平(d)
1961—1970	09-28	−5	09-20	−6
1971—1980	10-02	−1	09-23	−3
1981—1990	10-06	3	10-01	5
1991—2000	10-02	−1	09-27	1
2001—2010	10-06	3	09-30	4
50 年平均	10-03		09-26	

注:此处距平为各年代的平均初霜日与 50 年平均初霜日的差值

2.2.2 终霜日

表 3 是不同年代的终霜日变化情况。全区平均终霜日在 20 世纪 60 年代和 70 年代偏晚,80 年代与 50 年的平均一致,90 年代以后偏早。中部干旱带和南部山区 20 世纪 60 和 70 年代偏晚,其他年代偏早。特别是 21 世纪初,偏早较为明显。

表 3　不同年代终霜日统计特征值

年代	中部干旱带		南部山区	
	均值(月-日)	距平(d)	均值(月-日)	距平(d)
1961—1970	05-10	2	05-28	7
1971—1980	05-16	8	05-26	5
1981—1990	05-06	−2	05-19	−2
1991—2000	05-04	−4	05-18	−3
2001—2010	05-04	−4	05-14	−7
50 年平均	05-08		05-21	

注:此处距平为各年代的平均终霜日与 50 年平均终霜日的差值

2.3 马铃薯生长发育受初终霜影响分析

在马铃薯的生产过程中,时常会遭遇霜冻而发生冻害,受害较轻的马铃薯植株表现为顶部部分叶片轻微冻伤或冻死,冻害较为严重的则表现为叶片呈墨绿色水渍状,日出后叶片萎蔫下

垂,茎干瘫软,整株倒伏而死,使马铃薯减产甚至绝收,造成严重的经济损失。马铃薯幼苗期间不耐霜冻,出苗后最低气温-0.8℃时幼苗受冷害,气温降到-2℃时幼苗受冻害,表现为叶片迅速萎蔫、塌陷。同时,由于常受春旱影响,马铃薯播种、出苗推迟,生育期后延,处于薯块膨大期、淀粉积累期时常与早霜冻不期而遇,遭受冻害,造成马铃薯的大面积减产甚至绝收。由于马铃薯观测资料的缺少,所以我们利用南部山区固原站马铃薯物候期观测资料为代表分析马铃薯生长发育受初终霜日影响,对马铃薯预防灾害有一定的指导意义。

表 4　近 7 年固原站马铃薯幼苗期、薯块膨大—淀粉积累期

年份	出苗期	距平(d)	薯块膨大—淀粉积累期	距平/d
2007	6 月 12 日	13	7 月 28—10 月 12 日	9
2008	5 月 26 日	-4	7 月 23—10 月 13 日	10
2009	5 月 28 日	-2	7 月 10—10 月 4 日	1
2010	5 月 28 日	-2	7 月 5—9 月 30 日	-3
2011	6 月 2 日	3	7 月 22—10 月 9 日	6
2012	5 月 30 日	0	7 月 10—9 月 22 日	-11
2013	5 月 24 日	-6	7 月 10—9 月 24 日	-9
平均值	5 月 30 日		10 月 3 日	
初、终霜日期平均值	5 月 17 日		9 月 28 日	

注:此处距平为各年的生育期与近 7 年观测平均生育期的差值

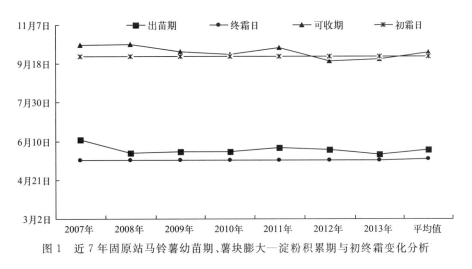

图 1　近 7 年固原站马铃薯幼苗期、薯块膨大—淀粉积累期与初终霜变化分析

由图 1 可知,近 7 年南部山区马铃薯的苗期平均值在 5 月 30 日,2007—2013 年马铃薯苗期呈提前趋势,终霜期提早时间为 2.8 d/10 年,2001—2010 年代平均终霜日期在 5 月 14 日,马铃薯平均苗期时间较平均终霜日期晚 13 天。由此可见,气候变暖使终霜期相对较早结束,马铃薯苗期遭受霜冻的可能性逐渐减小,马铃薯的春霜危害呈减轻趋势。近 7 年南部山区马铃薯的可收期(薯块膨大—淀粉积累期)平均值在 10 月 3 日。2007—2013 年可收期呈逐渐提前趋势。对比初霜期推迟的时间,初霜期推迟时间为 2 d/10 年,2001—2010 年代初霜平均日期在 9 月 30 日,马铃薯平均可收期较初霜期迟 3 天。由此可见,气候变暖使初霜期相对推迟,

马铃薯薯块膨大—淀粉积累期遭受霜冻的可能性也逐渐减小,为了减轻初霜冻的危害,应合理选择品种或依据气候变化趋势合理安排生产日期,减轻或避免霜冻对马铃薯造成危害。

3 结论

(1)近 40 年来,宁夏中部干旱带和南部山区平均终霜冻期呈显著提早、平均初霜冻期呈显著推迟,春、秋霜天数呈显著减少的变化趋势。

(2)南部山区马铃薯的苗期呈提前趋势,终霜期也显著提早,但马铃薯平均苗期时间较平均终霜日期差 13 天,因此,气候变暖马铃薯苗期遭受霜冻的可能性逐渐减小,马铃薯的春霜危害呈减轻趋势。南部山区马铃薯的平均可收期(薯块膨大—淀粉积累期)呈逐渐提前趋势,初霜期呈推迟趋势,但马铃薯平均可收期较初霜期迟 3 天。同样气候变暖使初霜期相对推迟,马铃薯薯块膨大—淀粉积累期遭受霜冻的可能性也逐渐减小,为了减轻初霜冻的危害,应合理选择品种或依据气候变化趋势合理安排生产日期,减轻或避免霜冻对马铃薯造成危害。

参考文献

[1] 孙芳,林而达,李剑萍,等.基于 DSSAT 模型的宁夏马铃薯生产的适应对策[J].中国农业气象,2008,**29**(2):127-129.

[2] 谢萍,王连喜,李剑萍,等.气象条件对宁夏马铃薯生长及品质的影响[J].广东农业科学,2011,19:10-12.

[3] 朱赟赟,王连喜,李琪,等.气候因子对宁夏不同区域马铃薯气象产量的影响效应分析[J].西北农林科技大学学报.2011,**39**(6):89-95.

[4] 魏广泱,孙俊,齐旭峰.西吉县马铃薯产业发展布局农业气候评价[J].农业科技与信息,2009,(13):12-13.

[5] 张小静,李雄,陈富,等.影响马铃薯块茎品质形状的环境因子分析[J].中国马铃薯,2010,**24**(6):366-369.

[6] 李灿辉.马铃薯块茎形成机理研究[J].马铃薯杂志,1997,**11**(3):182-185.

[7] 宋学锋,侯琼.气候条件对马铃薯产量的影响[J].中国农业气象,2003,**24**(3):35-38.

第三部分

特色与设施农业气象
适用技术研究

PART3

济宁桃花盛花期预报模式

王晓默[1] 李宪光[2] 董 宁[3] 李 芳[3] 邓海利[3]

(1.山东泗水县气象局,泗水 273200;2.山东鱼台县气象局,鱼台 272300;
3.山东济宁市气象局,济宁 272000)

摘要:本文采用逐步回归法和积温法,利用 2003—2013 年济宁桃花的物候观测数据和 DPS 软件,建立了 2 种桃花盛花期预报模式,经检验,逐步回归预报模式效果较好,预报准确率满足业务要求,可用于济宁地区桃花的花期预报,及时为政府和果农提供准确的盛花期预报;积温预报模式效果稍差,可以用于对逐步回归预报模式的对比和补充。

关键词:桃花;盛花期;预报模式

0 引言

开花是个复杂的生理现象,受多种气象要素的影响,而目前研究最多的是温度因素对开花的影响[1]。据 Sandsten(1906)在美国 Wiskonsin 的 Mandison 对苹果的研究报道,认为从上一年 7 月 1 日到开花期的积温与开花期早晚之间有密切关系;小岛(1940)观察到,梨的开花早晚受 3 月份气温高低的支配,如果 3 月的气温高则开花早,如果低则开花晚[2];杨秀武发现苹果盛花期的早晚与盛花前 30~50 d 各时段旬积温值有密切关系[3]。

桃为蔷薇科、李属、桃亚属,落叶小乔木,是中国最古老的果树之一[4]。桃花盛花期随前期气温及其他气象条件的不同,年际变化较大[5]。目前有关桃花花期的预报在我国还罕有报道,本文利用济宁近 10a 桃花物候观测资料及相应的气象资料,建立盛花期预报方程,为花期预报提供理论依据,对桃花花期预报模式进行了初步探讨。也为相关单位和游客适时安排赏花活动提供较为准确、科学的参考。

1 资料来源

桃花物候期资料来自济宁市泗水县林业局 2003—2013 年的自然物候观测资料,桃树品种为雨花露,位于泗水县泗张镇万亩桃园内;气象资料由济宁市泗水县国家气象观测站提供,能

基金项目:济宁市气象局 2013 年度自立科研课题项目(桃花盛花期预报方法与模型设计)资助。

第一作者简介:王晓默,1983 年出生,男,硕士,大气探测工程师,主要研究方向:气候变化、农业气象。E-mail:wxm716813902@163.com。

够较好地反映该区域的气候特征。观测站与桃园观测点直线距离不足 5 km,且符合探测环境要求,观测资料具有较强的代表性。

2 气温对生物生长的影响

温度对生物的作用可分为最低温度、最适温度和最高温度,即生物的三基点温度[6]。其正常的生长活动一般在零下几摄氏度到 50℃ 之间。在最适温度下,作物生长发育迅速而良好;在最高和最低温度下,作物停止生长发育,但仍能维持生命。如果气温继续升高或降低,就会对作物产生不同程度的危害,直至死亡。不同生物的三基点温度是不一样的,即使是同一生物不同的发育阶段所能忍受的温度范围也有很大差异[7]。

温度对生物的影响用有效积温表示:

$$k = N \cdot (T - T_0)$$

式中:k 为有效积温(常数);N 为发育历期即生长发育所需时间;T 为发育期间的平均温度;T_0 为生物发育起点温度(生物零度)[8]。

3 积温预报模式

3.1 有效积温指标的确定

统计显示,1 月份到历年桃花花期 $>0℃$ 活动积温平均为 506.9℃ · d,且在 446.6~537.8℃ · d 之间,极差 91.2℃ · d。1 月份到历年桃花花期 $>5℃$ 有效积温平均为 221.9℃ · d,且在 216.5~225.9℃ · d 之间,极差仅 9.1℃ · d。1 月份到历年桃花花期 $>10℃$ 有效积温平均为 64.9℃ · d,且在 57.2~82.3℃ · d 之间,极差 29.2℃ · d。因此可见,$>5℃$ 活动积温比 $>0℃$ 和 $>10℃$ 有效积温有更好的实际使用价值。这个指标的意义在于,自 1 月 1 日起,如果 $>5℃$ 日平均气温在减去 5℃ 后累积达到 221.9℃ · d,就基本可以认为济宁桃会进入花期。

3.2 有效积温模型

$$T_c - T_s = \sum_{i=1}^{X} (T_{ec} - \Delta t)$$

式中:X 为济宁桃花期开放日;T_c 为历年桃花开放期所需 $\geqslant 5℃$ 的有效积温,T_s 为 1 月 1 日至预报起点日 $\geqslant 5℃$ 的有效积温,$i=1$ to X,预报起点日开始至 X 日大于 5℃ 积温累计;T_{ec} 为日预报平均气温;Δt 为历年该日平均气温。

在预报起点日,计算当年 1 月 1 日以来 $\geqslant 5℃$ 的有效积温,计算与所需积温的差值,然后,根据从该起点日次日起累计的历年逐日平均气温值,当累积值达到所需积温的差值时确定该日就是预测的桃花期开放日,实际使用时,上式由于预报期到盛花期间的平均气温没有实测值,运用起来很不方便,在以后的内容中将解决此问题[9]。

4 逐步回归预报模式

本文建立回归方程用来预报桃花的盛花期。在这个方程中，预报模式不受中、长期预报的限制，因此，预报因子的选取成为本文的关键[10,11]。

4.1 因子的选取

气象因子包括温度、降水、日照等对桃树的生长发育有明显的制约作用。但不同气象因子的制约作用有强弱之分，也有相对独立性[12,13]。

由于济宁桃花的盛花期最早出现在 3 月下旬，我们重点分析 1—3 月中旬的气象条件：各旬平均气温、各旬降水量、各旬日照时数、平均气温稳定通过 0℃ 及 5℃、10℃ 日 10d 内的降水量与日照时数。将上述因子根据相关性进行逐步回归筛选，如表 1 所示。其中：y 代表盛花期距 3 月 20 日的天数（d）；T_{mn} 代表平均气温（℃），m 代表月份，$n=1、2、3$ 分别代表 m 月的上、中、下旬（以下相同）；R_{mn} 代表降水量（mm）；S_{mn} 代表光照时数（h）。

4.1.1 气温预报方法

气温是影响桃花最关键的气象要素，所以可利用 1 月上旬至 3 月中旬的逐旬平均气温作为预报因子，确定最优回归方程：$y=13.2194-0.4032T_1-0.8690T_3$，式中 T_1、T_3 分别表示 1 月上旬、1 月下旬的平均气温。

4.1.2 降水预报方法

最优回归方程为：$y=-0.6330+1.1298R_5+0.3706R_7$；式中 R_5、R_7 分别表示 2 月中旬、3 月上旬的平均降水量。

4.1.3 日照时数预报方法

最优回归方程为：$y=10.6444+0.2661S_1-1.5562S_2$，式中 S_1、S_2 分别表示 1 月上旬、1 月中旬的平均日照时数。

表 1　y 与各旬平均气温、降水量、日照时数的相关系数

相关系数	1 月			2 月			3 月	
	上旬	中旬	下旬	上旬	中旬	下旬	上旬	中旬
平均气温 T_{mn}	−0.5627	0.5577	−0.3184	−0.4832	0.2099	0.4089	0.0453	0.4787
降水量 R_{mn}	0.1074	−0.0925	−0.1429	−0.1160	0.2483	−0.1669	0.2602	−0.1454
日照时数 S_{mn}	0.1530	−0.6654	−0.4674	0.2065	−0.1405	0.0704	0.4239	0.5374

4.2 组建综合预报模式[14,15]

上述 3 个方程是针对气温、降水、日照时数 3 个因子分别做出的桃花盛花期的预报方程，其误差在 3d 或以上的年份较多，回归效果不是太理想，因此，下面采用将以上 3 种方法的预报结果再次作为预报因子，用逐步回归方法组建综合预报模式，最后得到更为接近实际的预报日期。即：

$$Y = 19.1460 + 0.2699T_5 - 0.5059T_6 - 0.3347T_7 - 0.0527R_{11} - 1.6729S_{18} - 0.2627S_{19}$$

式中:Y 代表盛花期距 3 月 20 日的天数;T_5 表示 2 月中旬平均气温;T_6 表示 2 月下旬的平均气温;T_7 表示 3 月上旬平均气温;R_{11} 表示 1 月下旬的平均降水量;S_{18} 表示 1 月中旬的平均日照时数;S_{19} 表示 1 月下旬的平均日照时数;相关系数为 0.99。

5 检验与应用

用有效积温法和上述回归方程对 2003—2013 年进行效果检验,结果显示:有效积温法与原样完全一致的年份有 3 年,占 37.5%,其余年份相差均在 3 d 以内;回归方程与原样本完全一致的年份有 4 年(如图 1),占 50%,其余年份相差均在 2 d 以内,拟合程度较为理想。

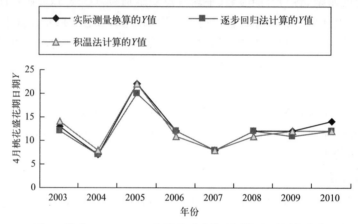

图 1 济宁 2003—2010 年桃花盛花期观测值和预测值曲线

用上述逐步回归方程对 2011—2013 年盛花期进行检验,2011 年盛花期预报为 4 月 5 日,实际观测日期为 4 月 5 日;对 2012 年桃花的盛花期预报为 4 月 8 日,而实际观测日期为 4 月 10 日,预报误差均在 2 d 内,2013 年桃花的盛花期预报为 4 月 5 日,而实际观测日期为 4 月 5 日,因此预报效果非常理想。

6 结论

(1)积温预报模式依赖于中长期天气预报,预报难度较大,且有效积温每年变化幅度大,在实际中很难运用,逐步回归方程解决了积温预报模式的缺点。

(2)逐步回归预报模式预报效果显著,具有较高的实际应用价值。积温预报模式预报效果稍差,可以用于对逐步回归预报模式的对比和补充。

(3)由于样本较少,该预报模式具有一定的局限性,对模型的适用性,仍需要在今后几年的实际观测和预报中逐步完善,以期建立更具代表性的济宁地区桃花花期预报模型。随着样本的增多以及冬季气温变暖的趋势,此预报模式的回归系数需不断地进行调整以适应气候的变化。

参考文献

[1] 北京林学院.数理统计[M].北京:中国林业出版社,1980:175-216.

[2] 张秀英,胡东燕.桃花花期预报的探讨[J].北京林业大学学报,1995,**17**(4):88-93.

[3] 杨秀武.苹果盛花期预报模式的探讨[J].果树科学,1989,**6**(1):42-45.

[4] 张秀英.桃花[M].上海:上海科学技术出版社,2001:1-80.

[5] 李军.桃花花期的长期预报模型[J].西北植物学报,2005,**25**(9):1876-1878.

[6] 闫淑莲,周淑玲.威海市刺槐盛花期的预报模式[J].现代农业科技,2007,(23):11-13.

[7] 李健,刘映宁,李美荣,等.陕西果树花期低温冻害特征及防御对策[J].气象科技,2008,**36**(3):318-322.

[8] 周美燕,高清民,崔晓霞,等.鸭梨初花期预报模式的研究[J].山东气象,2005,(3):32-33.

[9] 吕清华,张红霞,潘爱芳.阳信鸭梨花期预测方法初报[J].山西果树,2008,(1):14-15.

[10] 张玲,赵黎,张明庆.牡丹的花期预测研究[J].咸阳师范学院学报,2009,(3):77-79.

[11] 刘克长,刘怀屺,张继祥,等.牡丹花前温度指标的确定与花期预报[J].山东农业大学学报,1991,(12):397-402.

[12] 吴炫柯,段毅强,李家文,等.桂花盛花期预报方法初探[J].安徽农业科学,2007,**35**(27):8482-8484.

[13] 云文丽,乌达巴拉.呼和浩特市紫丁香盛花期预报模式的研究[J].安徽农业科学,2008,**36**(31):13618-13619.

[14] 张明庆,蔡霞.北京地区主要园林树木的花期预测研究[J].首都师范大学学报,2005,**26**(2):85-90.

[15] 张明庆,杨国栋,许晓波.树木花期预报的形态测量法研究[J].植物生态学报,2005,**29**(4):610-614.

基于 GIS 的杭州山核桃盛花始期精细化监测预测模型初探

范辽生[1]　赵伟明[2]　李　皓[2]　叶　春[1]　朱兰娟[1]　金志凤[3]

(1. 杭州市气象局，杭州 310051；2. 杭州市林业科学研究院，杭州 310016；
3. 浙江省气候中心，杭州 310017)

摘要：利用 GIS 技术从山核桃产区 DEM 中提取坡度、坡向小地形数据，结合 2013 年山核桃花期物候观测资料和同期自动气象站日平均气温资料。以坡面与平面的天文辐射差值作为山区温度小地形订正因子，建立日平均气温复杂地形下精细化空间分布模型。以 2 月 1 日作为起始日期，利用最小二乘法确定了山核桃雌、雄花盛花始期预测有效积温模型中相关参数，雌花模型中起始温度和累积积温取值为 9℃和 240℃·d，雄花取值为 9℃和 280℃·d。验证结果表明：日平均气温实测值和模拟值之间平均最大绝对误差 2.1℃，平均绝对误差小于 1.0℃，盛花始期观测值与模拟值之间平均绝对误差为 1 天左右，表明模型具有较高的精度。

关键词：山核桃；盛花始期；物候模型；GIS；日平均气温；小地形订正

0　引言

山核桃(*Carya cathayensis*)是古老的孑遗树种之一，其果实为我国特有的木本油料和干果，为杭州乃至浙江特有的经济林种之一。目前，杭州市现有山核桃林约 82 万亩，集中分布在西部山区，其山核桃种植面积为浙江省山核桃面积的 95%，占全国山核桃面积的 60%。具有十分明显区位优势和规模优势[1,2]。山核桃干果年平均产量已达 2 万 t，年平均产值超过 9 亿元。因其具有较高经济效益和良好生态效益，成为产区农民的主要经济来源。

山核桃生产过程中主要气象灾害之一为花期连阴雨，其通常于 4 月下旬至 5 月中旬开花，此时如遇连阴雨，会导致授粉不良，坐果率显著偏低，进而导致当年大幅减产。山核桃雄花进入盛花期后开始散粉，其散粉至脱落仅 3～4 d 天时间，而雌花进入盛花期后其可授粉期较长，最长可达 10 d。利用这一特性，若一地雄花散粉期遇到连阴雨，可根据天气预报有计划采集花期不同的另一地雄花花粉，待天气好转后采用人工授粉的方法增加坐果率。山核桃种植区内

基金项目：杭州市科技局项目"山核桃培育关键物候期精细化气象预报及防虫减灾技术应用研究与示范"(20130533B25)。

第一作者简介：范辽生，1978 年出生，河南焦作人，硕士，工程师，主要从事 3S 技术应用及农业气象服务工作。E-mail：hz_reader@126.com。

局地小气候由于海拔、坡度、坡向等地形因子影响而存在较大差异,各地山核桃进入盛花期日期亦不尽相同,使得异地人工授粉成为可能。目前这一技术在部分山核桃生产合作社得到了初步应用,效果明显。由于山核桃盛花期的早晚与气象要素密切相关,使得这些措施的应用对气象服务提出了更高要求。若能开展精细化(具有较高空间分辨率和准确性)山核桃盛花始期监测预测,对当地林农增产增收有重要现实意义。随着自动气象站布设密度增加、地理信息系统(GIS)技术和数值天气预报技术的快速发展,这一愿景逐步成为可能。

开展精细化山核桃盛花始期监测预测首先要解决两方面问题,一是复杂地形下较高空间分辨率的气温空间分布推算。20世纪90年代后期开始,随着GIS技术应用,逐步克服了以往地形因子计算烦琐、工作量大和精度低等缺点,国内许多学者实现了复杂地形下较高精度空间分辨率的气温空间分布推算[3]。其最常用的方法是首先建立温度与经度、纬度、海拔高度等大地形因子之间的多元回归模型,再进一步考虑坡度、坡向等小地形因子影响。金志凤等在浙江山核桃栽植综合区划中利用GIS技术建立了浙江省年平均气温的空间分布模型[4]。任传友、范辽生等建立了东北地区热量资源、辐射资源与经纬度、海拔等地形因子之间的多元回归模型[5,6]。杨昕等以数字高程模型(DEM)模拟的坡面与平面太阳总辐射量为地形调节因子,提出了基于DEM的山区气温地形修正模型[7]。唐力生等通过气温直减率、坡地太阳辐射以及辐射与温度之间的相关关系,对寒害过程的日平均气温进行了小地形订正[8]。王春林等基于GIS技术和气候学模型,融合土地利用、海拔高度、坡度、坡向等地理信息,对平均气温、最低气温资料进行较高空间分辨率的地理订正,实现对广东寒害发生发展及其强度、范围的实时动态监测、预警[9]。李军等建立了浙江省仙居县的年平均气温空间分布地形调节统计模型[10]。二是建立山核桃盛花始期预测模型。这方面国内外许多学者对不同植物花期预测模型进行了研究,柏秦凤等认为陕西苹果花期与其前期有效积温之间相关性最好,以此建立了两者之间的统计关系模型用于苹果花期预测,平均误差小于3天[11]。李美荣等应用统计学方法建立了基于月平均气温、旬日照时数的苹果始花期预测模型[12],张菲、张志华、舒素芳等应用统计模型分别建立了荷花、核桃和白玉兰始花期预测模型[13~15],戴君虎等利用有效积温模型对中国温带季风区的201种木本植物始花期进行了模拟,结果表明模型能较准确地模拟树种始花期,标准误差3天左右[16],Manuchehr Farajzadeh等利用最小二乘法确定了有效积温模型中系数,并对伊朗苹果始花期进行模拟,结果良好[17]。

山核桃精细化的盛花始期监测预测还鲜有报道,本文拟在GIS技术支持下,利用山核桃产区DEM数据、自动气象站气温数据和山核桃花期物候观测数据,建立复杂地形下日平均气温空间推算模型和山核桃盛花始期预测模型。以期为后期结合数值天气预报,实现精细化、直通式气象服务奠定技术基础。

1　数据和方法

1.1　研究区

杭州山核桃产区主要集中于浙江省杭州市西北部山区,位于118.731°—119.320°E,29.621°—30.374°N;涉及20个乡镇,面积约3200 km²,区域内海拔在55～1700 m。地势东南低、西北高。

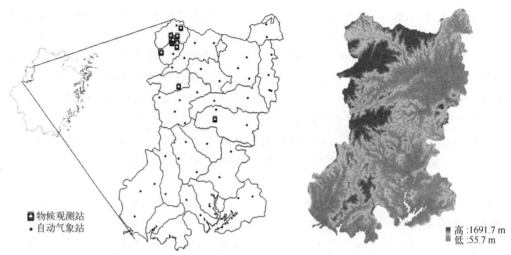

■物候观测站
•自动气象站

高:1691.7 m
低:55.7 m

图 1　杭州市山核桃产区内自动气象站、物候观测站位置和海拔高度分布
（对应彩图见第 323 页彩图 13）

1.2　气象和地形数据

气象数据来自杭州市气象局在山核桃产区内布设的 37 个自动气象站日平均气温资料,资料起止时间为 2013 年 2 月 1 日至 5 月 10 日。地形数据,利用 ARCGIS 软件,产区 DEM 数据从 1∶5 万杭州市 DEM 数据中按山核桃产区边界截取,坡度、坡向数据从 DEM 中直接提取。地形数据格网分辨率 25 m,投影为 WGS_1984_Transverse_Mercator,共计 2400×3355 个网格。

1.3　物候数据

山核桃花期的物候资料来自杭州市林业科学研究院,观测资料起始时间为 2013 年 3 月 7 日至 5 月 10 日。分别在杭州市湍口、岛石、马啸等布设山核桃花期物候观测站 9 个(表 1),记录山核桃雌雄花分化至成熟的时间和日平均气温,其中大山川村和芦塘岱村未做气温纪录。每个物候站点分别选取 3 株山核桃树,其中一株树设 4 个记录点,其余 2 株设 3 个记录点,每个记录点选取 10 个花苞并标记,共计 100 个花苞的物候情况。每天记录物候点花苞到达某一物候阶段的百分比。以 5% 的花苞开始散粉作为山核桃雄花盛花始期,以 5% 的雌花柱头微红色作为雌花的盛花始期。

表 1　山核桃物候观测站海拔、坡度、坡向及雌雄花盛花始期

站名	海拔(m)	坡度(°)	坡向(°)	气温观测	雄花盛花始期	雌花盛花始期
岔口	218	0	0	是	5 月 3 日	4 月 26 日
社屋潭※	331	0	0	是	5 月 1 日	4 月 25 日
下塔	480	6	15	是	5 月 9 日	5 月 6 日
下塔北	505	27	310	是	5 月 8 日	5 月 5 日
新右※	495	15	290	是	5 月 7 日	5 月 2 日
岛石	510	0	0	是	5 月 7 日	5 月 1 日
大山川村	505	16	172	否	5 月 5 日	4 月 30 日

站名	海拔(m)	坡度(°)	坡向(°)	气温观测	雄花盛花始期	雌花盛花始期
新左	517	25	110	是	5月6日	5月1日
芦塘岱村	823	19	263	否	5月11日	5月10日

注:带※站点为山核桃雌雄花盛花始期预测模型验证站。坡向范围从0°到360°,正北为0°,正南为180°,顺时针方向计量

1.4　方法

由于产区面积较小,可认为其宏观气候背景条件基本一致,产区内日平均气温的差异主要受局地海拔、坡度、坡向等小地形因子影响[3]。实际地形下的日平均气温分布函数可描述为:

$$T = T_h + T_x + \varepsilon \tag{1}$$

式中:T 为实际地形下日平均气温;T_h 为实际高程上日平均气温;T_x 为坡度坡向订正值;ε 为残差(其他因子影响结果)。

1.4.1　实际高程上日平均气温计算方法

一般认为气温随着高程的升高而降低,日平均气温与高程之间的关系可以描述为:

$$T_h = a + b_1 \times h + b_2 \times h^2 \tag{2}$$

式中:T_h 为实际高程上日平均气温;h 为高程;a,b_1,b_2 为函数拟合系数。

1.4.2　日平均气温坡度坡向订正值计算

坡度、坡向地形因子对温度的影响主要是由于其改变了实际接收到的太阳辐射量,从而影响温度分布,尤其是冬春季节影响较大。平均气温与天文辐射量在空间和时间尺度上均有很好的相关性,因此日平均气温坡度坡向的订正值可描述为下式[19]。

$$T_x = k \times (Q_l - Q_s) \tag{3}$$

式中:T_x 为坡度坡向订正值,Q_l 为水平面上的天文辐射,Q_s 为倾斜面上天文辐射,k 为系数,$k=0.0734℃/(MJ \cdot m^2)$。

水平面上日天文辐射量可由下式得到[20~22]:

$$Q_l = \frac{TI_0}{\pi\rho^2}(w_0\sin\varphi\sin\delta + \cos\varphi\cos\delta\sin w_0) \tag{4}$$

在不考虑遮蔽的情况下,基于坡度、坡向的坡地日天文辐射量可由下式得到[20~22]:

$$Q_S = \begin{cases} 0 \\ \dfrac{I_0 T}{2\pi\rho^2}[\mu\sin\delta(w_{ss}-w_{sr}) + v\cos\delta(\sin w_{ss}-\sin w_{sr}) - w\cos\delta(\cos w_{ss}-\cos w_{sr})] \\ \dfrac{I_0 T}{2\pi\rho^2}[\mu\sin\delta(w_{s_1}-w_{sr_1}) + v\cos\delta(\sin w_{s_1}-\sin w_{sr_1}) - w\cos\delta(\cos w_{s_1}-\cos w_{sr_1})] \\ \dfrac{I_0 T}{2\pi\rho^2}[u\sin\delta(w_{s_2}-w_{sr_2}) + v\cos\delta(\sin w_{s_2}-\sin w_{sr_2}) - w\cos\delta(\cos w_{s_2}-\cos w_{sr_2})] \end{cases} \tag{5}$$

$$u = \sin\varphi\cos\alpha + \cos\varphi\sin\alpha\cos\beta, \qquad v = \sin\varphi\sin\alpha\cos\beta + \cos\beta\cos\alpha$$

$$w = \sin\alpha\sin\beta, \qquad u^2 + v^2 + w^2 = 1$$

坡面上的三种情况分别对应于坡面上全天无太阳直接照射,只有一段可照时间和两段可照时间。

式中:φ 为地理纬度;α 为坡度,即坡面与水平面的夹角;β 为坡向或坡面方位角;I_0 为太阳

常数；T 为一天的时间；ρ 为日地距离；δ 为太阳赤纬；w_{ss}，w_{sr} 为每天有一段日照时的日出日没时间；w_{ss1}，w_{sr1}，w_{ss2}，w_{sr2} 分别为每天有两段日照时，第一段日照时间的日出日没时间和第二段日照时间的日出日没时间。

1.4.3 山核桃盛花始期预测模型

大多数植物的生长发育速度受温度的控制，植物完成某一阶段的生长发育需要一定的温度累积（积温）。本文采用有效积温模型来预测山核桃盛花始期，该模型公式为：

$$HDD = \sum_{t=t_0}^{t_y} \max(0, x_t - T_b) = F \qquad (6)$$

式中：x_t 是逐日的平均气温；t_0 是开始累积积温的日期。从 t_0 开始，将高于一定临界气温（T_b）的热量逐日累计起来，总积温（HDD）达到阈值 F 的时间 t_y 即是开花日期。本文取 2 月 1 日为开始累积积温的日期，该模型参数 T_b，F 的最优值可以用最小二乘法来拟合，即在所有可能的取值中，找到使模型模拟的开花期与实际观测日期平均绝对误差（MAE）最小的参数值组合。本文中 T_b 可能取值从 6℃ 至 10℃，步长为 1℃；F 的可能取值确定方法为：从各站实际物候观测资料中，对应每一个可能的 T_b，计算各站到达盛花始期的总积温，将总积温的最小值向下取 10 的整数倍，例如总积温最小值为 176℃·d，取 170℃·d 作为对应 T_b 的 F 取值最小值，总积温最大值则向上取 10 的整数倍，例如总积温最大值为 206℃·d，取 210℃·d 作为对应 T_b 的 F 取值最大值，步长为 10℃·d。

1.4.4 模型验证方法

复杂地形下的日平均气温空间分布的推算模型验证方法是将山核桃物候观测站所采集的日平均气温数据作为检验数据，共计 5 个站（表 2）。将模拟值和实测值采用平均绝对误差（MAE）进行精度分析。盛花始期预测模型的验证方法为从山核桃物候观测站中选出两个观测站（表 2）作为验证站，将模拟值和实测值采用平均绝对误差（MAE）进行精度分析。

表 2 验证站坡度坡向订正前后日平均气温实测值和模拟值绝对误差

站名	海拔（m）	坡度（°）	坡向（°）	坡度坡向校正前			坡度坡向校正后		
				最大绝对误差（℃）	最小误差（℃）	平均绝对误差（℃）	最大绝对误差（℃）	最小误差（℃）	平均绝对误差（℃）
下塔	480	6	15	2.6	0.0	0.8	2.4	0.0	0.7
下塔北	505	27	310	1.9	0.0	0.7	1.4	0.0	0.6
新右	495	15	290	2.9	0.0	0.8	2.7	0.0	0.7
新左	517	25	110	2.7	0.0	0.8	2.8	0.0	0.8
岛石	510	0	0	1.2	0.0	0.4	1.2	0.0	0.4
平均				2.3	0.0	0.7	2.1	0.0	0.6

注：坡向范围从 0° 到 360°，正北为 0°，正南为 180°，顺时针方向计量

2 结果和分析

2.1 复杂地形下的日平均气温模拟模型及验证

根据上述方法，从 2 月 1 日至 5 月 10 日，每日建立山核桃产区日平均气温与高程之间的

回归方程,若回归方程不能通过检验,则采用反距离权重(IDW)插值方法获取日平均气温空间分布,并计算每个格点上的坡度、坡向小地形因子订正值。有 54 天建立了日平均气温与高程一次项之间的线性方程,有 44 天建立了日平均气温与高程二次项之间的线性方程,上述方程均通过 0.01 水平的显著性检验,有 11 天无法建立日平均气温与高程之间的线性方程。

利用 5 个验证站的 2013 年 3 月 7 日至 5 月 10 日的日平均气温资料进行模型验证,结果表明:5 个验证站的日平均气温实测值和模拟值之间平均最大绝对误差 2.1℃,平均绝对误差 0.6℃;与坡度坡向订正前相比,平均最大绝对误差减小 0.2℃,最大减少 0.5℃,平均绝对误差减少 0.1℃左右(表 2)。可见这一时期坡度、坡向小地形因子对局地气温有一定的影响。如下塔北测站,坡度为 27°,坡向为 310°(北坡),坡度坡向订正前后日平均气温最大绝对误差减少 0.5℃。从下塔北测站的 2013 年 3 月 7 日至 5 月 10 日期间实测值和模拟值折线图看(图 2),两者之间吻合程度较好。

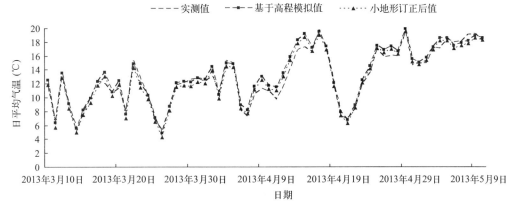

图 2　下塔北测站日平均气温实测值、模拟值和小地形订正后值

从空间分布情况看,坡度、坡向订正前日平均气温的分布仅反映了气温随海拔变化的情况,在订正后,更加体现了局地坡度、坡向对气温的影响,其空间分布表现为阳坡高于阴坡,山谷高于山脊(图 3)。

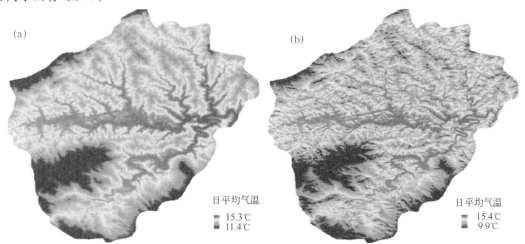

图 3　4 月 5 日山核桃产区局部日平均气温坡度、坡向订正前(图 a)和订正后(图 b)空间分布图

(对应彩图见第 323 页彩图 14)

2.2 山核桃雌雄花盛花始期预测模型及验证

将 T_b 和 F 不同取值组合带入式(6),将计算模拟的各站山核桃雌花盛花始期与实测日期进行平均绝对误差分析,可见起始温度 T_b 为 9℃和积温累计量 F 为 240℃·d 的组合平均绝对误差最小(表 3)。因此,雌花盛花始期预测模型中 T_b 和 F 的取值为 9℃和 240℃·d。同理,确定雄花盛花始期预测模型中 T_b 和 F 的取值为 9℃和 280℃·d。

表 3 T_b 和 F 不同取值组合模拟的雌花盛花始期与实测日期平均绝对误差

起始温度 (℃)	积温累积量 (℃·d)	平均绝对误差 (d)	起始温度 (℃)	积温累积量 (℃·d)	平均绝对误差 (d)	起始温度 (℃)	积温累积量 (℃·d)	平均绝对误差 (d)
10	170	2.3	9	260	2.3	7	370	1.5
10	180	1.2	8	280	1.8	7	380	2.3
10	190	1.5	8	290	1.2	7	390	3.0
10	200	2.0	8	300	1.2	6	410	1.5
10	210	3.2	8	310	2.0	6	420	1.2
9	220	2.3	8	320	2.5	6	430	1.2
9	230	1.2	7	340	2.0	6	440	1.5
9	240	0.8	7	350	1.0	6	450	2.0
9	250	1.7	7	360	1.2	6	460	3.0

将新右、社屋潭两站作为验证站,用于山核桃雌雄花盛花始期预测模型验证。验证结果表明,新右站雌花盛花始期模型预测日期比实测日期推迟 1 天,社屋潭站则和实际花期观测结果一致。新右站雄花盛花始期模型预测花期比实测日期结果一致,社屋潭站则比实测日期提前 1 天。

3 结论与讨论

(1)本文基于 GIS 技术从 DEM 中提取坡度、坡向小地形数据,以坡面与平面的天文辐射差作为山区温度的小地形订正因子,建立了山区日平均气温复杂地形下的精细化空间分布模型。该模型较为精细地表达局地温度的空间分布差异,反映了海拔高度和坡度、坡向地形因素对平均温度的影响,经检验证明具有较高的精度,验证站平均绝对误差 0.6℃,平均最大绝对误差 2.1℃。

(2)确定了山核桃雌、雄花盛花始期预测的有效积温模型。以 2 月 1 日作为起始日期,确定山核桃雌花盛花始期预测模型中 T_b 和 F 的取值为 9℃和 240℃·d。雄花盛花始期预测模型中 T_b 和 F 的取值为 9℃和 280℃·d,验证结果表明观测日期与模拟日期之间平均绝对误差 1 天左右。

(3)本文提出的山区气温地形修正模型,主要涉及坡度、坡向两个小地形因子对温度空间分布的影响。实际上较大山体对冷暖平流的阻挡、周边山体的遮蔽、水体、地表覆盖程度等因素都会对局地温度造成较大的差异,需要在今后工作中加以分析其影响程度大小。另外,还需累积山核桃花期物候观测资料,对山核桃雌、雄花盛花始期预测模型做进一步验证和分析。利用精细化数值天气预报,将实况气温监测资料换为气温预测数据,结合山核桃花期预测模型,可以实现精细化花期预测,再结合花期气象灾害指标,可实现精细化的花期气象灾害提前预警,如何实现也需要日后深入探讨。

参考文献

[1] 吴伟文,麻耀强,吴伟志.论杭州市山核桃产业的发展与对策[J].浙江林业科技,2003,**23**(3):57-60.

[2] 焦洁洁,李绍进,黄坚钦,等.影响山核桃产量气象因子的调查与分析[J].果树学报,2012,**29**(5):877-882.

[3] 李军,黄敬峰.山区气温空间分布推算方法评述[J].山地学报,2004,**22**(1):126-132.

[4] 金志凤,赵宏波,李波,等.基于GIS的浙江山核桃栽植综合区划[J].浙江农林大学学报,2011,**28**(2):256-261.

[5] 任传友,于贵瑞,刘新安,等.东北地区热量资源栅格化信息系统的建立和应用[J].资源科学,2003,**25**(1):66-71.

[6] 范辽生,刘新安,于贵瑞,等.东北地区辐射资源栅格化信息系统的建立.资源科学[J],2003,**25**(1):59-66.

[7] 杨昕,汤国安,王春,等,基于DEM的山区气温地形修正模型——以陕西省耀县为例[J],地理科学,2007,**27**(4):525-530.

[8] 唐力生,杜尧东,陈新.广东寒害过程温度动态监测模型.生态学杂志[J],2009,**28**(2):366-370.

[9] 王春林,刘锦銮,周国逸.基于GIS技术的广东荔枝寒害监测预警研究[J].应用气象学报,14(4):487-495.

[10] 李军,黄敬峰,游松财,等.不同空间尺度DEM对山区气温空间分布模拟的影响——以浙江省仙居县为例[J].地理科学,2012,**32**(11):1384-1390.

[11] 柏秦凤,王景红,屈振江,等.陕西苹果花期预测模型研究[J].中国农学通报,2013,**29**(19):164-169.

[12] 李美荣,杜继稳,李星敏,等.陕西果区苹果始花期预测模型[J].中国农业气象,2009,**30**(3):417-420.

[13] 张菲,邢小霞,李仁杰.利用地温构建菏泽牡丹花期预测模型[J].中国农业气象,2008,**9**(1):87-89.

[14] 张志华,王文江,高仪,等.核桃雌雄花期预测模式研究[J].园艺学报,1997,**24**(1):91-93.

[15] 舒素芳,毛俊萱,蔡敏.白玉兰始花期与气象因子的关系分析[J].浙江农业学报,2013,**25**(2):248-251.

[16] 戴君虎,王焕炯,葛全胜.近50年中国温带季风区植物花期春季霜冻风险变化[J].地理学报,2013,**68**(5):593-601.

[17] Farajzadeh M, Rahimi M, Kamali G A, *et al*. Modelling apple tree bud burst time and frost risk in Iran. *Meteorological Applications*, 2010,**17**(1),45-52.

[18] Hunter A F, Lechowicz M J. Predicting the timing of bud burst in temperate trees. *Journal of Applied Ecology*, 1992,**29**(3):597-604.

[19] 李新,程国栋,陈贤章,等.任意条件下太阳辐射模型的改进[J].科学通报,1999,**44**(9):993-998.

[20] 刘新安,范辽生,等.辽宁省太阳辐射的计算方法及其分布特征[J].资源科学,2002,**24**(1):82-87.

[21] 高国栋,陆渝蓉.气候学教程[M].北京:气象出版社,1966:28-77.

[22] 翁笃鸣,等.山区地形气候[M].北京:气象出版社,1990:30-50.

日光温室黄瓜小气候适宜度定量评价模型

魏瑞江[1,2]　王　鑫[1,2]　朱慧钦[3]

(1. 河北省气象科学研究所,石家庄 050021;2. 河北省气象与生态环境重点实验室,石家庄 050021;
3. 河北省高邑县气象局,高邑 051330)

摘要: 为了定量评价日光温室内小气候对蔬菜生长发育的适宜程度,增加设施农业气象服务定量化服务内涵,本文根据实际观测资料并结合前人研究成果建立了日光温室内气温、空气相对湿度、接受到的太阳辐射及其综合因子对黄瓜生长发育的适宜度模型,运用黄瓜实际产量与适宜度的关系对模型进行检验,并在实际中对模型进行了应用。得出黄瓜产量随综合小气候适宜度的增加而增加,两者相关显著,说明所建模型用于分析温室内小气候对黄瓜的适宜程度是可靠的。通过应用,得出不论是气温适宜度、空气相对湿度适宜度、接受到的太阳辐射适宜度,还是三者综合小气候适宜度,在整个观测年度,其值的变化趋势均呈不规则"V"字形,春季适宜度最高,其次是秋季,冬季最低。计算结果与当地实际情况是一致的。

关键词: 黄瓜日光温室;小气候适宜度;定量评价模型

0　引言

目前我国日光温室蔬菜生产涉及了秋、冬、春、夏四个季节,对蔬菜周年供应起到重要支撑作用,同时成为农民增收的重要途径。为了掌握温室内的小气候状况,各地在日光温室内建立了不少小气候观测站,积累了大量的小气候数据,而目前在设施农业气象服务中多是利用小气候数据建立设施农业气象灾害指标[1~3]、对气象灾害进行监测、预警、评估[4~7]或对温室内小气候进行预报[8~12],其服务内容和精细化程度远不能满足设施农业生产的需求,而且大量的小气候数据也没有充分被利用。如何将小气候数据服务于每天的设施农业生产中,定量评价日光温室内光、温、湿等小气候对蔬菜生长发育的适宜程度,以便有针对性地采取措施,改善温室小气候环境,促进蔬菜生长发育,是设施农业气象研究的重要内容之一。

目前在气象条件对农业影响的定量化研究方面多是针对大田作物,如郭建平等[13]建立了东北地区玉米热量指数的预测模型,罗蒋梅等、魏瑞江等针对冬小麦、夏玉米建立了气象条件影响定量评价模型[14~16],马树庆等建立了东北地区玉米整地、播种和收获气象适宜度评价模型[17]、李德等确定了安徽宿州冬小麦冬季干旱时段灌溉气象适宜指数的概念和计算模型[18],

基金项目:本文得到公益性行业(气象)科研专项(GYHY201306039)支持。

第一作者简介:魏瑞江,1966 年出生,女,汉族,河北晋州人,硕士,正研级高工,主要从事农业气象业务和科研工作。
E-mail:weirj6611@sina.com。

易雪等将气候适宜度方法用到早稻产量预报中[19],钟新科等、张建军等基于气候适宜度分别对湖南春玉米的适宜播种期和安徽一季稻生长气候适宜性进行评价分析[20,21],宋迎波等确定了冬小麦气候适宜诊断指标[22],而针对气象条件对蔬菜影响的定量评价较少,仅刘霞等针对大田蔬菜建立了适宜度模型[23],张明洁等利用影响日光温室蔬菜生产的外界气候指标,对日光温室气候适宜性进行区划[24],但针对日光温室内小气候适宜度的定量计算尚未见报道。

本文拟应用模糊数学理论,建立黄瓜日光温室内小气候适宜度模型,动态定量评价温室内气温、空气相对湿度、接受到的太阳辐射及其综合小气候对黄瓜生长发育的适宜程度,减少人为的判断,提高气象为设施农业服务的科技含量和信息化水平,丰富农业气象服务的内涵,同时为日光温室智能化管理提供依据。

1 资料与方法

1.1 资料来源

小气候资料来自于河北省高邑县黄瓜日光温室。日光温室坐北朝南,东西长 32.0 m,南北宽 9.0 m,脊高 3.5 m,后墙和东西墙为土墙,墙体厚 1.5 m。日光温室内黄瓜每年种植两茬,秋冬茬和冬春茬,一般在每年的 9 月开始种植秋冬茬,次年 1 月拉秧,2 月定植冬春茬,6 月初拉秧。

日光温室内设立小气候观测站,观测温室内 1.5 m 高度的气温、空气相对湿度、2.0 m 高度接受到的太阳辐射,观测精度分别为 ±0.2℃、±2% 和 ±3 W/m²。每 10 分钟记录一次数据,存储到存储器中。观测时间从当年的 10 月初开始一直到次年的 5 月末结束,记作一个观测年度,如观测时间从 2008 年 10 月到 2009 年 5 月,记为 2008 观测年度。

在小气候观测过程中,平行观测温室内黄瓜的生长发育状况,包括发育期、每天采收的产量等。黄瓜产量的采收以整个日光温室为单位,每天巡查,对于已经达到商品标准的黄瓜果实进行采摘、称重,并记录采收的重量。

1.2 技术方法

1.2.1 气候适宜度模型的建立

日光温室黄瓜生长发育经历播种、定植、开花、结果、拉秧等过程,从播种到定植为育苗期,从定植到开花为苗期,从开花到拉秧为花果期。黄瓜每个生育期所需要的气象条件不尽相同。

日光温室内气温(T)、空气相对湿度(U)、太阳辐射(Q)对黄瓜生长发育的影响可以看成不同的模糊集,通过建立不同模糊集的适宜度模型,计算温室内气温、空气相对湿度、接受到的太阳辐射对于黄瓜的适宜程度。

(1)气温适宜度模型

为了定量评价日光温室内气温对黄瓜生长发育的适宜程度,借鉴前人研究成果[13,25],建立了温度适宜度模型:

$$\widetilde{T}(t_i) = \begin{cases} 0 & \text{当 } t_i \leqslant t_l \text{ 或 } t_i \geqslant t_h \text{ 时} \\ \dfrac{(t_i - t_l) \times (t_h - t_i)^B}{(t_0 - t_i) \times (t_h - t_0)^B} & \text{其中 } B = \dfrac{t_h - t_0}{t_0 - t_l} \quad \text{当 } t_l < t_i < t_h \text{ 且 } t_i \neq t_0 \text{ 时} \\ 1 & \text{当 } t_i = t_0 \text{ 时} \end{cases} \quad (1)$$

式(1)中：$\widetilde{T}(t_i)$ 为日光温室内第 i 时刻的气温对黄瓜生长发育的适宜度；t_i 为日光温室内第 i 时刻的气温(℃)；t_l、t_h、t_0 分别为黄瓜某发育期所需的最低气温、最高气温和适宜气温[26]（表1）。

表 1 黄瓜各发育期所需的最低气温、最适气温和最高气温值

发育期	最低气温 t_l(℃)	最适气温 t_0(℃)	最高气温 t_h(℃)
育苗期	10	25～30	40
苗期	10	25～30	40
花果期	15	22～30	35

$$\widetilde{T}_日 = \left(\sum_{i=1}^{n} \widetilde{T}(t_i) \right) / n \quad (2)$$

式(2)中：$\widetilde{T}_日$ 为日气温适宜度，n 为一天中日光温室内小气候观测次数。因为小气候观测频次为每 10 分钟一次，一天 144 次，所以 $n=144$。因为无论白天还是夜间，日光温室内的气温的高低关系着黄瓜是否正常生长发育，所以日气温适宜度的值为全天各时刻气温适宜度的平均值。

（2）空气相对湿度适宜度模型

黄瓜喜湿，当空气相对空气湿度在 70%～85% 时生长良好，湿度过大会引起多种病害发生[26]，湿度过低影响光合作用，黄瓜在 25℃ 的条件下，相对湿度为 80%～85% 时的光合量比相对湿度为 60% 时提高 10%～15%[27]。建立空气相对湿度适宜度模型：

$$\widetilde{U}(u_i) = \begin{cases} 0 & \text{当 } u_i \leqslant u_l \text{ 或 } u_i \geqslant u_h \text{ 时} \\ \dfrac{(u_i - u_l) \times (u_h - u_i)^B}{(u_0 - u_i) \times (u_h - u_0)^B} & \text{其中 } B = \dfrac{u_h - u_0}{u_0 - u_l} \quad \text{当 } u_l < u_i < u_h \text{ 且 } u_i \neq u_0 \text{ 时} \\ 1 & \text{当 } u_i = u_0 \text{ 时} \end{cases} \quad (3)$$

式(3)中：$\widetilde{U}(u_i)$ 为日光温室内第 i 时刻的空气相对湿度对黄瓜生长发育的适宜度；u_i 为日光温室内第 i 时刻的空气相对湿度；u_l、u_h、u_0 分别为黄瓜某发育期所需的空气相对湿度的最低值、最高值和适宜值。根据实际观测，日光温室内空气相对湿度一般大于等于 25%，最高为 100%，所以本文设 $u_l=25\%$，$u_h=100\%$，$u_0=70\%～85\%$。

$$\widetilde{U}_日 = \left(\sum_{i=1}^{m} \widetilde{U}(u_i) \right) / m \quad (4)$$

式(4)中：$\widetilde{U}_日$ 为日光温室内日空气相对湿度适宜度；m 为白天日光温室内小气候观测次数。因为在日光温室黄瓜生长发育过程中，夜间空气相对湿度一般均为饱和或接近饱和，对黄瓜的影响差别不大，对黄瓜影响的差异主要为白天，所以日空气相对湿度适宜度以白天（08:00—20:00）各时刻适宜度的平均值作为数值，故 $m=72$。

（3）太阳辐射适宜度模型

因为当日光温室内接受到的日最大太阳辐射 $\geqslant 250W/m^2$ 时,温室内日最高气温有超过 98% 的天数 $\geqslant 20℃$,该情况下光照相对充足,光热条件基本能满足黄瓜生长需要;当接受到的日最大太阳辐射 $<250W/m^2$ 时,日光温室内的日最高气温有超过 96% 的天数 $<20℃$[28]。所以本文以太阳辐射达到 $250W/m^2$ 为临界点,大于等于 $250W/m^2$ 为太阳辐射处于适宜状态。建立太阳辐射适宜度模型:

$$\widetilde{Q}(q_i) = \begin{cases} e^{-[(q_i-q_0)/b]^2} & q_i < 250 \\ 1 & q_i \geqslant 250 \end{cases} \tag{5}$$

式(5)中: $\widetilde{Q}(q_i)$ 为日光温室接受到的太阳辐射适宜度, q_i 为日光温室内某一时刻接受到的太阳辐射, q_0 和 b 为常数,通过多年观测数据和黄瓜生长发育状况得到,其取值分别为 250 和 100。

$$\widetilde{Q}_日 = \left(\sum_{i=1}^{m} \widetilde{Q}(q_i)\right)/m \tag{6}$$

式(6)中: $\widetilde{Q}_日$ 为日光温室内接受到的太阳辐射适宜度的日值,简称日太阳辐射适宜度; m 为白天日光温室内小气候观测次数。因为夜间日光温室内没有太阳辐射进入,黄瓜植株也不进行光合作用,所以日太阳辐射适宜度以白天(08:00—20:00)各时刻太阳辐射适宜度的平均值作为数值,故 $m=72$。

（4）综合小气候适宜度模型

在黄瓜生长发育过程中,温度、空气相对湿度、接受到的太阳辐射三个气象因子相互关联、相互制约、相互影响,为了综合反映气温、空气相对湿度、太阳辐射三因子对黄瓜的影响程度,合理评价温室内小气候对黄瓜的适宜动态,三个因子用等权重,建立综合小气候适宜度模型:

$$S_日 = \sqrt[3]{\widetilde{T}_日 \times \widetilde{U}_日 \times \widetilde{Q}_日} \tag{7}$$

式(7)中: $S_日$ 为日光温室内某一天的综合小气候适宜度。

1.2.2 模型的检验

用 2008 和 2009 两个观测年度的资料进行检验,两个观测年度对应的温室外秋、冬、春季的气温距平见表 2 所示,按照《气候状况公报编写规范》[29]计算,两个观测年度分别代表偏暖年型和偏冷年型。

表 2 日光温室两个观测年度所对应的外界季平均气温距平(℃)

观测年度	秋季	冬季	春季
2008	1.0	1.1	0.9
2009	−0.8	−0.7	−1.1

黄瓜是无限生长植物,黄瓜果实从坐果开始,经过不断发育,当达到商品瓜时被采摘,被采收的黄瓜果实的累积量组成了黄瓜的产量。因为黄瓜产量除与品种特性、肥水管理、土壤质地、栽培管理水平、植株生长势等因素有关外,还与日光温室内的小气候有关,在前者一致的情况下,黄瓜产量决定于温室内的小气候条件。温室内小气候条件优越,黄瓜产量则高,反之则低。

因为黄瓜采摘时间受人为的影响,可能每天采摘,也可能隔一天或几天采摘,所以产量的统计用 10 天的平均值,综合小气候适宜度值亦用与之对应的 10 天的平均值。

用式(1)～(7)计算出两个观测年度日光温室内每天的综合小气候适宜度值,再计算出黄瓜结瓜期间每 10 天的平均值,两个观测年度黄瓜产量与对应的综合小气候适宜度的关系见图 1 和图 2。由图 1、图 2 可见,黄瓜产量随着综合小气候适宜度的增加而增加,2008 观测年度两者的相关系数 $R = 0.8672(n=14)$,2009 观测年度 $R = 0.9211(n=11)$,均通过 $\alpha = 0.01$ 的显著性水平检验,两者相关显著。说明温室内综合小气候适宜度越高,温室内小气候条件越适宜黄瓜生长发育,其产量越高。说明所建立的适宜度模型是可靠的。

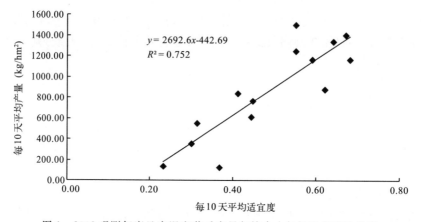

图 1　2008 观测年度日光温室黄瓜产量与综合小气候适宜度的关系

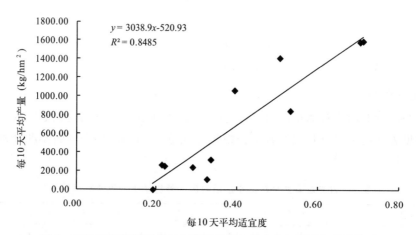

图 2　2009 观测年度日光温室黄瓜产量与综合小气候适宜度的关系

2　结果与分析

利用式(1)～(7)对种植黄瓜的 2008、2009、2010、2012 观测年度高邑县日光温室内的气温、空气相对湿度、接受到的太阳辐射及综合小气候对黄瓜的适宜度进行计算。为了便于比较,将逐日的适宜度值处理成逐旬值,即旬适宜度,并将 4 个观测年度截取相同的时间,时间从当年的 10 月中旬到次年的 5 月下旬。

2.1 气温适宜度

图 3 是不同观测年度气温适宜度的旬值随时间变化情况。由图 3 可见,4 个观测年度气温适宜度的旬值在同一时间其值有一定的差异,有时差异较小,有时差异较大,但变化趋势是一致的,整个观测年度均呈不对称不规则的"V"字形,即从 10 月中旬到 1 月上旬其值均在波动中呈下降趋势,1 月上旬其值达到最低,从 1 月上旬到 5 月下旬,其值在波动中呈上升趋势。

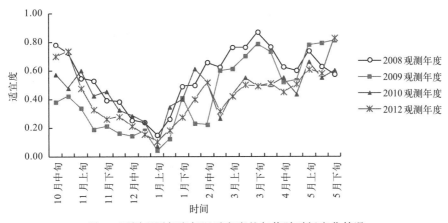

图 3 不同观测年度气温适宜度的旬值随时间变化情况

2.2 空气相对湿度适宜度

图 4 是不同观测年度空气相对湿度适宜度的旬值随时间变化情况。由图 4 可见,4 个观测年度空气相对湿度适宜度的旬值在不同年度存在一定差异,差异大小不一,同一年度间秋季和春季适宜度较高,冬季适宜度较低,整个观测年度变化趋势也均呈不规则"V"字形。

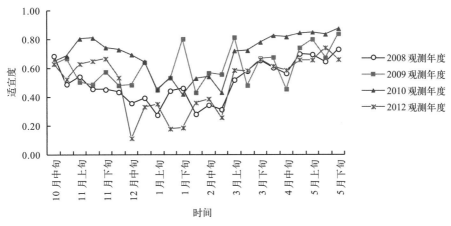

图 4 不同观测年度空气相对湿度适宜度的旬值随时间变化情况

2.3　接收到的太阳辐射适宜度

图 5 是不同观测年度接收到的太阳辐射适宜度的旬值随时间变化情况。由图 5 可见,4 个观测年度辐射适宜度的旬值在不同年度存在一定差异,但变化趋势是一致的,整个观测年度均呈不规则"V"字形,从 10 月中旬到 12 月中旬,其值在波动中呈下降趋势,12 月下旬到 2 月下旬,升降趋势不明显,从 3 月上旬开始其值明显升高,一直到 5 月下旬,其值变化比较稳定且比较高。

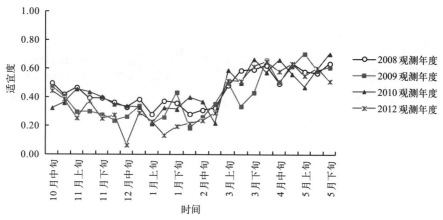

图 5　不同观测年度接收到的太阳辐射适宜度的旬值随时间变化情况

2.4　综合小气候适宜度

图 6 是不同观测年度综合小气候适宜度的旬值随时间变化情况。由图 6 可见,4 个观测年度综合小气候适宜度的旬值均呈不规则"V"字形,从 10 月中旬到 1 月上旬呈下降趋势,最低值一般出现在 1 月上旬,其后到 5 月下旬呈上升趋势,尤其从 2 月下旬到 3 月上旬上升趋势明显。

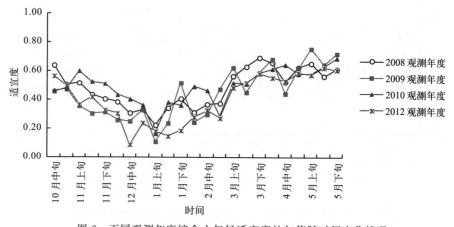

图 6　不同观测年度综合小气候适宜度的旬值随时间变化情况

3 结论与讨论

(1)本文根据实际观测资料并结合前人研究成果建立了日光温室内气温、空气相对湿度、接受到的太阳辐射及其综合小气候对黄瓜生长发育的适宜度模型,并运用黄瓜实际产量与适宜度的关系对模型进行了检验。通过检验,得出黄瓜产量随综合小气候适宜度的增加而增加,两者相关显著,说明所建模型用于分析温室内小气候对黄瓜的适宜程度是可靠的。

(2)应用模型对 4 个不同观测年度黄瓜日光温室内小气候适宜度进行计算,得出不论是气温适宜度、空气相对湿度适宜度、接收到的太阳辐射适宜度,还是综合小气候适宜度,在整个观测年度,其值的变化均呈不规则"V"字形,即春季适宜度最高,其次是秋季,冬季最低。说明当地温室内小气候条件在春季和秋季比较适宜黄瓜生长发育,在冬季尤其在 1 月最不适宜,这与当地实际情况是一致的,因为冬季外界温度低、日照少,致使温室内小气候条件较差。

(3)本文根据实际观测,确定当日光温室内空气相对湿度为小于 25% 和等于 100% 时对黄瓜生长发育的适宜度为 0,当日光温室内接收到的日最大太阳辐射$\geqslant250\,W/m^2$ 时,对黄瓜的适宜度为 1。虽然湿度过大或过小均不利于植株进行光合作用积累有机物质,但当温室内空气相对湿度在 25% 以下或在 100% 时,可能不会即刻造成黄瓜植株死亡。另外,如果日最大太阳辐射值过大有可能引起植株短时间停止光合作用,所以温室内空气相对湿度和接收到的太阳辐射对黄瓜植株不适宜或最适宜的界限值有待收集更多实际观测并进一步深入探讨。

(4)本文仅考虑了影响日光温室黄瓜生长发育的主要小气候因子温度、空气相对湿度、太阳辐射,因为黄瓜生长发育还受其他因素的影响,有条件的可适当加以考虑。同时日光温室种植的蔬菜种类较多,有叶菜类和果菜类等,不同的蔬菜需要的气象条件不同,同一种类蔬菜不同品种之间也有差异,在今后应用中蔬菜所需指标应根据具体情况而定。

参考文献

[1] 李美荣,刘映宁,赵军,等.陕西省关中地区大棚蔬菜低温冻害预报服务方法[J].干旱地区农业研究,2007,**25**(5):204-207.

[2] 魏瑞江,康西言,姚树然,等.低温寡照天气形势及温室蔬菜致灾环境[J].气象科技,2009,37(1):64-66.

[3] 彭晓丹,杨再强,柳笛,等.温室黄瓜低温气象灾害指标[J].气象科技,2013,**41**(2):394-399.

[4] 魏瑞江,李春强,康西言.河北省日光温室低温寡照灾害风险分析[J].自然灾害学报,2008,(3):56-62.

[5] 黎贞发,王铁,宫志宏,等.基于物联网的日光温室低温灾害监测预警技术及应用[J].农业工程学报,2013,**29**(4):229-236.

[6] 薛晓萍,李楠,杨再强.日光温室黄瓜低温冷害风险评估技术研究[J].灾害学,2013,**28**(3):61-65.

[7] 杨再强,张婷华,黄海静,等.北方地区日光温室气象灾害风险评价[J].中国农业气象,2013,**34**(3):342-349.

[8] 柳芳,王铁,刘淑梅.天津市二代节能型日光温室内部温湿度预测模型[J].中国农业气象,2009,**30**(增1):86-89.

[9] 王鑫,魏瑞江,康西言.日光温室湿度日预测的季节时序模型应用研究[J].中国农学通报,2010,(22):407-412.

[10] 魏瑞江,王春乙,范增禄. 石家庄地区日光温室冬季小气候特征及其与大气候的关系[J]. 气象,2010,**36**(1):97-103.

[11] 薛晓萍,李鸿怡,李楠,等. 日光温室小气候预报技术研究[J]. 中国农学通报,2012,**28**(29):195-202.

[12] 李宁,申双和,黎贞发,等. 基于主成分回归的日光温室内低温预测模型[J]. 中国农业气象,2013,**34**(3):306-311.

[13] 郭建平,田志会,张涓涓. 东北地区玉米热量指数的预测模型研究[J]. 应用气象学报,2003,**14**(5):626-633.

[14] 罗蒋梅,王建林,申双和,等. 影响冬小麦产量的气象要素定量评价模型[J]. 南京气象学院学报,2009,**32**(1):94-99.

[15] 魏瑞江,张文宗,康西言,等. 河北省冬小麦气候适宜度动态模型的建立及应用[J]. 干旱地区农业研究,2007,**25**(6):5-9,转 15.

[16] 魏瑞江,宋迎波,王鑫. 基于气候适宜度的玉米产量动态预报方法[J]. 应用气象学报,2009,**20**(5):622-627.

[17] 马树庆,陈剑,王琪,等. 东北地区玉米整地、播种和收获气象适宜度评价模型[J]. 气象,2013,**39**(6):782-788.

[18] 李德,张学贤,刘瑞娜. 冬小麦冬季干旱时段灌溉气象适宜指数研究[J]. 气象,2012,**38**(12):1565-1571.

[19] 易雪,王建林,宋迎波. 气候适宜度指数在早稻产量动态预报上的应用[J]. 气象,2010,**36**(6):85-89.

[20] 钟新科,刘洛,宋春桥,等. 基于气候适宜度评价的湖南春玉米优播期分析[J]. 中国农业气象,2012,**33**(1):78-85.

[21] 张建军,马晓群,许莹. 安徽省一季稻生长气候适宜性评价指标的建立与试用[J]. 气象,2013,**39**(1):88-93.

[22] 宋迎波,王建林,李昊宇,等. 冬小麦气候适宜诊断指标确定方法探讨[J]. 气象,2013,**39**(6):768-773.

[23] 刘霞,张茹吉,李玉奇,等. 基于气候数据的蔬菜适宜栽培季节判别模型建立及应用[J]. 中国农学通报,2012,**28**(04):230-235.

[24] 张明洁,赵艳霞. 北方地区日光温室气候适宜性区划方法[J]. 应用气象学报,2013,**24**(3):278-286.

[25] 马树庆. 吉林省农业气候研究. 北京:气象出版社,1994:33.

[26] 安志信,张福墁,陈端生,等. 蔬菜节能日光温室的建造及栽培技术[M]. 天津:天津科学技术出版社,1994:55-57.

[27] 安志信,刘文明. 设施蔬菜主要生理障碍(上)[J]. 农村实用工程技术(温室园艺),2005,(6):42-43.

[28] 王荣英,魏瑞江,王鑫,等. 不同年型下日光温室内小气候差异[J]. 中国农学通报,2014,**30**(8):244-249.

[29] 安月改,刘学峰,于长文,等. 气候状况公报编写规范,DB13/T 1270—2010,5[S],2010.

福建省惠安县草莓露地栽培气候条件分析

郑志阳　邹燕惠　黄冬云

（福建省惠安县气象局,惠安 362100）

摘要: 任何一种农作物,在一地种植,能否取得较佳的收获,在种子、肥料和耕作水平相同的条件下,决定其产量和品质的主要因素是能否合理利用本地气候资源。本文根据草莓生长条件,结合惠安县崇武国家基准气候站 1981—2010 年 30a 的气候资料进行分析,得出:惠安县光、热、水气候资源十分适宜大面积长期发展草莓栽培,但个别年份霜冻、干旱、大雾和连阴天等气象灾害影响草莓正常生长以及产量形成,应加以防范,以达到充分利用当地气候资源、提高草莓产量和品质及进一步推广发展。

关键词: 草莓;露地栽培;气候条件;分析

0　引言

草莓鲜红美艳,果实柔软多汁,香味浓郁,甜酸可口,营养丰富,有较高的药用和医疗价值[1]。我国草莓栽培始于 1915 年。20 世纪 80 年代以来,由于农村经济政策的落实,在一业为主、多种经营方针的指导下,草莓生产有了迅速的发展[2]。随着农业种植业结构的不断调整,惠安县自 90 年代初就开始引种草莓。本文利用惠安县多年气候资料,着重分析了草莓栽培所需要的光、热、水等气候条件,并找出影响惠安县草莓正常生长以及产量与品质的气象灾害,提出草莓栽培较为合理的生产建议,为今后充分利用当地气候资源,获得草莓产业的稳产、高产和优质及进一步推广种植提供依据。

1　草莓生长条件

1.1　草莓生长对水分的要求

草莓在不同生育期对水分的要求也不一样。开花期应满足水分的供应,以不低于土壤田间持水量的 70% 为宜,此时缺水,影响花朵的开放和授粉受精过程,严重干旱时,花朵枯萎;结果成熟期需水量也比较大,应保持在田间持水量的 80%,此时缺水,果个变小,品质变差;花芽

第一作者简介:郑志阳,1970 年出生,男,福建惠安人,工程师,从事作物适应性气候条件研究。E-mail:zzy59133@163.com。

分化适当减少水分,保持在田间持水量的 60%～65%,以促进花芽的形成。

1.2　草莓生长对光照的要求

草莓是喜光植物,但又较耐阴。光是草莓生存的重要因子,只有在光照充足的条件下草莓植株才能生长健壮,花芽分化好,浆果才能高产优质。如果光照不足,植株生长弱,叶柄和花序梗细弱,花芽分化不良,浆果小而味淡。

1.3　草莓生长对温度的要求

草莓对温度的适应性较强,喜欢温暖的气候,但不抗高温,也有一定的耐寒性。草莓生长的最适温度为 18～23℃,光合作用的最适温度为 15～25℃,夏季气温超过 30℃生长受抑制。花粉发芽的最适温度为 25～27℃,开花期低于 0℃会阻碍授粉,影响种子发育,导致畸形果。

1.4　草莓生长对土壤的要求

草莓是浅根植物,根系主要分布在表层 0～20 cm 土壤中,也有极少数根系可深达 40 cm以下土层。草莓最适宜栽植在疏松、肥沃、通气良好、保肥保水能力强的沙壤土中,黏土地虽具有良好的保水性,但透气不良,根系呼吸作用和其他生理活动受到影响,容易发生烂根现象,使草莓果味酸,着色不良,品质差,成熟期晚。

2　惠安县草莓栽培的气候条件分析

惠安县地处福建沿海(台湾海峡中部),属南亚热带季风湿润气候,气候有 4 个基本特征:气温高、光热充足、降水充沛、季风气候显著。惠安县草莓一般在 9 月下旬定植,当年完成花芽分化、越冬后于翌年 4 月下旬收获果实,主要生育期分为苗期、开花期和结果期。

2.1　光照条件

日照是一切动植物生长发育不可缺少的气象条件。植物叶面进行光合作用,有赖于光照才能进行。日照会直接影响到农作物的产量和品质,但区域日照时间的长短,不仅决定于纬度,而且在很大程度上受地理环境与云雾的影响[3]。惠安县年平均日照时数为 1198.2 h,占可照时数的 50%。从日照时数的分布来看,3 月平均日照时数为 103.2 h,4 月平均日照时数为115.3 h,4—10 月作物旺季月日照时数平均可达 192.8 h;一年之中 7 月份为日照时数最长,平均日照时数达 267.3 h,光照条件最好,其次是 8 月,平均日照时数 248.1 h;9—11 月日照时数平均为 190.1 h,12 月平均日照时数 158.7 h;光照条件可以满足草莓生长发育的需要。

2.2　热量条件

热量是农作物生长发育必需的重要环境条件之一,它对农作物的主要活动机能有显著的影响,同时对农作物的种类、分布、品种、轮作、引种以及农业技术措施也起着制约作用[4]。惠安县年平均气温为 20.2℃,无霜期 306 d,初霜冻最早可能出现在 11 月末,个别年份在 3 月中旬仍可能出现霜冻。3 月份以后,气温逐渐回升,4 月下旬平均气温可达 19.5℃,5 月平均气温

21.8℃,6—8月平均气温为26.9℃。8月为1年中最热月,平均气温达30.2℃。9月下旬气温下降,昼夜温差加大。9—11月平均气温22.9℃,11月平均气温19.1℃,12月平均气温14.6℃。热量条件完全可以满足草莓的生长需要。

2.3　水分条件

农谚说,"有收无收在于水",说明了水分与农业生产是息息相关的。惠安县年平均降水量为1132.4 mm,年降水量分布不均,秋冬偏少。从3月开始降水量逐渐增多,3月平均降水量107.2 mm,4月平均降水量133.0 mm,4—9月总降水量占全年的72%,10月份以后降水逐渐减少。在正常年景下,是可以满足草莓生长发育的需要。

从以上惠安县气候条件分析可得出,惠安县光、热、水气候资源十分适宜大面积长期发展草莓栽培。

3　影响草莓生长的气象灾害与防御

影响惠安县草莓生长的气象灾害主要为霜冻、干旱、大雾和连阴天。

3.1　霜冻

虽然草莓的温度适应性较强,较耐寒,但怕霜冻。惠安县西北山区12月至翌年3月的低温霜冻会对草莓生长和花器发育造成伤害。冻害时,叶片部分冻死干枯,花蕊受冻后变黑褐死亡,柱头受冻后向上隆起干缩,花瓣常出现红色或紫红色,幼果停止发育而干枯僵死[5]。所以,要根据天气预报,在有寒流时用塑料薄膜、草帘或其他覆盖物进行临时覆盖,或在上风口处点火熏烟和根外追肥等措施,有喷灌条件的地方还可以进行喷灌,以防止冻害。

3.2　干旱

干旱是一种综合现象,它是由于长期缺水伴随高蒸发而致,造成土壤根层脱水和植株供应混乱,致使生产力大幅下降,甚至死亡。干旱是惠安县主要的农业气象灾害之一,惠安县每年均有不同程度的干旱发生,遇到2—4月春雨少的年份的春旱会使草莓植株萎蔫干枯,还易遭受病虫危害。所以,灌溉是最有效的抗旱措施,它可在短时间内、大范围调节土壤的水分储藏量,改变土壤对作物的水分供应情况,为植株创造适宜的水分条件。

3.3　大雾和连阴天

草莓结果成熟期需充足的日照,多晴少阴十分有利于草莓的生长。惠安县3—5月常有雾出现,全年有雾日数平均为30.2天,最多为57天(1993年),最少为13天(2000年)。大雾和连阴天大大限制了草莓的光合作用,使得果实成熟期推迟。所以,在连阴天或雾天的中午,应坚持揭草苫,这样可使植株接受散射光,利于增产。

4　草莓栽培建议

要使草莓栽培获得稳定、较高的产量,必须因地制宜,遵循气候规律,关注异常气候。同

时,在栽培技术和管理措施上注意抓好以下几个环节。

4.1 高垄稀植

露地草莓从定植到开花的期间比较长,开花结果短,单株生长量较大,故宜高垄稀植。每 1 hm² 植 13500～16500 株,即垄距 80 cm,垄高 20 cm,每垄 2 行,株距 15～18 cm 为宜。定植时间一般在 9 月下旬—10 月上旬。

4.2 越冬防寒

草莓越冬防寒适宜于采用地膜结合其他覆盖物的覆盖。越冬防寒期间,地膜之上需覆盖作物秸秆等其他覆盖物 3～5 cm 厚,并加少量土压实,以遮阴保温,防止提早开花受冻。

4.3 花期放蜂

草莓自花结实力强,花期放蜂主要是为了减少畸形果。草莓露地栽培,花期虽然可出现一些访花昆虫,但往往达不到理想效果。草莓园地花期放蜂,可加强花期授粉,一般按 1 只蜜蜂 1～2 株草莓的比例放蜂。蜜蜂飞行距离一般为 400 m,访花时间为 8～16 h,活动温度范围为 15～30℃[6]。

4.4 科学施肥

草莓施肥以基肥为主,基肥以有机肥为主,配合无机肥。追肥以速效肥为主,栽植前已施入大量优质有机肥及速效肥作为底肥的,栽后当年或第 2 年可不施或少施追肥。底肥或基肥不足要及时进行追肥。

4.5 合理灌水

草莓是需要水分最多的浆果植物,对水分要求较高,全年均要求足够的水分。早春为提高地温,灌水量不宜过大。开花结果期,在水分管理上,要掌握小水勤灌、保持土壤湿润的原则,在土壤表面见干时就要灌水[7]。

5 小结

惠安县草莓栽培过程中,较为敏感的气象问题是:(1)开花期的霜冻。(2)结果成熟期干旱、大雾和连阴天天气。从长远看,未来气候变化对农业的可能影响虽然不确定性很大,但总体上是不利的[8]。因此,充分地利用有利的气候条件,预防和避免不利的气候条件,掌握好栽培管理技术,是草莓栽培获得高产稳产的一个重要途径。

参考文献

[1] 彭天沁.浅谈草莓设施栽培技术要点及其发展趋势 [J].吉林农业,2011,**256**(06):142-144.

[2] 唐梁楠,杨秀瑗. 草莓优质高产新技术[M].北京:金盾出版社,2013:2-57.

[3] 杨红素,陈序东.寿宁县立体气候特征及农业气候区划 [J].福建气象,2009,(4):44-47.

［4］郑志阳,杨苏勤,陈文煌.福建省惠安县农业气候资源分析［J］.福建农业科技,2013,(增刊):43-44.

［5］李莉,杨雷,杨秋叶,等.河北省草莓常见灾害及防灾减灾对策［J］.河北农业科学,2012,**16**(2):37-39.

［6］王忠和.草莓规范化栽培技术[J].中国园艺文摘,2012,(7):145-153.

［7］雷世俊,赵兰英.草莓高效栽培专家答疑［M］.济南:山东科学技术出版社,2013:41-45.

［8］徐联.我国主要农业气象灾害及应对措施［J］.仲恺农业工程学院学报,2011,**24**(2):39-44.

浙南春茶采摘期的气象条件分析
及预报模型建立

姜燕敏[1,2]　金志凤[3]　李松平[2]　潘建义[4]　马军辉[4]

(1. 南京大学大气科学学院,南京 210093;2. 丽水市气象局,丽水 323000;
3. 浙江省气候中心,杭州 310017;4. 丽水市农业局,丽水 323000)

摘要:利用 2001—2013 年浙南遂昌县春茶 5 个主栽品种的开采期和洪峰期时间资料,结合同期的气温、降水、日照和相对湿度等气象资料,应用数理统计方法,分析了浙南春茶采摘期与各气象要素的相关性,并探讨不同品种春茶采摘期的临界温度与积温范围,建立了基于气象要素的春茶采摘期预报模型。结果表明:浙南春茶采摘以乌牛早为最早,其次是龙井 43,第三为安吉白茶,第四为福鼎大白茶,鸠坑最晚;春茶采摘期与 1—3 月气温呈显著负相关关系,其中与 1 月气温负相关最显著,即冬季气温的高低是决定春茶采摘提早或推迟最关键的因素之一;从积温变化的稳定性来看,乌牛早的萌动起始温度是 8℃,龙井 43、安吉白茶、福鼎大白茶和鸠坑则是通过 10℃ 的积温最为稳定。浙南春茶采摘期预报模型以积温为预报因子,效果最佳,预报误差为 −4~3 d,可为预报春茶采摘时间提供理论依据。

关键词:农业气象;春茶;采摘期;浙南;预报模型

0　引言

浙南位于浙江省西南浙闽两省结合部,介于北纬 27°25′—28°57′和东经 118°41′—120°26′之间,既属亚热带湿润季风气候,又具大陆气候回春早的特点,山区独特的凉爽气候和生态环境,为茶叶的优良品质创造了得天独厚气候优势和天然条件,是中国绿茶一类适生区。浙南春茶主要表现是时间早、无污染、品质优三大自然优势。随着全球气温的升高,浙南气温也明显上升,约每 10a 上升 0.17℃[1,2],且气温的上升导致春季起始日期(5 d 滑动平均气温稳定通过 10℃)提前[3],利于早春茶芽的萌动和生长,所以近年来浙南春茶茶叶发芽时间早、采摘早,成为该地茶叶生产的一大优势。

茶叶生长与气象条件密切相关。目前,有关茶叶与气象有关研究主要集中在气候变暖、天

通讯作者:jzfeng0423@163.com

基金项目:公益性行业(气象)科研专项"江南茶叶生产气象保障关键技术研究"(GYHY201306037)。

第一作者简介:姜燕敏,1984 年出生,女,汉族,江苏常州人,硕士,工程师,主要从事应用气象和农业气象服务等相关工作。E-mail:ziyajiang1984@gmail.com。

气类型、气象灾害等对茶叶生长的影响[4~6],茶叶农业气象指标的建立[7],茶叶产量及品质等与气象要素的相关分析[8~10],茶叶农业气象灾害风险评价[11],茶叶生长的适宜性研究以及茶树气象资源的开发利用等[12~14],其中 20 世纪 80 年代部分农业专家对开采期与气象因子的相关分析及预报模型等进行了一些研究[15,16],但主要是针对茶叶开采期的分析。本文着力于春茶开采期与洪峰期提前或延后的变化特征,因为春茶开采时间早,容易遭受冬季冻害和早春霜冻的影响[11],而洪峰期是春茶采摘最为集中的时间,如果遭受霜冻的影响,对产量和品质的影响最大,有必要对茶叶采收最关键的两个时期进行分析研究。

本文在借鉴一些专家学者研究成果的基础上,以浙南最大的茶叶生产基地——遂昌县不同品种春茶采摘期(包括开采期和洪峰期)为研究对象,与不同的气象要素进行相关对比分析,寻找对茶叶采摘期影响最大的气象因子,在此基础上研究春茶采摘期的临界温度与积温范围,以及建立春茶采摘期预报模型,预测不同品种春茶采摘期的早晚,为茶农合理安排茶叶采摘等农事活动、提高经济效益提供理论依据。

1 资料与方法

1.1 资料来源

茶叶采摘期资料来源于丽水市农业局茶叶站,包括丽水市各县市茶叶开采期和洪峰期日期,资料年限为 2001—2014 年。本研究主要以 2001—2012 年浙南最大的茶叶种植基地——遂昌县春茶 5 个主栽品种(乌牛早、龙井 43、安吉白茶、福鼎大白茶和鸠坑)的开采期和洪峰期时间资料为研究对象,并用 2013—2014 年采摘期时间作为模型验证。

气象资料取自丽水市国家气象观测站、遂昌县气象局,主要是 2001—2014 年茶叶采摘同期的气温、降水、湿度、日照等气象资料。

1.2 分析方法

因为春茶采摘期是个日期,无法与气象要素进行相关分析,首先将春茶开采期和洪峰期转换成日序(统计值),以 1 月 1 日=1,1 月 2 日=2,依次类推。将日序与各气象因子进行相关分析[8,9,15,16],筛选对茶叶采摘期影响最大的气象因子,分析浙南不同品种春茶采摘期的临界温度与积温范围,应用数理统计方法建立了浙南春茶采摘期预报模型,并用 2013—2014 年春茶采摘期检验模型预报效果。

相关系数是描述两个要素线性相关的统计量。相关系数是按积差方法计算,同样以两变量与各自平均值的离差为基础,通过两个离差相乘来反映两变量之间相关程度。对变量 x 和变量 y,如果都取 n 个资料样本,则相关系数的计算公式为:

$$r = \frac{\sum\limits_{i=1}^{n}(x_i - \overline{x})(y_i - \overline{y})}{\sqrt{\sum\limits_{i=1}^{n}(x_i - \overline{x})^2}\sqrt{\sum\limits_{i=1}^{n}(y_i - \overline{y})^2}} = \frac{COV(x,y)}{S_x S_y} \tag{1}$$

实际上,相关系数就是协方差和标准差 S_x、S_y 乘积的比值。其中协方差定义为:$COV(x,y) = \frac{1}{n}\sum_{i=1}^{n}(x_i - \overline{x})(y_i - \overline{y})$,标准差定义为 $S = \sqrt{\frac{1}{n}\sum_{i=1}^{n}(x_i - \overline{x})^2}$。

变异系数是衡量数据波动大小的统计量,为标准差与平均值之比,是个相对变异量和无量纲的量,具有广泛可比性。变异系数实际上反映了数据离散程度的绝对值,其数据大小不仅受变量值离散程度的影响,而且还受变量值平均水平大小的影响,变异系数的大小可确定数据波动幅度的大小。

变异系数: $$CV = S/\overline{x} \times 100\% \tag{2}$$

式中:标准差 $S = \sqrt{\frac{1}{n}\sum_{i=1}^{n}(x_i - \overline{x})^2}$,平均值 $\overline{x} = \frac{1}{n}\sum_{i=1}^{n}x_i$,$x_i$ 表示样本数据。

2 浙南春茶采摘期变化和气象条件变化特征

2.1 浙南春茶开采期和洪峰期变化特征

图 1 可知,春茶 5 个主栽品种开采期随年份变化特征基本一致,即乌牛早的开采期最早(采摘期的平均日期为 2 月 24 日),其次是龙井 43(3 月 9 日),第三是安吉白茶(3 月 11 日),第四是福鼎大白茶(3 月 16 日),最晚是鸠坑(3 月 27 日)。同一品种的春茶在不同年份,其采摘期也相差较大,尤其是采摘最早的乌牛早,最早(2010 年 2 月 10 日)与最晚(2005 年 3 月 17日)采摘时间差值甚至超过一个月。

不同品种春茶洪峰期变化趋势与开采期基本相似,且与对应品种开采期都呈正相关关系,且相关系数都达到 0.9 以上,通过 0.01 显著性水平,即开采期提前,洪峰期也对应前移,反之开采期推迟,洪峰期也延后。其中以乌牛早的洪峰期最早(平均日期为 3 月 12 日),其次是龙井 43(3 月 24 日),安吉白茶和福鼎白茶相差不大(分别是 3 月 27 日和 29 日),最晚还是鸠坑(4 月 7 日)。

春茶洪峰期与开采期的间隔时间不同品种之间差异也较大。开采早的品种,如乌牛早、龙井 43 和安吉白茶,洪峰期平均比开采期推迟 15 天左右,且以乌牛早偏晚最明显,特别是 2006年和 2009 年,乌牛早洪峰期与采摘期相差达到 20 天以上。采摘较晚的品种(如福鼎大白茶、鸠坑),洪峰期和采摘期之间的间隔时间明显缩短,两者洪峰期分别比开采期晚 13.8 天和11.6 天,且以鸠坑相差最小,甚至在 2005 年洪峰只比采摘推迟 8 天,即采摘较晚的品种其采摘时间相对集中。

另外,不同年份开采期和洪峰期之间的变化幅度差异明显。开采期较早的年份,如 2002年、2006 年、2009 年和 2010 年茶叶采摘的持续时间相对拉长;而采摘比较晚的年份,如 2005年、2008 年、2011 年和 2012 年,春茶采摘的时间相对缩短。主要是由于采摘较晚的品种和年份,后期气温回升明显,容易达到茶叶萌发所需要的积温,萌发快,即开采和洪峰之间的时间相应缩短。

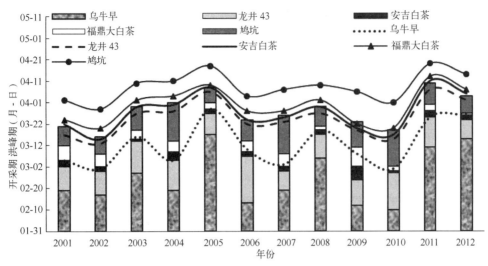

图 1 浙南春茶开采期和洪峰期随时间变化特征(柱形表示开采期,线形表示洪峰期)

2.2 春茶采摘期气象要素变化特征

图 2 可以看出,遂昌的平均气温从上年 12 月份开始下降,直至 1 月上旬出现最低点, 5.0℃,随后波动升高,到 2 月下旬开始气温突破 10℃,但 3 月上旬有时还会跌落至 10℃以下, 3 月中旬开始稳定通过 10℃,并且随后处于较为稳定的上升状态。除此之外,主要表现为"先下降,后上升"的还有降水量和日照,降水量在 1 月上旬出现最低值(9.3 mm),日照在 2 月下旬出现最低值(25.7 h),随后一直到 4 月下旬都处于波动增长阶段。变化趋势不明显的是雨日和相对湿度,雨日变化范围为 2.8~5.9 d,平均相对湿度的变化幅度为 72.6%~78.6%。

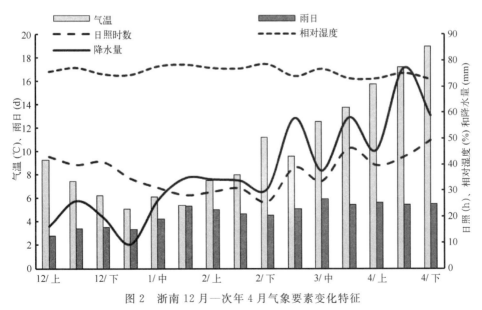

图 2 浙南 12 月—次年 4 月气象要素变化特征

3 浙南春茶采摘期预报模型分析

3.1 浙南春茶采摘期与气象要素的相关分析

选择上年 12 月至当年 4 月各月、各旬的平均气温、日照时数、降水量、雨日、平均相对湿度等气象因子,应用数理统计方法,分析采摘日期和洪峰期与气象要素的相关性。结果如表 1 和表 2。

从月份来看(表 1),1—3 月的气象要素对春茶采摘期的影响较大,而上年 12 月和当年 4 月的气象要素对春茶采摘日期的影响较小(表 1 中省略)。从不同气象要素来看,5 个主栽品种的茶叶采摘期、洪峰期与 1 月与 2 月平均气温的相关性较好,基本通过 0.01 显著性水平,与 1 月份日照的相关系数也较好,全部通过 0.05 水平的显著相关;采摘期较晚的茶叶品种,如鸠坑、福鼎大白茶、安吉白茶与 3 月的平均气温相关性也较好,基本达到 0.05 水平的显著相关;但采摘期与相对湿度、降水量和雨日的相关系数并不理想。

表 1 浙南春茶开采期(日序)与 1—3 月月平均气象因子的相关系数

月份	气象要素	乌牛早		龙井 43		安吉白茶		福鼎大白茶		鸠坑	
		采摘期	洪峰期	采摘期	洪峰期	采摘期	洪峰期	采摘期	洪峰期	采摘期	洪峰期
1 月	气温	-0.726^{**}	-0.782^{**}	-0.693^{**}	-0.781^{**}	-0.739^{**}	-0.761^{**}	-0.761^{**}	-0.716^{**}	-0.772^{**}	-0.837^{**}
	相对湿度	0.153	0.056	0.138	-0.113	0.075	-0.079	-0.012	-0.096	-0.169	-0.189
	降水量	0.293	0.190	0.262	0.032	0.206	0.029	0.185	0.039	0.020	-0.045
	雨日	0.492	0.408	0.439	0.205	0.394	0.246	0.303	0.191	0.159	0.158
	日照	-0.568^{*}	-0.601^{*}	-0.643^{*}	-0.629^{*}	-0.650^{*}	-0.632^{*}	-0.595^{*}	-0.622^{*}	-0.618^{*}	-0.580^{*}
2 月	气温	-0.749^{**}	-0.757^{**}	-0.803^{**}	-0.606^{*}	-0.780^{**}	-0.616^{*}	-0.712^{**}	-0.619^{*}	-0.569^{*}	-0.518
	相对湿度	-0.210	-0.148	-0.186	-0.330	-0.214	-0.341	-0.243	-0.378	-0.360	-0.298
	降水量	0.091	0.177	0.185	0.122	0.138	0.083	0.048	0.045	0.100	0.124
	雨日	-0.027	0.065	0.003	-0.107	-0.024	-0.146	-0.043	-0.181	-0.150	-0.118
	日照	-0.182	-0.296	-0.165	0.026	-0.152	0.053	-0.137	0.122	0.093	0.029
3 月	气温	-0.471	-0.599^{*}	-0.575^{*}	-0.782^{**}	-0.620^{*}	-0.755^{**}	-0.644^{*}	-0.734^{**}	-0.806^{**}	-0.825^{**}
	相对湿度	-0.473	-0.537	-0.554^{*}	-0.539	-0.568^{*}	-0.561^{*}	-.546	-0.548	-0.542	-0.512
	降水量	-0.070	-0.092	-0.165	-0.255	-0.172	-0.278	-0.227	-0.317	-0.262	-0.209
	雨日	-0.345	-0.325	-0.411	-0.454	-0.425	-0.528	-0.420	-0.535	-0.504	-0.459
	日照	0.144	0.154	0.165	-0.071	0.153	0.014	0.089	-0.026	-0.063	-0.065

注:* 表示通过 0.05 显著性水平,** 表示通过 0.01 显著性水平

从表 1 可以看出,春茶采摘期与气温的相关性最好,为此分析不同时段气温对春茶采摘期的影响。表 2 可知,1 月中旬和 1 月下旬气温与茶叶采摘期的相关性相对较好,都呈现显著负相关关系,即前期气温越高,春茶采摘期提前越明显,基本通过 0.05 显著性水平,有些甚至突破 0.01 显著性水平。另外,采摘较早的品种(如乌牛早和龙井43),与 2 月中、下旬气温的相

关性较好,而采摘期稍晚的品种(如鸠坑、福鼎大白茶、安吉白茶)与 3 月上、中旬气温相关性较好。

表 2　浙南春茶开采期(日序)与旬平均气温的相关系数

时期	乌牛早		龙井 43		安吉白茶		福鼎大白茶		鸠坑	
	开采期	洪峰期	开采期	洪峰期	开采期	洪峰期	开采期	洪峰期	开采期	洪峰期
1 月上旬	−0.384	−0.520	−0.418	−0.330	−0.406	−0.292	−0.378	−0.244	−0.265	−0.355
1 月中旬	−0.535	−0.561*	−0.476	−0.643*	−0.533	−0.641*	−0.568*	−0.575*	−0.663*	−0.735**
1 月下旬	−0.636*	−0.581*	−0.593*	−0.688**	−0.645*	−0.686**	−0.684**	−0.717**	−0.715**	−0.677*
2 月上旬	−0.518	−0.424	−0.546	−0.441	−0.532	−0.473	−0.495	−0.527	−0.435	−0.342
2 月中旬	−0.559*	−0.577*	−0.657*	−0.417	−0.604*	−0.435	−0.477	−0.421	−0.399	−0.373
2 月下旬	−0.532	−0.632*	−0.513	−0.447	−0.537	−0.416	−0.564*	−0.381	−0.392	−0.404
3 月上旬	−0.427	−0.547	−0.448	−0.581*	−0.505	−0.564*	−0.524	−0.517	−0.627*	−0.663*
3 月中旬	−0.328	−0.361	−0.410	−0.613*	−0.399	−0.588*	−0.426	−0.591*	−0.601*	−0.588*
3 月下旬	−0.247	−0.381	−0.379	−0.474	−0.434	−0.461	−0.441	−0.460	−0.494	−0.513

注:* 表示通过 0.05 显著性水平,** 表示通过 0.01 显著性水平。

3.2　浙南春茶萌芽的起始温度与积温的确定

由于浙南春季气温变化幅度大,本文尝试分析稳定通过 6℃、7℃、8℃、9℃和 10℃的初日的日期与春茶采摘期的相关性分析,结果并不理想。为此,采取统计从最冷月 1 月开始,到开采期和洪峰期的逐日通过≥6℃、≥7℃、≥8℃、≥9℃和≥10℃的活动积温,通过积温逐年变动标准差和变异系数的大小来确定不同品种春茶越冬茶芽萌动的起始温度。可以得出,乌牛早通过 8℃的积温相对稳定,变异系数最小,只有 13.4%;而龙井 43、安吉白茶、福鼎大白茶和鸠坑,则是通过 10℃的积温最为稳定。

表 3　浙南春茶达到开采期所需积温统计

春茶品种	采摘期	萌芽温度(℃)	活动积温(℃·d)	变异系数(%)
乌牛早	开采期	8	218.4±29.3	13.4
	洪峰期	8	374.8±65.4	17.4
龙井	开采期	10	251.8±48.6	19.3
	洪峰期	10	403.0±85.0	21.1
安吉白茶	开采期	10	278.8±66.1	23.7
	洪峰期	10	443.3±75.3	17.0
福鼎大白茶	开采期	10	313.6±69.4	22.1
	洪峰期	10	487.2±73.2	15.0
鸠坑	开采期	10	446.7±84.5	18.9
	洪峰期	10	618.0±126.3	20.4

3.3 浙南春茶采摘期预报模型的建立与验证

通过将采摘期和洪峰期日期分别转化为日序,然后再分别与月气象要素、旬气象要素、不同时段的积温进行相关分析和逐步回归,得出采摘期与积温的相关性最好,且以积温为预报因子的模型效果最佳,建立的开采期和洪峰期的预报模型如表 4 所示。从春茶预报模型,可以看出 1—2 月的积温对春茶采摘期的提早或延后,关系最为重要,即暖冬(特别是最冷月 1 月温度的高低)是决定春茶采摘提前或延后最为关键的影响因素。

本文以 2001—2012 年春茶采摘期与气象要素的相关分析为依据,建立春茶采摘气象预报模型,并以 2013—2014 年两年的开采期和洪峰期来验证模型的准确率。从 2013 年和 2014 年模型预报结果来看,2013 年验证误差范围在 $-3\sim3$ d,2014 年效果检验误差在 $-4\sim2$ d,可以看出预报值与实测值比较相近,预报模型基本能反映浙南春茶采摘的时间先后,对于农户及时组织劳力、适时开采春茶、提高经济效益具有重要的意义。

表 4 浙南春茶采摘期预报模型的建立与验证

采摘期		预报模型	预报因子 X	2013 年模型效果检验			2014 年模型效果检验		
				预测	实测	检验	预测	实测	检验
乌牛早	开采期	$Y=78.176-0.18X$	"1—2 月上旬"≥8℃的积温	50	53	-3	50	52	-2
	洪峰期	$Y=97.217-0.10X$	"1—2 月"≥8℃的积温	70	70	0	72	73	-1
龙井 43	开采期	$Y=94.550-0.14X$	"1—2 月"≥10℃的积温	65	66	-1	69	72	-3
	洪峰期	$Y=102.705-0.08X$	"1—3 月上旬"≥10℃的积温	79	78	1	87	87	0
安吉白茶	开采期	$Y=96.196-0.13X$	"1—2 月"≥10℃的积温	69	68	1	72	75	-3
	洪峰期	$Y=122.136-0.07X$	"1—3 月"≥10℃的积温	83	81	2	90	89	1
福鼎大白茶	开采期	$Y=96.824-0.11X$	"1—2 月"≥10℃的积温	74	71	3	77	81	-4
	洪峰期	$Y=101.789-0.16X$	"1—2 月上旬"≥10℃的积温	83	83	0	85	88	-3
鸠坑	开采期	$Y=104.722-0.07X$	"1—3 月上旬"≥10℃的积温	84	81	3	91	89	2
	洪峰期	$Y=126.053-0.06X$	"1—3 月"≥10℃的积温	92	94	-2	98	98	0

4 结论与讨论

(1)浙南是中国绿茶一类适生区,其独特的气候优势为茶叶生长创造了良好的天然条件,加上其采摘时间早,为其率先抢占茶叶市场,提高经济效益提供了优势。本文就是依靠 10 余年的 5 个主栽品种春茶采摘期数据,着力于春茶开采期与洪峰期预报,为当地农业生产部门以及广大茶农提供具有参考价值的预报,可以给农户合理安排春茶采摘等农事活动,以及提高经济效益提供理论依据。

(2)浙南 5 个主栽品种的茶叶的开采和洪峰期,都以乌牛早最早,其次是龙井 43、随后是安吉白茶、福鼎大白茶,最晚的是鸠坑。且开采早的品种,茶叶采摘时间较为稀疏,而开采晚的品种,采摘时间较为紧凑。春茶采摘期与气象要素的相关分析,得出 1—3 月的气象要素对春茶采摘期的影响较大,且其中以最冷月 1 月份气温与采摘期的负相关最显著,即暖冬是决定春茶采摘提前或延后最关键的因素。从积温逐年变化稳定性出发,乌牛早越冬茶芽萌动的起始温度为 8℃,其他 4 个品种是 10℃,这与陈荣冰研究的茶树萌动起点温度[16]结果相类似。

(3)本文是以积温为预报因子来确定茶叶采摘期,模型预报日期与实际观测日期相差 −4～3 天,模拟效果较好,可为茶农合理安排春茶采摘提供理论依据。鉴于预报模型是单因子的,可进一步尝试用多因子气象要素进行分析,检验预报模型在实际应用中的效果,并不断修正和完善,使采摘期预报结果更加可靠。

参考文献

[1] 吴昊旻,陈惠芬,何凯玲.丽水市 1953—2010 年气温变化对四季长度的影响[J].气象与环境科学,2012,**35**(3):76-80.

[2] 吴昊旻,茅军念,谢敏星.丽水市近 58 年来气温变化周期特征和趋势分析[J].大气科学研究与应用,2011,(2):34-40.

[3] 姜燕敏,吴昊旻,杨爱琴,等.丽水市四季起始日期的气候演变特征[J].沙漠与绿洲气象,2013,**7**(6):58-62.

[4] 蒯志敏,程佳,王建根,等.影响碧螺春茶叶采摘的天气类型分析[J].中国农业气象,2010,**31**(S1):104-106.

[5] 于仲吾,尹连荣,刘新华,等.气候变暖对茶叶生产的影响[J].茶叶,2002,**28**(3):162-163.

[6] 王俊,蒯志敏,张旭晖.江苏省春霜冻发生时空演变规律及其对春茶的影响[J].中国农业气象,2011,**32**(S1):222-226.

[7] 黄寿波.茶树生长的农业气象指标[J].农业气象,1981,(6):54-58.

[8] 汪春园,徐华安.春茶谷雨前产量与时段气象因子的关系[J].中国农业气象,1998,**19**(3):20-22.

[9] 胡振亮.春茶主要生化成分与气象因子之间的偏相关分析[J].中国农业气象,1988,(3):5-8.

[10] 黄寿波.气象因子与茶树生育、产量、品质的关系[J].中国农业科学,1986,(4):96.

[11] 金志凤,胡波,严甲真,等.浙江省茶叶农业气象灾害风险评价[J].生态学杂志,2014,**33**(3):771-777.

[12] 李湘阁,闵庆文,余卫东.南京地区茶树生长气候适应性研究[J].南京气象学院学报,1995,**18**(4):572-577.

[13] 金志凤,黄敬峰,李波,等.基于 GIS 及气候-土壤-地形因子的浙江省茶树栽培适宜性评价[J].农业工程学报,2011,**27**(3):231-236.

[14] 周子康.浙江丘陵山地茶树气候资源及其开发利用[J].自然资源,1987,(2):38-44.

[15] 缪强,金志凤,羊国芳,等.龙井 43 春茶适采期预报模型建立及回归检验[J].中国茶叶,2010,(6):22-24.

[16] 陈荣冰.春茶开采期与气象因子的相关回归分析[J].茶叶科学简报,1987,(1):217-227.

红富士苹果果面裂纹与气象因子关系的研究

裴秀苗[1]　张高斌[2]

(1. 山西省运城市气象局,运城 044000;2. 山西省万荣县气象局,万荣 044200)

摘要: 通过对万荣县 1991—2013 年红富士苹果果面裂纹情况与同时期的气象资料进行对比分析,运用 Excel、SPSS 软件分析果面裂纹等级与温度、降水、日照、湿度、降水日数等气象因子的相关关系,寻找影响万荣县红富士苹果裂纹的关键因子,结果表明:8 月上旬的日照时数、9 月降水量、9 月相对湿度和 6 月份降水量等影响果面裂纹,其中 9 月份降水量、相对湿度、6 月份降水量与果面裂纹等级呈负相关,而 8 月上旬的日照时数与果面裂纹等级呈正相关。

0　引言

红富士苹果具有晚熟、质优、味美、口感好、耐储存、产量高等优点,深受消费者喜爱。但是红富士苹果果皮娇嫩,常常会在梗洼和果肩处形成许多细长的裂纹,套袋果实在摘袋后也会出现裂纹现象[1~3],严重影响红富士苹果的外观品质,降低商品性能,使果农蒙受经济损失。

果面裂纹是目前影响红富士果实外观品质的重要因子,有关果面裂纹发生的原因国内外已有一些研究[4~8],研究表明:果实裂果受遗传因素控制,同时也和外界环境因素有关,如土壤、温度和相对湿度等。万欣[9]认为,果实生长前期,土壤含水量不足,果皮和果肉细胞体积膨大受到限制,在继续干旱的情况下,严重影响了细胞的增大,造成果皮细胞的厚膜化。当果实发育后期,久旱逢雨或大水漫灌后,果肉细胞体积增大的速度大大超过果皮细胞增大的速度,加之红富士果皮较薄,就会出现裂果。余优森、李增波[10,11]等认为,气候干旱,尤其是果实发育期长期干旱是果面裂纹产生的主要原因。长期干旱条件下,表皮细胞发育不健全,细胞排列过度紧密,遇到采收前降雨或连续阴雨,皮层断裂,果面形成裂纹。现有的文献多限于定型化研究,本文在借鉴前人经验的基础上,应用 Excel、SPSS 软件,研究影响红富士苹果果面裂纹的主要气象因子,寻找影响果面裂纹的关键时期和关键气象因子,建立果面裂纹等级与气象因子关系的模型,为预防果面裂纹、提高红富士苹果品质提供理论依据和指导性服务方案。

第一作者简介:裴秀苗,1966 年出生,女,山西运城人,汉族,高级工程师,主要从事气候和农业气象研究。E-mail:1320009767@qq.com。

1　资料与方法

1.1　资料来源

　　本文选取万荣县1991—2013年苹果果面裂纹情况为研究对象,以该县同年代气象观测资料为依据,分别取年总和年平均的温度、降水、日照资料;苹果生长季(4—10月)的旬、月温度、降水、日照、月最高温度、月最低温度、≥0.1 mm降水日数、≥35℃日数和相对湿度等气象资料。果面裂纹资料来源于万荣县果业局和民间调查,每年的果面裂纹情况是一个定性描述(特好、好、较好、一般、差、较差、特差);气象资料来源于万荣县的气象观测资料。

1.2　资料处理

　　苹果果面裂纹是一种在果实发育期内由于水分变化波动较大而引起的一种生理障碍。表现为患病果实的近果蒂部位发生环状、放射状裂口,或在果面上发生纵裂。裂口极易受其他病菌的浸染而引起果实腐烂,失去商品价值[12~15]。除元帅系苹果抗病性较强外,其他苹果品种均有不同程度的发病现象,而以富士系品种发病较重,成为影响生产优质无公害苹果的制约因子。果面产生裂纹的主要原因是果实生长前期干旱,后期遇连续性降水或者暴雨,果实增大迅速,表皮胀裂而出现裂纹[16~18]。在现有的文献中对果面裂纹状况没有严格的标准和指标,本文中我们按照当地果农和消费者的习惯,根据苹果果面裂纹多少和严重程度将果面定性地分为特好、好、较好、一般、较差、差、特差7个等级,为了研究的方便和资料处理的统一性,将定性的果面等级定量化,分别以1~7表示,称其为"果面裂纹等级"(见表1)。

表1　1991—2013年苹果果面裂纹情况及等级

年份	1991	1992	1993	1994	1995	1996	1997	1998	1999	2000	2001	2002
果面裂纹描述	较差	差	差	较差	差	特好	差	好	一般	特差	一般
果面裂纹等级	5	6	6	5	6	1	6	6	2	4	7	4

年份	2003	2004	2005	2006	2007	2008	2009	2010	2011	2012	2013
果面裂纹描述	特好	差	较好	差	一般	好	一般	较差	特好	特差	特差
果面裂纹等级	1	6	3	6	4	2	4	5	1	7	7

1.3　研究方法

　　应用Excel、SPSS软件分析,对苹果果面裂纹情况进行显著性差异分析,经过相关分析研究气象因子与果面裂纹状况的相关性,筛选出影响苹果果面裂纹的气象因子。

　　本文选取万荣县1991—2013年4—10月逐旬、逐月的平均气温、降水量、日照时数,月最高平均气温、≥0.1 mm的降水日数等气象资料。利用Excel分析万荣县红富士苹果果面裂纹等级(见表1)与气象因素的相关关系,做出各个气象因子与果面裂纹等级的相关关系图。另外,在本文中我们还利用SPSS软件对果面裂纹等级与气象因子进行统计分析,建立逐步回归方程。

2 结果与分析

2.1 Excel 分析结果

运用 Excel 表格,建立各个气象因子与果面裂纹等级的相关关系图,从中寻找相关关系较好的因子,发现以下 4 个因子和果面裂纹关系密切。

2.1.1 9 月份降水、相对湿度与果面裂纹等级呈负相关

从图 1、图 2 中可以看出,果面裂纹状况与 9 月份的降水量及空气相对湿度具有显著的负相关性,相关系数分别为 −0.617 和 −0.527,分别通过 0.002 和 0.01 水平上显著相关。降水量越大、空气相对湿度越大,苹果果面裂纹等级越低,无裂纹或少有裂纹;反之,降水量越小、空气相对湿度越小,则果面裂纹等级越高,光洁度越差,裂纹越严重。9 月份是万荣县红富士苹果第 2 膨大期,果肉和果皮细胞都处于旺盛活跃时期,是提高其产量的关键时期,此时降水较多,空气湿润,细胞充分吸水,体积膨大;相反,如果果实膨大期间降水稀少,持续干旱,果实外围空气干燥,果皮细胞的膨大速度低于果肉细胞,使得果皮不能承受来自果肉细胞膨大的张力而产生裂纹[9]。

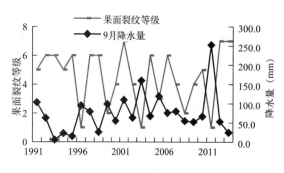

图 1　9 月份降水量与果面裂纹等级的关系

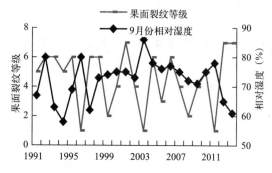

图 2　9 月份相对湿度与果面裂纹等级的关系

2.1.2 6 月份降水量与果面裂纹等级呈负相关

从图 3 中可以看出,6 月份降水量与果面裂纹等级呈负相关,相关系数为 −0.363,通过 0.1 水平上显著相关。6 月降水量越大则果面裂纹等级越低,果面少有裂纹或无裂纹;反之,6 月份降水量越少,则果面裂纹等级越高,果面裂纹越严重。6 月份正是万荣县红富士苹果幼果膨大期,此时降水量的多少与果面裂纹情况息息相关,雨水多、空气湿润,为幼果膨大提供了充分的水分条件,幼果均匀膨大;6 月份雨水少、空气干燥,幼果没有得到充分的膨大,而苹果迅速膨大期时正值雨季(7、8、9 月份),此时若遇到暴雨或连阴雨,容易发生裂果现象,且每次大雨之后出现一次裂果高峰,特别是晴天突转暴雨或旱天大水漫灌,裂果现象会明显加重。

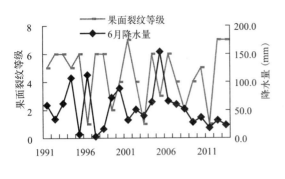

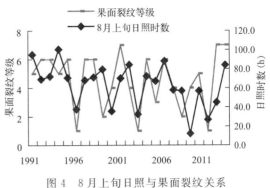

图3　6月份降水量与果面裂纹关系　　　　　图4　8月上旬日照与果面裂纹关系

2.1.3　8月上旬的日照时数与果面裂纹等级呈正相关

8月上旬的日照时数与果面裂纹等级呈正相关,相关系数为0.484,通过0.02水平上显著相关。8月上旬日照时数越多,则果面裂纹等级越高,果面裂纹严重;反之8月上旬日照时数越少则果面裂纹等级越低,果面少有裂纹或无裂纹。

2.2　回归分析的结果

本文分析了(4—10月)平均最高、最低气温、月平均温度、日照、降水、相对湿度、≥0.1mm降水日数、≥35℃天数、日平均气温20~27℃的天数以及旬平均温度与果面的线性相关性分析,利用SPSS软件建立万荣县红富士苹果果面裂纹等级与气象因子关系的回归方程。

表2　与果面裂纹等级相关的气象因子及系数

气象因子	6月降水量(mm)	6月相对湿度	6月≥0.1mm降水日数	6月上旬日照时数(h)	7月上旬温度	8月上旬日照时数(h)	9月降水量(mm)	9月相对湿度	9月上旬日照时数(h)	9月上旬降水量(mm)	9月中旬降水量(mm)
相关系数	−0.363	−0.392	−0.349	0.505*	0.465*	0.484*	−0.617**	−0.527**	0.428*	−0.428*	−0.414*
通过信度	0.089	0.064	0.103	0.014	0.026	0.019	0.002	0.010	0.042	0.041	0.049

** 为在0.01水平(双侧)上显著相关;* 为在0.05水平(双侧)上显著相关

$$R = 5.016 - 0.017X_1 - 0.022X_2 + 0.031X_3$$

式中:R为果面裂纹等级,X_1为9月份降水量,X_2为6月份的降水量,X_3为8月上旬日照时数。从上述公式中可以看出果面裂纹等级与6月和9月份的降水量呈负相关,与8月上旬的日照时数呈正相关,多元回归中的偏相关系数为0.777,通过0.001水平上显著相关。

2.3　果面裂纹最少和最严重年份气象条件分析

1991—2013年间,万荣县果面裂纹最少的年份有1996年、2003年和2011年,裂果最严重的是2001年、2012年和2013年。

表3 果面裂纹最少和最严重年份的气象因子对比

果面等级	年份	6月降水量(mm)	7月降水量(mm)	8月降水量(mm)	9月降水量(mm)	6—9月降水量(mm)	9月相对湿度(%)	8月上旬日照时数(小时)
7(裂纹严重)	2001	32.6	93.7	50.2	109.5	286.0	75	70.1
	2012	31.8	59.0	78.0	53.2	222.0	65	51.7
	2013	23.4	156.5	64.4	24.4	268.7	61	85.9
1(裂纹最少)	1996	112.6	81.9	84.0	94.9	373.4	86	37.8
	2003	40.0	145.0	229.8	159.5	574.3	86	32.6
	2011	18.3	57.8	80.7	252.6	409.4	78	39.3

从表3中可以看出,果面裂纹等级最少的3年中9月份降水量均≥95 mm,9月份空气相对湿度均≥78%,8月上旬的日照时数比较少,均≤40 小时。而就6月份的降水量而言,1996年和2003年降水较多,≥40 mm,2011年则较少,仅18.3 mm。果面裂纹最为严重的3年中,6月份降水量相对较少,3年均≤32 mm,9月份的相对湿度均≤75%,8月上旬的日照时数均≥50 小时,而就9月份降水量而言,2001年较多,为109.5 mm(但2001年4—5月降水量较少),2012年和2013年9月降水量≤53 mm。

在上述6个特殊年景中,果面少有裂纹的1996年、2003年和2011年间6—9月份降水较多,降水总量在370—575 mm之间,而果面裂纹严重的2001年、2012年和2013年6—9月降水较少,降水总量在290 mm以下。1996年苹果果实膨大期间的6月、7月、8月、9月间各月降水量维持在80—120 mm之间,降水在时间上分布较为均匀,苹果果实一致处于较好的水分环境中,均匀膨大,少有裂纹,因此,果面光洁;2001年,幼果膨大的6月份万荣县降水较少,6、7月份的温度较高(分别为25.1℃和26.9℃),果皮长期处于高温、干燥的环境,果皮和果肉细胞体积膨大受到限制,影响细胞的增大,造成果皮细胞厚膜化,而9月份,正当红富士苹果果实第二膨大期时遇多雨,细胞迅速膨大,果皮细胞和果肉细胞膨大不同步,致使果皮出现裂纹、裂口。

3 结论

综合上述分析,万荣县红富士苹果果面裂纹受多种气象因子的综合影响,其中与9月份降水量、9月份空气相对湿度、6月降水量、8月上旬日照时数的关系最为密切,6月和9月降水较多,降水量分别在40 mm和95 mm以上,同时9月份相对湿度≥78%,8月上旬日照时数≤40 小时则果面少有裂纹;相反,6月和9月降水较少,降水量分别小于40 mm和95 mm,而且9月份相对湿度<78%,8月上旬日照时数≥40 小时则果面裂纹严重;另外,如果幼果期长期干旱少雨,后期遇到多雨,则形成果面裂纹。

(1)幼果时长期干旱少雨,果实细胞膨大速度缓慢,后期遇到多雨且降雨量较大时,细胞迅速膨大,果皮细胞和果肉细胞膨大不同步,致使果皮细胞裂纹。

(2)红富士苹果果面裂纹等级与9月份的降水、相对湿度成负相关。

(3)红富士苹果果面裂纹等级与6月份降水量呈负相关。

(4)红富士苹果果面裂纹等级与8月上旬的日照时数呈正相关。

参考文献

[1] 鲁金辉.套袋红富士苹果皱裂的预防[J].山西农业,2005,(4):18.

[2] 邱家洪,涂娟,胡美蓉,等."920"防止南丰蜜橘裂果试验初报[J].现代园艺,2006,(特刊):45-46.

[3] 于泽源.果树裂果研究进展[J].北方园艺,2000,(3):28-30.

[4] 魏钦平,李嘉瑞,张德林,等.红富士苹果品质与生态气象因子关系的研究[J].应用生态学报,1999,**10**(3):289-292.

[5] 王菱,等.气象因子与苹果品质之间的关系[J].自然资源学报,1991,**6**(3):35-38.

[6] 王菱,等.气象条件对苹果品质影响的分析[J].中国农业气象,1992,**3**(4):15-19.

[7] 刘灿盛.元帅系苹果品质与气候条件关系的研究[J].园艺学报,1987,**14**(2):73-79.

[8] 陆秋农,等.提高红星苹果质量的研究[J].中国农业科学,1978,(2):135-141.

[9] 万欣.红富士苹果发生裂果的原因及预防[J].烟台苹果.1998,(2):42.

[10] 余优森,蒲永义,林日暖.渭北黄土高原苹果优势气候带分析[J].自然资源学报,1988,**3**(4):312-321.

[11] 李增波.苹果果锈产生的原因及预防措施[J].烟台果树,1998,(1):47.

[12] 陆秋农,等.我国苹果的分布区划与生态因子[J].中国农业科学,1980,(10):46-51.

[13] 余优森,李光华.苹果优质气候资源与区域性研究[J].应用气象学报,1995,**6**(1):76-82.

[14] 余优森,蒲永义.苹果品质与气象条件关系的研究[J].气象,1991,**17**(3):22-26.

[15] 余优森,蒲永义,葛秉钧.苹果含糖量与温度关系研究[J].中国农业气象,1990,**11**(3):34-37.

[16] 刘英胜.影响套袋红富士苹果果面光洁度的原因及对策[J].果树使用技术与信息,2010,(1):20-22.

[17] 周吉生.苹果裂口(纹)原因及对策,中国苹果病虫害防控信息网,2009-6-11:39:00

[18] 魏钦平,张继平,毛志泉,等.苹果优质生产的最适气象因子和气候区划[J].应用生态学报,2003,**14**(5):713-716.

宁夏中部干旱带旱地马铃薯适宜播种期研究

马力文[1,2]　　黄　峰[3,2]　　刘　静[1,2]

(1. 宁夏气象科研所,银川 750002；2. 宁夏气象防灾减灾重点实验室,银川 750002；
3. 宁夏气象服务中心,银川 750002)

摘要： 为了研究不同播种期对宁夏中部干旱带马铃薯生长发育和产量形成以及水分利用效率的影响,为宁夏中部干旱带马铃薯适期播种和高产栽培提供科学依据,采用随机区组排列设计,分析了宁夏中部干旱带的同心县预旺镇旱作农业区在秋季半膜覆盖条件下,3 月 20 日、3 月 30 日、4 月 10 日、4 月 20 日、4 月 30 日、5 月 10 日和 5 月 20 日七个播期下马铃薯生育期、形态指标、产量形成和水分利用效率的变化情况。田间试验证实,马铃薯的适播期为 4 月 10 日至 5 月 20 日,最适播期为 4 月 15—30 日,最佳播期为 4 月 20 日。

关键词： 马铃薯；中部干旱带；播种期

0 引言

旱地马铃薯是宁夏分布广、种植面积大的战略性主导产业,近 5 年来平均种植面积在 213333 hm²,总产达到 46.5 万 t,种薯和商品薯走俏全国和中亚市场。宁夏建立了种薯繁育和质量控制体系,建成西吉、原州、泾源、望远 4 个马铃薯脱毒中心,逐步建立了种薯繁育和质量控制体系,建设原种基地 933 hm²,一级种基地 16666 hm²,生产原种 3 万 t,一级种达 40 万 t,带动和提升鲜薯深加工产业的规模和档次,加快优势资源向强势产业的转化[1]。宁夏马铃薯播种面积和总产在逐年提高,但单产年际间波动剧烈。中部干旱带 1981—2000 年马铃薯单产由 4000 kg/hm² 的水平上升至 9000 kg/hm² 的水平,翻了 1.25 番,但自 21 世纪初开始下降至目前的 6300 kg/hm² 的水平。马铃薯生长受气候条件的影响很大,特别是近 10 年来呈减产趋势,产量低而不稳。有研究表明,保持目前施肥水平、品种不变的情况下,适当早播,马铃薯单产将提高 10%～15%,最高区域提高产量可达 60%,越到南部产量提高幅度越大[2,3]。但随着播期提前,马铃薯遭受冻害的概率增大,因此选择适时的播种期对马铃薯生长及提高产量尤为重要。本文通过田间试验研究在秋覆膜条件下马铃薯播种期对产量的影响,以获得在宁夏中部干旱带秋覆膜旱作条件下最适宜的播种期,为大田生产提供科学依据。

基金项目：中国气象局气候变化专项(CCSF201315)。

第一作者简介：马力文,1964 年出生,回族,北京人,高级工程师,现从事特色作物气候品质研究、农业气象业务等方面的工作。Email：ma_liwen@163.com,Tel：13895001381。

1　材料与方法

1.1　供试材料

供试马铃薯品种为鲜薯菜用型外销中晚熟品种—虎头,生育期 110 d 左右。

1.2　试验方法

2010—2011 年试验设在宁夏中部干旱带的同心县进行,试验设 7 个处理,每 10 d 播种 1 期,即播种期为 3 月 20 日、3 月 30 日、4 月 10 日、4 月 20 日、4 月 30 日、5 月 10 日、5 月 20 日。小区面积 30 m²,种植密度 30000 株/hm²,采用随机区组排列,重复 3 次,小区田间管理同大田。

2　结果与分析

分期播种试验表明(表 1),3 月 20 日播种的,全生育期最短,为 87 d,3 月 30 日—5 月 10 日播种的,全生育期日数变化不大。随着播种期推迟,气温逐渐回升,播种至出苗时间缩短。3 月 20 日播种的播种至出苗时间为 40 d,而 5 月 20 日播种的仅为 24 d。随着播种期推迟,现蕾期开花期也相应推迟,播种早(3 月 20 日)生育期短,成熟期提前,播种到成熟为 87 d,比其他处理缩短 10~18 d。4 月 20 日以后播种的,薯块膨大期缩短。

表 1　不同播期对马铃薯生育进程的影响

播种期 (月-日)	出苗期 (月-日)	播种—出苗天数 (d)	现蕾期 (月-日)	开花期 (月-日)	成熟期 (月-日)	生育期 (d)
03-20	04-28	40	05-25	06-01	08-02	87
03-30	05-02	34	06-03	06-10	08-10	101
04-10	05-10	31	06-06	06-18	08-19	102
04-20	05-17	28	06-16	06-25	08-29	105
04-30	05-30	31	07-04	07-12	09-10	104
05-10	06-07	29	07-11	07-21	09-15	101
05-20	06-13	24	07-16	07-28	09-17	97

播期与平均单株薯重呈二次曲线关系,4 月 20 日—5 月 10 日播种,单株薯重 0.619~0.715 kg,呈现较高水平,过早、过迟播种单株结薯重均下降(图 1)。

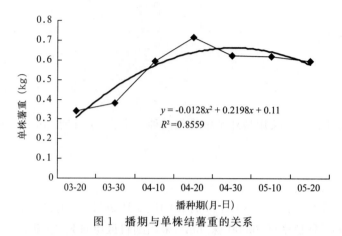

图 1 播期与单株结薯重的关系

播期也对大中小薯比例有一定影响，4 月 30 日播种的，大薯率为 71.47％，播期在 4 月 20 日—5 月 10 日的，大薯率在 66％以上，播期在 3 月 20 日的，大薯率仅为 59.36％(图 2)。

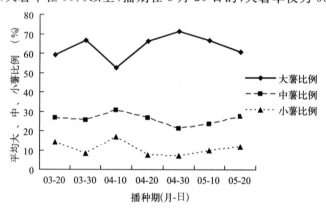

图 2 播期与大中小薯比例的关系

播期与产量间的关系最密切，播种过早，产量低，4 月 20 日以后播种的，直到 5 月 20 日播种的，产量均较高，以 4 月 20 日播种的产量最高，为 18934.4 kg/hm²，过早播种，气温较低，水分不足，马铃薯地上部生长受阻，地下匍匐茎顶端膨大形成的薯数不多，单产不高；推迟播种，马铃薯地上部积累的光合同化产物可以满足地下块茎生长需求，薯数增加，虽然大薯率有下降趋势，但中小薯产量增加明显，总产量较高(图 3)。

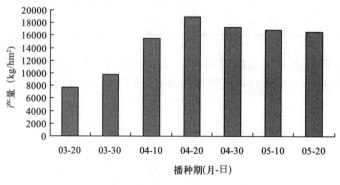

图 3 播期与产量的关系

2011 年 3—4 月份中部干旱带降水异常偏少,土壤失墒快,干旱发展很快,马铃薯播种困难。5 月份降水偏多,旱情有所缓解,对马铃薯播种、出苗有利。6 月气温明显偏高,降水偏少,土壤水分散失快,旱情较重,马铃薯关键需水期受到影响,7 月 27—28 日出现明显降水过程,中部干旱带前期严重的旱情得以缓解,对马铃薯块茎膨大非常有利。

播期的早迟对水分利用效率(WUE)有一定影响,4 月中下旬播种的,WUE 最高,稍微迟播的降低也不大,但播种过早的,越早播,WUE 越低。根据本试验中七个播期研究结果,建议在年型和品种一致的情况下,当地马铃薯适宜播期由 4 月上中旬推迟到 4 月中下旬,可避免生育前期水肥消耗过多的弊端,提高自然降水生产效率,实现高产高效(图 4)。

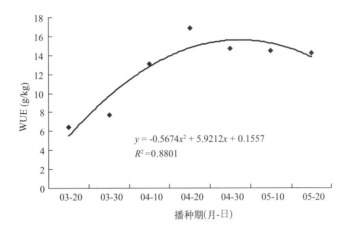

图 4　播期与水分利用效率(WUE)的关系

3　结论与讨论

播期处理对马铃薯总生育期及不同生育阶段持续日数影响显著。随播期推迟,马铃薯生育期缩短,播种至出苗阶段持续日数随播期推迟缩短,温度升高和降水增加是主要原因。播种过早,马铃薯生长前期气温偏低,苗期水分不足,不利于薯块萌芽,若推迟播期,气温升高,雨水充分,马铃薯出苗速率加快,生育中后期雨水充足,植株长势好,干物质积累快,但播种太迟,马铃薯生长发育过快,加快了生育进程,造成生育期缩短。

马铃薯产量与播期呈二次曲线关系,过早播种,气温过低和水分不足限制了主茎伸长和茎叶扩展,影响根系吸收养分,地下匍匐茎顶端膨大分化成薯块的比率不高;推迟播种,适宜水热条件使植株分枝数增多,植株生长强壮,对结薯有利,但随播期推迟,中小薯比例增大。

马铃薯水分利用效率随播期推迟增加,宁夏雨热同季,7 月一般会出现明显的降水过程的气候保证率在 80%,应将马铃薯需水量较大的块茎膨大中后期安排在此阶段,以便有效利用降水资源,提高产量,因此建议在宁夏中部干旱带适宜播期安排在 4 月中下旬。

参考文献

[1] 杜守宇,杜伟.宁夏南部山区及中部干旱带马铃薯栽培技术的发展现状、问题及对策[J].中国马铃薯,2008,**22**(5):309-311.

[2] 杨志刚.不同播种期对秋覆膜马铃薯生长发育及产量的影响[J].内蒙古农业科技,2012,(1):37-38.

[3] 马金虎,李海洋,王正海,等.宁夏干旱区马铃薯秋覆膜栽培适宜播种期研究[J].宁夏农林科技,2011,**52**(2):13,26.

第四部分

农业应对气候变化与
生态气象监测评价

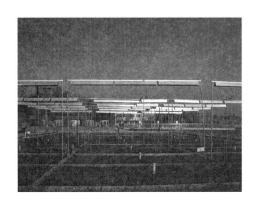

PART4

气候变化对东北三省
大豆生育期和产量的影响模拟

曲辉辉 朱海霞 王秋京 姜丽霞 王 萍

(黑龙江省气象科学研究所,哈尔滨 150030)

摘要: 研究未来气候情景下大豆生育期和产量的变化,为保障大豆生产安全、充分合理利用热量资源及应对气候变化对东北三省大豆生产的影响提供科学依据。基于区域气候模式和 WOFOST 作物生长模型,模拟了 A2(强调经济发展)和 B2(强调可持续发展)情景下 2021—2050 年大豆熟型的可能分布及生育期、产量的变化趋势。结果表明,①以 B2 情景为例,不同熟型大豆品种种植北界不同程度北移东扩,极早熟、早熟、中早熟、中熟、中晚熟和晚熟品种适宜种植区北移,极早熟、早熟、中早熟、中熟、中晚熟及晚熟品种适宜种植范围缩小,极晚熟品种适宜种植范围扩大。②在 A2 情景下,东北三省大豆出苗期平均提前 2.2 d,开花期平均提前 3.0 d;在 B2 情景下,大豆出苗期平均提前 3.0 d,开花期平均提前 4.2 d。③在 A2 情景下,2021—2030 年辽宁省大部及吉林省大部等地大豆减产,辽宁东部及吉林省东南部小部分地区减产 10% 以上,2031—2050 年东北三省大部地区大豆减产 10% 以上。④在 B2 情景下,2021—2050 年东北三省大部地区大豆减产,2031—2050 年东北三省大部地区大豆减产 10% 以上。可见,在 A2 和 B2 情景下,未来 30 年间大豆出苗—开花阶段缩短,生育进程加快,生育期缩短有可能发生;大豆减产面积不断增加,减产幅度逐渐增大。

关键词: 气候变化;东北三省;大豆;生育期;产量

0 引言

大豆在中国已有约 5000 年栽培历史,其种子含有丰富蛋白质,是当今世界最重要的豆类。我国大豆普遍种植,近 20 年来其播种面积仅次于水稻、小麦和玉米,位居第四[1]。东北春播大豆和黄淮海夏播大豆是中国大豆种植面积最大、产量最高的两个地区,但因大豆宜在温暖、肥沃、排水良好的沙壤土上生长,故以东北大豆质量最优,因此东北是我国最重要的大豆产区。

伴随气候变化,作物种植格局发生了相应的改变,探索未来气候情景下的种植模式已成为当前农业气象界的重要任务之一。近年来,国内学者已广泛开展了农作物对气候变化响应方面的研究,主要包括玉米[2~5]、冬小麦[6,7]和水稻[8,9]等主要粮食作物[10~13]及棉花[14],研究内

基金项目:国家软科学研究计划项目(2012GXS4B071)。

第一作者简介:曲辉辉,1985 年出生,女,汉,黑龙江依安人,硕士,工程师,主要从事农业气象与气候资源利用研究。E-mail:quhuihui808@163.com。

容侧重于气候变化对产量、生育期、需水量及种植模式的影响。而关于气候变化对东北三省大豆生产影响的研究很少报道。本文选取区域气候模式输出的 A2(强调经济发展)和 B2(强调可持续发展)情景作为未来气候情景数据,结合 WOFOST 作物生长模拟,模拟分析了 2021—2050 年东北三省适宜种植的大豆品种熟型、生育期及产量的变化趋势,旨在为东北三省大豆播种合理布局、充分利用热量资源、提高大豆产量及降低大豆生产风险提供科学依据。

1 资料与方法

1.1 资料来源

本文研究时段为 2021—2050 年,并以 1961—1990 年为基准时段作对比,气象数据包括日最低气温、日最高气温、日总辐射、水汽压、风速、降水等,气候情景资料选用区域气候模式 PRECIS(分辨率 50km×50km)输出的 A2(强调经济发展)和 B2(强调可持续发展)预估结果,并按照与气象台站经度和纬度距离分别≤0.4°和≤0.2°的原则筛选出 138 个气象台站邻近站点。

1994—2005 年大豆产量和生育期等农业气象观测资料来自各地农业气象试验站。

1.2 模型介绍

WOFOST 作物模型包括发育子模型和土壤水分平衡子模型,可以根据气象和土壤条件动态模拟作物根、茎、叶和贮藏器官生物量及土壤水分条件[2,6~8,15,16]。本研究模拟大豆的光温水生产潜力,并称为产量或模拟产量。

根据东北三省 1994—2005 年大豆生育期观测资料、多年试验观测及相关研究成果[17],确定模型所需作物参数,详见表 1。

表 1 模型所需主要作物参数

参数	说明	单位	取值
TSUM0	播种—出苗所需热量	℃·d	105(早熟) 110(中熟) 130(晚熟) 135(极晚熟)
TSUM1	出苗—开花所需热量	℃·d	280(早熟) 320(中熟) 400(晚熟) 420(极晚熟)
TSUM2	开花—成熟所需热量	℃·d	1600(早熟) 1700(中熟) 1800(晚熟) 1900(极晚熟)
TDWI	初始总干物质量	kg/hm²	120
LAIEM	出苗时叶面积指数		0.0163
RGRLAI	叶面积指数最大增长速率	d⁻¹	0.01

续表

参数	说明	单位	取值
CVL	叶生长同化物转化效率	/	0.65
CVO	贮藏器官生长同化物转化效率	/	0.28
CVR	根生长同化物转化效率	/	0.65
CVS	茎生长同化物转化效率	/	0.75
RML	叶相对维持呼吸速率	kg/(kg·d)	0.025
RMO	贮藏器官相对维持呼吸速率	kg/(kg·d)	0.025
RMR	根相对维持呼吸速率	kg/(kg·d)	0.010
RMS	茎相对维持呼吸速率	kg/(kg·d)	0.012

为验证模型适应性,选取黑龙江省嘉荫、嫩江、拜泉和辽宁鞍山 4 个站点 1994—2005 年实际产量与模拟产量,应用单因素方差分析方法进行了验证[18],结果见表 2。

表 2　东北三省各站点 1994—2005 年大豆产量验证结果 kg/hm²

年份	嘉荫(黑龙江、早熟)		嫩江(黑龙江、中熟)		拜泉(黑龙江、中熟)		鞍山(辽宁、晚熟)	
	实测值	模拟值	实测值	实测值	实测值	实测值	实测值	实测值
1994	1005	2300	2565	2300	2474	2343	1092	1734
1995	1139	2070	1590	2339	2658	2417	1409	1871
1996	2099	2259	2550	2522	2720	2521	1676	1938
1997	1799	2188	2550	2350	2500	2342	1245	1602
1998	1125	1081	1695	2245	2360	2267	1731	1966
1999	2025	2135	2100	2221	2400	2283	1794	1886
2000	2100	2165	2187	2182	1800	1997	1960	1500
2001	2475	2228	2217	2350	2100	2473	2007	1629
2002	2400	2438	2078	2279	2500	2528	1899	1933
2003	2000	2289	1144	2351	2100	2264	2488	2043
2004	2250	2341	1931	2247	1800	2298	2441	1875
2005	2970	2246	2322	1947	2100	2271	2294	1693
F	0.97		2.35		0.17		0.05	

注:$F_{0.05} = 4.75$

结果表明大豆实际产量与模拟产量无显著差异,故所建模型能够较好地反映东北三省各熟型大豆品种的生长发育情况。

1.3　结果表达

将选定的 138 个邻近站点大豆产量模拟值等数据要素采用克里金法实现空间插值,生成空间栅格数据,按掩膜提取特定等值线,最后生成所需等值线图。

2   结果与分析

在不调整种植品种熟型条件下,生长季气温上升导致作物生育期不同程度缩短已得到普遍认同[5,6,8,9]。本文以 1961—1990 年为参照,研究未来 30 年(2021—2050 年)不同气候情景下气温最适熟型布局中大豆生育期及产量的变化特征。

2.1   大豆熟型布局的变化

以≥10℃活动积温 80％保证率作为判据[19],未来气候变化将会导致东北三省大豆熟型的可能分布在一定范围内有所变化[20,21]。B2 情景为区域可持续发展情景,是较 A2 情景更理想的发展情景,故下文以 B2 情景为例,对未来 30 年间东北三省大豆熟型的可能分布进行进一步分析。

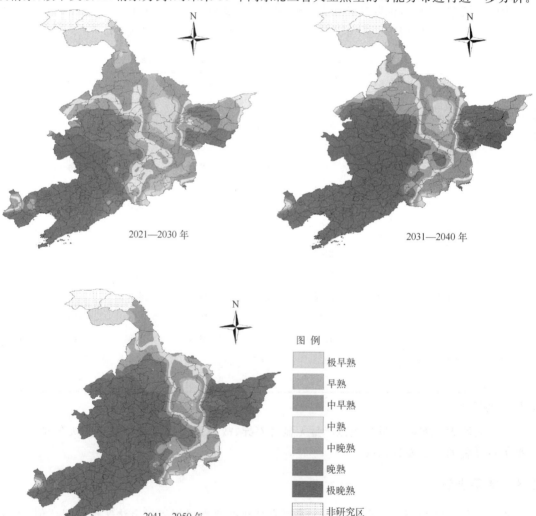

图 1   B2 情景下 2021—2050 年东北三省大豆熟型的可能分布
(对应彩图见第 324 页彩图 15)

图 1 为 B2 情景下 2021—2030 年、2031—2040 年及 2041—2050 年东北三省大豆熟型的可能分布。由图 1 可以看出:(1)在 B2 情景下,2021—2030 年黑龙江省大兴安岭南部、伊春大部、黑河局部、哈尔滨东北部及吉林省东南局部等地适宜种植极早熟至早熟品种;黑龙江省黑河大部、齐齐哈尔北部、绥化东北部、牡丹江大部、哈尔滨中部、吉林省延吉大部、白山大部、吉林东部及辽宁省建平县等地的热量条件适宜播种中早熟至中熟品种;中晚熟至晚熟品种的适宜播种区域为黑龙江省三江平原大部、松嫩平原中南大部、哈尔滨西部、吉林省吉林中西大部、通化大部、西北三市北部及辽宁省个别县市;吉林省西南大部及辽宁省大部地区的积温条件可以满足极晚熟品种的热量需求。(2)2031—2040 年大豆极早熟—中熟品种适宜种植范围明显缩小,极晚熟品种可种植地区明显增加,中晚熟—极晚熟品种的种植北界均有明显的北移东扩,其中极晚熟品种移动幅度最大;极早熟—早熟大豆品种的适宜种植区为黑龙江省大兴安岭南部、伊春中南部、哈尔滨东北部局部地区及吉林省东南部个别县市;黑龙江省黑河大部、哈尔滨东北部局部地区、牡丹江东北大部及吉林省延边西部等地的积温条件可满足中早熟—中熟品种大豆的发育期热量需求;黑龙江省三江平原大部、松嫩平原北部、黑河西南部、哈尔滨中部、牡丹江西南部及吉林省白山大部、吉林东部等地适宜种植大豆中晚熟—晚熟品种;黑龙江省松嫩平原南部、哈尔滨西南部,吉林省中西大部及辽宁省除建平县以外地区可以满足极晚熟大豆品种的热量需求。(3)2041—2050 年大豆适宜种植布局再次变化。极早熟—早熟品种的可能种植区域为黑龙江省大兴安岭局部、伊春东南部等地及吉林省东南部个别县(市);黑龙江省大兴安岭东南部、黑河西部及北部、伊春局部、哈尔滨东北部及吉林省延边东部、白山东部的热量条件可以满足中早熟—中熟大豆品种的需求;黑龙江省松嫩平原北部、黑河南部、哈尔滨大部、牡丹江、三江平原局部,吉林省吉林东部、延边西部、白山西部等地适宜种植中晚熟—晚熟大豆品种;极晚熟大豆品种的适宜种植区域主要集中于黑龙江省松嫩平原中南大部、三江平原大部,吉林省中西大部及辽宁省大部农区,极晚熟品种种植界限进一步东扩。

综上所述可见,未来 30 年间极早熟—中熟大豆品种适宜种植区不断减少,适宜种植界限北移东退,中晚熟—晚熟大豆品种种植带北移,适宜种植范围不断缩小,极晚熟大豆品种的适宜种植界限不断北移东扩,可种植范围增大。实际生产中,黑龙江省大兴安岭中北部地区大豆播种面积小,产量明显低于其他地区,故本文计算分析中不予考虑,即本文以下部分研究范围为除黑龙江省大兴安岭中北部以外的东北三省。

2.2　大豆生育期的变化

基于 WOFOST7.1 作物生长模型,结合区域气候模式输出的气候资料和 2.1 节中研究结果,对研究区域基准时段及 A2、B2 情景下 2021—2050 年大豆出苗日期和开花日期进行数值模拟,以基准时段 1961—1990 年模拟值为参考,得到 2021—2050 年大豆生育期的变化情况如图 2 所示。

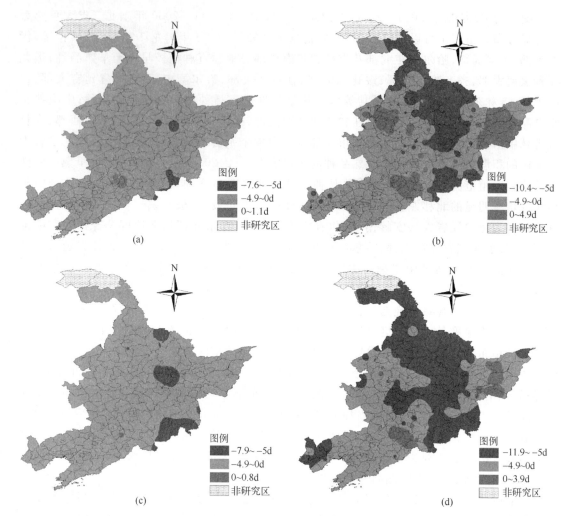

图 2　2021—2050 年东北三省大豆出苗及开花日期的变化(对应彩图见第 325 页彩图 16)
(a)A2 情景下大豆出苗日期相对基准时段的变化;(b)A2 情景下大豆开花日期相对基准时段的变化;
(c)B2 情景下大豆出苗日期相对基准时段的变化;(d)B2 情景下大豆开花日期相对基准时段的变化

图 2 为 2021—2050 年 A2(a、b)和 B2(c、d)情景下,东北三省大豆出苗(a、c)和开花(b、d)
日期相对基准时段的变化特征,图例中"—"代表生育期提前。据图 2 可以看出,在两种气候情
景下,三省大豆的出苗和开花日期普遍提前。A2 情景下大豆出苗日期变化范围为—7.6～
1.1 d,平均提前 2.2 d;开花日期变化范围为—10.4～4.9 d,平均提前 3.0 d;出苗—开花阶段
呈缩短趋势,平均缩短 0.8 d。在 B2 情景下,大豆出苗日期变化范围为—7.9～0.8 d,平均提
前 3.0 d;开花日期变化范围为—11.9～3.9 d,平均提前 4.2 d,出苗—开花阶段亦呈缩短趋
势,平均缩短 1.2 d。

据此可以看出,即使在更换大豆品种的条件下,东北三省大豆出苗和开花日期仍在提前,
出苗—开花阶段缩短。由此推断,升温所致的大豆生育进程加快可能抵消或超过更换熟型带
来的生育期延长,即调整熟型后东北三省大部分地区大豆生育期缩短仍有可能发生。

2.3 大豆模拟产量的变化

基于区域气候模式输出的气候资料和作物熟型模拟结果,应用 WOFOST 模型,分别模拟 1961—1990 年及 A2、B2 情景下东北三省 2021—2050 年大豆单位面积产量,并以基准时段的模拟产量为参照评价未来时段大豆产量变化情况。

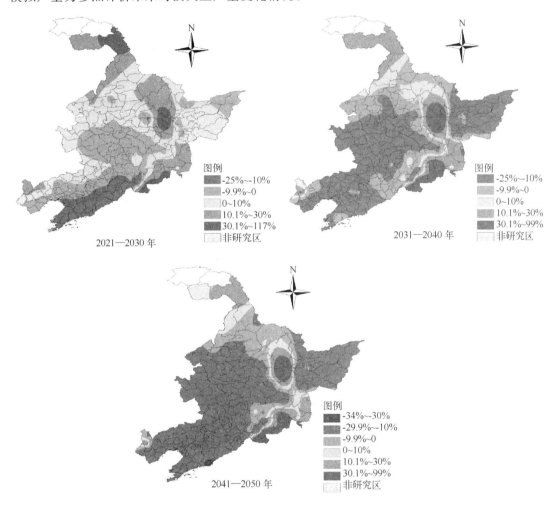

图 3 A2 情景下东北三省大豆单位面积产量相对基准时段变化百分比
(对应彩图见第 326 页彩图 17)

2.3.1 A2 情景下模拟产量变化

由图 3 可以看出:2021—2030 年黑龙江省大部,吉林省延边、白城中西大部、四平中南大部及辽西南、西北部分县市大豆单位面积产量呈增加趋势,其中黑龙江省大兴安岭南部、黑河局部、伊春中部、哈尔滨东北部,吉林省东北部及辽宁省个别地区大豆单位面积产量增加 10%~30%,其他大部分地区单位面积产量增加 10%以内;吉林省中西大部和辽宁省大部分地区大豆单位面积产量降低,其中辽宁省东部和吉林省东南小部分地区单位面积产量降低达

10％以上。2031—2040 年东北三省大豆单位面积产量普遍降低,仅黑龙江省大兴安岭南部、黑河局部、伊春大部、哈尔滨东北部、牡丹江大部及吉林省东北部等高海拔或高纬度地区大豆单位面积产量呈增加趋势,其他地区大豆均为减产趋势,三省中、南大部地区降幅达 10％以上。2041—2050 年大豆单位面积产量增加地区主要集中在黑龙江省大兴安岭南部、伊春中部、哈尔滨东北部及吉林省东北部,增产幅度多为 10％～30％,其他地区单位面积产量降低,大部分地区减产 10％～30％。由上述分析可以看出,未来 30 年间东北三省大豆模拟单位面积产量增加主要集中在黑龙江北部及小兴安岭、长白山区等少数海拔较高地区,范围呈逐渐缩小的趋势,减产范围逐渐扩大,且减产幅度增大。

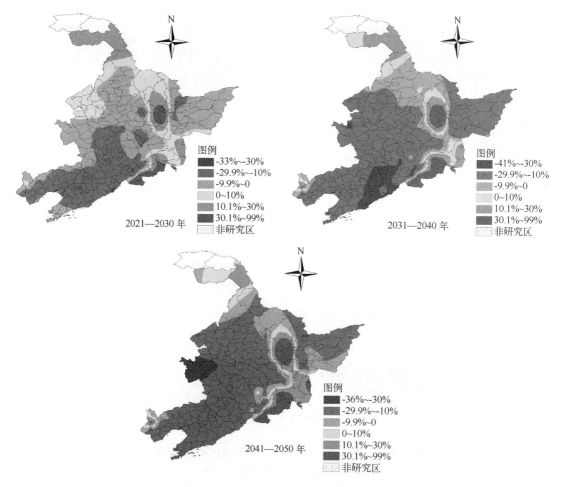

图 4　B2 情景下东北三省大豆单位面积产量相对基准时段变化百分比
(对应彩图见第 327 页彩图 18)

2.3.2　B2 情景下模拟产量的变化

由图 4 可以看出,与基准时段比较,B2 情景下未来 30 年间东北三省仅小部分地区大豆单位面积产量增加。2021—2030 年大豆单位面积产量增加主要集中在黑龙江省大兴安岭南部、松嫩平原西部、黑河局部、伊春部分地区、哈尔滨东北部、牡丹江及吉林省东北部地区,大部增产 10%以内,长白山区等部分海拔较高地区增产 10%以上;三省大部地区大豆呈减产趋势,其中吉林省中部及辽宁省极大部地区减产幅度达 10%以上。2031—2040 年大豆增产范围减小,减产面积扩大,减产幅度增大;黑龙江省伊春中部、哈尔滨东北部及吉林省东北部地区大豆单位面积产量增加,其中吉林东部高海拔地区增产可达 30%以上;其他大部地区大豆减产,黑龙江省东部、西南部、吉林省中、西大部及辽宁省极大部分地区减产幅度达 10%以上。2041—2050 年东北三省大豆增、减产范围发生小范围变化,黑龙江省大兴安岭南部、伊春中部、哈尔滨东北部、牡丹江大部及吉林省东部等地大豆增产,其中局部地区可增产 30%以上;其他大部地区大豆呈减产趋势,减产幅度多为 10%~30%。可见,在 B2 情景下未来 30 年间大豆模拟单位面积产量总体呈下降趋势,增产面积减小,减产面积增加,但 2031—2040 年与 2041—2050 年增产面积无明显变化;2031—2040 年大部分减产地区减产幅度大于 10%,减产幅度最大,与 A2 情景下大豆最大幅度减产出现时间不同。

综合 2.3.1 节与 2.3.2 节的分析结果可见,在 A2 和 B2 情景下,即在平均气温升高的大背景下,大豆单位面积产量不升反降,说明在不考虑其他因素的条件下,即使更换大豆熟型品种,气温上升仍将制约大豆生产,导致产量下降。黑龙江省北部、小兴安岭山区及吉林省长白山区等高纬度或高海拔地区大豆模拟单位面积产量保持稳定增加,这一现象可能由当地气温低一直是抑制大豆生产的重要因素之一所造成的,说明在未来一段时间内,当地大豆的增产空间比较大。

3 结论与讨论

(1)在 B2 情景下,未来 30 年间极早熟—中熟大豆品种适宜种植区北移东退,中晚熟—晚熟大豆品种种植带北移,适宜种植范围缩小,极晚熟大豆品种适宜种植界限北移东扩,可种植范围增大。

(2)在更换大豆熟型条件下,2021—2050 年东北三省大豆出苗和开花日期在 A2 情景下分别平均提前 2.2 d 和 3.0 d,在 B2 情景下分别平均提前 3.0 d 和 4.2d,开花日期提前幅度大,出苗—开花阶段平均缩短 0.8~1.2 d,生育进程加快,大豆全生育期有缩短趋势;B2 情景下的气象条件更有利于大豆生育进程加快。许多研究结果认为当前作物熟型在未来气候情景中生育进程加快,生育期缩短[5,6,8,9],本文研究结果较之更进一步。

(3)A2 情景下,2021—2050 年大豆增产区域逐渐缩小,减产面积逐渐扩大,大部地区减产程度逐渐加剧;吉林东部长白山区、黑龙江省小兴安岭地区及北部部分高纬度地区大豆产量呈增加趋势,个别地区增幅可达 30%以上;B2 情景下大豆产量总体下降,产量变化速度与范围与 A2 情景略有不同。

受多种条件限制,本文还存在以下不足:①空气中 CO_2 是光合作用的重要原料,因此,CO_2 浓度对大豆产量具有一定影响,未来气候情景中 CO_2 浓度对大豆产量的影响程度有待进一步研究。②本文研究的前提为气候变暖使东北三省各熟型大豆种植北界北移东扩,但在实际生产中大豆种植格局还受水分条件影响,在气候变化过程中,若温度升高引起的地面蒸散量增加抵消甚至超过降水量增加[22],在无灌溉条件下,水分条件将成为大豆生产的主要限制因素。因此,未来东北大豆熟型分布需综合考虑热量和水分条件,并适当考虑社会因素影响。

参考文献

[1] 中华人民共和国国家统计局.中国统计年鉴[M].北京:中国统计出版社,2011:473-476.

[2] 张建平,赵艳霞,王春乙,等.气候变化情景下东北地区玉米产量变化模拟[J].中国生态农业学报,2008,**16**(6):1448-1452.

[3] 刘志娟,杨晓光,王文峰,等.全球气候变暖对中国种植制度可能影响:Ⅳ.未来气候变暖对东北三省春玉米种植北界的可能影响[J].中国农业科学,2010,**43**(11):2280-2291.

[4] 张建平,王春乙,杨晓光,等.未来气候变化对中国东北三省玉米需水量的影响预测[J].农业工程学报,2009,**25**(7):50-55.

[5] 崔巧娟.未来气候变化对中国玉米生产的影响评估[D].中国农业大学硕士论文,2005.

[6] 张建平,赵艳霞,王春乙,等.气候变化对我国华北地区冬小麦发育和产量的影响[J].应用生态学报,2006,**17**(7):1179-1184.

[7] 张建平,李永华,高阳华,等.未来气候变化对重庆地区冬小麦产量的影响[J].中国农业气象,2007,**28**(3):268-270.

[8] 张建平,赵艳霞,王春乙,等.气候变化对我国南方双季稻发育和产量的影响[J].气候变化研究进展,2005,**1**(4):151-156.

[9] 吴杏春,林文雄,郭玉春,等.未来气候变化对福建省水稻生产的影响及其对策[J].福建农业大学学报,2001,**30**(2):148-152.

[10] 金之庆,葛道阔,石春林,等.东北平原适应全球气候变化的若干粮食生产对策的模拟研究[J].作物学报,2002,**28**(1):24-31.

[11] 刘颖杰.气候变化对中国粮食产量的区域影响研究[D].首都师范大学博士论文,2008.

[12] 李克南,杨晓光,刘志娟,等.全球气候变化对中国种植制度可能影响分析:Ⅲ.中国北方地区气候资源变化特征及其对种植制度界限的可能影响[J].中国农业科学,2010,**43**(10):2088-2097.

[13] 张建平,赵艳霞,王春乙,等.未来气候变化情境下我国主要粮食作物产量变化模拟[J].干旱地区农业研究,2007,**25**(5):208-213.

[14] 陈超,潘学标,张立祯,等.气候变化对石羊河流域棉花生产和耗水的影响[J].农业工程学报,2011,**27**(1):57-65.

[15] 张黎.基于遥感信息的水分胁迫条件下华北冬小麦生长模拟研究[D].中国气象科学研究院硕士论文,2005.

[16] 刘布春.应用于低温冷害预报的东北玉米区域动力模型的研究[D].中国农业大学硕士论文,2003.

[17] 陈立亭,孙玉亭.黑龙江省气候与农业[M].北京:气象出版社,2000:71-87.

[18] 邓华玲.概率统计方法与应用[M].北京:中国农业出版社,2003:209-215.

[19] 陈万隆.农业气候指标保证率的理论计算[J].西藏农业科技,1979,(4):21-28.

[20] 潘铁夫,张德荣,张文广.东北地区大豆气候区划的研究[J].大豆科学,1983,**2**(1):1-13.

[21] 潘铁夫,张德荣,张文广,等.东北地区大豆气候生态的研究[J].吉林农业科学,1982,(2):17-28.

[22] 秦大河,丁一汇,苏纪兰,等.中国气候与环境演变评估(Ⅰ):中国气候与环境变化及未来趋势[J].气候变化研究进展,2005,**1**(1):4-9.

大豆在黑龙江省的生态适应性及种植格局

刘　丹　杜春英　于成龙

(黑龙江省气象科学研究所,哈尔滨 150030)

摘要: 在近几十年黑龙江省气温升高、降水量又无明显变化的气候背景下,以黑龙江省为研究对象,基于生态适宜性评价的基本理论,利用 GIS 技术、模糊数学等方法,通过构建研究区大豆生态适宜性评价模型,研究了大豆在黑龙江省的种植格局。结果如下:大豆适宜在黑龙江省大部分地区种植。把大豆的生态适宜性由高到低分为 4 个级别:最适宜、适宜、较适宜和不适宜。最适宜种植大豆的区域主要分布在黑河地区南部、齐齐哈尔市东部、绥化地区东北部的部分县(市),以及哈尔滨东部、牡丹江北部和鸡西西部少部分地区,其总面积达 1150 hm²,占研究区总面积的 21.30%。该项研究可为地区种植模式的优化和大豆产业化的调整提供更为客观的、灵活性的参考。

关键词: 黑龙江;大豆;种植格局

　　根据某一地区特定的环境条件,及时地对当地主要农作物的生态适应性进行有效的综合评价,对该地的农业生产将具有重要的指导意义[1]。黑龙江省作为我国最大的大豆生产省份,其种植面积、总产量、单产量以及商品量都居全国各省市之首[2],在近几十年黑龙江省气温增加、降水量又无明显变化的气候背景下[3],为进一步提升我省的大豆品质和单产,提高大豆的生产效益和农民种植大豆的积极性[4,5],有必要依据近 30 年气候资料来重新划分大豆的种植区域,以期为地区种植模式的优化和大豆产业化的调整提供更为客观的、灵活性的参考。

　　另外,目前在对农作物生态适宜性评价和种植区划的研究上,多数集中于只考虑气候因素[6,7],而忽略了影响农作物生长发育的其他因子,尤其是有时起决定性作用的土壤因子[8,9]。且多数作物生态适应性评价无论在生态因子的选择上,还是在作物和地区的选择上都比较单一,所采用的数学模型简单,因子权重的确定方法人为干扰因素大,且在种植格局研究中缺乏精确的地理信息数据的支撑,因此,其结论存在一定的局限性。本文正是针对上述问题,基于生态适宜性评价的基本理论,利用 GIS 技术、模糊数学等方法,以黑龙江省为研究对象,通过构建研究区大豆生态适宜性评价模型,利用层次分析法确定各指标的权重,并对其进行种植格局的研究,从而实现黑龙江省大豆种植格局的划分。

1　研究区概况

　　黑龙江省位于中国的东北部,介于东经 121°11′—135°05′,北纬 43°26′—53°33′,全省土地

基金项目:黑龙江省科技厅公关项目(GB07B108)。

第一作者简介:刘丹,1974 年出生,女,博士,工程师,主要研究方向为生态工程。E-mail:nefuliudan@163.com。

面积(即研究区总面积)4542 万 hm²。全省耕地面积居全国第 1 位,东北部的三江平原、西部的松嫩平原,是中国最大的东北平原的一部分,平原占全省总面积的 37.0%,同时,该省土地肥沃,有机质含量高,黑土、黑钙土、草甸土面积占全省耕地总面积的 67.6%,是世界上有名的三大黑土带之一。

黑龙江属中温带到寒温带的大陆性季风气候,年平均气温在 -4～5℃,年平均降水量 450～550 mm,年日照时数一般在 2300～2800 h。气温由东南向西北逐渐降低,南北差近 10℃。夏季气温高,降水多,光照时间长,适宜农作物生长。

2 数据来源

本文应用的 1977—2006 年气象数据来自黑龙江省气象中心,此数据包括各地逐日太阳辐射、降水量、平均温度等数据。土壤分布的基础数据来自于"联合国粮食及农业组织"的官方网站(网址为:http://www.fao.org/)和《黑龙江省农业地图集》(1999)。

3 结果与分析

3.1 作物生态适宜性评价模型的建立

开展作物的生态适宜性评价研究,必须正确地筛选参加评价的生态指标,合理地确定权重,并采用适宜的评价方法。本文基于显著性、稳定性、主导性、区域差异性和可操作性原则,通过对大豆生态适应性资料的分析,并结合黑龙江省的实际,从众多生态因子中筛选出年积温(≥10℃)、产量形成期总辐射(MJ/cm²)、生育期降水量(mm)、土壤 pH 值和土壤质地作为生态适宜性评价的基本指标,这些因子是在大豆生长发育过程中最重要、最普遍且容易定量化测量的因子。

另外,本文定义大豆在地域 k 的综合生态适宜性指数(以下简称综合适宜指数)EA_k 为:

$$EA_k = 1 - \sum_{i=1}^{p} EL_{ik} \times W_{ik}$$

式中:EA_k 的域值为[0,1],EA_k 越小,大豆在地域 k 种植的生态适宜性越差,EA_k 越大,则生态适宜性越好。EL_{ik} 为单生态因子稀缺性指数,W_{ik} 为所对应的权重[10]。

3.2 基于 GIS 的大豆种植区划分

土地评价单元同时决定着土地评价工作量的大小和评价成果的精度,利用 ARCGIS 软件的空间分析功能,将黑龙江省土壤图、地貌类型图、单生态因子分布图叠置获得土地评价单元。

3.2.1 单生态因子的量化

生态学上将生物在生长发育过程中适应所处特定环境的最大上、下限阈值和最适区的两端点称为作物的生态三基点。以较常用的大豆品种为参照确定的大豆生态因子适宜范围[10](表 1)。其中土壤指标的量化是根据黑龙江省土壤质地,参照陈立亭[11]的土壤肥力评分标准,将黑土、黑钙土、草甸土、白浆土、暗棕壤、沼泽土、棕色针叶林土、盐土分别依次赋予级别数值

8,7,6…1,水体赋予数值为 0。其余各项因子指标均以 4 月下旬为基准进行量化的。

3.2.2　气候因子插值

由于本文所收集的气象数据是单点气象测站的观测数据,只能代表其周围小范围气象要素,而黑龙江省土地面积较大,气象观测站相对稀少,要获得任意区域内局部的气象要素数据,利用邻近该区域气象站点的资料,通过插值生成研究区气象要素的空间分布图,是一种有效的解决方法。利用 ARCGIS 中的空间分析模块,选择研究区 81 个气象测站为样本,用普通克里格法对气温、降水量和辐射进行插值。

表 1　大豆生态因子适宜范围

生态因子	最低阈值	最适范围	最高阈值
≥10℃年积温(℃·d)	2000	2300～2600	3600
产量形成期总辐射(MJ/cm²)	300	1350～10000	10000
生育期降水量(mm)	250	400～500	800
土壤 pH 值	4	6.2～7.2	10
土壤质地	4	6～8	8

3.2.3　指标的无量纲化

大豆对生态因子的最适要求与生长地域实际存在的生态因子状况存在差距,同时,各生态因子对大豆的作用又具有明显的异质性,相互之间不便于直接进行比较分析。本文根据大豆对生态因子需求的三基点原理,计算大豆对生态因子的最适要求与生长地域实际存在的生态因子状况的差距,即单因子生态距离。

记地域 k 生态因子 i 的状态值为 X_{ik},大豆对生态因子 i 的三基点要求为 X_{i1}(存活最低阈值),X_{i2}(生活最适范围下限值),X_{i3}(生活最适范围上限值)和 X_{i4}(存活最高阈值)。则大豆在地域 k 关于生态因子 i 的单因子距离为:

$$Y_{ik}=\begin{cases} 1 & X_{ik}<X_{i1} \\ (X_{i2}-X_{ik})/(X_{i2}-X_{i1}) & X_{i1}\leqslant X_{ik}<X_{i2} \\ 0 & X_{i2}\leqslant X_{ik}<X_{i3} \\ (X_{ik}-X_{i3})/(X_{i4}-X_{i3}) & X_{i3}\leqslant X_{ik}<X_{i4} \\ 1 & X_{ik}>X_{i4} \end{cases}$$

式中:$i=1,2\cdots p$(p 为分析评价设计生态因子数);$k=1,2\cdots n$(n 为参与分析评价的地域数)。

3.2.4　单生态因子的稀缺性指数计算

单因子稀缺影响指数表示生态因子与作物需求差异对作物正常生长影响的大小。大量研究资料表明,作物单因子生态距离与生态因子稀缺对作物生长的实际影响并不是直线相关的关系,而呈曲线相关关系,且不同因子生态距离与其稀缺影响指数的关系也是不同的。在参照作物生态因子对作物生长发育及产量形成的关系模型,光[12]和水分[13]等生态因子生态距离与其稀缺性指数 EL_{ik} 的关系采用幂函数进行描述,对温度[12]和土壤[14]等生态因子生态距离与其稀缺性指数 EL_{ik} 的关系采用 S 形曲线进行描述。即:

$$EK_{ik} = (Y_{ik})^\alpha \ \text{或} \ EL_{ik} = \begin{cases} 2^{(\beta-1)} Y_{ik}^\beta & 0 \leqslant Y_{ik} \leqslant 0.5 \\ 1 - 2^{(\beta-1)} \times (1-Y_{ik})^\beta & 0.5 < Y_{ik} \leqslant 1 \end{cases}$$

式中:α、β 为参数。本文在参照前人文献的基础上,确定大豆光、水分和土壤的 $\alpha = 0.7$,温度的 $\beta = 2.8$。

利用作物生长指标的无量纲化公式和单生态因子的稀缺性指数计算公式,利用 ARCGIS 软件,得到大豆各单生态因子的分布图(图略)。

3.2.5 指标权重的确定

在大豆生态适宜性评价中,各参评因素因对适宜性的贡献大小不同而具有不同的相对重要性,这就需要采用合适的方法来确定其相应的权重。确定权重的方法很多,常见的有专家征询法、主成分分析法、层次分析法、相关分析法、灰色关联分析法等,本文采用层次分析法(AHP)确定各参评因素的权重。AHP 法先以各因素相对重要性的定性分析为基础,然后把专家的经验数量化,进而定量确定各因素的权重。

表 2 生态适宜性因子权重列表

目标层 Wa	变量总体 A 1.0000		
准则层 Wb	≥10℃年积温 B1 0.4615	土壤 B2 0.2607	生育期降水量 B3 0.2778
方案层 Wc	土壤质地 C1 0.4826	土壤 pH 值 C2 0.5174	

由于在大豆单生态因子稀缺性指数的计算表明,研究区辐射对于作物的生长发育并未造成不良影响,因而,在确定指标权重时未考虑辐射。在所有评价指标中,≥10℃年积温的权重最大(表 2),为 0.4615,其次为生育期降水量,权重值为 0.2778,土壤的控制作用较弱。

3.2.6 综合生态适宜性区划

利用 ARCGIS 软件,将各个生态适宜性因子的稀缺性指数专题图进项矢量化,然后进行空间叠加,根据综合生态适宜指数模型,采用因子加权叠置法,得到大豆的综合生态适宜指数。

由于生态适宜性指数分级及量化的过程中往往不能非常确切地定量在某一准确的位置上,而是大体在某一范围内,即它具有一定的模糊性,再将多个因子综合起来,其模糊性更为突出。基于以上考虑,采用模糊聚类分析的方法,将各专题图叠置整合后的数据作为模糊集,从模糊集概念出发,进行模糊聚类分析。

叠置后根据新产生的叠置图和属性库中的参数,进行模糊聚类计算,再根据近似原理进一步合并成生态适宜等级,形成大豆生态适宜性级别示意图(图 1)。图 1 中把大豆的生态适宜性分为 4 个级别,由高到低为:最适宜、适宜、较适宜和不适宜。

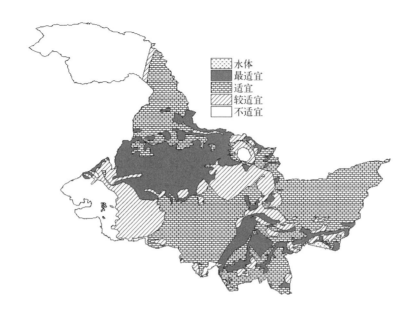

图 1　黑龙江省大豆生态适宜级别示意图

从大豆生态适宜性级别分布的空间特征可见,最适宜种植大豆的区域主要分布在黑河地区南部、齐齐哈尔市东部和绥化地区东北部的部分县(市),同时,哈尔滨东部、牡丹江北部和鸡西西部少部分地区也很适宜种植大豆,其总面积达 1150 hm²,占研究区总面积的 21.30%;适宜种植大豆的区域范围较大,分布于黑河地区北部、佳木斯、鹤岗、双鸭山、七台河地区、牡丹江南部地区以及哈尔滨地区,其总面积达 2270 hm²,占研究区总面积的 42.14%;较适宜的区域主要分布在绥化地区西部、大庆地区以及伊春、鹤岗部分地区,其总面积达 940 hm²,占研究区总面积的 17.39%;除水体外的不适宜区域主要分布在大兴安岭大部、齐齐哈尔西南部,其总面积达 1017 hm²,占研究区总面积的 18.82%。

4　结论与讨论

一个地区内不同作物的生态适宜性存在一定的差异,是作物引种布局的主要依据。因此,对一个地区内各种作物的生态适宜性进行比较,确定各作物种植的生态理论比例,可以为作物种植提供生态基础上的指导。通过对大豆在黑龙江省生态适应性的研究和种植格局的划分,主要结论如下:

大豆适宜在黑龙江省大部分地区种植。最适宜种植大豆的区域主要分布在黑河地区南部、齐齐哈尔市东部和绥化地区东北部的部分县(市),同时,哈尔滨东部、牡丹江北部和鸡西西部少部分地区也很适宜种植大豆,其总面积达 1150 hm²,占研究区总面积的 21.30%;除水体外的不适宜区域主要分布在大兴安岭大部、齐齐哈尔西南部,其总面积达 1017 hm²,占研究区总面积的 18.82%。

在生态适宜性评价过程中,由于黑龙江省地形复杂、气候变率大、土壤类型多种多样,而土壤 pH 值数据又只限于定点调查数据,因而在具体数据处理过程中出现以点代面的现象,势必会造成一定的偏差。同时,在大豆生态适宜性评价过程中,研究尺度较为宏观,并未考虑某个适宜区内的微立地、光照等条件的差异性而出现部分地块并不适宜作物种植的情况。因此,评价成果不可避免地会出现一定的相对性,但是可以肯定的是,成果的相对性和空间的差异性并不影响成果整体的参考价值。

参考文献

[1] 谢云.国外作物生长模型发展综述[J].作物学报,2002,**28**(2):47-52.

[2] 柏继云,孟军,吴秋峰.黑龙江省大豆生产预警指标体系的构建[J].东北农业大学学报,2007,**38**(4):568-572.

[3] 刘丹.黑龙江省土地覆盖景观格局对气候变化响应的研究[D].东北林业大学博士论文,2007:25-50.

[4] 胡国华,陈庆山,张锡铭.黑龙江省大豆品质区划的探讨[J].大豆科学,2006,25(2):118-122.

[5] 宁海龙,张大勇,胡国华,等.东北三省大豆蛋白质和油分含量生态区划[J].大豆科学,2007,**26**(4):511-516.

[6] 常青,王仰麟,李双成.中小城镇绿色空间评价与格局优化——以山东省即墨市为例[J].生态学报,2007,**27**(9):3701-3710.

[7] Zeyaur R,Khan,John A.Combined control of Striga hermonthica and stemborers by maize - Desmodium spp[J].*Intercrops.Crop Protection*,2006,**25**(9):989-995.

[8] Fabiola S,Koji H,Hadi A.Practical application of a land resources information system for agricultural landscape planning[J].*Landscape and Urban Planning*,2007,**79**(1):38-52.

[9] 王丽霞,任志远.山西省大同市农业生态气候适宜度评价[J].地理研究,2007,**26**(1):53-59.

[10] 张静.作物—地域多种组合中作物生态适宜性评价与权重配置方法的研究[D].南京农业大学硕士论文,2005,15-39.

[11] 陈立亭.黑龙江省气候与农业[M].北京:气象出版社,2004:15-35.

[12] 王夫玉,张洪程,赵新华.温光对水稻籽粒充实度的影响[J].中国农业科学,2001,34(4):396-402.

[13] 石惠恩,李春喜.小麦中后期灌溉对产量和营养品质的影响[J].河南职业技术师范学院学报,1989,(Z1):108-112+52.

[14] 黄策,王天铎.水稻群体物质生产过程的计算机模拟[J].作物学报,1986,**12**(1):1-8.

山西省主要农业气象灾害精细化区划研究

李海涛 武永利 王志伟 赵永强 刘文平

(山西省气候中心,太原 030002)

摘要:利用山西省 109 个气象站点 1961—2010 年 50 年的气象观测资料,通过分析山西省干旱、霜冻、低温冻害、高温热害的发生程度和发生频率,得到其灾害综合指数,运用小网格推算模型和多元线性回归建立与地理信息的空间推算模型,基于 GIS 和 1:25 万地理信息数据,对这四种灾害进行空间分区,得到山西省多种农业气候灾害精细化区划图,以期为政府决策部门指导农业生产和防灾减灾工作提供科学参考。结果表明,山西省干旱主要发生在该省中部一雁行排列的断陷盆地;霜冻和低温冷害主要发生在北中部大部地区;高温热害主要发生在临汾和运城地区。经过实际调查和验证,区划结果具有一定的合理性。

关键词:气象灾害;空间推算;精细化区划

0 引言

气象灾害是制约生态与农业和国民经济可持续发展的重要障碍因素。掌握气象灾害的特点和发生规律,对于防御气象灾害,提高防灾减灾的能力,趋利避害,保障农业生产具有十分重要的意义[1]。山西省农业气象灾害发生频繁,其主要气象灾害有干旱[2]、霜冻[3]、低温冻害[4]、高温热害等,农业气象灾害造成的损失占自然灾害损失的 85% 以上,每年由于气象灾害造成的经济损失占生产总值的 4%～7%。

近年来,对干旱、霜冻与低温冷害等灾害的研究主要侧重于发生原因[5]及分布规律[6]、对策[7]以及对农业的危害机制[8]、影响规律[9]的研究,以及灾害致灾机理[10]、灾害的气候风险评估[11]或区划[12]等,而从气象学角度对山西多种农业气象灾害开展精细化区划研究还相对较少。本文利用山西省 109 个气象站近 50 年的气象资料,采用基于 DEM 的多元线性回归加参差订正的方法,来开展针对山西省多种灾害的精细化区划研究。以期为政府决策部门指导农业生产和防灾减灾工作提供科学参考。

1 资料和方法

1.1 资料与处理

气象资料(来源为山西省气象信息中心)为山西省 1961—2010 年 50 年 109 个气象站的逐

日常规资料,建站晚于 1961 年的自建站资料开始。区划中使用 1：250000 的山西省行政区界(包括县界)资料;高程数据使用 90 m×90 m 的 SRTM DEM 数据。SRTM(Shuttle radar topography mission,航天飞机雷达地形测绘使命)是由美国航空航天局、美国国家图像测绘局以及德国与意大利航天机构共同合作完成,2000 年 2 月 11 日至 22 日,通过装载于"奋进号"航天飞机的干涉成像雷达近 11 天的全球性作业,得到了全球表面从北纬 60°至南纬 56°间陆地地表 80%面积和 95%以上的人类居住区、数据量高达 12Tbit 的三维雷达数据,然后对雷达数据进行相应的处理,生成的数字高程模型[13]。这一数字地形数据是迄今为止显示性最好、分辨率最高、精度最好的全球性数字地形数据。SRTM 数据覆盖中国全境,SRTM 数据的广泛覆盖性和数学基础的统一性使得其高程数据在涉及地形分析的诸多领域有非常广泛的应用前景,对陆地表层过程研究有重要的促进作用。由网站 http://srtm. csi. cgiar. org/SELECTION/inputCoord. asp 下载覆盖于山西省范围的高程数据,并在 ArcGIS 软件的支持下拼接并裁剪得到山西省范围的 DEM 图。

1.2 区划方法

根据山西自然灾害发生程度,特别是农业生产结构调整和发展的需要,以资源优化利用为目标,选定干旱、霜冻、低温冷害和高温热害为区划对象。农业与气候之间的关系都反映在各种气候要素的作用上,在对农业产业影响的气候条件中,热量与水分的影响更为直接。在热量条件中,用积温表示总热量,用平均气温、极值等表示农业气候界限条件,用不同界限温度期间的日数表示生长期长短等;水分条件用降水量、盈亏量、干燥度、土壤水分分量等划分气候类型的界限。确定气候区划指标是根据选用的农业气候区划因子制定出反映农业与气候关系的指标,建立指标系统,确定区划的界限值,不同的区划方法、对象、物种有不同的指标。

表 1 多种灾害指标公式及内涵

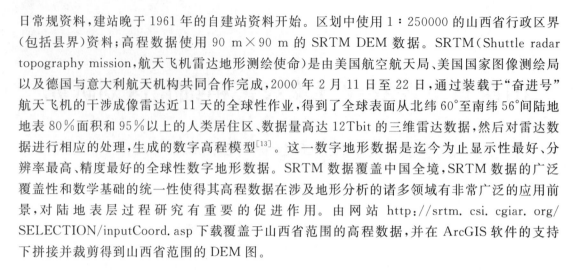

指标名称	公式	内涵	等级划分
干旱	$K = R/0.2\sum t$ 式中:K 为年湿润指数;R 是年降水量;$\sum t$ 是大于 0℃的年积温;系数 0.2 是根据灌溉试验资料确定	K 值越小干旱越严重。$K=1.0$ 表示农业水分供需平衡;$K>1.0$ 表示水分供大于求;$K<1.0$ 表示水分不足引起干旱	$K\geqslant1.00$　无旱; $0.76\leqslant K\leqslant0.99$　轻旱; $0.51\leqslant K\leqslant0.75$　中旱; $K\leqslant0.50$　重旱
霜冻	$F = \dfrac{N}{365-N} \times f_y$ 式中:F 指的是霜冻指数;N 指的是年霜冻日数;f_y 指的是霜冻的发生频率	F 值越大,霜冻发生程度越重。F 值介于 0.1~1.0 之间	$F<0.1$　无霜冻; $0.1\leqslant F<0.6$　轻霜冻; $0.6\leqslant F<0.8$　中霜冻; $0.8\leqslant F<1.0$　较重霜冻; $F\geqslant1.0$　重霜冻
低温冷害	$R = T_{5-9} - \sum T_{5-9}$ 式中:R 为逐年的 5—9 月平均温度和与历年同期温度和之差;T_{5-9} 为 5—9 月平均温度和,$\sum T_{5-9}$ 为历年 5—9 月平均温度和	R 值越小,低温冷害越严重。R 值介于－3.3~－1.3 之间	$R>-1.3$　无; $-2.3<R\leqslant-1.3$　一般; $-3.3<R\leqslant-2.3$　中度; $R\leqslant-3.3$　重度

指标名称	公式	内涵	等级划分
高温热害	$TH = TH_1 * F_1 * 1 + TH_2 * F_2 * 1.2 + TH_3 * F_3 * 1.4$ 式中：TH 表示高温热害指数，TH_1、TH_2、TH_3 表示轻度、中度、重度高温热害发生次数，F_1、F_2、F_3 表示轻度、中度、重度高温热害发生频率，$1,1.2,1.4$ 分别表示轻度、中度、重度高温热害的权重	TH 值越大，高温热害越严重。轻度，日最高温度≥35℃持续1～3天；中度，持续 4～6 天；重度，持续 7 天以上	$TH<0.1$　无害； $0.2≤TH<0.5$　轻度； $0.5≤TH<0.8$　中度； $0.8≤TH≤1.0$　重度

　　通过查阅大量相关文献，并根据武永利、王志伟、张建新等多年的农业气象研究，结合承担的相关科研项目，根据山西灾害发生的实际情况形成了山西主要灾害农业气候区划指标库（表1）。

　　在指标建立基础上，根据山西省的气候特点与地形特征，对山西省气候资源要素值（包括经度、纬度、海拔高度、坡度、坡向等）进行小网格推算，利用多元线性回归法建立气象台站的观测网点数据与地理信息数据的空间分析模型[14,15]，从总体上拟合了山西省各气候资源要素的空间分布，但由于受地形起伏变化大、观测资料的代表性不足等问题的影响，各灾害指标要素的总体拟合精度需要通过残差订正进行进一步提高[16]。为了提高拟合精度，有必要对各气候资源要素的残差部分进行空间内插，用于订正气候资源网格数据。利用 IDL 提供的克里金插值方法，将灾害指数残差 yg 内插到 90 m×90 m 的网格上，此分辨率与 DEM 相同，即获得了灾害指数要素残差的栅格图。将此图与小网格推算模型所计算的灾害区划图相叠加，可以得到经过订正后的灾害气候区划分布图。区划的技术方法示意图如图 1 所示。

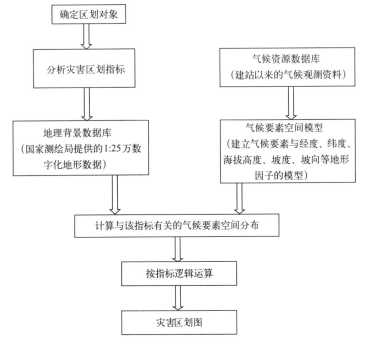

图 1　基于 GIS 技术的主要灾害区划流程图

2 结果与分析

2.1 干旱

通过计算干旱指数,运用 GIS 软件绘制干旱区划图,结果表明,山西省干旱发生区域主要分布在我省中部一雁行排列的断陷盆地,包括忻定原盆地、太原盆地、临汾盆地和运城盆地(具体见图 2a)。轻旱区($0.75<K\leqslant0.99$)的面积为 56599.6 km²,占全省总面积的 35.4%,主要分布在我省除大山脉外的大部分地区;中旱区($0.50<K\leqslant0.75$)和重旱区($K\leqslant0.50$)的面积分别为 56299.1 km² 和10050.0 km²,占全省总面积的 35.2% 和 6.3%,主要分布在大同南部、朔州中部、晋中中部、临汾南部和运城北部。该结果与周晋红等对山西干旱空间分布特征的研究结果一致[2]。

2.2 霜冻

通过计算霜冻指数,运用 GIS 软件绘制霜冻区划图,结果表明,山西省发生霜冻的区域主要分布在北中部大部地区(具体见图 2b)。轻霜冻区的面积为 45628.5 km²,占山西省总面积的28.6%,主要分布在山西省南部的晋城和运城大部,临汾和长治部分,中部吕梁、太原和阳泉等地。中霜冻区面积为 52187.8 km²,占山西省总面积的 32.7%,主要分布在山西省长治大部,太原和晋中南部,以及临汾东部山区等地。较重霜冻区和重霜冻区面积分别为 45911.6 km² 和16018.4 km²,占山西省总面积的 28.7% 和 10.0%,主要分布在山西省北部大部,以及中部高海拔地区等地。该结果与李芬等对山西霜冻的时空分布特征的研究结果一致[3]。

2.3 低温冷害

通过计算低温冻害指数,运用 GIS 软件绘制低温冷害区划图,结果表明,山西省低温冷害的发生区域主要分布在山西省中北部地区(具体见图 2c)。一般低温冷害区和中度低温冷害区面积分别为 82578.9 km² 和20190.9 km²,占山西省总面积的 51.7% 和 12.6%,主要分布在中南部大部和北部的西北地区。较重和重度低温冷害区的面积分别为 2845.3 km² 和725.4 km²,分别占山西省总面积的 1.8% 和 0.5%,主要分布在忻州的繁峙和五台一带。低温冷害发生程度由南向北呈不断增加之势,以北部的五台、繁峙地区为最。该结果与孟万忠等对山西低温冷害空间分布特征的研究结果基本一致[4]。

2.4 高温热害

通过计算高温热害指数,运用 GIS 软件绘制高温热害区划图,结果表明,山西省高温热害的发生区域主要分布在临汾和运城地区(具体见图 2d)。中度和重度高温热害区的面积分别为 5894.3 km² 和12471.2 km²,共占全省总面积的 11.5%,其余大部分地区无高温热害。该结果与山西省近 30 年的气象资料统计结果相一致。

3 结论和讨论

(1)指标选取更为合理。本文的干旱指标[17~19]、霜冻指标[20~22]、低温冷害指标[23~25]和高温热害指标[26~28]，都是在别人研究成果的基础上，结合山西本地实际情况和农业气象专家的实践经验，通过建议、讨论和筛选得到，这些指标可以更为合理地反映山西的实际情况。

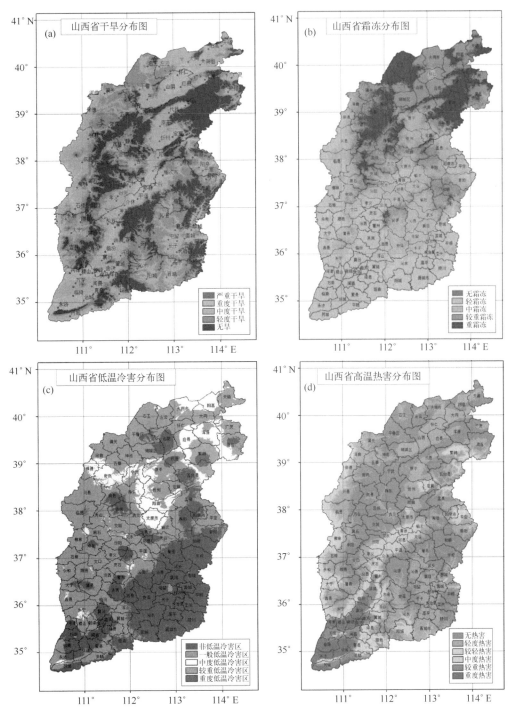

图 2　山西省干旱(a)、霜冻(b)、低温冷害(c)和高温热害(d)分布图

(对应彩图见第 328 页彩图 19)

（2）区划结果更为精细合理。通过计算灾害指数,绘制区划图,得到了山西省干旱、霜冻、低温冷害、高温热害这四种灾害的空间分布特征,统计了不同程度灾害发生的面积和范围。该结果与前人的研究成果基本一致。该研究结果将网格降低到了 90 m×90 m 的格点上,区划结果更为精细,所提供的细线条区划图,对各地农业生产发挥区域气候优势、趋利避害、减轻气象灾害损失、提高资源整体效益具有重要意义。其成果将为山西省各级政府分类指导农业生产、农业结构调整和社会主义新农村建设提供决策支持。

（3）不足之处。本文对不同气候要素使用相同的影响因子及插值方法,若根据气候要素的特点加入不同因子(气温模型中加入地表覆盖状况、日照模型中加入地形遮蔽等)或选择不同的空间插值方法,或许会取得更好的精度。

参考文献

[1] 王春乙,娄秀荣,王建林.中国农业气象灾害对作物产量的影响[J].自然灾害学报,2007,**16**(5):37-43.

[2] 周晋红,李丽平,秦爱民,等. 山西气象干旱指标的确定及干旱气候变化研究[J]. 干旱地区农业研究,2010,**28**(3):241-246.

[3] 李芬,张建新,闫永刚,等.山西近 50 年初霜冻的时空分布及其突变特征[J].中国农业气象,2012,**33**(3):448-456.

[4] 孟万忠,刘晓峰,王尚义,等.1949—2000 年山西高原低温冷害特征及小波分析[J].中国农学通报,2012(12):112-115.

[5] 包云轩,王莹,高苹,等.江苏省冬小麦春霜冻害发生规律及其气候风险区划[J].中国农业气象,2012,**33**(1):134-141.

[6] 王志春,杨军,姜晓芳,等.基于 GIS 的内蒙古东部地区玉米低温冷害精细化风险区划[J].中国农业气象,2013,**34**(6):715-719.

[7] 罗培.基于 GIS 的重庆市干旱灾害风险评估与区划[J].中国农业气象,2007,**28**(1):100-104.

[8] 张洪玲,宋丽华,刘赫男,等.黑龙江省暴雨洪涝灾害风险区划[J].中国农业气象,2012,**33**(4):623-629.

[9] 温华洋,田红,唐为安,等. 安徽省冰雹气候特征及其致灾因子危险性区划[J]. 中国农业气象,2013,**34**(1):88-93.

[10] 杨益,陈贞宏,王潇宇,等.基于 GIS 和 AHP 的潍坊市冰雹灾害风险区划[J].中国农业气象,2011,**32**(增 1):203-207.

[11] 蔡大鑫,张京红,刘少军.海南荔枝产量的寒害风险分析与区划[J].中国农业气象,2013,**34**(5):595-601.

[12] 于飞,谷晓平,罗宇翔,等.贵州农业气象灾害综合风险评价与区划[J].中国农业气象,2009,**30**(2):267-270.

[13] Rabus B,Eineder M,Roth A,*et al*. The shuttle radar topography mission a new class of digital elevation model acquired by space borne radar[J]. *ISPRS Journal of Photogrammetry and Remote Sensing*,2003,**57**(4):241-262.

[14] 吴文玉,马晓群.基于 GIS 的安徽省气温数据栅格化方法研究[J].中国农学通报,2009,**25**(02):263-267.

[15] 郭兆夏,朱琳,杨文峰.应用 GIS 制作《陕西省气候资源及专题气候区划图集》[J].气象,2001,**27**(5):47-49.

[16] 刘静,马力文,周惠琴,等.宁夏扬黄新灌区热量资源的网格点推算[J].干旱地区农业研究,2001,**19**(3):64-71.

［17］王密侠,马成军,蔡焕杰.农业干旱指标研究与进展［J］.干旱地区农业研究,1998,**16**(3):119-124.

［18］袁文平,周广胜.干旱指标的理论分析与研究展望［J］.地球科学进展,2004,**19**(6):892-991.

［19］朱自玺,刘荣花,方文松,等.华北地区冬小麦干旱评估指标研究［J］.自然灾害学报,2003,**12**(1):145-150.

［20］李茂松,王道龙,钟秀丽,等.冬小麦霜冻害研究现状与展望［J］.自然灾害学报,2005,**14**(4):72-78.

［21］冯玉香,何维勋,孙忠富,等.我国冬小麦霜冻害的气候分析［J］.作物学报,1999,**25**(3):335-340.

［22］钟秀丽,王道龙,赵鹏.黄淮麦区小麦拔节后霜冻的农业气候区划［J］.中国生态农业学报,2008,**16**(1):11-15.

［23］李祎君,王春乙.东北地区玉米低温冷害综合指标研究［J］.自然灾害学报,2007,**16**(6):15-20.

［24］王远皓,王春乙,张雪芬.作物低温冷害指标及风险评估研究进展［J］.气象科技,2008,**36**(3):310-317.

［25］马树庆,袭祝香,王琪.中国东北地区玉米低温冷害风险评估研究［J］.自然灾害学报,2003,**12**(3):137-141.

［26］李丽.韶关市高温天气统计分析和 ARIMA 模型预测［J］.广东气象,2004,**26**(3):1-3.

［27］张晓丽,孙晓铃,曾汉溪.不同地点不同下垫面的高温特征及预警信号发布［J］.广东气象,2006,**28**(3):34-37.

［28］黄义德,曹流俭,武立权,等.2003 年安徽省中稻花期高温热害的调查与分析［J］.安徽农业科学,2004,**31**(4):385-388.

红毛丹精细化农业气候区划

吴名杰[1]   陈小敏[2]

(1. 海南省气象信息中心,海口 570203;2. 海南省气象科学研究所,海口 570203)

摘要: 红毛丹是一种著名的热带珍稀水果,味美、营养价值高和极具特色,其经济潜力突出。红毛丹生长对气象条件的依赖性强,为避免盲目引种,本文以海南 18 个气象观测站 1961—2010 年的气候资料为基础,结合其生物学特性,采用农业气象分析方法和地理信息系统(GIS)技术,对红毛丹进行气候适宜性区划。利用 ≥10℃ 年积温、年平均温度、年降雨量和年平均风速等指标确立了红毛丹气候适宜分区标准。依托 GIS 技术空间分析功能,运用气候资源推算模式进行精细化气候区划,将红毛丹种植划分为适宜、次适宜和不适宜气候区域。结果表明,红毛丹气候适宜生长区主要分布在保亭盆地,面积较小,仅为 8.8 万 hm²,研究结果可为海南未来红毛丹生产安全布局提供科学依据。

关键词: 红毛丹;农业气候区划;区划指标;GIS

0 引言

红毛丹(*Nephelium Lappaceum* L.)是典型的热带果树,无患子科,原产于马来半岛。世界上红毛丹栽培面积较大的是泰国、马来西亚、菲律宾,产量占世界的 90% 以上[1,2]。海南岛自 1960 年开始从马来西亚引种,在全省 18 市县试种,只有保亭 1967 年获得成功[3,4],目前保亭县红毛丹种植面积 0.1 万 hm² 左右,年产量 3000t 左右[5]。可见当前国内市场的红毛丹大部分是从国外进口的。可以看出,红毛丹的发展前景是广阔的,发展种植业是正确的。随着市场经济的迅速发展,近几年来的红毛丹种植业初具规模,但在发展中也存在一些实际问题:由于一哄而上,导致选地具有盲目性、科学管理技术缺乏而导致非生产期延长等,使得红毛丹种植不成功[6]。本文通过近几十年气象资料和 1:25 万基础地理信息数据,利用 GIS 技术[7~9]和数理统计回归分析以及气候资源的细网格模拟分析方法[10,11],绘制出红毛丹精细化农业气候区划图,为红毛丹生产基地选址和生产措施提供科学参考,对促进红毛丹高产稳产优质高效发展具有重要的显示意义。

基金项目:2014 年公益性行业(气象)科研专项(GYHY201406058);海南省气象局科技创新项目(HN2013MS11,HN2013MS12)。

第一作者简介:吴名杰,男,海南海口人,工程师,主要从事气候资源分析、资料处理和资料信息化等。通讯地址:海南省海口市海府路 60 号海南省气象信息中心。0898-68619540,E-mail:582577651@qq.com。

通讯作者:陈小敏,女,工程师,硕士研究生,主要从事农业气候区划,农业气象等。通讯地址:海南省海口市海府路 60 号海南省气象科学研究所,0898-68619527,E-mail:xiaominc2002@163.com。

1 研究对象和数据来源

1.1 红毛丹生长与环境条件

1.1.1 红毛丹生长发育与温度的关系

红毛丹最大的产地,泰国南部和东南部年平均温度 27.2℃,年积温 9800℃·d,极端最低温度高于 13℃,该区域红毛丹生长发育较好,正常开花结果,果实产量高。马来西亚的吉隆坡年平均温度 27.6℃,年积温 10070℃·d,极端最低温度高于 20℃,温度均衡,是红毛丹生长发育的优越条件[1]。

红毛丹是典型的热带水果,温度是红毛丹栽培的限制因素,要求年平均温度为 24.1℃,年积温 8800℃·d,最冷月平均温度 19.5℃,日平均温度小于 10℃,假如日平均温度低于 2℃,连续 3 天以上,将会冻死当年定植的幼苗,也会导致成龄树结果母枝严重冻害,当年开花结果将会受到严重影响[1,6,12~14]。

1.1.2 红毛丹与水分的关系

红毛丹对水分要求较高,不仅要有充足的雨量,而且要求雨量均衡。泰国 2—4 月是红毛丹开花期,时逢旱季,花期遇旱,开花迟而不集中,稔实成果率低,但目前果园采用喷灌技术,有利于红毛丹丰产;5—9 月雨量集中,相对湿度达 90%,对红毛丹生长发育和开花结果有利。马来西亚年雨量在 2200 mm 以上,雨量分布均匀有利于红毛丹的丰产[1,6]。红毛丹幼苗不耐旱,连续干旱时须浇水;梢抽发期、花芽形态分化期和果实发育前中期,可 7~10 天灌水一次[15];同时树体也需要荫蔽,避免叶片灼伤[12]。

1.1.3 红毛丹与风速的关系

红毛丹树体抗风能力差,容易遭受风害影响,尤其是晚熟品种(泰国和马来西亚红毛丹产区无台风影响),本年和次年的产量都会受到风的影响[6]。故红毛丹生长发育最佳环境是静风条件,当年平均风速大于 1.5 m/s,对红毛丹生长不利,常年受大风影响的果树生长明显较差,甚至同一株树的受风面竟会出现叶枯黄、叶落现象[6]。

1.2 数据来源

气象资料为海南省 18 市县气象观测站的逐年气象要素数据,来源于海南省气象信息中心,资料年限为 1961—2010 年,包括站点的经纬度,海拔高度等地理属性数据。地理信息数据采用国家基础地理信息中心提供的 1∶25 万海南省地理数据。

2 红毛丹种植适宜性区划

生产实践和研究表明,红毛丹要求高温、高湿和静风的低海拔环境。在光、温、水 3 个基本要素中,热量是制约红毛丹种植的关键因子,不但影响树势、产量和果实品质,甚至是植株能否存活的决定性因素,此外,水分条件、风条件和地势等环境因子,对红毛丹的生长发育和开花结果也有明显的影响。根据文献资料和气象数据,结合实地考察调研,对红毛丹气候适宜指标和气候限制指标进行了分析,选取>10℃年积温、年平均温度、年降雨量和年平均风速为红毛丹农业气候区划指标因子,划分适宜区、次适宜区和不适宜区的分区标准(表1)。

表1 红毛丹适宜性区划指标

区划指标	适宜区	次适宜区	不适宜区
>10℃年积温(℃·d)	>8900	8500~8900	<8500
年平均温度(℃)	>24	23~24	<23
年降雨量(mm)	>1800	1500~1800	<1500
年平均风速(m/s)	<1.5	1.5~2.0	>2.0

根据表1中的评价指标,基于海南省精细化的气候资源数据,在GIS系统平台下,通过空间计算,得到各区划因子分布图(图1)。可见,>10℃年积温分布来看,年积温最多主要集中在东南、西南和南部地区,热量最高(大于8900℃·d),北部地区次之,中部山区年积温最小(小于8500℃·d)。年平均温度分布,与>10℃年积温分布相似,中部山区最小(小于23℃),西北部内陆次之,年平均温度大于24℃的地区范围较多。年降雨量最大分布在东半部地区(大于1800 mm),西部和西南沿海地区最小(低于1500 mm)。年平均风速中部山区较小(低于1.5 m/s),沿海地区较大(高于2.0 m/s)。

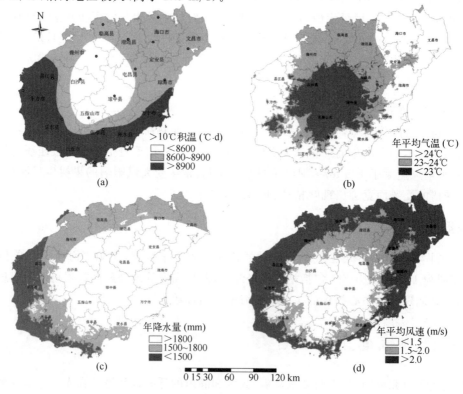

图1 红毛丹气候适宜性单指标评价结果

3　红毛丹种植适宜性区划结果与评述

红毛丹区划分为适宜区、次适宜区和不适宜区,考虑到在不同区域进行指标区划时分界处的跳跃性,故将适宜区指标群作为模糊集合,采用模糊集的隶属函数计算单项指标的评判值[18],再进行分区,即指标的归一化处理,各区划因子适宜性隶属函数如公式(1)～(4)所示:

$$u(x)\begin{cases} 1 & x \geqslant 8900 \\ \dfrac{x-8600}{8900-8600} & 8900 > x > 8600 \\ 0 & x \leqslant 8600 \end{cases} \tag{1}$$

$$u(x)\begin{cases} 1 & x \geqslant 24 \\ \dfrac{x-23}{24-23} & 24 > x > 23 \\ 0 & x \leqslant 23 \end{cases} \tag{2}$$

$$u(x)\begin{cases} 1 & x \leqslant 1.5 \\ \dfrac{x-1.5}{2-1.5} & 2 > x > 1.5 \\ 0 & x \geqslant 2 \end{cases} \tag{3}$$

$$u(x)\begin{cases} 1 & x \geqslant 1800 \\ \dfrac{x-1500}{1800-1500} & 1800 > x > 1500 \\ 0 & x \leqslant 1500 \end{cases} \tag{4}$$

在指标的归一化计算结果的基础上,设定每个因子的权重都是相等的,即各指标因子的权重集为:$a=[0.25,0.25,0.25,0.25]$,利用 GIS 空间分析技术,对 4 项气候区划因子栅格图进行叠加处理,叠加结果即为红毛丹种植适宜性区划图。综合评判值为 $P=\prod\limits_{i=1}^{4} a_i u(x_i)$,式中:$P$ 为综合评判值;$u(x_i)$ 为第 i 个指标气候隶属度,$i=1,2,3,4$;a_i 为相应指标权重。计算后的 P 值在 0～1,用来评价海南红毛丹种植综合条件的优劣。综合评判值以满足红毛丹正常生长和开花结果为依据,结合红毛丹分布状况实地调查,确定 $P \geqslant 0.125$、$0.0625 \leqslant P \leqslant 0.125$、$P < 0.0625$ 依次为适宜、次适宜、不适宜 3 个等级,制作海南红毛丹种植适宜性区划图,如图 2 所示。

3.1　适宜区

红毛丹种植适宜区主要集中在南部地区的保亭盆地(图 2 中绿色区域),面积较小,约 8.8 万 hm^2。区域内年平均温度在 24℃ 以上,>10℃ 积温在 8900℃ · d 以上,热量是海南省较好的地区之一;而且常风非常小,年平均风速在 1.5 m/s 以下,有利于红毛丹生长发育;同时水汽充足,降雨量是全岛最多的地方,年降雨量高于 1800 mm,满足了红毛丹对水分的需求,但全年雨量分配不均,冬春干旱时有发生,11 月至次年 4 月降水少,因此要靠人工灌溉。

适宜区具体位于七仙岭和大本山以南地区[6],海拔高度 170 m 的山腰和半山腰地区,背风,常年有雾,水源方便,土壤排水通畅;由于多数三面环山,开口朝南或西南方向,该地形阻挡了来自北面的冷空气和来自东面的大风,形成半封闭的适宜红毛丹生长的小气候环境,是发展优质红毛丹的最佳区域。可以因地制宜地发展商品果种植,建设优质种植示范基地[17],充分利用有限区域的宝贵资源。

3.2 次适宜区

红毛丹种植次适宜区主要分布在适宜区周边市县,从万宁南部、陵水、三亚至乐东盆地面积相对适宜种植区大(图 2 黄色区域),约 31.5 万 hm²。区域内热量相对较好,年平均温度在 23℃以上,>10℃积温在 8600℃·d 以上,满足红毛丹对热量的需求,但气候条件比适宜区差一些,偶有寒害影响。常风较大,年平均风速通常在 2.0 m/s 左右,沿海地区较大;年降雨量在 1500 mm以上,尤其是西部和南部会出现干旱影响。在该区域范围种植红毛丹,得营造小气候环境,选择耐寒、耐旱和抗风等品种种植,以克服不利气候条件对红毛丹生长和品质的影响。

3.3 不适宜区

不适宜区面积最大,约 303.8 万 hm²(图 2 红色区域),其中,北部和中部山区主要是热量条件不佳,冷害重,部分年份极端温度会低于红毛丹的临界温度,导致幼苗、嫩枝梢等枯萎、死亡;冬季通常会出现低温阴雨天气,偶有倒春寒,影响红毛丹正常开花授粉;西部和西南地区热量相对较高,但是降雨偏少,气候干旱,也不利于红毛丹的正常挂果,或者果实品质较差;四周沿海地区主要因为风大,不利于果树种植。

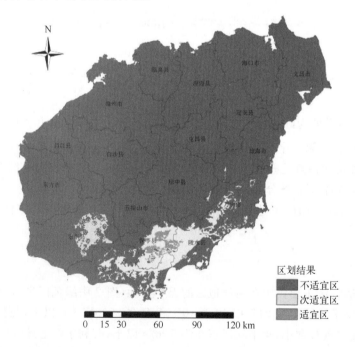

图 2 红毛丹精细化农业气候区划结果(对应彩图见第 329 页彩图 20)

4 结论与讨论

红毛丹是典型的热带水果,对热量要求极为突出,其次是水分,最后是要求静风状态。故本文利用>10℃积温、年平均温度、年降雨量和年平均风速等指标,确立了海南红毛丹气候适宜性分区标准。采用GIS技术和小网格推算法,将经度、纬度和山体地形对气候条件的影响综合考虑,区划标准相对于传统标准更加细致、客观和科学。本文实现了红毛丹精细化农业气候区划,区划结果的适宜区主要集中在保亭盆地,这符合目前海南红毛丹种植实际分布。

在发展红毛丹种植区域的问题上,建议选择海拔较低、温度高、降雨充沛和常风小的区域。本文仅考虑红毛丹的气候适宜性区划,并未考虑土壤状况、土地利用状况等因子。因此,要进行合理规划和开发,还得多方面考虑。在红毛丹气候适宜区和次适宜区域内,科学引种和选育高产优质品种,充分利用小地形环境,建设防护林等避风防风设施和喷灌、滴灌设施,改善生态环境,建立红毛丹标准化示范基地[17],提高红毛丹栽培管理水平,扩大红毛丹适宜栽培区域。

参考文献

[1] 王朝弼,张世杰,陈永森.泰、马、菲红毛丹生产考察报告和我省发展红毛丹生产的思考[J].热带作物研究,1998,(01):59-63.

[2] 吕小舟.红毛丹种植业的发展前景[J].福建热作科技,2004,29(3):40-41.

[3] 阮龙.红毛丹引种试种技术通过鉴定[J].热带农业科技,1985,(5):103.

[4] 杨连珍,曹建华.红毛丹研究综述[J].热带农业科学,2005,25(01):48-53.

[5] http://baoting.hinews.cn/system/2014/07/26/016824221.sht mL.

[6] 唐文浩,唐仕华,饶义平,等.红毛丹(*Nephelium lappaceum* L.)生态适应性研究[J].生态学报,2001,21(7):1158-1162.

[7] 谷晓平,于飞,马建勇,等.贵州省小油桐气候适宜性评价指标分析和区划[J].中国农业气象,2013,34(4):434-439.

[8] 何燕,李政,徐世宏,等.GIS支持下的广西早稻春季冷害区研究[J].自然灾害学报,2009,18(5):178-182.

[9] 邹海平,王春乙,张京红,等.海南岛香蕉寒害风险区划[J].自然灾害学报,2013,22(3):130-134.

[10] 陈小敏,陈珍丽,陈汇林.海南岛香蕉种植农业气候区划初探[J].气象研究与应用,2013,34(2):51-53.

[11] 陈小敏,陈汇林,张业忠,等.基于GIS的琼中县绿橙种植气候区划研究[J].热带农业科学,2012,32(12):100-102.

[12] 任新军,杨坤.红毛丹及其栽培技术[J].中国南方果树,2001,30(1):28-29.

[13] 魏守兴,陈业渊,谢子四.红毛丹高产及无公害生产技术[J].中国南方果树,2005,34(5):39-41.

[14] 何君涛,车志伟.海南地区红毛丹种植气象条件分析[J].广西气象,2006,27(1):37-38.

[15] 王万方.红毛丹的栽培技术措施[J].中国南方果树,2002,31(3):38-41.

[16] 吴能义,唐群锋,覃姜薇,等.保亭试验站红毛丹园养分状况初探[J].热带农业科学,2010,30(3):30-32.

[17] 陈兵,吴磊,黄升南.科技先行,探索创新,促进海南红毛丹产业发展[J].热带农业科技,2010,30(9):80-82.

[18] 梁轶,李星敏,周辉,等.陕西油菜生态气候适宜性分析与精细化区划[J].中国农业气象,2013,34(1):50-57.

基于气象灾害指标的湖北省
春玉米种植适宜性区划

肖玮钰　张丽文　刘志雄　秦鹏程

(武汉区域气候中心,武汉 430000)

摘要:本文从气象灾害发生概率角度出发对湖北省春玉米种植区适宜性进行划分,以期为玉米种植的合理布局及稳产、高产提供有力的科学依据。利用湖北省 70 个气象台站 1961—2013 年气温、降水、日照等资料,引入概率密度函数和年次概率统计了春玉米播种出苗期低温连阴雨、拔节—抽雄期干旱和灌浆成熟期高温热害发生概率,并运用聚类分析和 GIS 手段进行适宜性区划。结果表明:最适宜种植区位于鄂西南东南部,除鄂西北地区外,其他大部均基本适宜种植春玉米。

关键词:春玉米;概率;灾害;湖北;区划

0　引言

玉米在湖北省是仅次于水稻、小麦的第三大粮食作物,在粮食生产中占有重要地位[1]。2012 年湖北省玉米种植面积达到 890.01 万亩,28.26 亿 kg。玉米适应性广,生长期短,产量高,又是多熟制作物中承上启下的重要作物,在湖北省农业结构适应性调整中具有重要的作用[2]。

以往农业气候区划的研究主要是在对组成农业气候资源的光、热、水、气等气象要素分析的基础上,确定对农业地理分布和生物学产量有决定意义的气候指标,将一个地区划分为农业气候条件有明显差异的区域[3,4]。这对于气候资源相对贫乏或差异明显的地区较为适合,而湖北自然气候资源相对丰富,光照充足,热量丰富,降水丰沛,气候资源完全能够满足春玉米生长发育需求。制约其稳产和高产的主要因素是不同生育期的气象灾害,特别是播种出苗期的低温连阴雨、拔节—抽雄期的"卡脖子旱"、灌浆成熟期的高温热害。因此,本文从气象灾害的角度出发对春玉米生育期内主要气象灾害因子进行系统分析,利用各灾害概率值作为区划指标对湖北春玉米种植区进行适宜性区划,以期为玉米种植的合理布局及稳产、高产提供有力的科学依据。

1　资料与方法

1.1　资料来源

全省 70 个气象站点 1961—2013 年日降水量、日平均气温、日照时数资料来自湖北省气象局。

1.2　春玉米生育期内各气象灾害指标定义

1.2.1　播种出苗期低温连阴雨定义

春季低温连阴雨是湖北省常见的气象灾害之一,它是一种持续时间长、雨区范围广的降水现象,过程中常常伴随着日照过少、持续低温、空气湿度过大甚至渍涝灾害的发生,这对于喜光、喜温的玉米生长发育十分不利[5~7]。尤其是播种出苗期的春玉米耐涝性最弱,此时出现低温阴雨天气易造成玉米烂种、出苗率低甚至死苗现象。根据湖北省农业生产过程的特点,并参考以往研究中的指标,将低温连阴雨定义如下:3月中旬—4月中旬出现连续3天以上日降水量 $p \geqslant 0.1$ mm 的降水过程且至少三天 $\overline{t}_日 \leqslant 10℃$,或者连续5天以上阴雨(允许其中一天阴天无雨即当日 $s < 2$ h)且至少有3天 $\overline{t}_日 \leqslant 10℃$。

1.2.2　拔节—抽雄期干旱评价方法

7—8月份是湖北省干旱频发的月份,而这时正值春玉米拔节—抽雄期,是玉米对水分要求最为敏感时期,特别是抽穗前10天左右,如果水分不足就会引起雌穗小花的大量退化而减少穗粒数,最后造成秃顶、秕粒,同时造成雄穗"卡脖子旱",雄雌穗出现的时间延长,甚至影响授粉,降低结实率,严重时影响产量。

本文采用农业缺水率指标来评价春玉米营养生长期干旱状况,即拔节—抽雄期(5月下旬—6月下旬)降水量(R)少于农作物需水量(E)称为干旱,干旱程度用缺水量(D)与需水量(E)之比表示。其中,作物需水量:$E = 0.16\sum t$,作物缺水量:$D = R - E$,式中:$\sum t$ 是拔节—抽雄期积温。当 $E > R$ 时,$D < 0$,干旱发生,营养生长期缺水率($K1$):$K1 = D/E$。

1.2.3　高温热害指标定义

湖北省春玉米灌浆成熟期一般在7月上旬—8月中旬,生殖生长期内遭遇高温天气,易影响淀粉酶活性从而不利于干物质的运输与积累,严重时产量会受到明显影响。本文将7月上旬—8月中旬出现连续5天 $\overline{t}_日 \geqslant 28℃$ 或者 $t_{max} \geqslant 35℃$ 的高温天气作为春玉米高温热害评价指标。

1.3　指标统计方法

一般来说,当一个序列的统计样本足够大时,可以用经验分布曲线近似地估计总体的概率分布[8,9],相较于灾害发生频率,灾害概率值不随统计年份的增加而改变,更具有客观性和稳定性[10]。在统计概率前,需采用偏度—峰度检验法对气候样本序列进行正态分布检验,对于满足检验的序列,采用正态分布密度函数来揭示该地区春玉米种植适宜性等级,概率密度函数公式为:

$$f(x) = \frac{1}{\sigma\sqrt{2\pi}} e^{\frac{-(x-\mu)^2}{2\sigma^2}} \tag{1}$$

式中:x 为样本序列值;μ 为数学期望值,在大样本序列(样本数 $\geqslant 30$)中可由平均值代替;σ 为标准差。对概率密度函数求积分,得到各地各指标的发生概率。

对于不满足检验的序列引入年次概率来进行灾害发生频率的评价。即:某灾害发生的年次数与统计资料的总年数之比,公式如下:

$$P = \frac{N}{n} \times 100\% \tag{2}$$

式中：P 为年次概率；N 为统计时段某灾害出现的总年数；n 为统计时段年数。

1.4 气候适宜性区划方法

聚类分析是一种应用多元统计分析原理研究分类问题数学方法,其考虑性状可以是质量性状,也可以是数量性状,并可同时对大量性状进行综合考察,主观因素少,分类结果更加客观和科学[12]。聚类分析中的系统聚类法是目前气候区划中运用较多的一种分析方法,它能根据样本之间存在的不同程度的相似性,区分出样本间的亲疏关系从而加以分类[13,14]。本文运用SPSS 软件进行系统聚类分析,其步骤[15]如下:(1)对数据进行标准化处理。(2)标准化后的数据用分层聚类法进行分析,聚类分析分别用组间联接法、组内联接法、最近邻元素、最远邻元素、质心聚类法、中心位聚类法、ward 法,将聚类关系(Cluster membership)与实际情况进行综合比较分析,确定效果较好的 ward 法进行湖北省春玉米种植适宜区区划,区划结果通过ARCGIS 平台输出。

2 结果与分析

2.1 春玉米播种—出苗期低温连阴雨

经检验,全省各站点历年春玉米播种出苗期低温连阴雨过程最长连续天数为样本的序列分布曲线不满足正态性。因此,引入年次概率来揭示各地历年低温连阴雨发生频率高低,并通过 ARCGIS 中的克里金插值法将计算结果进行插值(下同),其空间分布情况见图 1。从图 1

图 1 湖北省春玉米播种出苗期低温连阴雨发生频率分布图(对应彩图见第 329 页彩图 21)

可以看出,在春玉米播种出苗期间低温连阴雨发生概率较高地区集中在鄂东南西南部的咸丰、宣恩、鹤峰、利川等地,江汉平原南部的石首、监利、洪湖,鄂东南的通城、崇阳、通山、咸安、嘉鱼,其发生频率在 60%以上,低值区则位于三峡河谷一带的秭归、兴山等地,其频率值在 40%以下,鄂东南、鄂东北大部、江汉平原中南部、鄂西南部分地区发生频率较高,在 50%~60%,鄂西北大部、鄂东北及江汉平原部分地区在 40%~50%。

2.2　春玉米拔节—抽雄期干旱

经检验,全省各站点历年春玉米拔节—抽雄期干旱指数为样本的序列分布曲线满足正态性。因此,可以运用概率密度函数来揭示各地历年春玉米拔节—抽雄期发生干旱频率高低,计算结果空间分布情况见图 2。从图 2 可以看出,全省春玉米拔节—抽雄期干旱高发地集中在鄂西北东北部的襄阳市区、谷城、南漳、枣阳、丹江口、老河口等地,发生概率值在 0.6 以上,鄂西南及江汉平原大部、鄂东南发生概率较低,在 0.4 以下,其他地区在 0.4~0.6。

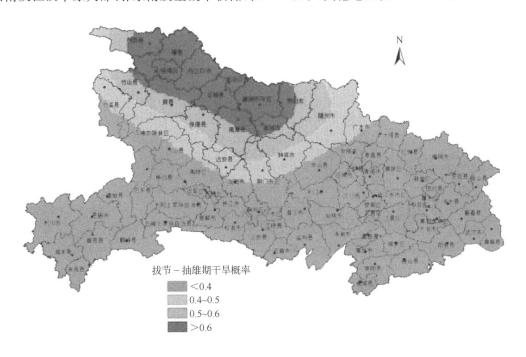

拔节-抽雄期干旱概率
　　<0.4
　　0.4~0.5
　　0.5~0.6
　　>0.6

图 2　湖北省春玉米拔节—抽雄期干旱发生概率分布图(对应彩图见第 330 页彩图 22)

2.3　春玉米灌浆成熟期高温热害

经检验,全省各站点历年春玉米灌浆成熟期高温热害过程最长连续天数为样本的序列分布曲线满足正态性,因此,同样可以运用概率密度函数来揭示各地历年发生春玉米灌浆成熟期高温热害频率高低,计算结果空间分布情况见图 3。从图 3 可以看出,全省历年春玉米灌浆成熟期高温热害发生概率的高值区位于鄂东大部及鄂西南的当阳、宜都、枝江、远安等,鄂西北的郧县、丹江口、老河口、襄阳、枣阳、宜城、南漳等地,其概率值在 0.85 以上,鄂西北大部及鄂西南的秭归、巴东、建始等地发生概率在 0.7～0.85 之间,低值区集中在鄂西南的中部及西南部,其值在 0.7 以下,其中咸丰、宣恩、鹤峰、来凤等地在 0.55 以下。

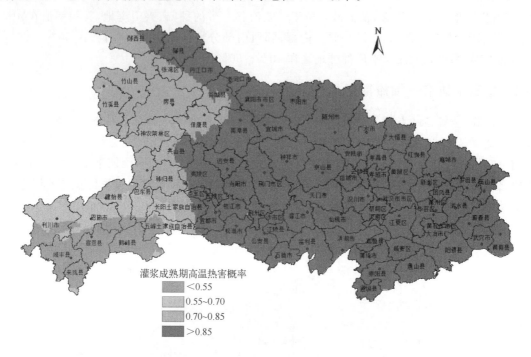

图 3 湖北省春玉米灌浆成熟期高温热害发生概率分布图(对应彩图见第 330 页彩图 23)

3 春玉米适宜性气候区划

运用聚类方法,将湖北省分成 4 个春玉米种植适宜性区域,如图 4 所示。

最适宜区:春玉米最适宜种植区主要分布在鄂西南的咸丰、来凤、宣恩、鹤峰、建始、五峰土家族自治区一带,该地区拔节—抽雄期降水较多,干旱发生概率较低,灌浆成熟期高温热害发生概率同样较低。

适宜区:春玉米适宜种植区主要集中在鄂西南的利川、恩施、长阳、夷陵等地以及江汉平原的南部、鄂东南大部。

较适宜区:主要分布在鄂西南的兴山、秭归、巴东、远安、当阳,江汉平原的钟祥、荆门、沙市、京山,鄂东北的孝昌、广水、随州。

次适宜区:集中在鄂西北大部,该地区发生高温热害及干旱概率较高,易对产量造成一定影响。

图 4 湖北省春玉米种植生态气候分区图(对应彩图见第 331 页彩图 24)

4 结论与讨论

(1)本文从春玉米播种—出苗期低温连阴雨、拔节—抽雄期干旱和灌浆成熟期高温热害三种气象灾害发生概率的角度出发,对湖北省春玉米种植区进行区划,将其划分为最适宜区、适宜区、较适宜区和次适宜区 4 个区域。从区划结果来看,湖北省除鄂西北地区外,其他大部总体上都适宜种植春玉米,其中鄂西南的咸丰、来凤、宣恩等地是春玉米最适宜种植区域。而鄂西北地区由于其在春玉米关键生育期干旱和高温热害发生频率较高且较严重,若要种植春玉米需要在有灌溉的条件且小气候优越的地区。

(2)将区划结果与历年实际产区情况对比分析,湖北省春玉米的高产区主要是集中在最适宜区和适宜区内,而鄂西北地区则是夏玉米的主要种植区,春玉米少有种植,这与区划结果大致相同。

(3)本文仅从影响春玉米种植的气象灾害角度出发进行适宜区划分,没有考虑的灾害强度、灌溉条件等因素,在今后的研究中将进一步研究探索,以使区划结果更为符合实际情况。

参考文献

[1] 王燕,张士龙,贺正华,等.湖北省玉米地方种质资源的遗传多样性[J].湖北农业科学,2013,**52**(14):3253-3256,3263.

[2] 展茗,张胜,李建鸽,等.湖北省不同时期玉米区域生产比较优势分析[J].中国农学通报,2013,**29**(3):

63-68.

[3] 田志会,郑大玮,王有年.北京山区农业与气候资源评价及开发利用方式探讨[M].北京:气象出版社, 2008:29-32.

[4] 杜军,胡军,张勇.西藏农业气候资源区划[M].北京:气象出版社,2007:197-199.

[5] 湖北省农业厅,湖北省气象局.农业灾害应急技术手册[M].武汉:湖北科学技术出版社,2009:25-28.

[6] 林同保,曲奕威,张同香,等.玉米冠层内不同层次对光能利用的差异性[J].生态学杂志,2008,**27**(4): 551-556.

[7] 贾士芳,李从锋,董树亭,等.弱光胁迫影响夏玉米光合效率的生理机制初探[J].植物生态学报,2010,**34** (12):1439-1447.

[8] 魏淑秋.农业气象统计[M].福州:福建科学技术出版社,1985:68-69.

[9] 盛骤,谢式千,潘承毅.概率论与数理统计[M].北京:高等教育出版社,2001:250-253.

[10] 张丽文,王秀珍,李秀芬.基于综合赋权分析的东北水稻低温冷害风险评估及区划研究[J].自然灾害学 报,2014,**23**(2),137-146.

[11] 邓国,李世奎.中国粮食作物产量风险评估方法//李世奎,中国农业灾害风险评价与对策[M].北京:气 象出版社,1999:122-128.

[12] 裴兴德.多元统计分析及应用[M].北京:北京农业大学出版社,1991.

[13] 张凯,张玉鑫,陈年来,等.甘肃省高原夏菜种植气候区划[J].西北农林科技大学学报(自然科学版), 2012,**40**(5):179-185.

[14] 胡雪琼,黄中艳,朱勇,等.云南烤烟气候类型及其适宜性研究[J].南京气象学院学报,2006,**29**(4): 563-568.

[15] 郝黎仁,樊元,郝哲欧.SPSS 实用统计分析[M].北京:中国水利水电出版社,2003:274-315.

巴彦淖尔市不同年代的植物气候生产力区划

孔德胤 李建军 黄淑琴 王文清 孙向伟

(内蒙古巴彦淖尔市农业气象试验站,临河 015000)

摘要:采用桑斯维特纪念模型,分别计算了巴彦淖尔市 11 个气象站及周边 5 个气象站 1971—2000 年不同年代的植物气候生产力,建立植物气候生产力与地理因素数学模型,利用地理信息系统软件,将 1 km² 网格植物气候生产力进行可视化处理。此估算结果全面系统地表现了巴彦淖尔市不同年代植物气候生产力的空间分布状况。共同点是:在不同年代由东南向西北植物气候生产力呈减少的趋势。不同点是:1991—2000 年,降水多、温度高,植物气候生产力水平最好;1971—1980 年,降水多、温度低,植物气候生产力水平次之;1981—1990 年,降水少,温度适中,植物气候生产力水平最差。

关键词:网格;植物气候生产力;地理信息系统

0 引言

植物气候生产力是指某一地区植物群体在土壤肥力等其他条件满足其生长发育的情况下,由当地的光、热、水气候因子决定的单位土地面积上的植物最大生物量(包括地上和地下部分)。气候生产力的估算对土地分等定级、土地适宜性评价、农业气候区划、植物品种配置、种植制度安排、生态环境保护以及土地利用等具有重要意义。因此,国内外非常重视这一工作,很多研究者在该领域做了大量工作[1~7]。对于大范围平原区域的植物气候生产力的估算可获得较好的结果。但是,针对地形复杂、气候垂直和水平差异悬殊的山区,仅采用气象站点的气候资料则缺乏代表性,估算值与现实植物生产力会产生较大差异[3]。针对此问题,本文以巴彦淖尔市作为研究对象,采用小网格,利用巴彦淖尔市气象局的第三次农业气候区划成果——巴彦淖尔市 1 km² 网格点上的气候资料,对各网格点上的植物气候生产力进行了定量估算,分析了巴彦淖尔市植物气候生产力的历史演变的空间分布状况。

第一作者简介,孔德胤,1963 年出生,山东省汶上人,中国农业大学毕业,高工,从事生态与农业气象科研,决策气象服务,卫星遥感等工作。E-mail:nmlaokong@126.com。

1 研究区概况与研究方法

1.1 研究区概况

巴彦淖尔市地处内蒙古西部,总面积 65552 km²。连绵的阴山将该市分为两个区域,山北为草原化荒漠和荒漠化草原,山南为河套平原——国家和自治区重要的商品粮基地。河套平原总面积为 11195 km²,占该市面积的 17%。该市属典型的中温带大陆性干旱、半干旱气候,年降水量为 136~225 mm;年蒸发量为 1992~3305 mm;全年大于 10℃ 积温为 2723~3339 ℃·d,年日照时数为 3131~3214 h,年辐射量为 198.8~208.5 W/m²,仅次于西藏南部,无霜期为 117~150 d,农业种植一季有余,两季不足[8]。该市降水少、蒸发强的特点,决定了该市无灌溉就无农业的客观事实。

1.2 资料与研究方法

气象资料来源于内蒙古自治区气象局资料中心,1:25 万地理高程数据来源于中国测绘局,经度、纬度、海拔与气象因素细网格推算数据选取 1971—2000 年巴彦淖尔市 11 个气象站和周边 5 个站的资料。在该项研究中,植物气候生产力的估算采用国际上公认的、比较成熟的桑斯维特纪念模型(Thornthwaite Memorial Model)[2~4,7]:

桑斯维特纪念模型为:

$$Y = 3000[1 - e^{-0.0009695(v-20)}] \tag{1}$$

式中:Y 为植物干物质总量,单位为 g/(m²·a);v 为年平均实际蒸散量,单位为 mm,由式(2)[3]计算:

$$v = \frac{1.05P}{\sqrt{1+(1.05P/L)}} \tag{2}$$

式中:P 为年降雨量(mm);L 为年平均最大蒸散量,单位为 mm,可用下面的 Ture 公式计算[3]:

$$L = 300 + 25t + 0.05t^3 \tag{3}$$

式中:t 为年平均温度(℃)。

1.3 数据处理

1.3.1 植物气候生产力细网格推算模型

由于巴彦淖尔市境内地形复杂,有平原、山区、丘陵、湖泊、沙漠、戈壁,形态各异的地势和植被条件,形成了复杂的气候分布。境内有 11 个测站的资料,为了弥补站点不足,在西边的阿拉善盟、东边的包头市分别选取了拐子湖、吉兰泰、包头、白云、满都拉 5 站,作为周边补充资料站点。

根据(1)~(3)式计算出 16 个站点不同年代的植物气候生产力,与各站点的经度、纬度和海拔高度建立多元回归方程,即为植物气候生产力细网格推算模型。

1971—1980 年:

$$Y_{70} = -4798.798 - 19.751\varphi + 55.666\lambda + 0.016h \tag{4}$$

$n=16, R=0.902, F=17.548 \gg F_{0.01}=5.74$,方程达极显著水平。

式中:φ 为纬度,λ 为经度,h 为海拔高度,下同。

1981—1990 年:

$$Y_{80} = -7975.190 + 16.131\varphi + 72.777\lambda - 0.130h \tag{5}$$

$n=16, R=0.937, F=28.5771 \gg F_{0.01}=5.74$,方程达极显著水平。

1991—2000 年:

$$Y_{90} = -4507.928 - 21.156\varphi + 53.353\lambda + 0.034h \tag{6}$$

$n=16, R=0.889, F=15.083 \gg F_{0.01}=5.74$,方程达极显著水平。

1.3.2 网格数据进行可视化处理

将模式(4)～(6)在地理信息系统软件平台上运算、分级、裁切,制成巴彦淖尔市境内不同年代植物气候生产力网格数据可视化处理图(见图1～图3)。

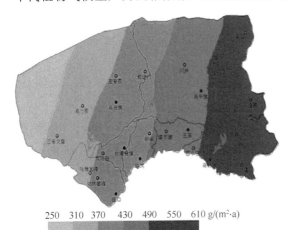

250 310 370 430 490 550 610 g/(m²·a)

图 1 巴彦淖尔市 1971—1980 年植物气候
生产力(g/(m² · a))分级图

（对应彩图见第 331 页彩图 25）

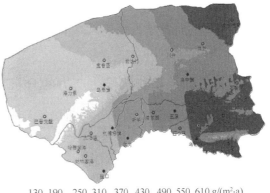

130 190 250 310 370 430 490 550 610 g/(m²·a)

图 2 巴彦淖尔市 1981—1990 年植物气候
生产力(g/(m² · a))分级图

（对应彩图见第 332 页彩图 26）

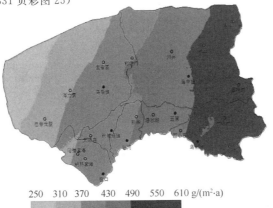

250 310 370 430 490 550 610 g/(m²·a)

图 3 巴彦淖尔市 1991—2000 年气候生产力(g/(m² · a))分级图

（对应彩图见第 332 页彩图 27）

2 结果分析

2.1 巴彦淖尔市植物气候生产力的空间分布

由图 1～图 3 可以看出,巴彦淖尔市植物气候生产力总体分布趋势为由东南向西北逐渐减少。植物气候生产力高值区位于巴彦淖尔市的东南部地区,最大值为 610 g/(m² · a),此区的热量资源虽然少于西南部乌兰布和沙漠,但是因其拥有较丰富的水资源,所以气候生产力高于巴彦淖尔市的其他地区,西北部山区因水热资源均较差,植物气候生产力较低。

1971—1980 年,全市 11 个站年降水量均值为 170.8 mm,11 个站年平均气温均值仅为 5.7℃,虽然降水较多,但因热量条件欠佳,植物气候生产力高值分布仍不是最广的(见图 1),最低值区为 250 g/(m² · a);1981—1990 年,全市 11 个站年降水量均值为 152.1 mm,11 个站年平均气温均值为 6.1℃,降水最少,热量条件适中,植物气候生产力高值分布范围狭小(见图 2),最低值区为 130 g/(m² · a);1991—2000 年,全市 11 个站年降水量均值为 173.9 mm,11 个站年平均气温均值为 6.9℃,降水较多,热量条件较好,植物气候生产力高值分布最广(见图 3),最低值区为 250 g/(m² · a)。

2.2 各区旗县植物气候生产力的分析

各区旗县植物气候生产力可直接反映该区气候条件对植物气候生产力的影响和限制,植物气候生产力是当地气候条件下的基础产量,以此为依据,可使各级管理部门更好地指导农、林、牧等植物生产,避免主观性与片面性,能从实际出发更合理地进行产业结构及农业内部产业结构的调整。为方便各行政区旗县之间的分析比较,以各气象站为代表分别统计出了各地的植物气候生产力。

由图 4 可知,在 11 个气象站中,20 世纪 70 年代,只有五原、乌中旗、乌后旗 3 个站的植物生产力达到最高;进入 20 世纪 80 年代,只有大佘太 1 个站的植物生产力达到最高;进入 20 世纪 90 年代,则有磴口、临河、杭后、乌前旗、海力素、前达门、乌兰 7 个站的植物生产力达到最高,其中前四个站位于河套灌区,而灌区有黄河水灌溉,在 20 世纪 90 年代热量条件更加充足,加上地膜覆盖栽培技术的普遍推广,以及新品种的引进,因此,农业获得空前发展。

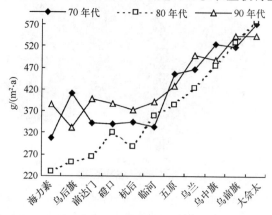

图 4　巴彦淖尔市各旗县不同年代植物气候生产力均值(g/(m² · a))

3　结论与讨论

巴彦淖尔市植物气候生产力的空间分布趋势是由东向西逐渐降低,最高值出现在东南部中滩农场,最低值出现在西北部的荒漠戈壁。有 3 条明显的等值线,这 3 条等值线把巴彦淖尔市植物气候生产力分成了 4 个不同区域,其中 370 g/(m² · a)这条等值线具有极其重要的意义,此线以西、以北植物气候生产力较低;370 g/(m² · a)等值线以东至 430 g/(m² · a)等值线区域,是巴彦淖尔市土地利用结构变化最为剧烈的区域,该区域植被覆盖率的增减变化会对该市的生态环境带来巨大的影响;430 g/(m² · a)等值线以东至 490 g/(m² · a)等值线区域,不但拥有较高的植物气候生产力,而且也是该市的生态环境较好的区域;490 g/(m² · a)以上等值线区域,是植物气候生产力最高的区域,该区域不仅拥有内蒙古西部最大的湿地乌梁素海,还有最大的林地—乌拉山林场。在生态治理方面,乌中旗、大佘太以西年降水量不足 200 mm 的生态草原脆弱带地区,采取以休牧、禁牧为主的自然恢复性措施,这些地区应全面推广无人区,除保留一部分养骆驼专业户外全部牧户从生态脆弱带退出来[9]。

以行政区旗县(区)为单位的植物气候生产力比较分析可以看出,20 世纪 70 年代和 90 年代乌前旗和乌中旗的东部植物气候生产力均较高,其平均值均在 490 g/(m² · a)以上,乌拉特后旗西北部的植物气候生产力是巴彦淖尔市各区旗县中最低的,其值仅为 250～370 g/(m² · a)。20 世纪 80 年代的植物气候生产力在 130～370 g/(m² · a)的区域占该旗的 95%。

利用小网格的气候资料估算植物气候生产力为在气象台站稀少的山区进行植物气候生产力估算提供了一条崭新的途径,与单纯利用有限的山区气象台站的气候资料进行估算相比,其估算结果可更真实地反映山区不同地理地形条件下的植物生产力。利用地理信息系统对估算结果进行处理,可以更直观地反映山区植物气候生产力的空间分布状况,从而可方便快捷地获取任意区域的植物气候生产力的信息。

参考文献

[1] 王愿昌.南小河沟流域山坡地刺槐林生产潜力分析[J].水土保持研究,1998,**8**(4):89-92.

[2] 高素华,潘亚茹,郭建平.气候变化对植物气候生产力的影响[J].气象,1994,**20**(1):30-33.

[3] 陈国南.用迈阿密模型测算我国生物生产量的初步尝试[J].自然资源学报,1987,**2**(3):270-277.

[4] 侯光良,游松才.用筑后模型估算我国植物气候生产力[J].自然资源学报,1990,**5**(1):60-64.

[5] 郭建平,高素华,刘玲.中国北方地区牧草气候生产潜力及限制因子[J].中国农业生态学报,2002,**10**(3):44-46.

[6] 孙长忠,沈国舫,李吉跃,等.我国主要树种人工林生产力现状及潜力的调查研究[J].林业科学研究,2001,**14**(6):658-661.

[7] 杨文坎,李湘阁.越南北方气候与气候生产力的研究[J].南京气象学院学报,2003,**26**(4):504-515.

[8] 孔德胤,刘俊林,侯中权,等.基于气象条件的巴彦淖尔市河套蜜瓜的品质区划[J].中国农业气象,2007,**28**(1):64.

[9] 孟淑红,杨生,天莹.内蒙古草地资源及草业发展现状、问题与对策[J].中国草地,2004,**26**(5):73.

南疆环塔里木盆地林果种植区近 50a 气候变化特征及对果树生长的影响

曹占洲[1]　杨志华[2]　唐　冶[3]　盛洪峰[4]

(1. 新疆气象局决策气象服务中心,乌鲁木齐 830002;2. 新疆维吾尔自治区气候中心,乌鲁木齐 830002;
3. 新疆气象台,乌鲁木齐 830002;4. 新疆维吾尔自治区气象信息中心,乌鲁木齐 830002)

摘要:根据南疆环塔里木盆地林果种植区 1961—2010 年以来资料完整的 32 个气象站点的气象资料,利用线性趋势函数分析了该地区近 50 年的光、温、水等主要气象要素的变化。结果表明:南疆环塔里木盆地林果种植区对全球气候变化的响应显著,年平均气温呈明显的上升趋势,冬季升温尤为显著;年平均降水量以 5.873 mm/10a 的速度上升,增加最快的是夏季,其次是秋季,冬季最少;光照条件和湿度条件变化不明显。南疆环塔里木盆地年平均气温上升趋势对林果这一喜温作物整体有利,暖冬气候整体有利于果树的越冬;夏季降水量增加显著,可利用水资源略有增加,有利于果树的生长发育。但气候变暖同时导致极端气候事件频发,果树发生冻害风险增大。暖冬气候条件使越冬病虫卵蛹死亡率降低,病虫群数量上升,不利于果树病虫害防治。

关键词:南疆环塔里木盆地;气候变化;果树;影响

0　引言

IPCC(政府间气候变化专门委员会)第二工作组第四次评估报告指出[1],全球气候变暖,对自然生态和人类生存环境产生显著影响,并将对未来自然生态和经济社会的发展产生长期的影响。全球气候在过去 100a 中变暖了 0.3~0.4℃,近 40a 中变暖了 0.2~0.3℃[2];中国气候的研究表明,1951—1990 年间年平均气温升高了 0.3℃[3]。50a 来,新疆气温呈上升趋势,北疆变暖幅度大于南疆,而且变暖主要季节在冬季;魏文寿等学者的研究表明[4~6],随着全球气候变暖,南疆盆地的气温也呈现出整体增暖的趋势,20 世纪 50 年代至 90 年代,南疆的气温升高了 1℃,升温幅度有随着纬度增高而增大的特点,增温幅度尤以 80—90 年代最大。

南疆环塔里木盆地处于亚欧大陆桥和欧亚两个生态区域交汇处,属于典型的大陆性气候,具有日照时间长、昼夜温差大、有效辐射量大、气温高、降水少、蒸发量大等特点。该区域气候类型独特,生态和生产环境多样,具有发展特色林果业得天独厚的光、热、水、土自然条件优势、名特优林果品种资源优势和生产优势,是世界六大果品生产带之一和久负盛名的"瓜果之乡"。截止到 2011 年底,南疆环塔里木盆地林果种植面积已达 1500 万亩,成为南疆种植业结构中继粮食和棉花之后的第三大作物,同时也是农民增收的重要来源和未来持续增收的希望所在。

在全球气候变化的背景下,该区域的生态环境对气候变化的反应十分敏感[7,8]。果树是多年生植物,自然灾害是果树生产中经常出现的威胁,在各类自然灾害中,气象灾害对林果生产威胁最大,"有害生物、低温冻害、大风沙尘"三大灾害是本区特色林果业发展中面临的三大天敌,对林果业的持续健康高效发展构成了严重威胁。因此,研究南疆环塔里木盆地林果种植区气候变化特征,及气候变化对林果业发展的影响等问题,为应对全球气候变暖背景下南疆环塔里木盆地的林果业发展具有借鉴价值,对保证该地区特色林果业健康发展,具有十分重要的意义。

1　资料和方法

选取南疆环塔里木盆地林果种植区的库尔勒、和静、和硕、轮台、尉犁、焉耆、若羌、且末、铁干里克、阿克苏、库车、沙雅、新和、乌什、柯坪、拜城、阿拉尔、阿图什、喀什、英吉沙、岳普湖、伽师、泽普、莎车、叶城、麦盖提、巴楚、和田、皮山、策勒、于田、民丰等 32 个气象观测站的气象资料,计算 1961—2010 年间逐年平均气温、逐月平均气温、冬季(12 月至次年 2 月)平均气温、夏季(6—8 月)平均气温,逐年降水量、逐月降水量、4—10 月植物生长季降水量,应用时间序列分析、相关分析、回归分析等统计学方法分析气候变化特征、气候变化与主要林果气候适应性的关系。

2　南疆环塔里木盆地林果种植区气候变化趋势分析

2.1　气温变化特征

南疆环塔里木盆地林果种植区 1961—2010 年平均气温为 11.3℃,从图 1 可以看出,年平均气温距平呈明显的上升趋势,50 年平均气温距平线性拟合方程为 $y_1 = 0.028x - 0.7218$,$r = 0.6862$,通过 $\alpha = 0.01$ 检验,平均气温以每年 0.28℃/10a 的速度上升,大于近 40a 来全国的增温速度(0.04℃/10a)[6]。年平均气温距平变化曲线的二阶主值函数曲线呈抛物线形,其方程为:$y_2 = 0.0009x^2 - 0.02x - 0.3059$($y_2$ 为年平均气温距平二阶主值函数值,x 为年代序列,起始值为 1,以下类同),其线性化后的复相关系数 $R = 0.7481$,通过 $\alpha = 0.01$ 检验。

就季节而言,冬季平均气温距平上升趋势最为明显,50 年冬季平均气温距平线性拟合方程表明,在南疆环塔里木盆地林果种植区,冬季平均气温以 0.439℃/10a 的速度上升,高于新疆年平均气温升温速率(0.32℃/10 年)。秋季次之,为 0.25℃/10a,春季为 0.22℃/10a,夏季平均气温距平上升趋势较缓慢,仅以 0.152℃/10a 的速度上升。因冬季年增温速度大于夏季,故年内季节间温差呈减小的趋势。

从表 1 可以看出,年平均最高气温距平上升趋势亦显著,50a 年平均最高气温距平线性拟合方程表明,年平均最高气温上升速率为 0.236℃/10a,年平均最低气温上升速率为 0.425℃/10a。因年平均最高气温增温速度小于年平均最低气温增温速度,故极值温差呈减小趋势。

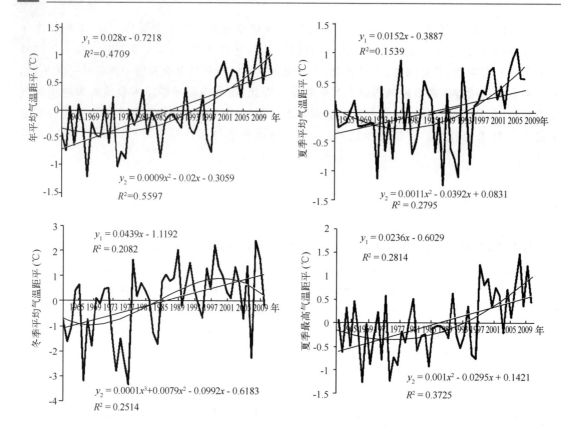

图 1   南疆环塔里木盆地林果种植区 1961—2010 年气温距平变化曲线

从年代记录来看,南疆环塔里木盆地林果种植区 20 世纪 60 年代平均气温为 10.9℃,70 年代为 11.0℃,80 年代为 11.1℃,90 年代平均气温 11.4℃,近 10 年(2001—2010)年平均气温 12.0℃,最高的年份均出现在 2006—2010 年,分别达到 12.1℃、12.6℃、11.8℃、12.4℃、12.0℃。

表 1   南疆环塔里木盆地林果种植区各年代气候要素值

时段	年均气温(℃)			冬季平均气温(℃)	夏季平均气温(℃)	年降水量(mm)	4—10 月(mm)	年日照时数(h)
	最高均温	最低均温	平均					
20 世纪 60 年代	18.4	3.9	10.9	−5.4	24.2	47.7	41.9	2872.9
20 世纪 70 年代	18.4	4.3	11.0	−5.4	24.1	52.2	44.8	2859.1
20 世纪 80 年代	18.5	4.4	11.1	−4.3	24.1	64.6	58.9	2848.5
20 世纪 90 年代	18.8	4.8	11.4	−3.7	24.1	66.9	58.5	2813.4
2001—2010 年	19.3	5.7	12.0	−4.0	24.8	73.6	62.5	2809.7

2.2   降水量变化特征

从图 2 可以看出,南疆环塔里木盆地林果种植区年降水量呈明显的上升趋势,50a 降水量线性拟合方程表明降水量每年变化速度为 5.873 mm/10a,年降水量变化曲线的三阶主值函数呈波动变化,其线性化后的复相关系数 $R^2=0.1325$,通过 $\alpha=0.05$ 检验。

植物生长季 4—10 月降水量呈明显的上升趋势,50 年中每年变化速度为 4.798 mm/10a。

另外,从表 1 可见年代际变化,50 年平均降水量 61.1 mm/a,20 世纪 60 年代最少,为 47.7 mm/a,2001—2010 年最多,为 73.6 mm/a,20 世纪 90 年代次之。从季节分析表明,该地区降水量增加最快的是夏季(2.847 mm/10a),其次是秋季(1.493 mm/10a),然后是春季(0.859 mm/10a),冬季最少(0.548 m/10a),夏季则呈波动变化。

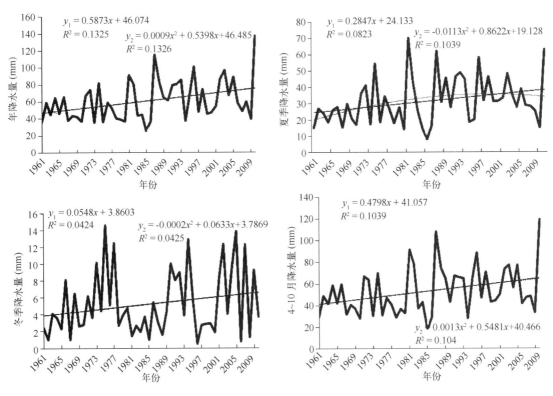

图 2　南疆环塔里木盆地林果种植区 1961—2010 年降水量变化曲线

2.3　日照时数及相对湿度的变化

南疆环塔里木盆地林果种植区的年日照时数和年相对湿度总体呈波动变化(图 3)。年日照时数线性回归方程未通过信度检验,年日照时数变化曲线的三阶主值函数呈波动变化,其方程为:$y_1=-1.3904x+2876.2$,其线性化后的复相关系数 $R^2=0.0677$,通过 $\alpha=0.05$ 检验。近 50 年年日照时数以 20 世纪 60 年代最多为 2872.9h。年相对湿度三阶主值函数方程为:$y_2=0.0441x+48.465$,其线性化后的复相关系数 $R^2=0.0734$,通过 $\alpha=0.05$ 检验。

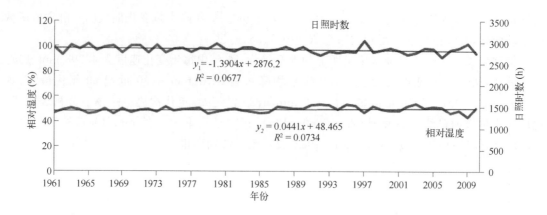

图 3　南疆环塔里木盆地林果种植区 1961—2010 年日照时数、相对湿度变化曲线

3　气候变化对南疆环塔里木盆地果树影响分析

3.1　气温变化对果树生长的影响

3.1.1　气温变化整体有利于果树生长。

南疆环塔里木盆地林果种植区年平均气温上升趋势对林果这一喜温作物整体有利,尤其是冬季平均气温、平均最低气温、极端最低气温均呈现增暖趋势,20 世纪 90 年代以来,冬季气温明显变暖,暖冬年份增多,冬季长度明显缩短,低温日数减少,暖冬气候整体有利于果树的越冬。

3.1.2　冬季气候变暖不利于病虫害防治

在气候变暖的背景下,入冬期明显偏晚,使得果树害虫生长季延长,繁殖代数增加,病虫越冬基数增加。冬季增暖,暖冬年份极端最低气温明显升高,低温日数及冷积温减少,暖冬气候条件使越冬病虫卵蛹死亡率降低,病虫群数量上升。暖冬年冬季持续日数明显缩短,冬季结束时间提早,促进了病虫害早发。气候变暖使果树病虫害防治工作面临新挑战。

3.2　降水变化对果树生长的影响

近 50a 南疆环塔里木盆地林果种植区降水量呈增加趋势,尤其是夏季降水量增加显著,可利用水资源略有增加,有利于果树的生长发育,同时洪水事件频率增多,但对林果的正面影响较大。冬季降水量增多,对土壤保墒和林果安全越冬有利。气温升高加速中低山带季节性积雪以及高山冰川的融化,而对地表径流量起到增加作用,研究结果还表明[9],南疆开都河年径流量的变化与降雨量、温度有着十分密切的关系,而降水是影响开都河年径流量变化的主要因子。地表径流的增加对新疆这种干旱区灌溉农业的发展非常有利。

3.3　日照时数及相对湿度变化对林果生长的影响

果树为喜光植物,光合作用是坐果、果实生长发育和品质形成的基础,光照越强,坐果率越高,果个越大,着色及品质越好,年日照时数最好在 2000 h 以上,不宜低于 1800 h,否则不利于果实着色。近 50a 南疆环塔里木盆地林果种植区日照时数在 2800～3500 h,变化不明显,完全能满足林果生长的需要。果实生长后期要求少雨多晴天,利于糖分的积累及着色。雨量过多、过频,会影响果实的正常发育,加重裂果、浆烂等果实病害,而南疆环塔里木盆地林果种植区气候干燥,非常有利于特色林果生长,近 50a 年相对湿度在 40%～60%,变化幅度很小。由此可以看出,近 50a 南疆环塔里木盆地林果种植区日照时数及相对湿度变化对林果生长基本无影响。

3.4 气候变暖导致极端气候事件频发,果树发生冻害风险增大

在气候变暖背景下南疆环塔里木盆地林果种植区气温的年际变化幅度加大,冬季阶段性低温引发冻害成为当地林果生产的主要威胁。南疆环塔里木盆地林果种植区种植果树品种较多,历史记载曾多次发生冻害,特别是进入 21 世纪以来,随着人类活动对自然的影响越来越大,全球气候呈现不规律变化的现象,极端气候事件的发生越来越频繁。南疆 2002 年冬季低温给各地州的果树生产带来了巨大损失;2005 年巴州及阿克苏地区 11 月下旬气温骤降并伴随着雨雪,使两地州的杏树几乎绝产,香梨产量也大幅度下降[10];尤其是 2008 年 1 月下旬至 2 月上旬塔里木盆地的低温阴雪天气过程降温明显,降温幅度大部地区在 10℃以上,日最高气温的降温幅度大于日平均气温和日最低气温,剧烈的降温幅度使得该时段盆地内日平均气温、日最高气温、日最低气温异常偏低。低温阴雪天气过程降温幅度大,低温持续时间长,盆地西部的部分地区达到了 50a 一遇,甚至个别站的部分指标如平均日最高气温、最大积雪深度、日照时数达到了 100a 一遇,低温冻害使南疆林果业遭受重创[11]。而且随着气候变暖,果树冻害气候指标明显降低,主要原因是 20 世纪 90 年代以来冬季气温明显变暖,强冷冬很少发生,暖冬年份增多,适应当地寒冷气候的果树品种抗寒性随之降低,加之入冬期偏晚,果树冬前抗寒锻炼不足,造成果树冻害指标降低[12]。

4　结论

(1)南疆环塔里木盆地林果种植区对全球气候变化的响应显著,年平均气温呈明显的上升趋势,近 50a 平均气温以 0.236℃/10a 的速度上升,与全疆变化一致。冬季升温尤为显著,达 0.439℃/10a 的上升速度,秋季次之,夏季上升趋势较缓慢。平均气温最高的年份出现在 2001—2010 年。极值温差呈增大趋势,年内季节温差呈减小趋势。年平均降水量以 5.873 mm/10a 的速度上升,增加最快的是夏季,其次是秋季,冬季最少。光照条件和湿度条件变化不明显。总体而言,气候变化向暖湿化方向发展。

(2)南疆环塔里木盆地年平均气温上升趋势对林果这一喜温作物整体有利,尤其是 20 世纪 90 年代以来,冬季气温明显变暖,暖冬年份增多,冬季长度明显缩短,低温日数减少,暖冬气候整体有利于果树的越冬。降水量呈增加趋势,尤其是夏季降水量增加显著,可利用水资源略有增加,有利于果树的生长发育。

(3)暖冬气候条件使越冬病虫卵蛹死亡率降低,病虫群数量上升,果树病虫害防治工作面临新挑战。气候变暖同时导致极端气候事件频发,果树发生冻害风险增大。

5 建议

为积极应对气候变化,南疆环塔里木盆地林果种植区应调优调强林果业内部结构,按照适地适树、突出重点的原则,科学合理地确定林果业区域布局。在品种选育上,不仅要考虑品质和产量,更重要的是注重品种的适应性和抗逆性。结合嫁接、改优工程,坚决淘汰抵御灾害性天气能力弱、经济效益低、品质差的树种和品种,确保林果业健康稳步发展。加强科技支撑能力建设,做好特殊环境下的果树物候期研究,加大应对灾害性天气综合防控技术研究开发,不断充实完善林果树种防控技术措施和技术规程,大力推广普及、提高抵御自然灾害的能力。加强气象预测预报网络建设,在林果业分布区多设气象监测站点,及时、系统提供灾害性天气预测预报信息,以便及时采取预防措施,做好预防工作。强化保险等风险机制保障,积极引导果农参加林果业政策保险,逐步建立健全林果栽培管理风险保险机制,增强林果业抵御自然灾害和市场风险的能力。

参考文献

[1] 秦大河,罗勇,陈振林,等.气候变化科学的最新进展:IPCC 第四次评估综合报告解析[J].气候变化研究进展,2007,**3**(6):311-314.

[2] Houghton J T. The Science of Climate Change [M]. Cambridge University Press,1995.

[3] 丁一汇,戴晓苏.近百年来的温度变化[J].气象,1994.**20**(12):19-26.

[4] 魏文寿,高卫东,史玉光,等.新疆地区气候与环境变化对沙尘暴的影响研究[J].干旱区地理,2004,**27**(2):137-141.

[5] 韩萍,薛燕,苏宏超.新疆降水在气候转型中的信号反映[J].冰川冻土,2003,**25**(2):179-182.

[6] 苏宏超,魏文寿,韩萍.新疆近 50a 来的气温和蒸发变化[J].冰川冻土,2003,**25**(2):174-178.

[7] 张国威,吴素芬,王志杰.西北气候环境转型信号在新疆河川径流变化中的反应[J].冰川冻土,2003,**25**(2):183-187

[8] 刘进新,全学荣.南疆盆地 1961—2005 年气温变化特征[J].沙漠与绿洲气象,2008,**2**(2):23-26.

[9] 张家宝,陈洪武,毛炜峰,等.新疆气候变化与生态环境的初步评估[J].沙漠与绿洲气象,2008,**4**(2):1-11.

[10] 吉春荣,邹陈,陈丛敏,等.新疆特色林果冻害研究概述[J].沙漠与绿洲气象,2011,**5**(4):1-4.

[11] 陈颖,李元鹏,等.2008 年初塔里木盆地低温阴雪过程的气候特征及影响[J].沙漠与绿洲气象,2008,**6**(2):12-15.

[12] 尹忠岭,李晓川.巴州果树冻害的成因分析[J].沙漠与绿洲气象,2009,**3**(03):55-58.

石羊河调水对民勤绿洲植被覆盖恢复监测分析

蒋友严[1,2]　韩　涛[2]　黄　进[1]

(1. 甘肃省气象局，兰州 730020；2. 西北区域气候中心，兰州 730020)

摘要：利用 2010 年 6 月至 2013 年 12 月环境减灾卫星数据，计算了石羊河尾闾湖—青土湖重新出现后的水域面积并分析其变化特征；通过对 2010 年 6 月、8 月、10 月与 2013 年同期资料的植被指数计算和对比分析，了解石羊河调水后，民勤绿洲植被覆盖恢复的效果。结果表明：四年来青土湖水域面积逐年增加，每年 11 月左右水域面积最大，7 月末水域面积最小，青土湖周边地区的生态植被得到有效恢复，地下水位正在缓慢上升；通过对 2010 年 6 月、8 月、10 月和 2013 年同期的民勤绿洲植被指数的分析显示，民勤绿洲植被面积增加，民勤绿洲区域生态环境逐渐转好；四年来流入民勤的水量增加，对民勤生态植被的恢复有很好的影响。

关键词：环境减灾卫星；植被指数；绿洲

0　引言

民勤绿洲位于石羊河的下游，是典型的荒漠绿洲，它的西、北、东三面被沙漠包围，生态环境极为脆弱。近几十年，随着气候条件的变化和流域中游用水量不断增加，石羊河流入民勤绿洲的水量呈减少的趋势。随着进入下游民勤绿洲的地表水资源的减少，地下水天然补给量不断减少，导致了区域性地下水位下降、土地沙化、盐渍化加重、植被退化等一系列生态环境问题[1,2]。民勤绿洲所处的地理位置，决定了绿洲的生态安全对西北乃至全国生态安全都具有特殊意义[3]。

青土湖于 1957 年前后完全干涸沙化，1958 年红崖山水库开始修建后，注入绿洲的地表水急剧减少，使青土湖的补水遭到破坏，地下水位大幅下降，腾格里和巴丹吉林两大沙漠在此"握手"，该区沙层厚 3～6 m，风沙线长达 13 km，流沙以每年 8～10 m 的速度向绿洲逼近，严重威胁了邻近乡镇人民的居住环境和工农业生产及民左公路的畅通运行，给当地群众造成了无法估量的损失[4]。为解决民勤绿洲的水资源问题，2000 年 9 月，甘肃省开始建设景电二期向民勤调水工程，提灌黄河水输入民勤红崖山水库。国家启动民勤绿洲综合治理工程后，武威市于 2010 年 9 月开始有计划地向青土湖下泄生态用水，使干涸 51 年之久的青土湖重现生机。

基金项目：科技部农业科技成果转化资金项目（2011GB24160005）资助。

第一作者简介：蒋友严，1981 年出生，男，汉族，山东临沂人，高级工程师，主要从事遥感监测和分析工作。E-mail：jiangyouyan1981@163.com。

应用遥感技术进行绿洲荒漠化监测研究始于 20 世纪 70 年代,主要是利用植被指数来监测分析。随着遥感数据的多样化,遥感监测技术手段也越来越多[5],Treitz 等[6]利用遥感技术做了荒漠化土地利用类型识别研究;Sivakuma 等[7]对荒漠化态势进行了研究;李宝林等[8]利用 NOAA/AVHRR 资料计算土壤调节植被指数,用来监测东北平原西部的荒漠化问题;黄青等[9]利用绿洲土地利用/覆盖变化对生态系统服务价值的影响进行了分析研究;丁建丽等[10]利用 TM 资料对新疆策勒县绿洲植被变化进行了分析研究。本文首次利用环境减灾卫星资料对民勤绿洲植被进行监测分析,监测分析四年来青土湖水域面积的变化情况,对青土湖注水前后的四年间民勤绿洲的植被覆盖进行对比分析。

1 研究区概况

民勤绿洲位于甘肃省河西走廊东端的石羊河下游,绿洲仅限于沿石羊河分布的一个窄而狭长的区域(图 1),总面积约 1000 km²,西、北、东三面被巴丹吉林沙漠与腾格里沙漠包围,南靠武威盆地,属典型的温带大陆性干旱气候,气候干燥,其年平均蒸发量远远大于年平均降水量。据民勤县气象局统计资料,20 世纪 50 年代以来多年平均降水量在 110 mm 左右,蒸发量 2644 mm 左右,每年的春季沙尘天气较多。绿洲面积虽然只占民勤县总面积的约十分之一,却集中了全县大部分的种植业、林业和人口,绿洲内作物以春小麦、夏玉米、青稞等粮食作物为主,兼种棉花、籽瓜、茴香等经济作物,土壤类型为绿洲灌淤土。

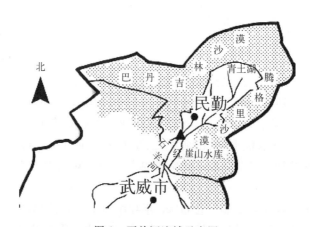

图 1 石羊河流域示意图

2 数据、原理和方法

2.1 数据

我国于 2008 年 9 月发射环境减灾卫星,2009 年 3 月交付民政部和环保部使用,其主要任务是对生态破坏、环境污染和灾害进行大范围、全天候、全天时动态监测,及时反映生态环境和灾害发生、发展的过程,其传感器波段参数及应用见表 1。本文采用的 2010 年 6 月—2013 年

12 月民勤绿洲的环境减灾卫星过境数据(每月三景,共 117 景),用于青土湖水域面积的提取和民勤绿洲生态环境监测;已校正过的 2010 年 7 月 23 日 TM 数据(一景),主要用于环境减灾卫星数据的几何精校正。

表 1　HJ 卫星传感器波段参数及应用表

传感器	通道	波长(μm)	分辨率(m)	主要应用领域
CCD 相机	蓝	0.43～0.52	30	水体
	绿	0.52～0.60	30	植被
	红	0.63～0.69	30	叶绿素、水中悬浮泥沙、陆地
	近红外	0.76～0.90	30	植被识别、水陆边界、土壤湿度
红外多光谱相机	近红外	0.75～1.10	150	植被及农业估产、土地利用
	短波红外	1.55～1.75	150	作物长势、土壤分类、区分雪和云
	中红外	3.50～3.90	150	高湿热辐射差异、夜间成像
	热红外	10.5～12.5	150	常温热辐射差异、夜间成像
高光谱成像仪	可见光	0.45～0.726	100	自然资源及环境调查
	近红外	0.72～0.956	100	植被、大气

2.2　原理和方法

数据资料的处理步骤见图 2。首先对环境减灾卫星数据做辐射定标和几何校正(以 TM 数据为基准影像),然后利用民勤绿洲矢量数据裁剪绿洲数据,分别对 2010 年和 2013 年 6 月、8 月和 10 月共 12 期数据做归一化植被指数运算,每月得到的三期植被指数进行最大化合成处理,然后计算各植被区的面积。另外通过青土湖区域的矢量数据裁剪青土湖区域数据,对青土湖水域面积进行计算,青土湖面积为每月三景数据提取得到面积的平均值。

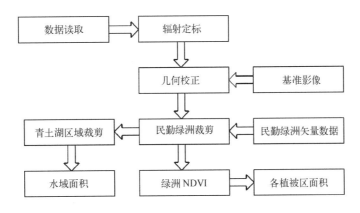

图 2 数据资料的处理步骤

2.2.1　水体面积提取

卫星遥感影像记载了地物对电磁波的发射信息及地物本身的热辐射信息。各种地物由于其结构、组成及理化性质的差异,导致其对电磁波的反射及本身的热辐射存在着差异,正是由于不同谱段上不同的地物的反射率不同,才使得水体等其他地物的提取可以实现[11~13]。常用的波段有蓝波段、红波段和近红波段。对于清水,蓝光的反射率为 4‰~5‰。蓝光波段水体的透射率高,水体的反射会叠加一些水体信息,但是水体会与旱地有一定程度的混淆;红光波段水体的反射率在 2‰左右,水体和旱地有明显的区别,因而利用阈值法可以将水体和它们区别开来;近红外波段水体的反射率几乎为零。水体与林地、居民地、水田和旱地有明显的区别,但是容易与阴影相混淆。关于遥感影像水体的提取方法很多,有阈值法、非监督分类和监督分类法、人工神经网络法、决策树法、谱间关系法和缨帽变换湿度分量提取法等,考虑到环境减灾卫星的波段特征以及青土湖小区域的植被特征,本研究采用阈值法对青土湖水域面积进行提取计算,考虑到波段特征以及青土湖周围的地表特征,主要通过蓝波段(CCD-1 波段)和近红外波段(CCD-4 波段)相结合的方法进行提取计算,具体为冬季采用 CCD-1 波段进行提取,其他季节采用 CCD-4 波段进行提取。由于所采用的资料为晴空数据,青土湖区域无云,不存在云体阴影,所以避免了误差的发生。

2.2.2 绿洲区域植被指数

在遥感应用领域,植被指数已广泛用来定性和定量评价植被覆盖及其生长活力。由于植被光谱表现为植被、土壤亮度、环境影响、阴影、土壤颜色和湿度复杂混合反应,而且受大气空间—时相变化的影响,因此植被指数没有一个普遍的值,其研究经常表明不同的结果[14~17]。研究结果表明,利用在轨卫星的红光和红外波段的不同组合进行植被研究非常好,这些波段在气象卫星和地球观测卫星上都普遍存在,并包含 90‰以上的植被信息,这些波段间的不同组合方式被统称为植被指数。植被指数有助于增强遥感影像的解译力,已作为一种遥感手段广泛应用于土地利用覆盖探测、植被覆盖密度评价、作物识别和作物预报等方面,并在专题制图方面增强了分类能力。

归一化植被指数(NDVI)对绿色植被表现敏感,常被用来进行区域和全球的植被状态研究。其公式为:

$$NDVI = (NIR - R)/(NIR + R) \qquad (1)$$

式(1)中:NIR 为近红外波段的反射值;R 为红光波段的反射值,在环境卫星中分别为 CCD-4 波段反射值和 CCD-3 波段反射值。

结合民勤绿洲的实际,根据植被指数(NDVI)的大小,定义 0.05<NDVI≤0.2 为稀疏植被区,0.2<NDVI≤0.35 为适中植被区,NDVI>0.35 为茂密植被区。通过计算不同等级的植被指数所占的面积,分析三年来民勤绿洲植被的变化特征。针对植被生长的季节,本专题主要利用环境减灾卫星 2010 年和 2013 年 6 月、8 月、10 月的同期晴空数据对民勤绿洲地区进行植被指数计算,对青土湖注水前后的四年间民勤绿洲植被进行对比分析,并且监测分析四年来青土湖水域面积的变化情况。

3 监测结果

3.1 青土湖水域面积动态监测

自 2010 年 9 月青土湖注水后,我们采用 2010 年 10 月到 2013 年 12 月环境减灾卫星资料

（每月 2 幅取平均值），对青土湖水域面积进行动态监测（见图 3）。每年的 9 月青土湖开始注水，其面积也逐渐增大，至 11 月达到最大，12 月水面封冻，停止注水。除去部分水下渗，至次年 4 月其面积变化不大，而后随着气温的回升和蒸发量的加大，其水域面积逐渐减少，8 月减少至最小面积。整体上，2010 年到 2013 年青土湖水域面积逐年增加。通过 4 年的注水，地下水位缓慢上升，其中 2010 年青土湖的地下水位埋深 3.78 m，2011 年为 3.60 m，2012 年为 3.48 m，2013 年为 3.32 m，2013 年比 2007 年上升了 0.70 m，青土湖周边地区的生态植被得到有效恢复，青土湖周边的生态环境呈现改善趋势。

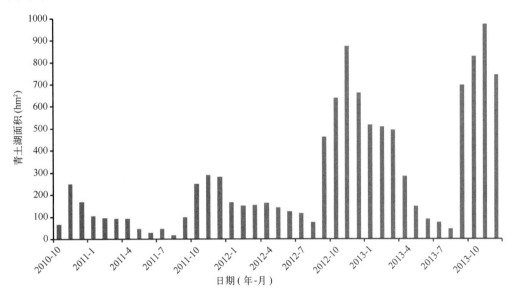

图 3　2010 年—2013 年青土湖水域面积监测图

3.2　民勤绿洲植被覆盖监测

利用 2010 年 6 月、7 月、10 月和 2013 年同期环境减灾卫星资料进行植被指数计算，每月得到的 2 期植被指数进行最大化合成处理，分别对民勤绿洲区域进行植被变化监测（图 4），同时对两年同期植被指数做差值计算（图 5），从图中可以看出 6 月民勤绿洲的上游部分 2013 年要比 2010 年植被覆盖好，中游部分和下游部分相差不大；8 月民勤绿洲的中游部分和下游部分 2013 年要比 2010 年植被覆盖好，而上游部分则稍差；10 月民勤绿洲的下游部分 2013 年要比 2010 年植被覆盖好，而上游部分和中游部分稍差。由于每年的 6 月、8 月和 10 月分别代表民勤绿洲植被生长的初期、中期和末期，因此，可以反映当地的总体植被状况。从图中可以看出：4 年来，民勤绿洲的植被覆盖变好，青土湖周边地区植被明显变好；绿洲植被总面积有所增加。

分别对民勤绿洲 2010 年和 2013 年 6 月、8 月、10 月的同期各植被区面积做出统计（表 2），从表 2 中可以看出：

（1）2013 年 6 月比 2010 年 6 月稀疏植被、适中植被和茂密植被面积分别增加了 14.7%、230% 和 959%，其植被的总面积增加了 42.7%。

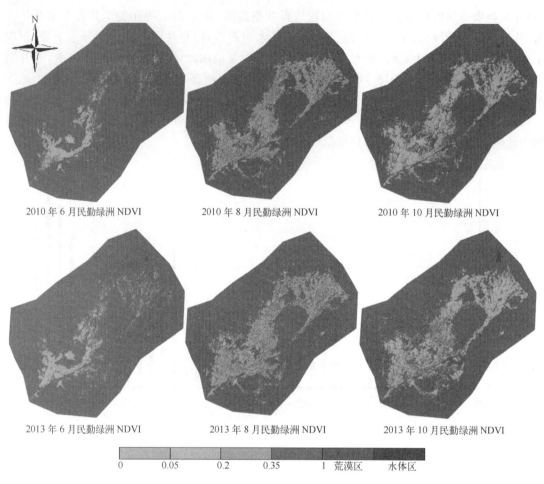

图 4　2010 年与 2013 年同期归一化植被指数图（对应彩图见第 333 页彩图 28）

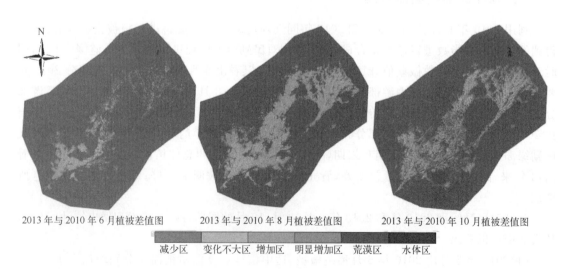

图 5　2013 年与 2010 年 6 月、8 月和 10 月同期植被指数差值图（对应彩图见第 333 页彩图 29）

（2）2013 年 8 月比 2010 年 8 月稀疏植被和茂密植被面积分别增加了 7.4%和 50.3%，而适中植被面积减少了 21.6%，其植被的总面积增加了 14.5%。

（3）2013 年 10 月与 2010 年 10 月适中植被面积增加了 43.8%，而稀疏植被和茂密植被面积分别减少了 2.6%和 16.7%，其植被的总面积减少了 0.4%。

总体而言，2013 年 6 月与 2010 年 6 月同期比较显示，稀疏植被、适中植被和茂密植被都增加很大；8 月同期比较显示，大面积稀疏植被转为适中和茂密植被，适中植被转为茂密植被，区域植被指数增大；10 月同期比较显示，稀疏植被和茂密植被有所减少，但是减少不大。适中植被区增大；2013 年 6 月和 8 月比 2010 年同期民勤绿洲植被覆盖面积增大，而 10 月植被总面积相差不大。

表 2　2010—2013 年民勤绿洲各植被区面积

NDVI	6 月面积情况（hm²）			8 月面积情况（hm²）			10 月面积情况（hm²）		
	2010	2013	差值	2010	2013	差值	2010	2013	差值
0.05~0.2	13552.47	15540.12	1987.65	25275.87	27149.85	1873.98	46203.84	44986.50	−1217.34
0.2~0.35	1323.99	4374.45	3050.46	30947.22	24266.07	−6681.15	2447.37	3519.18	1071.81
0.35~1	143.1	1516.5	1373.4	36264.15	54504.18	18240.03	399.06	332.55	−66.51
总面积	15019.56	21431.07	6411.51	92487.24	105920.1	13432.86	49050.27	48838.23	−212.04

4　结论与讨论

（1）对青土湖水域面积 4 年来同期监测对比分析发现，青土湖水域面积逐年增加，2013 年增加幅度尤为明显。从季节变化情况看：4 年来每年 9 月开始注水，11 月水域面积最大，7 月末水域面积最小。通过 4 年的注水，地下水位正在缓慢上升，青土湖周边地区的生态植被得到有效恢复，青土湖周边的生态环境呈现改善趋势。

（2）从气象和水文资料分析，虽然截至 2013 年 12 月 31 日的降水量比 2010 年总降水量有所增加，但民勤的年蒸发量远远大于年降水量，所以民勤生态植被恢复的主要水源来自民勤调水，2010 年以来，景电二期工程累计向蔡旗断面输水 3.4084 亿 m³，每年的输水总量都在上升，说明流入民勤的水量增加，对民勤生态植被的恢复有很好的影响。

（3）对民勤绿洲进行植被覆盖监测分析发现，2013 年 6 月与 2010 年 6 月同期比较显示，稀疏植被、适中植被和茂密植被都增加很大。8 月同期比较显示，大面积稀疏植被转为适中和茂密植被，适中植被转为茂密植被，区域植被指数增大。10 月同期比较显示，稀疏植被和茂密植被有所减少，但是减少不大，适中植被区增大。2013 年 6 月和 8 月比 2010 年同期民勤绿洲植被覆盖面积增大，而 10 月植被总面积相差不大，说明 2010 年到 2013 年间民勤绿洲区域生态环境在逐渐转好。

（4）民勤绿洲生态环境恢复受石羊河流域气候、水文和社会经济发展状况等综合因素的影响，但是主要限制因素是水资源，要从根本上解决民勤缺水问题，外流域调水是现在的主要措施之一，自 2010 年 9 月至今，向青土湖注入生态用水工程取得了比较好的效果，但是生态环境恢复是一个缓慢的过程，需要长期的调水才能使地下水位得到恢复，才会有真正意义上的植被恢复,最近几年的调水量增加,从植被覆盖分析来看,取得了比较好的效果,但是没有考虑农业种植结构的变化,注水经历的时间还相对较短,这需要在以后的工作中进一步分析完善。

参考文献

[1] 谷远勇.民勤绿洲生态危机探讨[J].青海农林科技,2009,(4):44-47.

[2] 孙涛,王继和,刘虎俊,等.民勤绿洲生态环境现状及恢复对策[J].中国农学通报,2010,**26**(7):245-251.

[3] 张永明,宋孝玉,沈冰,等.石羊河流域水资源与生态环境变化及其对策研究[J].干旱区地理,2006,**29**(6):838-843.

[4] 冯绳武.民勤绿洲的水系演变[J].地理学报,1963,**29**(3):241-249.

[5] 杜明义,武文波,郭达志.多源地学信息在土地荒漠化遥感分类中的应用研究[J].中国图形图像学报,2002,**7**(7):740-743.

[6] Treitz P,Howarth P. High Spatial Resolution Remote Sensing Data for Forest Ecosystems Classification:An Examination of Spatical Scale[J]. *Remote Sensing Environment*,2000,**72**(3):175-182.

[7] Sivakumar M V K,Gommes R,Baier W. Agricultural and Forest Meteorology. *Agrometeorology and Sustainable Agriculture*,2000,**103**(1~2):11-26.

[8] 李宝林,周成虎.东北平原西部沙地沙质荒漠化的遥感监测研究[J],遥感学报,2002,**6**(2):117-122.

[9] 黄青,孙洪波,王让会.干旱区典型山地—绿洲—荒漠系统中绿洲土地利用/覆盖变化对生态系统服务价值的影响[J].中国沙漠,2007,**27**(1):76-81.

[10] 丁建丽,塔西甫拉提,刘传胜.策勒绿洲植被覆盖动态变化遥感监测研究[J].中国沙漠,2003,**23**(1):79-82.

[11] 席晓燕,沈楠,李小娟.ETM+影像水体提取方法研究[J].计算机工程与设计,2009,**30**(4):993-996.

[12] 刘玉洁,杨忠东.MODIS遥感信息处理原理与算法[M].北京:科学出版社,2001.

[13] 黄海波,赵萍,陈志英,等.ASTER遥感影像水体信息提取方法研究[J].遥感技术与应用,2008,**23**(5):525-529.

[14] 邱庆伦,赵鸿燕,郭剑,等.遥感植被指数在农业生态环境监测中的应用[J].农机化研究,2004,(6):79-83.

[15] 罗亚,徐建华,岳文泽.基于遥感影像的植被指数研究方法评述[J].生态科学,2005,**24**(1):75-79.

[16] 郭妮.植被指数及其研究进展[J].干旱气象,2003,**21**(4):71-75.

[17] 田庆久,闵祥军.植被指数研究进展[J].地球科学进展,1998,**13**(4):327-333.

西藏怒江流域生态系统稳定性评价

袁　雷　杜　军　刘依兰　周刊社

(西藏自治区气候中心,拉萨 850001)

摘要:利用怒江流域西藏段 1981—2010 年的平均年降水量、年大风日数、植被类型数据、土壤数据、高程数据和相关的社会数据,通过建立流域生态系统稳定性评价指标体系和利用 AHP 法确定评价因子权重,构建西藏怒江流域生态系统稳定性综合评价模型,采用栅格 GIS 的叠加分析功能生成评价结果图。研究表明,西藏怒江流域生态系统稳定性总体较好,评价等级为"稳定性较好"及以上等级的地区占流域总面积的 75.15%。"稳定性差"的区域主要分布于流域中游部分地区,占流域面积的 6.24%,该区域需加大生态环境建设力度,防止生态环境的进一步退化。

关键词:怒江;生态系统稳定性;评价指标体系

0　引言

　　生态系统是一个动态的复杂系统,具有多个不同的稳定状态,生态系统稳定、持续、高效发展是人类经营活动的最终目的,因而生态系统稳定性及其相关问题成了生态科学工作者们重要的研究课题。系统稳定性来自于系统控制论,由于内涵和外延的不同,稳定性可谓是见仁见智,具体的包括持久性、惯性、恢复性、弹性、局部稳定性和全局稳定性等[1]。针对生态系统稳定性的产生机制,专家提出了不同的观点。复杂性理论派以模型研究为起点,他们认为生态系统的稳定性与自身的物种多样性有一定的联系[2~4];另外一些学者以自动控制系统可靠性为基础提出了冗余理论,经过大量的研究得出如下结论:自然界大到一个生态系统、小到植物的某个器官的稳定性都与相应水平的冗余密切相关[5]。国内外学术界对生态系统稳定性的理解可归纳为两类:一类是生态系统因受外界干扰而产生的持久性和抵抗性;二类是恢复性,即生态系统受到内部扰动后,回归到原始状态的能力。根据两种稳定性产生机理的不同,具体的评价方法也不尽相同。第一类稳定性因受外界干扰而产生,可以将之称为系统整体稳定性;第二类稳定性是由内部扰动产生,可以称为系统结构稳定性。两种稳定性是系统稳定的两个方面,二者之间相互消长。在具体的生态恢复的生态效益评价时,要根据需要确定二者的评价指标及相应的权重[6]。

基金项目:公益性行业(气象)科研专项(GYHY201306029)。

第一作者简介:袁雷,男,1981 年出生,四川西充人,工程师,硕士,主要从事应用气象和气象服务。通信地址:850001 拉萨市林廓北路 2 号,Tel:0891-6361095,E-mail:438031118@qq.com。

1 研究区及数据来源

怒江是西藏第二大河,发源于西藏那曲地区境内的唐古拉山脉吉热格帕峰南麓。经那曲县、比如县,在索县荣布区热曲河口以下 2 km 处流入昌都地区,流经边坝县、洛隆县、八宿县和左贡县等地,在左贡县碧土西 13 km(北纬 28°52′)进入察隅县,然后流入云南省,出国境到缅甸,在国外段称萨尔温江。怒江在西藏境内流长 1393 km,流域面积 102691 km²,河谷盆地包含了寒带、亚寒带、温带、亚热带等气候带,该地区多样化的气候和复杂的地理环境,形成了较为丰富的生物多样性。但流域内谷坡地质不稳定,常发生崩塌、滑坡和泥石流等次生气象灾害,随着水土流失现象的加剧,已影响到区域生态环境和经济的发展,分析该区域生态系统稳定性对当地生态环境的保护是非常重要的[7]。

研究区气象数据是来源于西藏自治区气象局的 1981—2010 年平均年降水量、年大风日数,植被类型数据来源于中科院 1∶100 万植被类型图,土壤数据来源于南京土壤所,高程数据来源于 AMSR,社会数据来源于《西藏自治区统计年鉴》[8]、《昌都地区统计年鉴 2008》、《那曲地区统计年鉴 2008》、《林芝地区统计年鉴 2008》。

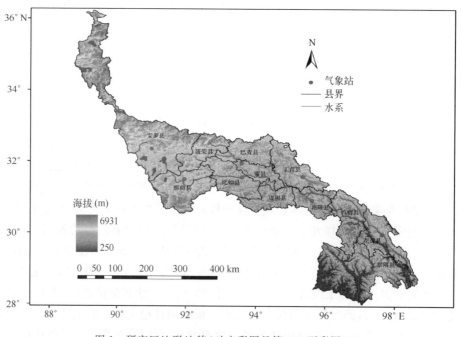

图 1 研究区地形地貌(对应彩图见第 334 页彩图 30)

2 评价指标体系建立及指标量化

建立一套能全面反映生态系统稳定性的评价指标体系和应用计算方法是较为复杂的基础性工作。定量评价结果的精确度和准确度,在很大程度上取决于选取的评价指标和确定的评价标准的正确性。根据研究区的实际情况及已有的研究[9],西藏怒江流域生态系统稳定性评价需要建立在基于流域自然因子的自身稳定性评价和基于本区域人文因子的人为干扰性评价基础上,再进行综合评价。具体指标的评估,采用定性与定量相结合的方法,确定各类指标的分值,再进行综合。生态系统自身稳定性的强度取决于各自然因子对地表物质运动能力影响的力度,西藏怒江流域生态系统自身稳定性评价指标为:坡度、降水、大风、土壤质地和植被类型。生态系统的人为干扰强度取决于人文因子对地表物质运动产生直接或间接影响的力度。西藏怒江流域生态系统人为干扰性评价指标为:人口、放牧和垦殖。

2.1　生态系统自身稳定性指标体系

(1)坡度与稳定性:西藏怒江流域地形区域差异显著,上游为高原地形,坡度和缓;下游位于横断山区,为高山深谷,相对高差在 1000 m 以上,山体坡度陡峻。坡度对地表物质稳定性有重要影响,不同坡度下的坡面物质运动对外力作用响应的力度不同。根据流域地形与坡度特点,将坡度对水力侵蚀的稳定性分为 5 级:<6° 为极稳定,6°~15° 为稳定,15°~25° 为较稳定,25°~35° 为不稳定,>35° 为极不稳定。

(2)降水与稳定性:降水通过降水量和雨强对地表物质运动产生影响。由于流域内气象站少且地域分布不均,为得到较为准确的降水量空间分布图,利用全区气象站降水量资料,使用插值法和关系模型法得到全区降水量分布图,并比较两种方法结果准确度,最后选用插值法结果提取流域的降水量分布图。根据流域降水的时空分布特点,将降水对地表物质水力侵蚀作用的稳定性分为 5 级:<300 mm 为极稳定,300~450 mm 为稳定,450~600 mm 为较稳定,600~750 mm 为不稳定,>750 mm 为极不稳定。

(3)大风与稳定性:流域年大风日数变化很大,流域南部的察隅县年平均大风日数为零,而流域北部的安多县,年平均大风日数可达 123 d。年平均大风天数的多少能较好地反映大风与土地沙化、荒漠化之间的关系。因此,根据流域实际情况,提出年均大风天数对风力侵蚀的稳定性分为 5 级:<5 d 为极稳定,5~25 d 为稳定,25~50 d 为较稳定,50~100 d 为不稳定,>100 d 为极不稳定。

(4)植被类型与稳定性:流域植被类型具有丰富的多样性,既有水平方向上的多样性,又有垂直方向上的多变性。从东南到西北有如下分布规律:常绿阔叶林、针叶林、灌丛、灌丛草甸、草原、荒漠草原和荒漠等。不同植被类型其抗御水力、风力侵蚀作用的强弱也有不同。根据流域特点,将植被类型对风力、水力侵蚀的稳定性分为 5 级:低山及低中山阔叶林为极稳定,亚高山针叶林、中山松林、铁柏林、灌丛和高山草甸为稳定,草原为较稳定,荒漠草原和高山稀疏植被为不稳定,荒漠或耕地为极不稳定。

(5)土壤质地与稳定性:流域土壤质地特别是 A 层质地区域差异较大,因此其抗侵蚀作用能力的强弱也明显不同。本文利用南京土壤所主要土类 A、B 层土壤质地资料的统计分析,计算了各土壤可侵蚀性 K 值[10]。根据不同土壤 K 值差异,将西藏各主要土类 K 值与稳定性关系划分以下 5 级:<0.2331 为极稳定,0.2331~0.3389 为稳定,0.3389~0.4528 为比较稳定,0.4528~0.4670 为不稳定,>0.4670 为极不稳定。

表 1 生态环境自身稳定性评价因子量化分级

评价因子		评价等级				
		1	2	3	4	5
坡度	指标	<6°	6°～15°	15°～25°	25°～35°	>35°
	指数	5	4	3	2	1
降水量(mm)	指标	<300	300～450	450～600	600～750	>750
	指数	5	4	3	2	1
大风日数(d)	指标	<5	5～25	25～50	50～100	>100
	指数	5	4	3	2	1
植被类型	指标	低山低中山阔叶林	亚高山针叶林、中山松林、铁柏林、灌丛和高山草甸	草原	荒漠草原和高山稀疏植被	荒漠或耕地
	指数	5	4	3	2	1
土壤质地	指标	<0.2331	0.2331～0.3389	0.3389～0.4528	0.4528～0.4670	>0.4670
	指数	5	4	3	2	1

2.2 生态系统人为干扰性指标体系

(1)人口干扰:相关统计机构对西藏自治区 1‰ 常住人口的抽样调查显示,近十年西藏常住人口的年增长率一直保持在 10% 以上,远远高于全国平均水平。西藏农村人口占自治区人口 85% 以上,从能源消费角度看比重更大。长期以来由于林区烧柴缺乏系统管理,对生物质能源过度依赖,使西藏牛粪、草皮、薪柴大量消耗。这种生活方式严重破坏了植被、森林和草场,对环境带来巨大的危害。植被的破坏引起土地沙漠化和土壤侵蚀的加速[11]。人口密度的大小在一定程度上引起了这些生态环境问题的。根据流域实际情况,将人口密度对生态系统稳定性的干扰度分为 5 级:<0.5 人/km² 为弱干扰,0.5～1 人/km² 为较弱干扰,1～3 人/km² 为较强干扰,3～5 人/km² 为强干扰,>5 人/km² 为极强干扰。

(2)放牧干扰:根据西藏草地资源调查结果,2008 年西藏全区天然草地理论载畜量为 3385 万个绵羊单位,而实际载畜量约 4700 万个绵羊单位,超载率达 39%。由于长期的超载过牧、气候变迁、人为破坏等因素的影响,致使西藏草地退化严重。西藏草原总面积 0.829 亿 hm²,其中有一半以上的草场严重退化,1/10 左右的草场明显沙化,西藏全区已退化而不能放牧的草场面积已达 0.113 亿 hm² 左右。藏北草原退化面积已达到 0.136 亿 hm² 左右,约占当地草地总面积的 49%[12]。牧业发展造成草地退化、沙化、水土流失和鼠害严重。将每 10 hm² 草地面积的羊单位数定义为放牧度,放牧度的大小与这些生态环境问题有较强的相关性。根据流域实际情况,提出放牧度对生态环境稳定性的干扰度分为 5 级:<4 为弱干扰,4～8 为较弱干扰,8～12 为较强干扰,12～16 为强干扰,>16 为极强干扰。

(3)垦殖干扰:据统计,昌都地区耕地占流域耕地面积的 19.86%,流域冬春季节耕地几乎都是处于裸露状态,而此时正是该地区的大风季节,这些裸露土壤成为大风扬沙天气沙尘的主要来源。耕地多的地方,水土流失和风力侵蚀较严重。垦殖指数可以较好地反映垦殖对生态环境的干扰。根据流域实际情况,提出垦殖指数对生态环境干扰度分 5 级:<0.2％为弱干扰,0.2％~0.3％为较弱干扰,0.3％~0.4％为较强干扰,0.4％~0.5％为强干扰,>0.5％为极强干扰。

表 2　生态环境人为干扰评价因子量化分级

评价因子		评价等级				
		1	2	3	4	5
人口密度	指标(人/km²)	<0.5	0.5~1	1~3	3~5	>5
	指数	1	2	3	4	5
放牧度	指标(羊单位/10 hm²)	<4	4~8	8~12	12~16	>16
	指数	1	2	3	4	5
垦殖指数	指标(％)	<0.2	0.2~0.3	0.3~0.4	0.4~0.5	>0.5
	指数	1	2	3	4	5

2.3　评价因子权重确定

怒江流域生态环境稳定性评价是一种综合评价,以生态环境自身稳定性评价和人为干扰性评价基础,采用层次分析法,分别求出稳定性评价和人为干扰性评价因子的权重(表3、表4)

表 3　怒江生态环境自身稳定性评价因子权重

因子	坡度	年降水量	年大风日数	植被类型	土壤质地
权重	0.241	0.145	0.125	0.414	0.075

表 4　怒江生态环境人为干扰性评价因子权重

因子	人口密度	放牧度	垦殖指数
权重	0.299	0.503	0.198

采用加权求和法进行评价,先利用表3和表4的权重系数评价流域自身稳定性强度和人为干扰强度,然后将自身稳定性强度和人为干扰强度的评价结果作为评价因子,使用等权重的方法进行最后的稳定性综合评价,如公式(1)所示。

$$F = \sum_{i=1}^{n} r_i b_i \tag{1}$$

式中:F 为评价指数,r_i 为评价因子,b_i 为评价因子权重。

2.4　基于 GIS 的评价

使用 ArcGIS 的空间叠置分析来进行生态系统自身稳定性评价、生态系统人为干扰性评价及生态系统稳定性综合评价,采用 ArcGIS 的空间分析扩展模块——ArcGIS Spatial Analyst 作为评价工具。先进行自身稳定性评价和人为干扰性评价:首先将各因子转换为栅格格式,然后将栅格格式的各评价因子单要素图根据表 1、表 2 的量化分级结果进行重分类,然后用"Raster Calculator"进行栅格叠加操作,叠加结果图用自然分界法分 5 级,得到自身稳定性评价(图 2)和人为干扰评价(图 3)。ArcGIS 的自然分界法利用统计学的 Jenk 最优化法得到分界点,能使各级的内部方差之和最小[13]。

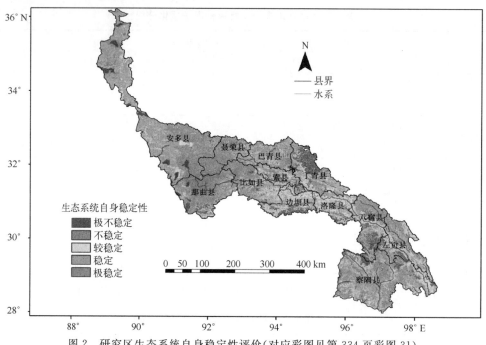

图 2　研究区生态系统自身稳定性评价(对应彩图见第 334 页彩图 31)

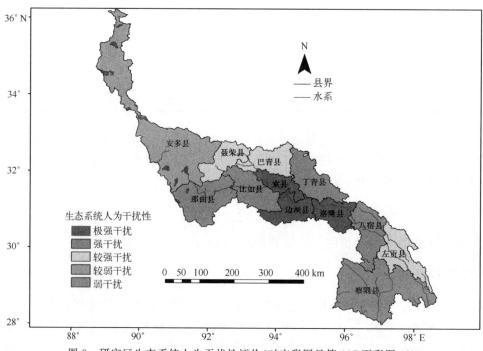

图 3　研究区生态系统人为干扰性评价(对应彩图见第 335 页彩图 32)

将自身稳定性和人为干扰性的评价结果作为评价因子,使用等权重的方法进行生态环境稳定性的综合评价:先对自身稳定性因子和人为干扰因子进行量化分级(表5)。对自身稳定性评价图和人为干扰评价图进行重分类,由"Raster Calculator"完成叠加操作,叠加结果图用自然分界法分为5级,得到西藏自治区怒江流域生态环境稳定性综合评价图(图4)。

表5　稳定性综合评价因子量化分级

因子		评价等级				
		1	2	3	4	5
自身稳定性因子	指标	极不稳定	不稳定	较稳定	稳定	极稳定
	指数	1	2	3	4	5
人为干扰性因子	指标	极强干扰	强干扰	较强干扰	较弱干扰	弱干扰
	指数	1	2	3	4	5

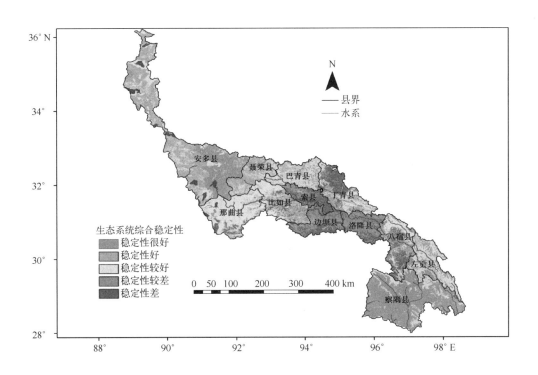

图4　研究区生态系统稳定性综合评价(对应彩图见第336页彩图33)

3　结果分析

3.1　自身稳定性分析

怒江流域极稳定:稳定:较稳定:不稳定:极不稳定=21%:37%:22%:13%:7%,

西藏怒江流域自身生态稳定性主要为稳定,极稳定区域主要分布在聂荣县、那曲县、安多县东部、比如县西北部。整体来讲,流域上游自身稳定性较好,流域下游自身稳定性较差。不稳定和极不稳定的区域主要分布在丁青县北部、八宿县、索县、边坝县。

3.2 人为干扰性分析

按照西藏统计年鉴的统计,怒江流域 12 个县中牧业县、半农半牧县、农业县各占 1/3,但流域内的农业县都是农业为主、兼有牧业。安多县、察隅县人为干扰最弱,左贡县、那曲县次之,聂荣县、八宿县人为干扰性较强,巴青县、比如县、丁青县人为干扰性很强,索县、边坝县、洛隆县人为干扰性极强。

3.3 环境稳定性

"稳定性很好"的类型区主要位于安多县东部,零散分布于察隅县,面积 166 km²,占流域总面积 9%。该区域内地形较平坦,水蚀和风蚀作用很轻,生态处于原始平衡状态。

"稳定性好"的类型区广泛分布于安多县、那曲县、聂荣县、左贡县、察隅县。面积达 746 km²,占流域总面积 40.7%。在该类型区内地形相对平坦,地表物质的风蚀和水蚀作用很轻,生态系统自身稳定性好,加之人为干扰强度很小,使生态环境处于相对稳定状态,生态系统原生性保存较好。

"稳定性较好"的类型区主要分布于巴青县、比如县、丁青县、左贡县、八宿县,面积 465 km²,占流域总面积的 25.37%。在该类型区内有一定的人为干扰,在自身稳定性好的区域,生态系统自身恢复能力较好,但在自身稳定性较差的区域需要减少人类干扰,总体上生态环境稳定性处于良好状态。

"稳定性较差"的类型区主要分布于索县、边坝县、洛隆县和丁青县北部,面积 341 km²,占流域总面积的 18.61%。该类型区高原谷地的风蚀作用和山地陡坡的水土流失较严重,因此生态环境的自身稳定性较差,加之人为干扰较强,生态系统自恢复能力较差,生态环境处于退化态势。

"稳定性差"的类型区主要分布于索县东南部、边坝县南部、丁青县北部、洛隆县南部,面积 114 km²,占流域总面积 6.24%。该类型区本身山高谷深,生态环境的自身稳定性较差,同时本区域人类活动频繁,造成人为作用下的风蚀、水蚀和沟蚀等侵蚀加速,特别是冬春大风季节,多沙尘天气,生态环境退化较严重。

4 讨 论

(1)研究区生态系统自身稳定性好,极稳定、稳定、较稳定的类型占研究区的 80%,表明在无人为干扰情况下,研究区自身恢复能力强。流域上游的安多县、那曲县、聂荣县和流域下游的察隅县自身稳定性好,流域中游的 8 个县自身稳定性较差。同时,流域中游也是人为干扰性最强的区域,本区域应加强保护。

(2)研究区生态系统稳定性综合评价结果与自身稳定性评价结果差别不大,说明研究区人为干扰性相对较弱,但现有资料对人为干扰性都是以县为单位进行评价,但研究区县域面积大、人口少,但人口相对集中,所以使用县为单位的人为干扰性评价掩盖了局地人为干扰性较大的事实。

参考文献

[1] 刘增文,李雅素.生态系统稳定性研究的历史与现状.生态学杂志,1998,**16**(2):58-61.

[2] Tilman D. Causes, consequences and ethics of biodiversity. *Nature*, 2000, **405**:208-211.

[3] McNaughton S J. Stability and diversity of ecological communities. *Nature*, 1978, **274**: 251-253.

[4] May R M. Will a large complex system be stable. *Nature*, 1972, **238**:413-414.

[5] Solbrig O T. Biodiversity: scientific issues and collaborative research proposal. *MAB Digest* 9, Pairs: UNESCO, 1991:139-491.

[6] 王玲玲,曾光明,黄国和,等.湖滨湿地生态系统稳定性评价.生态学报,2005,**25**(12):3406-3410.

[7] 杜军,翁海卿,袁雷,等.近40年西藏怒江河谷盆地的气候特征及变化趋势.地理学报,2009,**64**(5):581-591.

[8] 西藏自治区统计局,国家统计局西藏调查总队.西藏统计年鉴.2009.北京:中国统计出版社,2009:29-164.

[9] 钟诚,何宗宜,刘淑珍.西藏生态环境稳定性评价研究.地理科学,2005,**25**(5):573-578.

[10] 王小丹,钟祥浩,范建容.西藏水土流失敏感性评价及其空间分异规律.地理学报,2004,**59**(2):183-188.

[11] 刘小军.西藏生物质资源丰富极具开发利用前景[EB/OL]. http://news. xinhuanet. com/newscenter/2008-10/04/content_10148583. htm,2008-10-04.

[12] 潘晓娟.西藏过半草地生态退化令人忧[EB/OL]. http://www. ceh. com. cn/jryw/2013/192018. shtmL,2013-04-23.

[13] 王万中,焦菊英.中国的水土侵蚀因子定量评价方法.水土保持通报,1996,**16**(5): 1-20.

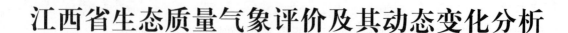

江西省生态质量气象评价及其动态变化分析

陈兴鹃　祝必琴

（江西省气象科学研究所，南昌 330046）

摘要：参照《生态质量气象评价规范（试行）》标准，以 2008—2013 年遥感晴空数据及相关气象、统计、调查等资料为数据源，对江西省生态环境状况进行气象评价，并对其动态变化进行分析。结果表明，2008—2013 年，江西省生态环境状况整体处于良好水平，且六年来生态质量略有提升。其中，(1)江西省植被覆盖度整体较高，并呈小幅上升趋势；(2)湿润指数亦呈现小幅上升趋势，并且江西省降水随季节分布不均，春季湿润指数值平均最大；(3)水体密度指数及土地退化指数较稳定，但存在季节变化；(4)灾害指数随年度受灾程度不同有较大起伏，夏季是江西省遭受气象灾害较为频繁的季度。

关键词：生态质量气象评价；动态变化；江西省

0　引言

生态环境质量评价是根据选定的指标体系和质量标准，运用恰当的方法对评价区域生态环境质量的优劣及其影响作用关系进行合理评价[1]。生态环境问题涉及范围广泛、环境因子复杂多变，而气象因子是生态系统的重要自然属性，对区域生态环境质量影响较大，因此从气象角度出发，进行生态质量气象评价专题研究是十分必要的。

江西省地处中国东南部，北纬 24°29′—30°04′，东经 113°34′—118°28′之间。全省三面环山，北临长江，属亚热带季风气候。年平均气温 18℃左右，年降水量约为 1645mm，气候温和，雨量充沛，适宜植被生长。自中国气象局 2005 年 7 月下发《生态质量气象评价规范（试行）》（下文简称《规范》）以来[2]，江西省气象科学研究所以《规范》为标准，借助遥感、GIS 等空间信息技术手段以及地面监测统计数据，持续定期（季度、年）开展了全省生态质量气象评价。本文以前期数据为基础，对江西省 2008—2013 年生态质量及各单因子动态变化情况进行分析，以了解区域生态质量变化趋势，为加强生态环境保护与建设、制定区域经济发展计划提供科学依据。

基金项目：江西省气象局面上项目"生态质量气象评价指标本地化研究与应用"。

第一作者：陈兴鹃，1986 年出生，女，助工，硕士，主要从事卫星遥感监测应用研究，E-mail：c2006xj@163.com。

通讯作者：祝必琴，工程师，E-mail：zhubiqin@126.com。

1 研究方法及数据来源

本文以江西省 2008—2013 年的生态质量为研究对象,收集六年来遥感晴空数据及相关气象、统计、调查等资料,动态评价这一时间段内江西省生态质量各单因子及综合指数变化情况。生态环境质量气象评价指标包括五个评价因子:植被覆盖指数、湿润指数、水体密度指数、土地退化指数和灾害指数。生态环境质量气象评价的指标计算方法参照《规范》[2]并结合江西省区域生态环境特点做了部分修订。

1.1 植被覆盖指数

植被(包括森林、草地和农作物等)不仅是重要的环境要素,也是陆地生态系统敏感的状态指示因子,植被覆盖情况是分析评价区域生态环境的重要因子。植被覆盖指数是指被评价区域内林地、草地及农田三种类型面积占被评价区域面积的比重。根据江西区域生态环境特点,在专家评分确定权重的基础上,将植被覆盖指数计算公式修订为:

$$植被覆盖指数 = \frac{林地面积 \times 生长期 + 草地面积 \times 生长期 + 农田面积 \times 生长期}{区域面积} \tag{1}$$

式中:生长期为生长天数占季度天数的百分比。

评价区域内林地、草地及农田面积通过遥感解译获取,并通过《江西省统计年鉴》[3]及实地调查数据进行验证。

1.2 湿润指数

湿润指数是指降水量与潜在蒸散量之比,是判断某一地区气候干、湿程度的指标。湿润指数能较客观地反映某一地区的水热平衡状况。计算方法如下:

$$K = R/ET \tag{2}$$

式中:R 为降水量;ET 为潜在蒸散量。

$K < 1$ 时,表示大气降水少于植被生理过程需水量;当 $K = 1$ 时,表示该区域大气降水与植被生理需水达到平衡;当 $K > 1$ 时,表示大气降水大于植被生理过程需水量,降水条件不成为当地植被生理需水的限制因子,如果 $K > 1$,在计算时要规定 $K = 1$。

以上气候数据均来源于气象站观测统计数据。

1.3 水体密度指数

水在生态系统中具有重要作用,是生态系统物质流与能量流的重要载体,也是人类社会生活不可缺少的物质,尤其在干旱、半干旱生态系统中,水是生态系统的决定因素。水体密度指数是指被评价区域内水域面积占被评价区域面积的比重,计算方法为:

$$水体密度指数 = \frac{水域面积}{区域面积} \tag{3}$$

式中:水域面积采用评价时段内平均水域面积,包括河流、湖泊、水库等水体面积,通过遥感解译获取,并通过江西省土地利用现状及实地调查数据进行验证。

1.4　土地退化指数

人类不合理利用土地资源,对生态系统产生的压力超过了生态系统的承载能力,生态系统功能不断衰退,土地退化是生态系统退化的重要表征之一。土地退化指数评价区域内风蚀、水蚀、重力侵蚀、冻融侵蚀和工程侵蚀的面积占评价区域总面积的比重。计算公式为:

$$土地退化指数 = \frac{0.05 \times 轻度侵蚀面积 + 0.25 \times 中度侵蚀面积 + 0.7 \times 重度侵蚀面积}{区域面积}$$

(4)

各级土壤侵蚀面积来源于生态站观测资料及遥感和实地调查数据。

1.5　灾害指数

灾害指数是指被评价区域内农田、草地、森林等生态系统遭受气象灾害的面积占被评价区域面积的比重。包括:干旱、洪涝、渍害、雹灾、低温冷害、霜冻、雪灾、高温热害及风灾等。计算公式为:

$$DIS = \sum (S_i)$$

(5)

式中:S_i 为各灾害因子指数。

$$S_i = \frac{0.1 \times 轻度灾害面积}{区域面积} + \frac{0.3 \times 中度灾害面积}{区域面积} + \frac{0.6 \times 重度灾害面积}{区域面积} + \frac{1.0 \times 毁灭性灾害面积}{区域面积}$$

(6)

各级灾害面积由各地市气象部门上报、遥感及实地调查获取。

1.6　生态质量综合指数

将以上五个主要指标分别赋以不同的权重,得到生态质量气象评价综合指数,具体计算方法如下:

$$生态质量综合指数 = 植被覆盖指数 \times 0.3 + 湿润指数 \times 0.25 + 水体密度指数 \times 0.2 + (1 - 土地退化指数) \times 0.15 + (1 - 灾害指数) \times 0.1$$

(7)

根据综合评价指标,将生态质量划分为:优、良、一般、较差和差五级,各分级状态详见表 1。

表 1　生态环境优劣度分级表[2]

生态质量	优 ≥70	良 55～70	一般 30～55	较差 15～30	差 <15
状态	植被覆盖度好,生物多样性好,生态系统稳定,最适合人类生存。	植被覆盖度较好,生物多样性较好,适合人类生存	植被覆盖度处于中等水平,生物多样性一般水平,较适合人类生存,但偶尔有不适合人类生存的制约性因子出现	植被覆盖较差,严重干旱少雨,物种较少,存在着明显限制人类生存的因素	条件较恶劣,多属沙漠、荒山、难利用的红石山。不适合人类长期生存

2 结果与分析

2.1 单因子变化分析

2.1.1 植被覆盖指数变化动态

根据遥感解译的土地利用及覆盖面积结果,可计算和统计出江西省植被覆盖指数变化情况。从图 1 可以看出:2008—2013 年间,江西省植被覆盖指数变化区间为 62.0~68.7,植被覆盖度整体较高,并且植被覆盖状况有小幅增长趋势(增长速率为 1.1687 /年)。图 2 所示,四季中夏季(6—8 月)的植被覆盖指数值平均最高,这主要是因为江西省该季度森林、草地、农作物都处于旺盛的生长阶段,植被与作物处于全生长期;而冬季(上年 12 月—当年 2 月)的植被覆盖指数值平均最低,这主要是由于该季度植被与农作物几乎停止生长,并且大部分农田处于休闲期,植被覆盖度较小。

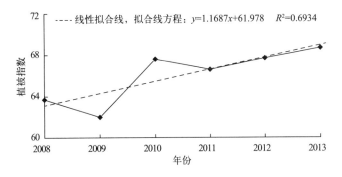

图 1 2008—2013 年江西省植被覆盖指数年变化

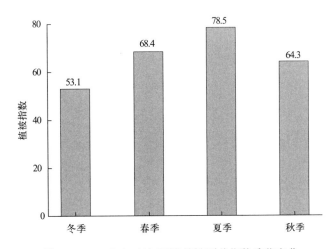

图 2 2008—2013 年江西省植被覆盖指数季节变化

2.1.2 湿润指数变化动态

图 3 为 2008—2013 年江西省湿润指数及年降水量变化情况。从图 3 可以看出,2008—

2013 年江西省年度湿润指数平均值为 91.0；最大值出现在 2012 年，为 96.3，比平均指数偏高 5.3；对应 2012 年降水量达 2111 mm，是 6 年间降水量最多年；最小值出现在 2009 年，为 82.1，比平均指数偏低 7.9，这与当年出现大范围干旱有关，当年降水量仅有 1339 mm，是 6 年间降水量最少年。从图 3 中线性拟合可以看到，江西省湿润指数呈现小幅上升趋势（增长速率为 0.9225 /年）。这主要是由于江西省地处长江中下游地区，根据基准气候条件下，基于湿润指数进行的中国干湿气候分区图（1961—1990 年），江西省位于湿润区[4]。并且根据赵志平等[5]对近 30 年来中国气候湿润程度变化的空间差异研究，江西省湿润程度增加较快。

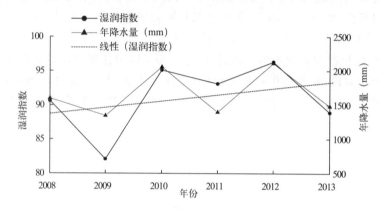

图 3　2008—2013 年江西省湿润指数及年降水量变化

江西省降水随季节分布不均，从图 4 可以看出，春季（3—5 月）湿润指数值平均最高，达 99.2，降水条件完全可以满足江西省植被生理需水；秋季（9—11 月）湿润指数值平均最低，为 75.9，其中 2009 年和 2013 年秋旱情况最为严重；冬季和夏季湿润指数值平均在 90 以上。2009 年由于旱情严重，冬季和秋季分别出现了 66.2、62.3 的极小值，降水条件成为植被生理需水的限制因子，间接导致 2009 年植被覆盖指数和生态质量综合指数偏低。

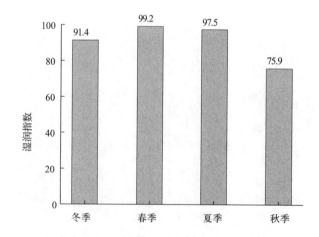

图 4　2008—2013 年江西省湿润指数季节变化

2.1.3 水体密度指数变化动态

江西省全境有大小河流 2400 余条,赣江、抚河、信江、修河和饶河为江西五大河流,鄱阳湖为全国第一大淡水湖[6],另有大型水库二十余座,水体密度高值区主要集中在这些水域附近。

根据遥感监测及实地调查得出(表 2),2008—2013 年江西省水体密度指数基本维持在3.2 左右,无明显变化。但是水体密度指数季节变化比较明显:四个季节(冬季、春季、夏季、秋季)水体密度指数评价值分别为 2.0、4.0、3.7、3.1,如图 5 所示。

表 2　2008—2013 年江西省水体密度指数、土地退化指数及灾害指数

指数	2008 年	2009 年	2010 年	2011 年	2012 年	2013 年	平均值
水体密度指数	3.2	2.9	3.5	3.1	3.3	3.2	3.2
土地退化指数	7.3	6.1	8.3	6.5	7.8	6.0	7.0
灾害指数	11.5	0.8	2.6	1.5	1.1	1.3	3.1

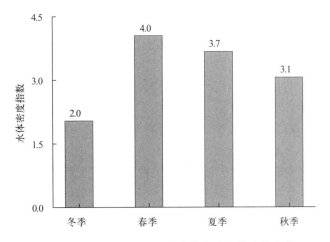

图 5　2008—2013 年江西省水体密度指数季节变化

2.1.4 土地退化指数变化动态

江西省土地退化主要表现在降水所造成的水土流失等方面。根据卫星遥感监测、地面实地调查和降水资料综合分析得出 2008—2013 年江西省土地退化指数评价结果(表 2)。其中,2009 年、2011 年、2013 年江西省降水普遍偏少,减轻了对土壤的侵蚀,土地退化指数也较其他年份偏小。整体来看,土地退化指数变化不大。

从图 6 可以看到,土地退化指数值季节变化比较明显,其中夏季土地退化指数值最大,为10.9;春季次之,为 8.2;冬季和秋季最小,均为 4.4。

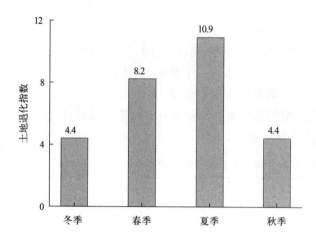

图 6 2008—2013 年江西省土地退化指数季节变化

2.1.5 灾害指数变化动态

根据卫星遥感监测、灾情数据收集及有关灾情调查等综合分析,可得出 2008—2013 年江西省灾害指数评价结果,如表 2 所示。其中,2008 年灾害指数达 11.5,灾情最为严重,这主要是因为 2008 年冬季全省遭受了长达 20 余天的持续低温、冰冻、雨雪天气,这对全省森林、果业、苗木、油菜、蔬菜等造成严重影响;2010 年灾害指数也较高,为 2.6,这是由于 2010 年汛期出现多次大范围暴雨天气过程,导致发生洪涝灾害,影响到农业生产;其他年份灾害指数较小,平均为 1.1,所受灾害类型多为洪涝、干旱、冰雹等。2009 年虽然发生了大范围的秋旱,但江西省大部分农田人工灌溉条件良好,农田受灾面积不大,加之 2009 年除秋旱外未发生其他全省大范围的气象灾害,故灾害指数较低。

从图 7 可以看到,灾害指数在冬季明显高于其他季节,这主要是由于 2008 年冬季的灾害指数高达 11.5,使得平均值异常偏大。实际上,除去 2008 年冬季的灾害指数,2009—2013 年冬季灾害指数平均值仅为 0.04,与秋季相当。可见,灾害指数值跳跃性很大,当发生重大灾害性事件时,灾害指数会远远超出平均值,导致生态质量综合指数偏低。此外,从图 7 还可以看到,夏季是江西省遭受气象灾害较为频繁的季度,该季节常见的气象灾害主要是暴雨洪涝、高温干旱等。

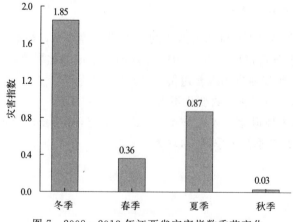

图 7 2008—2013 年江西省灾害指数季节变化

2.2 江西省生态质量综合指数变化分析

根据遥感等手段计算出五个单因子后,再根据公式(7)计算得到生态质量气象评价综合指数,结果如图 8 所示。

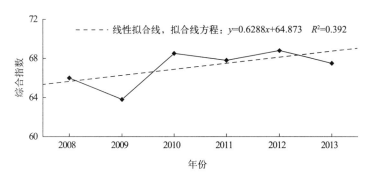

图 8 2008—2013 年江西省生态质量气象评价综合指数年变化

动态评价结果表明,2008—2013 年,江西省生态质量综合指数变化区间为 63.8~68.8,生态质量总体状况良好,植被覆盖度较好,生物多样性较好,适合人类生存。图 8 还显示,2008 年以来,江西省生态质量综合指数随时间变化趋势稳中有升,时间和综合指数的线性回归方程斜率为 0.6288>0,表明六年来江西省生态环境质量状况略有改善。

图 9 为 2008 年、2010 年及 2012 年江西省 11 个设区市生态质量气象评价综合指数。从图 9 可以看出,各设区市的评价结果均为良好,其中,景德镇和赣州综合指数平均值较高,分别为 69.1、69.0,接近优;南昌综合指数平均值最低,为 62.8,这主要是因为南昌作为江西省会城市,市区人口密集,多为居民用地和城市建设用地,植被覆盖度相对较低,导致生态质量低于其他设区市。

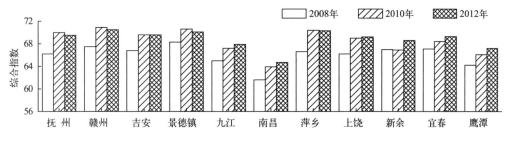

图 9 江西省 11 个设区市生态质量气象评价综合指数

3 结论与讨论

根据江西省生态质量气象评价及其动态变化趋势的分析得出:2008—2013 年江西省生态质量综合指数变化区间为 63.8~68.8,整体处于良好水平,且六年来生态质量略有提升。从生态质量气象评价各单因子动态变化看,近六年来,江西省植被覆盖度整体较高,夏季植被覆盖指数值平均最大,并且植被覆盖指数有小幅上升趋势;湿润指数亦呈现小幅上升趋势,并且江西省降水随季节分布不均,春季湿润指数值平均最大;江西省水体密度指数、土地退化指数较稳定,但季节变化比较明显;灾害指数随年度受灾程度不同有较大起伏,夏季是江西省遭受气象灾害较为频繁的季度。

自2005年《规范》下发以来,江西省气象科学研究所就开展了全省生态质量气象评价工作,但由于开展评价工作初期,方法尚不成熟,评价过程一致性较差,故2005—2007年数据未纳入本次动态评价研究当中。未来将继续定期(季度、年)开展生态质量气象评价工作,并通过长期评价与积累动态掌握江西省生态环境变化情况,为各级部门进行生态环境建设决策提供科学依据。

参考文献

[1] 任学慧,王其峰.大连市生态质量气象评价[J].辽宁师范大学学报,2008,**31**(1):104-106.

[2] 中国气象局.生态质量气象评价规范(试行)[S].2005:7.

[3] 江西省统计局.江西省统计年鉴[M].北京:中国统计出版社,2014.

[4] 赵俊芳,郭建平,徐精文,等.基于湿润指数的中国干湿状况变化趋势[J].农业工程学报,2010,**26**(8):18-24.

[5] 赵志平,刘纪远,邵全琴.近30年来中国气候湿润程度变化的空间差异及其对生态系统脆弱性的影响[J].自然资源学报,2010,**25**(12):2091-2100.

[6] 刘芳,张新,樊建勇,等.鄱阳湖水域面积与湖口水位关系模型的改进[J].气象与减灾研究,2011,**34**(4)45-49.

第五部分
气象为农服务体系建设

PART5

云南高原特色农业气象服务体系的建设

朱 勇[1] 王鹏云[2] 余凌翔[1] 程晋昕[1]

(1. 云南省气候中心,昆明 650034;2. 云南省昆明农业气象试验站,昆明 650228)

摘要: 2011 年云南省第九次党代会做出了发展高原特色农业的战略部署,对云南气象服务工作提出了更高的要求。本文阐述了气象为高原特色农业服务体系建设的基本思路与总体方案,详细介绍了建设目标与原则,明确了包括机构设置、观测体系、业务体系、专项服务、人才培养、合作机制在内的主要建设内容,提出了整体行动路径与分阶段的实施步骤,对气象为云南高原特色农业服务体系的建设做出了整体的规划。

关键词: 云南;高原特色农业;气象服务

0 引言

云南是农业大省,农业现代化与可持续发展关系着云南社会经济民生。"大力发展高原特色农业"是云南省第九次党代会提出的重要战略,也是云南农业发展的科学选择[1]。气候资源是自然资源中影响农业生产的最重要的组成部分之一,对农业生产类型、种植制度、布局结构、生产潜力、发展远景,以及农、林、牧产品的数量、质量和分布都起着决定性作用。因此,云南高原特色农业的提出为气象与现代农业生产融合,进一步拓展气象业务、服务领域提供了契机。云南地处低纬高原,自然地理状况复杂,不同气候带纵横交替,形成了气候资源的多样性,为云南高原特色农业发展提供了基础条件。但是在全球气候变暖的影响下,云南区域气候也发生了明显的变化,对作物布局、优质农产品生产造成一定影响,尤其是各种极端气候事件出现频率增多,气象灾害频繁发生,加剧了农业生产的脆弱性[2]。

发展云南高原特色农业,其内涵就是基于云南气候资源多样性,发挥地理优势、物种优势、生态优势和桥头堡的开放优势,采用新品种、新技术、新方法和先进的管理、生产经营组织方式,打造具有云南高原特色的农业现代化道路。因此,云南省气象局以加强农业气象防灾减灾体系建设,增强气象预测预报、预警能力和防灾减灾保障能力为目标,对推进云南高原特色农业气象服务体系建设制定了一系列方案。

第一作者简介:朱勇,1962 年出生,男,云南昆明人,学士,正研级高级工程师,主要从事农业气象和作物生理生态方面的研究。E-mail:windzy@163.com。

1 建设目标与实施原则

1.1 建设目标

气象为云南高原特色农业服务行动总体目标为：围绕云南高原特色农业建设的内容、主体布局和发展目标，到 2017 年，构建较为完善的、适应云南高原特色农业发展的农业气象观测、预报的业务服务体系和试验示范基地，使气象科技和气象防灾减灾技术成为云南高原特色农业发展的重要组成部分，为云南高原特色农业提供科学、有效、实用的保障技术。

1.2 实施原则

在项目实施过程中，必须注重整体规划、特色突出、点面结合、创新引导四个方面的问题。具体表现为：在与云南高原特色农业发展相结合的基础上，制订建设规划，设定阶段目标，分步推进气象为云南高原特色农业服务行动，引导气象为云南高原特色农业服务建设的有序发展；根据当地气候资源条件和云南高原特色农业布局、发展的重点产业等实际，因地制宜地选择具有区域特色的技术路线、服务方式和建设模式；立足全省，科学布局气象为云南高原特色农业服务建设重点，并通过示范基地建设，把气象为云南高原特色农业服务要求落到生产、加工、流通各个环节，整体推进云南高原特色农业气象服务的发展；依靠科技创新，培养专业人才，进行相关的基础试验、研究，并通过技术转移、技术集成，全面提升气象为云南高原特色农业服务的技术水平和业务能力。

2 重点建设内容

2.1 机构设置

2013 年 11 月，云南省气象局成立"云南高原特色农业气象服务中心"，实行"小实体、大网络"的构架，整合全省农业气象服务科技人员和联合相关部门专家、科技人员共同开展工作。同时，在进一步明确服务需求的基础上，考虑产业布局和区域产业特色，2013 年 11 月—2014年 8 月先后在昭通市、西双版纳州、普洱市、临沧市、德宏州、玉溪市成立了滇东现代烟草气象服务示范中心、云南天然橡胶气象服务中心、滇南咖啡气象服务示范中心、滇西南甘蔗气象服务中心、滇西咖啡气象服务中心、滇中烤烟气象服务中心。各个试验示范中心在省级中心的指导下，结合承担的任务，开展专项高原特色农业气象试验、研究、技术推广，以双赢为目标，提升科技水平和服务能力。在试验示范中心建设中，整合"三农"气象服务专项，以及省、州（市）、县三级业务、服务能力建设项目，围绕云南高原特色农业产业，统筹管理和规划，增强气象为云南高原特色农业服务的基础能力。

2.2　观测体系建设

围绕云南高原特色农业建设内容、主导产业、重点领域和关键环节,加强农业气象观测硬件建设,完善配套条件,完成农业气象观测站(点)布局优化和任务调整,逐步建立适应云南高原特色农业发展需要的农业气象业务观测网,提升农业气象观测自动化、信息化、规范化水平。针对云南高原特色农业的总体布局与需求,优化农业气象专业观测网布局;根据农业气象试验、研究的需要,按照云南高原特色农业的分布,建立较为全面的气象、生理、生态参数的农田小气候自动观测站,并实现实景监控和数据在线传输;进一步完善卫星遥感监测业务服务技术产品开发。同时,规范农业气象数据观测流程与方法,开发数据采集、质量控制、信息集成处理、数据管理、数据综合应用和数据共享平台,建立包括常规气象观测资料、农业气象观测资料、农业气象多元业务产品、农村社会经济背景信息、农业气象灾情数据等的农业气象服务信息综合数据库。

重点优化、调整现有的农业气象观测站(试验站)任务,充分发挥农业气象观测站(试验站)的观测、试验、示范和技术验证功能,提高气象为云南高原特色农业服务的基础能力。在业务方面,以全省18个国家一级、二级农业气象站为基础,统一规划,进行观测项目与试验任务的调整,并做好农业气象试验、研究和田间验证工作。按照云南高原特色农业的总体布局与需求,有针对性增加农业气象观测、试验点,承担农业气象观测和基础试验任务,并加强农业气象试验站、农业气象观测站田间观测设备更新和补充。

2.3　业务服务体系建设

云南高原特色农业气象服务涉及多个气象业务、服务技术体系,必须依托气象数据资源和成熟的天气气候预报预测、农业气象业务服务系统,通过业务、服务资源整合,经过技术研究和技术转移,将现行业务、服务技术有效接入气象为云南高原特色农业气象服务中。

根据目前云南省种植的作物品种和生产布局,对现有的水稻、麦类、玉米观测数据进行分析,开展农业气象指标研究,建立粮食生产安全中,作物生长适宜性指标、气象灾害监测和预警指标等,为保障粮食生产安全提供决策气象服务。开展烤烟、咖啡、橡胶、茶叶、经济林果的农业气象田间试验和农业气候分析,建立特色经济作物、经济林果生长关键期的农业气象适宜指标和低温、干旱、洪涝等农业气象灾害监测、预警指标。针对冬早蔬菜和设施主导种植的花卉,进行冬早蔬菜和设施内外气象要素平行观测,并通过试验、研究,逐步建立冬早蔬菜、设施花卉业务和服务指标,以及低温、病虫害监测、预警指标。应用现有的土壤水分观测数据,开展土壤水分预报方法和土壤干旱监测、预警指标的研究。形成土壤水分分析、土壤墒情预报业务服务技术指标。

融合现代天气预报、数值预报产品、气候预测和农业气象预报技术,针对云南高原特色农业生产中的粮食作物、特色经济作物、特色林果和畜牧业等,研究农用天气预报技术,形成的短期、中期和长期预报产品,并建设农业天气预报业务、服务体系,在农业和畜牧业生产关键期提供农用天气预报服务产品。以风云极轨气象卫星为主,综合利用遥感多源信息,开发作物长势动态监测技术,建立基于统计和遥感相结合的作物产量预报模型;研究气候背景与农业年景的关系,建立农业年景预报统计模型;以统计、作物生长模拟、遥感、农学模型等多种产量预报技术为基础,发展产量动态定量预报系统;建立生育期气象预报动态模型和品质预报模型。采用自动土壤水分监测站数据,在现有技术的基础上,研究土壤含水量、土壤有效贮水量和土壤墒情指标,建立土壤墒情预报模型。同时,针对特色经济作物、特色林果、冬早蔬菜,结合自动土壤水分监测站数据,在分析不同生育期需水量基础上,考虑土壤有效贮水量和土壤墒情状况,建立节水灌溉技术方法,提供服务产品。筛选粮食作物、特色经济作物、特色林果、设施经济作物病虫害发生发展气象等级指标,依托气象基础数据库,结合长期、中期、短期天气预报,建立病虫害发生发展的气象等级预报模型。针对云南高原特色农业的主导产业,建立、健全主要农业气象灾害监测和预测预警分析业务体系,实现主要农业气象灾害动态监测和预测预警,形成规范的业务产品,满足云南高原特色农业发展中,粮食生产安全、农业防灾减灾和特色农业产业发展需要。

围绕云南高原特色农业粮食生产安全、特色经济作物和生物产业发展,以及农业防灾减灾需求,建立不同层次、不同分工的云南高原特色农业气象业务服务平台,形成系列产品,用于有针对性的服务。建立服务信息发布平台,实现农业生产全过程、多时效、定量化的农业气象信息服务,使气象服务贯穿于云南高原特色农业产业中。

2.4 专项气象服务

2.4.1 农业气候资源区划和气象灾害风险区划

基于气象观测、卫星遥感、农业背景、地理信息等数据,在 3S 技术支持下,通过建立气候、遥感与农业信息的耦合模型,获得精细化的农业气候资源时空分布数据,开展分作物的精细化农业气候资源和气象灾害风险区划[3,4]。其中包括开展优质粮食作物生产分类的农业气候资源区划,开展咖啡、茶叶、甘蔗、冬早蔬菜、主导花卉、特色经济林果区划,开展气象灾害风险区划与评估三方面内容。目标在于形成农业气候资源可行性论证、引种气候分析、农作物和特色经济作物气候适应性分析、气象灾害风险评估等业务和服务产品,为云南高原特色农业产业结构调整、品种选择和良种繁育、农业保险和农产品地理气候认证等提供科学依据。

2.4.2 气候变化对农业生产影响评估

集成常规气候资料、农业气象观测资料、区域农业生产资料等信息和未来气候变化情景模拟等数据,以数值模拟、数理统计分析为主[5,6],建立气候变化对云南高原特色农业生产影响评估业务服务系统,提供定性与定量评估产品。

2.4.3 高原特色农业产品地理气候认证

以地域性优质咖啡、高端普洱茶、优质甘蔗为突破口,采用跨部门合作的方式,完成咖啡、普洱茶、甘蔗优质原料生产基地的地理气候认证工作,并逐步将技术成果在"云系"、"滇牌"绿色战略品牌中加以推广,以期实现"云系"、"滇牌"绿色战略品牌的地理气候认证。首先完成德宏州"后谷"咖啡优质原料生产基地、普洱市"景迈山"高端古树普洱茶优质原料生产基地、红河州优质甘蔗原料生产基地的地理气候认证,在此基础上,总结技术方法和技术指标,逐步拓展"云系"、"滇牌"绿色战略品牌的地理气候认证服务。

2.4.4　针对不同作物的专项服务

针对粮食作物,基于卫星遥感技术,完善粮食作物长势动态监测和产量预报模型,提供宏观、动态、精细化、定量化的长势监测服务产品和产量预报服务产品;进行粮食作物干旱、低温、洪涝、冰雹等气象灾害的调查、数据采集,研究粮食作物的气象灾害指标,结合天气气候预报预测产品,建立气象灾害预报预警模型,提供主要农业气象灾害预报预警服务,建立气象灾害风险区划和评估业务服务体系。

烤烟作为云南省举足轻重的经济作物[7],气象服务意义重大。依托前期的研究成果,进一步总结优质烤烟大田生长与温度、日照、降水量的定量指标,并与烟草公司合作,围绕现代化烤烟庄园建设,在烤烟育苗、移栽和采收等关键时期,提供决策服务和专题服务。工作重点包括:建立预报模型,形成预报服务产品;与植保部门和烟草公司合作,发展病虫害气象等级预报模型与预报服务系统;建立烤烟气象灾害风险区划和评估业务服务体系。

对于橡胶、咖啡、茶叶、甘蔗和特色林果,应在现有基础上,结合种植区农业气象观测数据,总结出具有一定适宜性、延伸性、拓展性的服务技术指标和技术方法,根据不同作物的特点与服务需求,开展土壤墒情监测、特色经济作物和特色林果的产量和品质预报、气象灾害风险区划与预报预警、病虫害等级预报业务,建立相应业务服务体系[8,9]。

此外,对于大白菜、辣椒、菜豌豆等冬早蔬菜,在建立设施花卉内外和冬早蔬菜田间平行自动观测站的基础上,开展设施花卉和冬早蔬菜的研究。针对花卉作物,以气候环境控制技术、花卉生长适应性、低温霜冻灾害预警和控制技术、设施高温调控技术、设施病虫害控制与气象关系五个方面的研究工作为基础,建立设施花卉业务服务系统,为云南花卉产业发展提供气象服务产品。尝试建立生猪、奶牛、蛋鸡三种养殖业和三七、天麻、石斛三种药材观测网,开展畜牧、药材生产和生长期农业气象指标研究,并在此基础上形成业务服务技术方法,建设多角度的气象服务平台与系统。

2.5　人才培养与团队建设

人才队伍建设是提升业务能力,做好气象为云南高原特色农业服务工作的重要保障。需要加强气象为云南高原特色农业服务高层次人才、专业人才和一线业务服务人才队伍的建设,调动人才积极性,促进人才合理流动;强化气象为云南高原特色农业服务的人才培养,合理设置业务服务岗位;通过引进人才、培养本土人才的方式,逐步培养专业领军人才;以云南高原特色农业建设内容为基础,加快云南高原特色农业气象科技创新团队建设;制订配套方案,形成包括团队基础建设、科研项目、技术成果转移、知识产权、人才培养的管理机制和管理体系。

2.6　建立开放式合作机制

与农、林、畜牧、水产等相关部门的协作,建立多渠道、多层次跨部门交流与合作机制,加强信息共享和技术合作,共同开展试验、研究和示范工作。与省内外高等院校、科研单位、研究院所等建立技术合作和人才交流、人才培养机制,鼓励省、州(市)、县业务和科研人员与合作单位联合申请各类科研项目。围绕气象为云南高原特色农业服务体系建设,开展相关的试验、研究,提高农业气象科研水平。与中国气象局和各省(市、区)气象科研、业务单位的交流合作,充分利用成熟、先进的天气气候、农业气象业务技术成果,通过技术转移,提高气象为云南高原特色农业服务业务技术水平。

3 实施计划

气象为云南高原特色农业服务体系涉及多个领域、部门,内容复杂,对科技要求高,合理规划、统筹推进是体系建设顺利进行的必要条件。为此,围绕云南高原特色农业建设的基本要求与特点,结合当前条件,云南省气象局制定了整体的行动路径(图1)。在此基础上,将气象为云南高原特色农业服务体系建设工作分为两个阶段,制定了明确的计划与步骤。

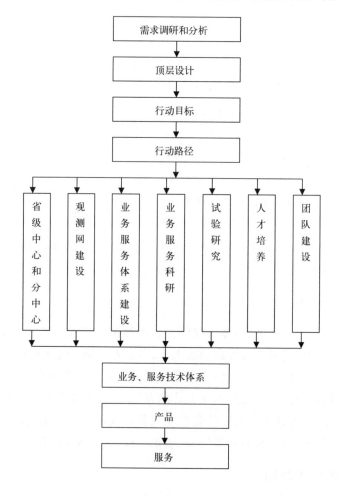

图1　气象为云南高原特色农业服务行动路径

第一阶段于 2013—2014 年执行,计划完成以下工作:(1)分中心和 6 个试验示范中心建设。(2)农业气象观测站(点)布局优化、任务调整和农业气象业务观测网建设;农田小气候综合自动观测站建设。(3)编制烤烟、普洱茶观测规范,申报地方、行业和国家标准。(4)开展农业气候资源区划和气象灾害风险区划;气候变化对农业生产影响评估。(5)进行农用天气预报、产量预报、品质预报、生育期预报、土壤墒情预报技术研究。(6)开展地域性优质咖啡、高端普洱茶、优质甘蔗原料生产基地地理气候认证。(7)特色经济作物、特色林果、设施花卉和药材病虫害调查。(8)冬早蔬菜和设施花卉应用技术研究。(9)农业气象观测数据录入与信息化加工处理平台和综合数据库设计。(10)云南高原特色农业气象业务、服务平台设计。(11)烤烟生产关键期决策和专题服务;橡胶气象服务。(12)粮食作物长势动态监测和年景预报、产量预报、生育期预报服务。

第二阶段将于 2015—2017 年执行,主要任务包括:(1)农业气象观测数据录入与信息化加工处理平台和综合数据库开发。(2)云南高原特色农业气象业务、服务平台开发。(3)提供农用天气预报、产量预报、品质预报、生育期预报土壤墒情预报服务产品。(4)编制橡胶、咖啡、甘蔗、主导花卉和蔬菜、主导经济林果观测规范,申报地方、行业和国家标准。(5)病虫害发生发展气象等级预报技术气象灾害监测和预测预警技术,提供服务产品。(6)其他品牌的地理气候认证。(7)烤烟品质预报技术研究,烤烟病虫害发生发展气象等级预报研究,提供服务产品。(8)建立特色经济作物和特色林果病虫害预报服务系统。(9)冬早蔬菜和设施花卉服务产品。(10)生猪、奶牛、蛋鸡三种养殖业和三七、天麻、石斛观测网建设。(11)畜牧气象灾害的风险评估及灾损定量评估技术方法研究和服务。

4　结语

当前,中国农业发展进入了新的历史阶段,大力发展高原特色农业,是云南省农业产业结合区域特点做出的战略性选择[10],也是提高农业竞争能力、保障农民持续增收、实现跨越式发展的基本路线。在经济高速发展与气候变化加剧的双重背景下,气象服务平台的完善与服务能力的提升,对云南高原特色农业的发展具有重要的现实意义,建设气象为云南高原特色农业服务体系,是适应云南省农业发展新战略的客观需要,也是推动气象服务方式转变、拓展气象服务领域的重要途径。随着工作的深入开展,气象部门在决策服务、防灾减灾、农业区域综合治理、应对气候变化、特色经济作物与林果种植、冬季农业开发等领域做出更为突出的贡献,为云南高原特色农业建设提供有力保障。

参考文献

[1] 王奇,路遥,赵梅.云南省高原特色农业产业化发展初探[J].云南农业大学学报,2013,7(S2):9-13.
[2] 林而达,谢立勇.《气候变化 2014:影响、适应和脆弱性》对农业气象学科发展的启示[J].中国农业气象,2014,35(4):359-364.
[3] 于飞,谷小平,罗宇翔,等.贵州农业气象灾害综合风险评价与区划[J].中国农业气象,2009,30(2):267-270.
[4] 罗培.基于 GIS 的重庆市干旱灾害风险评估与区划[J].中国农业气象,2007,28(1):100-104.

[5] 姚凤梅,张佳华,孙白妮,等.气候变化对中国南方稻区水稻产量影响的模拟和分析[J].气候与环境研究, 2007,**12**(5):659-666.

[6] 李蒙,朱勇,黄玮.气候变化对云南气候生成潜力的影响[J].中国农业气象,2010,**31**(3):442-446.

[7] 胡雪琼,朱勇,张茂松,等.云南省烤烟农业气象灾害监测指标的研究[J].中国农业大学学报,2009,**14**(1):84-88.

[8] 高敏,张茂松,王美新.思茅咖啡黑果病与气象条件的关系及趋势预报[J].中国农业气象,2006,**27**(4): 339-342.

[9] 邱志荣,车秀芬.海南橡胶气象服务进展及效益分析[J].热带农业科学,2014,**34**(5):90-94.

[10] 李学林,江惠琼,冯璐,等.云南发展特色农业的思路、原则和重点[J].西南农业学报,2005,**18**(4): 488-491.

关于如何在宁夏开展直通式
农业气象服务的思考

张学艺[1] 张玉兰[2] 亢艳莉[2] 韩颖娟[1] 段晓凤[1]

(1. 宁夏气象科研所,银川 750002;2. 宁夏气象局应急与减灾处,银川 750002)

摘要:气象对人类的生存和发展是一项非常重要的资源,尤其是与农业生产息息相关,气象为农服务是气象服务的重点工作之一。多年来宁夏在气象为农服务方面做了大量的工作,也取得了一定的成效,而面对"直通式"农业气象服务这个新名词却比较陌生,在具体实施和操作方面存有诸多疑问。本文从"三农""三大气象战略""气象为农"等名词的由来着手,解读"直通式"农业气象服务提出的背景及内涵,进而结合宁夏气象部门的实际情况进行一些思考,目的是弄清楚"直通式"农业气象服务的核心思想和在宁夏可采取的措施,为更好地发挥气象为农服务促进经济社会发展提供参考。

关键词:三农;气象为农;直通式服务;思考

0 引言

天气和气候是人类赖以生存的环境条件,直接影响和制约着社会经济的发展。如何充分利用有利的气象条件,克服不利的气象因素,因地制宜、趋利避害做好农业气象服务工作,是各级气象部门为经济建设服务的重点工作之一[1]。新中国成立以来,几代气象工作者艰苦创业,努力工作,逐步探索出一条具有中国特色的气象事业发展道路,其中一条重要的特征就是气象部门始终把为农服务作为首要任务[2]。广大气象工作者在农业气象监测、农业气象情报、农用天气预报、农业气象灾害防御、农业气候区划及资源开发利用、农作物产量预报等方面开展了大量富有成效的工作,为保障和促进我国农业生产做出了显著贡献,而农业气象服务的主题也随着时代的发展和需求而发生着变化。1996 年经济管理学博士温铁军正式提出"三农"这一概念,2003 年中国政府正式将"三农"问题引入政府工作报告,随之迅速成为中国政府需要解决的头号问题。中国气象局也紧跟时代发展,2003 年提出了"三大气象战略"(公共气象、安全气象和资源气象)的构想,2004 年正式提出该战略。2005 年在"三大气象战略"基础上将"气象为'三农'"作为"公共气象"的重要分支单列出来,以加强气象为农服务发展的力度和速度。2008 年前后开始酝酿"安全气象"的重要分支——"两个体系"建设(农业气象服务体系和农村

第一作者简介:张学艺,1978 年出生,男,汉,硕士,高级工程师,主要从事农业气象应用及气候变化方面的研究,yifei_lzu@sohu.com。

气象灾害防御体系),并于 2010 年正式论证提出了"两个体系建设"的重要发展规划,随即在全国气象部门有条不紊地开始实施。经过"十一五"和"十二五"的聚力发展,"两个体系"建设已初见成效,中国大部分地区已基本解决气象服务最后 1km 的问题,一通到底的"直通式"气象服务的提出和实施条件已成熟。截至 2012 年底,全国经营面积在 50 亩以上的农户超过 287 万户,家庭农场超过 87 万个,新型农业经营主体成为农业发展的潮流。由于其经营规模大、单产水平高,受灾害影响损失更大,对气象信息和防灾减灾技术措施的需求更迫切。在这种情况下开展面向新型农业经营主体的"直通式气象服务"也就水到渠成了。

作为省级气象部门的宁夏气象局也始终紧跟中国气象局的发展思路和步伐,紧密结合自治区经济社会发展需求开展了诸多卓有成效的工作,以"公共气象、安全气象、资源气象"的"三大气象战略"要求为发展理念,开展了气象多轨道业务能力建设,在生态与农业气象业务轨道方面重点调整了农业气象观测站网、健全了重大农业气象灾害和农林病虫害的监测、预警、评价系统、建立了食物安全气象保障系统、进一步发展了"农网"等;依据气象为农"两个体系"建设开展了宁夏农网、乡村电子屏大喇叭、自动气象站、农用天气预报系统、土壤墒情动态监测、作物长势动态监测以及农业气象动态影响评价等方面的建设和改革发展。在精细化预报、精细化服务等方面做了大量的工作,基本解决了气象服务最后 1km 的问题。2014 年中国气象局提出了各省气象部门开展"直通式"农业气象服务的要求,面对新的概念和要求,虽有相关指导意见,但可操作性较差,没有可供参考的标准、规范或方案。本文结合多年来宁夏气象部门在气象为农方面开展的业务、科研、服务方面等情况,依据中国气象局相关文件指示精神,就"直通式"农业气象服务的核心思想和在宁夏可采取的措施进行了一些思考,希望能起到抛砖引玉的作用。

1 正文

1.1 "三农"的提出

中国是一个农业大国,20 世纪 90 年代我国农村人口接近 9 亿,占全国人口的 70%;农业人口达 7 亿,占产业总人口的 50.1%。据测算,中国的土地最多只需要 1 亿农业劳动力,而农村总计劳动力约 5.5 亿,以当时的人口增长速度和提供的劳动机会,至少在四十年后,中国还依然面临着的劳动力严重过剩的问题。众多的劳动力农村无法消化,只能向城镇转移,如何解决 3 亿人口的就业问题,成为中国经济发展面临的巨大困难,尤其是 2001 年我国加入世贸组织后参与国际竞争,使得这个矛盾更加突出。1996 年经济学家温铁军博士正式提出了"三农"(农业、农村、农民)的概念。2000 年初,湖北省监利县棋盘乡党委书记李昌平给朱镕基总理写信提出"农民真苦,农村真穷,农业真危险"以及出版《我向总理说实话》后,"三农"问题在社会上引起了广泛反响。2001 年"三农"问题的提法写入文件,正式成为大陆理论界和官方决策层引用的术语。2003 年中共中央正式将"三农"问题写入政府年度工作报告,随之迅速成为中国政府需要解决的头号问题。2004 年、2005 年连续两年中央一号文件把目光聚焦在"三农"问题上,中央提出,随着中国综合国力的积聚,现在已是工业反哺农业、财政反哺农村、城市支持农业的时候。2005 年 3 月全国人大十届三次会议上,温家宝总理在政府工作报告中也首次把财政支持"三农"放在十分突出的地位。2005年2月3日上海郊区工作会议上,亦把正在推进的100万亩设施粮田、1000 hm²设施蔬菜基地建设和提高水利设施抗灾标准作为增强农业抗御自然灾害能力和提高农业综合物质产出能力的抓手,以改变长期以来农业"靠天收"的被动局面,这提示着未来的气象业务服务要与变化着农业相适应和与时俱进[3]。

1.2　"三大气象战略"与"气象为'三农'"的提出

我国是一个天气和气候灾害频繁的国家,又是一个气候资源丰富多样的国家。天气、气候和气候变化问题既是科学问题,也是环境问题,而且与政治、经济、国防及人民生活等密切相关。贯彻落实科学发展观,很重要的一个方面就是坚持人与自然和谐相处,气候在不断变化,我们赖以生存的空间、环境、资源也在不断变化,这要求我们必须不断认识、了解它,并要有相应的对策,这其中就包括做好气象工作。因此,开展中国气象事业发展战略研究,从战略高度统筹规划中国气象事业发展,对于加强气象综合能力建设,优化气象资源配置,加快气象事业发展,进而促进经济社会发展、保障国家安全和可持续发展十分必要,非常重要。受国务院委托,中国气象局牵头组织,从2003年10月22日正式启动中国气象事业发展战略研究的编写,于2004年11月完成预定的各项任务。这一战略思想的核心就是"公共气象、安全气象和资源气象"的"三大气象战略"。而"强化观测基础,提高预测水平,趋利避害并举,科研业务创新"成为这个核心战略的主要发展方针,"一流装备、一流技术、一流人才、一流台站"是这个战略发展的目标[4]。"三大气象战略"另外一个更为重要的意义在于提出了气象利益关系的重大变化,气象部门从传统的气象服务提供者转变为气象服务和气象公共管理者,由气象与公众的矛盾转变为气象为社会利益、国家利益、集团利益服务与气象事业发展滞后的矛盾,强化了气象公共行政管理的政治性;气象业务、服务的极大丰富和拓展,气象与经济、社会的交互作用增强,强化了气象公共行政的经济性;气象事业高科技型的定位,强化了气象公共行政管理的文化性[5]。

2004年我国农业和农村发展呈现多年来少有的好势头,粮食生产出现重要转机,农民收入实现较快增长,实现了粮食增产和农民增收的统一,对稳定国民经济全局发挥了至关重要的作用。但必须认识到,粮食增产和农民增收都带有恢复性质,基础还不牢固,尤其是粮食增产、农民增收与天气气候条件关系十分密切,我国农业"靠天吃饭"的局面仍然没有改变。中国气象局审时度势及时提出了"公共气象、安全气象和资源气象"的"三大气象战略"发展理念,在战略的指导下全面铺开了生态、农业、水利等多个延伸领域的气象现代化建设局面。而把"气象为'三农'"作为"公共气象"发展的重要内容来抓,是中国气象局深入贯彻落实中央1号文件精神的具体体现。中国气象局也明确提出各地气象部门要认真学习、深入领会中央1号文件精神,从政治、全局、战略的高度来看待"三农"工作,把深化气象为农业服务作为一项长期的历史性任务来抓,作为各项任务的重中之重来抓紧抓实。并在气发〔2005〕44号文件明确提出了"气象为'三农'"的发展思路,要求"坚持以中国气象事业发展战略研究成果为指导,解放思想,周密部署,创造性地开展气象为农服务工作,并加强检查和及时总结经验,切实把气象为农业服务落到实处。全力做好农业灾害性、关键性、转折性天气监测预报服务,针对农业生产提供优质全程系列化服务要结合省级新一代农业气象业务服务系统的推广使用,不断提高农业气象业务服务的能力和水平"[6]。

1.3 气象为"三农""两个体系"建设

我国是农业大国,农业在国民经济中占据十分重要的战略地位和基础地位。气象条件对农业的影响举足轻重,气候的变化在很大程度上左右着农业生产的成效,充分发挥气象在"三农"工作中的职能和作用,无论是从全面实现建设小康社会的宏伟目标,还是从保障国家粮食生产安全、促进农村经济社会发展、维护农村社会稳定,具有十分重要的意义。而我国农业靠天吃饭的局面还没有得到根本转变,农业生产对天气气候条件依赖仍然很高,每年因气象灾害造成的粮食减产波动仍高达 10%～20%,发展现代农业保障国家粮食安全对农业气象服务提出了更高的要求。而农村是气象灾害防御的薄弱地区,农业是最易受天气气候影响的脆弱行业,农民是最需要提供专业气象服务的弱势群体,这是我国的基本国情。2006 年,回良玉副总理在全国气象科技大会上指出,气象工作与"三农"有着天然联系,气象科技工作必须按照大农业、大气象的思路,在社会主义新农村建设中有更大作为。2006 年下发的《国务院关于加快气象事业发展的若干意见》提出,强化农业气象服务和农村气象防灾减灾工作,努力为建设社会主义新农村提供气象保障。党的十七届三中全会提出(2008 年 10 月)要加强农村防灾减灾能力建设,这是党中央、国务院立足我国基本国情,把握我国农业生产特征,重视发挥气象科技对农业生产的支撑和保障作用。2009 年召开的全国气象为农服务工作会议上,中国气象局再次强调了各级气象部门要认真贯彻党的十七届三中全会精神,继续坚持把气象为农业服务作为首要任务,努力建设适应农业防灾减灾、农业应对气候变化、国家粮食安全保障、现代农业发展需要的现代农业气象业务。并及时出台了《现代农业气象业务发展专项规划(2009—2015年)》,指明了气象为农服务的发展方向和主要任务,努力加快建立惠及广大农民群众的农业气象服务体系和农村气象灾害防御体系,开拓气象为农服务工作新局面[7]。2010 年中央一号文件中明确提出要健全农业气象服务和农村气象灾害防御"两个体系"建设。气象部门抓住机遇、顺势而为,狠抓一号文件的落实,正式拉开了气象为农"两个体系"建设的序幕。在 2010 年3 月 15 日召开的全国春季农业生产工作会议上也首次将气象为农服务作为重要内容纳入议程,并安排现场考察观摩了气象为农服务示范点,充分体现了党中央、国务院对气象为农服务工作的高度重视。2010 年 4 月,中国气象局先后下发《中国气象局关于加强农业气象服务体系建设的指导意见》和《中国气象局关于加强农村气象灾害防御体系的指导意见》,对"两个体系"建设提出了具体要求,得到了各级气象部门的认真贯彻和执行。通过各地积极探索,形成了"德清"、"永川"等发展模式,以"模式"为引领示范,带动全国各地气象为农服务"两个体系"建设工作的深入发展。

1.4 "直通式气象为农服务"的提出

一方面,伴随我国工业化、信息化、城镇化和农业现代化进程,农村劳动力大量转移,农业物质技术装备水平迅速提高,新型农业经营主体不断涌现,发展适度规模经营已成为必然趋势。扶持新型农业经营主体,发展适度规模经营,是全面深化农村改革,转变农业发展方式,推进农业现代化的客观要求。据统计,截至 2012 年底,全国经营面积在 50 亩以上的农户超过287 万户,家庭农场超过 87 万个。与传统农户相比,这些新型农业经营主体经营规模大、单产水平高,受灾害影响损失更大,对气象信息和防灾减灾技术措施的需求更迫切。另一方面,经过"十一五"和"十二五"的聚力发展,气象为农"两个体系"建设已初见成效,中国大部分地区已基本解决气象服务最后1km的问题,一通到底的"直通式"气象服务的实施条件已基本成熟。

2014年中央1号文件明确提出,要"完善农村基层气象防灾减灾组织体系,开展面向新型农业经营主体的直通式气象服务"。而事实上,从2011年开始,各地气象部门已经开始开展直通式气象服务,通过气象信息员、大喇叭、电子显示屏、手机短信等渠道把气象信息直接发送给农民。为了更好地解释和推进直通式气象服务工作,2014年3月份中国气象局和农业部印发了《关于开展面向新型农业经营主体直通式气象服务的通知》(以下简称《通知》),双方将联合开展面向新型农业经营主体的直通式气象服务,以进一步强化气象为农服务工作,提升农业生产科技支撑能力。根据《通知》,双方以规模化农业种养大户、农机大户及农机、植保、渔业等专业化服务组织和家庭农场、农民合作社、农业企业等新型农业经营主体为服务对象,及时提供农业气象信息服务,指导新型农业经营主体合理安排生产,提高防灾减灾水平,减轻灾害影响和损失,提升生产经营效益,确保粮食和农业生产安全。《通知》明确指出,直通式气象服务提供主体为各地县级气象部门,县级农业部门则需根据当地实际情况确定服务对象及其规模标准,配合提出应对技术措施。县级气象、农业部门将联合开展面向新型农业经营主体的直通式气象服务需求调查,共同制定周年服务方案,确定服务内容、服务时间、服务方式等;联合开展农田调查、农业气象会商,共同制作和发布气象为农服务产品,切实提高直通式服务产品的针对性和实用性;针对本地农业气候资源和农业气象灾害状况,共同研发防灾减灾适用技术,并加强面向新型农业经营主体的推广应用;联合加强对新型经营主体的技术培训和指导,提升其利用气象服务信息组织生产经营和防灾减灾的能力。此外,双方还将依托乡镇农技推广、植保、土肥、种子、农机、畜牧兽医、渔政渔港和渔船管理机构、基层气象信息服务等基层队伍和力量,开展直通式气象服务效益评估。

2　气象为农在宁夏气象部门的发展

作为省级气象部门的宁夏气象局也始终紧跟中国气象局的发展思路和步伐,紧密结合自治区经济社会发展需求开展了诸多卓有成效的工作,以"公共气象、安全气象、资源气象"的"三大气象战略"要求为发展理念,开展了气象多轨道业务的建设,尤其在生态与农业气象业务轨道建设方面,重点调整了农业气象观测站网、健全了重大农业气象灾害和农林病虫害的监测、预警、评价系统、建立了食物安全气象保障系统、进一步发展了"农网"等;依据气象为农"两个体系建设"开展了乡村电子屏、大喇叭、自动气象站、农用天气预报系统、土壤墒情动态监测、作物长势动态监测以及农业气象动态影响评价等方面的建设和改革发展,在精细化预报、精细化服务等方面做了大量的工作,基本解决了气象服务最后1 km的问题;多年来,宁夏农业气象服务中心一直以气象服务农业生产为重点做了大量的工作:深入研究了气候与农业的关系和气象灾害的规律及其对农业的影响;针对宁夏农业生产的需求,通过及时提供农业气象情报、预报、决策专题等开展各种形式的气象保障工作。在多年的气象为农业服务事业发展过程中,农业气象科研取得了一定发展,高新技术得到广泛应用,服务范围正在不断拓宽,取得了显著的社会、经济效益。

经过近10年的气象为农服务的聚力发展,宁夏气象部门在基础建设、公共服务机构改革、

气象为农的业务、科研等方面都取得了长足的进步,但是在改革发展中也难免出现一些问题,而普遍存在的问题大概有几个方面:

(1)气象基础建设前专家论证不够,尤其是自下而上的需求调查不够,往往造成仪器设备的建设布局与实际发展或业务服务要求存在一定的偏差,甚至是严重偏差。

(2)项目建设的预研究基础不足,研究技术对业务需求的支撑能力明显不够,造成项目建成后不能短时间内为业务所使用,建议以后科研立项向规划建设项目倾斜,软科学中重点设立规划建设的效益评估、预估机制。

(3)科研的业务转化能力不足,为研究而研究的现象还明显存在,业务中经常出现"等米下锅"的情况。或者是虽然前期针对未来的业务需求进行了预研究,但往往研究成果的业务转化能力严重滞后或者完全没有转化。建议以后加强对科研业务转化能力的考核,将考核重点放在对业务的支撑上,而不是发表论文数量、培养人才数量、获得科研成果奖项等光鲜的数据上面。

(4)业务调整太过频繁,人员调动幅度大,农业气象业务可持续性和连续性不能保证,而经验、知识的积累才是农业气象服务的无形的宝贵财富。

(5)对文件的解读不够透彻或者创新能力不足,往往是走别人走过的发展道路,缺乏"德清"、"永川"模式的深入思考和研究,缺少业务改革发展中具有"宁夏"模式的发展道路。

3 宁夏开展直通式气象为农服务的思考

为做好 2014 年宁夏气象局的直通式农业气象服务工作,宁夏气象局在年初选取中卫沙坡头区、中宁县气象局、永宁县气象局和贺兰县气象局 4 个县为试点县,结合本地农业发展的特色,选取压砂西瓜、枸杞、葡萄、设施农业为直通式服务产业开展直通式服务试点工作。作为区一级的农业气象服务中心,为配合做好区局试点县的直通式农业气象服务工作,特制定相关的指导方案。这为直通式气象为农服务起了一个好头,可以通过试点县工作的开展积累先期经验,为在全区全面开展省、市、县三级直通式气象为农服务打下了基础,但就目前开展的情况来看,对于目前开展中存在的问题、今后如何开展等谈下个人看法。

(1)《通知》中明确提出直通式农业气象服务服务的主体是县级气象部门,对省(区)或市一级的气象部门到底做什么没有相关的规定,根据目前的发展形势更多的要求是指导,那究竟怎么指导,指导什么内容,指导到什么程度需要进行探索讨论。

(2)县局对"规模化农业种养大户、农机大户"中"大户"的定义没有明确规定,这对具体开展服务的县级气象部门来说造成了一定困难。但这个问题在《通知》中有明确说明,"服务对象及其规模标准应由县级农业部门根据当地实际情况确定"。

(3)农业气象服务中的"应对技术措施"由县级农业部门提供,气象部门配合提出。

(4)虽然在很多方面《通知》中明确说不是联合开展就是共同制定或发布或者是共同研发等,但究竟谁占主导地位很难把握,这对处于"行业劣势地位"的气象部门来说其实要承担大部分的"主导"地位,结果往往是气象部门做了大部分的工作,但由于农业部门没有真正把自己融入进来,作为"主人公",最后的气象为农直通式服务效果并不理想。

(5)直通式服务中较为难办的是"气象服务效益评估",原因有两个方面,首先是效益评估没有模型可供使用,其次是虽然《通知》中要求"双方还将依托乡镇农技推广、植保、土肥、种子、农机、畜牧兽医、渔政渔港和渔船管理机构、基层气象信息服务等基层队伍和力量,开展直通式服务效益评估",但具体能落实多少,行业间的内部数据共享能到什么程度都存在很大的疑问。

(6)县级的直通式气象服务需要更加"精细化",包括"天气预报、气候预测、气候区划、科学技术"等,其实,到目前为止,气象部门在信息发布、基础设施建设方面基本解决了最后 1km 的问题,但是在技术支撑等更多的"软件实力"上还与实际要求相差甚远。

根据上面存在的问题下面笔者谈一些个人的看法,希望能抛砖引玉。

(1)固本强基,以提升预报水平为出发点

天气预报工作是气象部门的核心工作,预报水平的高低直接决定服务效果。因此,提升预报准确率是提高"直通式气象服务"能力的根本和核心。省气象部门应大力开展数值预报模式开发和研究,加强指导预报的精细化程度和频率。市、县气象部门应加强对预报模式本地化开发应用和精细化预报研究,及时订正上级预报产品,制作适应本地气候特点,更加准确的气象服务产品。

(2)需求引领,以符合生产实际为切入点

坚持需求引领,一是要增加与地方党委政府沟通频度,了解农业生产规划和政策,二是要建立部门联系制度,定期与农业、林业、畜牧、水务等涉农部门联系沟通,了解部门需求,三是要进一步加强调研,真正深入田间地头,深入生产一线,了解本地区农业生产需求。只有切合生产实际、坚持需求引领,气象工作才能找准与农业生产的切入点。

(3)政策驱动,以建立长效机制为立足点

气象工作必须依靠党委政府支持,只有建立完善的制度政策,才能建立行之有效的机制,才能保持气象事业的生命力。气象部门应努力加强推动有利政策出台,努力构建"直通式气象服务"长效机制。

(4)拓宽渠道,以丰富服务内容为增长点

针对农业经营主体的气象服务对于提高农产品产量和质量,抵御自然灾害有非常重要的作用。从国外发达国家的经验来看,"直通式气象服务"产品可以成为气象科技服务的又一个重要增长点。气象部门应花大力气拓宽服务产品发布渠道,丰富服务产品内涵,努力从传统的电话、短信等发布手段向电子显示屏,移动终端等更加新型快捷的发布手段转化,从常规预报产品向更加精细化、有针对性的服务产品转化,不断提高科技含量,切实增加服务效益摸清新型农业经营主体的信息并疏通信息传播渠道是开展直通式气象服务的第一步,这需要基层气象部门与农业部门的紧密合作。只有摸清新型农业经营主体的信息并将其纳入气象服务用户数据库,才有可能点对点地提供产品和服务;只有确保手机短信、电话及专用信息终端等传播渠道畅通,才有可能及时将气象信息送到新型农业经营主体手中。其次,直通式气象服务应该是双向的。目前,一些地方面向公众的气象服务信息仍只是简单的天气预报,或对于专业术语未能通俗解释,未充分考虑服务对象的需求及其接受程度。由此,我们的直通式气象服务还需要在充分调查新型农业经营主体需求的基础上,制作他们收得到、看得懂、用得上的服务产品,研发防灾减灾适用技术,才能产生良好的防灾减灾效果,也有助于帮助他们提质增效。最后,直通式气象服务的内容和方式需要根据效益评估的结果及时改进。气象及农业部门在基层都拥有一定规模的信息服务队伍和力量,如果两部门能借助他们加强与新型农业经营主体的沟

通和联系,开展服务效益评估与反馈,并及时总结完善服务内容和服务方式,直通式气象服务的水平和效益将得到有效提升。只有让直通式气象服务彰显更大效益,才能有效提升新型农业生产经营主体的防灾减灾能力,让农业生产经营效益更大化,保障国家粮食安全和重要农产品有效供给,促进农业增效、农民增收。

参考文献

[1] 黄顺全.浅谈气象与农业生产及自然灾害的关系[J],四川气象,1995,**15**(4):59.

[2] 中国气象局办公室.郑国光局长对全国气象为农服务工作会议的批示[J],内部情况通报,2009,**569**(35).

[3] 顾品强.三农发展着力长效机制下的气象应对措施[J],上海农业科技,2005,**5**:13-14.

[4] 刘英金.中国气象事业发展战略研究辅导读本[M],北京:气象出版社,2005:1-25.

[5] 高晓斌.公共气象、安全气象、资源气象与气象部门行政管理制度改革方向[J],陕西气象,2005,(2):50-52.

[6] 中国气象局.关于深入贯彻中央1号文件精神进一步做好气象为农业服务工作的通知,气发〔2005〕44号.

[7] 中国气象局办公室.全国气象为农服务工作会议领导讲话[J],内部情况通报,2009,**564**(35).

[8] 肖修炎.西部大开发中的农业气象服务思考[J],贵州气象,2000,**24**(4):37-39.

[9] 李凤霞.农业气象为"三农"服务的实践与思考[J],宁夏农林科技,2005,(5):81-82.

[10] 单新兰,张淑琴,齐旭峰,等.宁夏区域气象为农服务建设问题的探讨[J],农业科技与信息,2012,**4**:61-63.

武汉市设施农业气象服务体系建设模式

黄永学 孟翠丽 杨文刚 王 涵

（武汉市气象局,武汉 430040）

摘要：本文分析了武汉地区设施农业服务现状,提出了设施农业的气象服务体系建设思路和模式,主要包括：建设专业化的农业气象科研基地,设施农业气象监测预报技术和服务系统建设,提供专业设施农业气象服务产品、建设覆盖广的气象预警信息发布渠道、加强对外服务交流,以期提高设施农业气象服务水平、增强设施农业防灾减灾能力、保障设施农业可持续发展。

关键词：设施农业;气象服务

0 引言

我国是农业大国,农业是安天下、稳民心的战略产业。随着经济的发展,科技的不断更新,我国农业已经进入从传统农业向现代农业转化的关键阶段。设施农业是利用现代化工程技术创建的设施和可控手段,为动植物生产提供可控制的适宜生长环境。设施农业能够充分使用土地、有效利用气候资源、提高经济生态效益,已成为农业现代化的重要举措。然而,随着全球变暖,极端天气气候事件的发生呈现增多、加重趋势,给农业生产造成了重大损失。而目前我国设施农业的设施水平、机械化程度及管理水平均较低,抵御气象灾害的能力十分薄弱。因此,如何开展设施农业气象服务,提高防灾、减灾能力,已成为当前农业气象服务亟待解决的问题。

1 武汉市设施蔬菜生产现状

1.1 设施蔬菜生产情况

武汉地处江汉平原东部,属亚热带湿润季风气候区,气象灾害发生频繁。2011 年武汉市农业种植业产值 175 亿元,蔬菜(含菜用瓜)110 亿元,占种植业总产值的 63%[1]。蔬菜产业作为武汉种植业中的主导产业,更是直接影响市民生活的"菜篮子"工程,历来受到政府重视。设施蔬菜由于采用工程技术调节局地小气候,实现反季节栽培、种植效益高,正成为武汉市现代

第一作者简介:黄永学,1983 年出生,湖北监利人,工程师,硕士生,主要从事农业气象研究。E-mail:sky319669@qq.com.

都市农业发展的主要方向之一[2]。

设施蔬菜作为一种现代农业模式,充分运用现代科学技术为蔬菜生产提供可控、适宜的温湿度、光照、水肥等环境条件,在一定程度上摆脱农业生产对自然环境的依赖。尽管如此,设施蔬菜生产仍然受到自然气候资源的约束,而且不利气象条件仍对设施蔬菜有巨大的影响。如在 2008 年低温冰冻雨雪灾害中,雪灾对武汉设施蔬菜造成了很大危害,造成塑料大棚损毁、蔬菜受冻、经济损失严重。因此,加强设施蔬菜气象服务体系建设,开展设施蔬菜小气候监测、预测、预警和专业服务,从产前、产中和产后等方面来精细化设施蔬菜气象服务是设施蔬菜发展对气象保障提出的迫切要求。

1.2 主要的设施大棚类型

设施蔬菜生产采用塑料大棚(竹架、钢架)、连栋温室、智能型温室[3]。武汉现有蔬菜设施主要以简易中等水平的钢架塑料大棚为主,配以智能温室育苗。塑料大棚结构简单,投资少,只能作为春提早、秋延晚栽培,抗御自然灾害能力差,只能起一定的保温作用,不能对光、温、湿、气等环境因子实施有效的调控,一旦受到恶劣天气的影响,蔬菜产量和品质即受严重冲击。

1.3 设施蔬菜面临的主要气象灾害

武汉市设施蔬菜种植主要以钢架塑料大棚为主,易遭受气象灾害的影响[4]。根据气象部门 1985—2005 年 21 年中记录 12 月至次年 4 月武汉地区设施蔬菜气象灾害发生情况,主要气象灾害包括 5 种:低温、连阴雨、大风、大雪和高温热害。

21 年中低温冻害共发生 12 次,以 2、3 月发生频率最高。连阴雨灾害共发生 18 次,主要发生在 2 月、3 月、4 月份。大风灾害统计不全,文献表明,瞬时大风达到 6 级,就导致钢架大棚垮塌,蔬菜受灾。大雪发生时蔬菜大棚顶部积雪不能及时清除,大棚和薄膜超过负载会导致大棚垮塌、棚内作物受冻。设施蔬菜高温热害常发生在 3—4 月,遇晴好天气大棚内、双层膜棚内最高气温分别比棚外大气最高气温高 20 ℃和 24 ℃左右,棚内温度日较差在晴好天气下高达 30~35 ℃[5],番茄、黄瓜、辣椒、茄子等本地设施蔬菜生长的最高界限温度在 35℃左右[6],刚定植的蔬菜幼苗遇高温易出现萎蔫死亡现象。

基于此,传统的农业气象服务产品、服务方式已不能适应新型农业的发展需求。近年来,武汉市农试站立足区域特色,面向特色农业发展的需求,依托科技成果,在设施农业监测体系建设、设施农业气候资源开发、灾害预警评估、气象信息发布等方面取得长足进展。

2 设施蔬菜气象服务体系建设

自 2002 年至今,武汉农业气象试验站针对大棚蔬菜生产过程中出现的气象问题进行研究和开发,取得了当地大棚蔬菜生产的适宜和不适宜气象指标,建立了大棚内外气象要素之间的相互关系,找到了根据大棚内气象要素进行温室调控的技术方法开发了相关监测和预报软件,制作了一系列的服务产品,并通过各种通讯渠道发布给广大农民朋友,取得良好的经济和社会效益。

2.1　设施农业气象科研能力建设

2.1.1　设施农业气象试验基地

为适应东西湖区设施蔬菜的发展需要,加强气象调控技术的试验研究,促进农业科技成果应用,东西湖区气象局建设了30亩设施农业气象调控示范基地,建立了PVC温室、薄膜连栋温室、单体钢架大棚等不同类型的设施,在设施大棚内建立了设施农业实时监测系统、实景观测系统,全面采集棚内的环境信息。

2.1.2　设施农业气象研究成果

针对大棚蔬菜生产过程中出现的气象问题进行研究和开发,研究出了大棚蔬菜生产适宜气象指标,建立了大棚内气象要素预报模型,开发了温室气象调控技术方法和相关预报服务系统,编制了《武汉市大棚蔬菜栽培实用气象技术》《农业气象指标手册》;开展了设施农业物联网气象服务系统和水产养殖气象监测系统建设,具备数据监测显示、实景监控、设施蔬菜适宜条件预报、设施蔬菜气象灾害预警,制作"设施农业专题气象服务""淡水养殖专题气象服务"产品,受到了政府、农业部门的高度评价和广大农民朋友的欢迎,取得良好的经济和社会效益。

2.2　设施蔬菜气象监测系统

2.2.1　设施蔬菜气象监测站网

在东西湖区四个设施蔬菜基地选择种植不同品种蔬菜的设施大棚,部署了13套基于无线智能传感网络而开发的设施大棚气象小气候监测终端,全面采集棚内的环境信息,包括大棚内温度、湿度、土壤湿度、CO_2浓度、光合有效辐射、全景监测等。透过传感器连接到通信模块,数据通过无线网络传输,管理人员可以随时随地通过因特网远程实时监控各项数据。

2.2.2　设施蔬菜气象监测系统

通过传感设备实时采集温室(大棚)内的空气温度、空气湿度、二氧化碳、光照、土壤水分、土壤温度、棚外温度与风速等数据;将数据通过移动通信网络传输给服务管理平台,服务管理平台对数据进行处理并按照规范化信息格式写入数据库,从网页上通过地图精确定位显示监测点的实时数据,并提供详细图表滚动显示逐小时数据,便于实时了解大棚内的气象环境信息。

2.2.3　设施蔬菜实景监控系统

在设施大棚中安装视频监控终端,将大棚中的蔬菜生长情况传输到网络视频服务器,集成到设施蔬菜气象服务系统,实时显示大棚蔬菜生长情况和实时环境信息。

2.3　设施蔬菜气象服务系统

2.3.1　设施蔬菜小气候预测和预警指标模型

对设施蔬菜小气候监测数据分析,建立了基于统计模型的设施蔬菜内最高、最低气温和地温的预测模型,利用数值预报结论建立了基于MM5模式的蔬菜大棚气温预测[7,8]。通过预测模型和相应开展设施蔬菜内气温、地温要素的预报,开展设施大棚适时揭膜、闭膜服务,联合农

业、植保部门研发了设施蔬菜病虫害气象指数。

开展设施蔬菜农业气象灾害指标试验，得出部分设施蔬菜的气象灾害指标[9]，分析大风、大雪等气象灾害对设施的影响，得出蔬菜设施气象灾害等级指标。利用设施蔬菜气象灾害指标结合设施蔬菜小气候预测模型，开展设施蔬菜气象灾害预警。

2.3.2 设施蔬菜气象预报系统建设

开展设施蔬菜小气候预测和气象灾害预测模型研究，开发基于 Web 的设施蔬菜气象服务系统，制作设施大棚内 24 小时、48 小时、72 小时最高最低气温预报，并在网页上发布最新预报结果。

2.3.3 制作设施农业气象服务产品

根据实时监测大棚要素和预报结论，制作大棚温度、大棚内拱棚温度以及棚内地温预报服务产品，发布"设施农业专题气象服务""大棚蔬菜气象服务"等专题服务产品。

2.4 建设施蔬菜气象发布系统建设

2.4.1 建设设施农业气象服务网站

建立了武汉市设施农业气象服务网站，建设了设施农业气象监测、预报、预警、服务产品等板块，面向全市开展设施蔬菜气象服务。

2.4.2 通过手机短信、电话、传真发布

采用手机短信、电话、传真等传播方式发布设施蔬菜服务产品，服务于各级政府、农业局、防灾减灾部门、保险部门、农场及广大菜农。

2.4.3 通过气象预警大喇叭和电子显示屏发布

经过"三农"气象服务专项建设，采取共建的方式，武汉地区建立了较密集的气象预警大喇叭和电子显示屏，通过远程发布的方式开展设施蔬菜气象预警服务。

2.4.4 通过专家服务系统发布

依托武汉市局电话气象信息咨询服务平台，集合地方涉农各方面的科技与业务精英，充分利用农业科技成果，资源整合，优势互补，共同构建了农业 110 专家队伍，农民朋友可以随时随地与农业专家进行交流，咨询农业生产中遇到的各种技术难题，实现农业科技专家与农民的直接对话。

3 总结

气象为设施蔬菜服务工作任重而道远，应针对设施蔬菜生产多样化的特点，分析需求，通过和农业部门的合作，开展针对性的农业气象监测、试验和研究，不断增强设施蔬菜气象服务的精细化水平，建立健全气象为设施蔬菜服务的综合业务与服务体系，为都市农业发展提供气象科技支撑。

参考文献

［1］武汉市统计局,国家统计局武汉调查队.武汉统计年鉴——2012［M］.北京:中国统计出版社,2013.

［2］武汉市发展和改革委员会.武汉市农业和农村经济发展十二五规划,2012.

［3］苏公兵,代志中,廖兴红.湖北省设施农业体系的发展思路［J］.中国农机化,2004,**3**(99),34-36.

［4］冯明,陈正洪,刘可群,等.湖北省主要农业气象灾害变化分析［J］.中国农业气象,2006,**27**(4):334-348.

［5］刘可群,黎明锋,杨文刚.大棚小气候特征及其与大气候的关系［J］.气象,2008,**7**(34),101-107.

［6］湖北省农业厅,湖北省气象局.农业灾害应急技术手册［M］.武汉:湖北科学技术出版社,2009:189-191.

［7］黎明锋,杨文刚,阮仕明.塑料大棚小气候变化特征及其与蔬菜种植的关系［J］.湖北气象,2004,**4**:27-29.

［8］杨文刚,刘可群,黎明锋,等.基于MM5模式的蔬菜大棚气温预报技术研究［J］.安徽农业科学,2008,**36**(11):4489-4490.

［9］杨文刚,胡幼林,刘敏,等.大棚冬莴苣低温冻害指标及预测［J］.湖北农业科学,2010,**49**(11):2833-2835.

莱芜气象为农服务的实践与建议

王琪珍　　范永强　　亓翠芸

（山东省莱芜市气象局，莱芜 271199）

摘要： 近年来，高发的气象灾害和极端天气，给莱芜农业带来严峻挑战，也给气象为农服务工作带来新的机遇。莱芜市气象局紧紧围绕莱芜农业发展现状，在特色农业、设施农业气象服务和直通式气象服务方面，走出了自己的特色，为促进莱芜现代农业的发展做出重大贡献，本文总结了莱芜近年来气象为农服务工作的一些新实践，探讨了气象为农服务工作面临的主要问题，提出了改进的措施和建议。

关键词： 莱芜；特色农业；设施农业；直通式服务

0　引言

莱芜市地处鲁中山区腹地，素有"鲁中明珠"之称，土地肥沃，四季分明，立体气候明显，使莱芜成为全国著名的粮菜果蔬生产基地。在全球气候变暖的大背景下，莱芜极端天气频发，给农业生产带来严重影响。冬春的低温、连阴雨天气增多，低温寡照天气成为影响大棚蔬菜生产的头号杀手，也给气象服务工作带来严峻挑战和新的发展机遇，莱芜市气象局紧紧围绕特色种植气象服务，创新工作思路，拓宽气象服务领域，在特色农业、设施农业气象服务和直通式气象服务方面，走出了自己的特色，做出了卓有成效的工作。

1　服务案例分析

1.1　设施农业气象服务成为菜农的贴心保姆

在全球气候变暖的大背景下，莱芜极端天气频发，给农业生产带来严重影响。近年来，莱芜冬春的低温、连阴雨天气增多，低温寡照天气成为影响大棚蔬菜生产的头号杀手，为适应设施农业气象服务需求，2007 年莱芜气象局在大下农场建立了温室大棚小气候观测站，开展设施农业气象服务。目前主要开展了设施农业气象服务周报和灾害预警服务。每周一发布设施农业气象服务周报，在重大灾害性天气来临前及时发布预警信息，通过 12121 语音信箱、电视

第一作者简介：王琪珍，1968 年出生，女，山东莱芜人，高级工程师，学士，主要从事生态与农业气象，电话 06346269132，E-mail：lwwqz-99@163.com。

天气预报滚动字幕、新闻媒体、网站等载体播发,指导种植户应对不利天气,最大限度地减少损失,广大种植户反应较好。

2010年以来,莱芜春季天气变化剧烈,大风、低温、连阴雨、雾霾等高影响天气频发,冬茬西红柿正处于开花期,受持续的低温寡照天气影响,经常导致西红柿生长缓慢、长势弱、病虫害多发,莱芜市气象局业务人员多次带着服务材料走进大棚,面对面给菜农讲解低温寡照天气下温室大棚的科学调控,大棚蔬菜的管理,病虫害监测防治等菜农急需的专业知识,深受菜农欢迎。2010年3月23日的山东新闻联播和3月28日的莱芜新闻联播都对莱芜市气象局贴心为农服务的情况进行了报道。为更好地开展设施农业气象服务,2010年秋季莱芜市气象局与山东省气候中心联合开展了设施作物生长状况试验观测,并在莱芜蔬菜大棚基地10号试验大棚内安装了30个纽扣式小气候自动观测仪,组成立体观测网,主要观测地面0 cm处、离地面1 m处、1.8 m处的气温、相对湿度和露点温度,观测项目主要有作物叶面积观测、叶面积指数观测,作物发育期观测、病虫害发生情况观测。这些试验项目的开展,为研究莱芜大棚蔬菜各生育期适宜的气象指标、病虫害发生状况等提供了坚实的技术保障。2010年秋季,持续的干暖天气,使莱芜温室大棚西红柿病毒病大面积爆发,许多大棚面临绝产,莱芜局依据观测资料,指导菜农做好通风降湿和病害防御,取得明显成效,10号大棚西红柿喜获丰收。2011年冬的寒潮和大风降温天气,没有给菜农造成损失,菜农收入比上年提高10%,气象信息真正成了菜农的保护伞。

1.2　气象科技护航莱芜生姜连年丰收

莱芜是全国著名的"生姜之乡",生姜种植已成为当地农民收入的支柱。近年来,异常天气频发,气象服务面临严峻挑战,为做好这一传统产业的气象保障服务,莱芜市气象局创新服务理念,全程做好跟踪服务,一是精心做好生姜适宜的播种期预报服务。二是加强各生育期动态跟踪监测。为了做好生姜种植气象服务,莱芜市气象局在西部平原集中种植区建立了自动气象观测站,从播种到收获做好全生育期的气候动态监测和跟踪服务。三是做好生姜收获期气象保障服务,为姜农提供准确的适宜收获期,加强收获期间的降温、连阴雨、霜冻等高影响天气的预报预警,指导姜农按期收获。同时以高科技创新促进为农服务水平的提高,制约莱芜生姜生产的姜瘟病是一种毁灭性病害,在生姜种植区均有发生,发病后一般减产20%～30%,重者减产60%～80%,甚至绝产,气象条件对姜瘟病的发生发展起至关重要的作用,2006年莱芜市气象局承担了市科委下达的"莱芜姜瘟病温湿条件研究"课题,课题组从生姜的生物学特性、姜瘟病的发生规律,有利于姜瘟病发生的温湿条件等方面进行了系统的观测调查,初步摸清了姜瘟病的发生规律和发病条件,通过3年大田观测,找出了莱芜市生姜不同生育时期适宜的温度和土壤湿度指标,总结出了3种有利于姜瘟病发生的天气条件,提出了不同天气条件下的田间管理措施,有效地减轻了病害,提高了我局气象服务的能力。通过2007—2009年的试验证明,在适宜的播种期内,适当提早播种,可以充分利用热量资源,培育早期壮苗,植株生长健壮,提高抗病能力,减轻病害发生,并能延长生长期,提高产量,病株率可减少30%左右,防治效果明显,近3年来,莱芜20万亩生姜连年丰收,气象服务功不可没。

1.3　直通式服务为烟叶种植撑起保护伞

莱芜位于鲁中山区腹地,气候温和、雨量充沛、雨热同季,东部山区海拔高度一般在400～

800 m,地形复杂多样,立体气候明显,为烟草种植提供了丰富的气候资源,是莱芜烟草主产区,每年种植清香型烤烟面积在 3 万亩以上。在全球气候变暖的大背景下,极端天气气候事件和频繁发生的干旱、高温、冰雹等气象灾害对烟草生产的影响日趋严重。自 2014 年开始与烟草公司联合开展莱芜烟草优质高产的气象条件研究课题,并开展直通服务,从移栽期开始前一旬,每周在烟草基地开展土壤温度和相对湿度观测,为适时移栽提供参考数据。同时开展分期移栽试验,每周按时进行对比观测、主要包括土壤温度、墒情和生长状况观测。

2014 年烟苗移栽期,莱芜苗山镇、辛庄镇等主要烟区降水偏少,墒情较差,给烟苗移栽和缓苗带来一定影响。莱芜市气象局根据天气变化,及时发布烟草种植气象服务专报。4 月 25—26 日莱芜出现久旱转雨天气,气象局及时电话通知基地技术员,基地及时组织员工充分利用降雨带来的良好墒情及时移栽烟苗。5 月 9、10 日的降雨过程,基地技术员根据气象信息,及时组织员工给地膜覆盖的烟苗开孔接雨,促进了烟苗的成活,提高了烟苗成活率。6 月 9 日和 19 日部分烟区遭受冰雹灾害,莱芜市气象局及时组织业务人员深入受灾烟区调查,根据烟苗受灾情况,指导烟农做好灾后消毒和叶面施肥等灾后补救。针对 7 月中旬持续的高温晴热天气,市气象局第一时间将高温预警信息发给公司和基地技术员,指导做好科学应对,烟草公司及时组织员工灌溉,有效减轻了高温晴热天气对烟叶造成的高温逼熟,提高了烟叶品质。

虽然 2014 年烟叶生长期间遭遇了干旱、高温、干热风、冰雹等灾害性天气,部分地段移栽期偏晚,但烟叶成熟接近常年,从烟草公司获悉,上等烟比例达 34.2%,烟叶价格比上一年提高,烟农喜获丰收。

2 服务效果

通过与烟草基地技术员、农业部门技术员以及菜农、烟农进行交流,各级用户对当前的服务内容和服务方式非常满意,莱芜气象局多次受到莱芜市人民政府的表彰,连年被市政府评为烟叶生产先进单位。

3 问题与建议

(1)现代农业的发展对气象服务工作提出了更高的要求,传统的农业气象业务有很多地方与现代农业的发展不想适应,无论是从观测作物上还是从观测手段上,与现代农业的发展都不相适应,玉米、小麦、棉花等农作物逐步被部分特色种植作物取代,如何选定观测作物,是今后农业气象服务应该改进的问题。

(2)当前基层台站农业气象服务专职人员少、专业水平较低,技术力量薄弱,使得特色、设施农业气象、直通服务和专业服务在广度和深度上受到限制,建议加强专业技术知识和新知识的培训,增加专职农业气象人员数量,建立相应的管理激励机制,稳定农业气象业务人员队伍,提高农业气象观测和服务水平,推动农业气象服务的可持续发展。

使用德尔菲法评估"三农"气象服务效益

钟 飞[1,2] 马中元[1] 聂秋生[1] 苏俐敏[3] 张恒桃[4]

(1.江西省气象科学研究所,南昌 330046;2.吉安市气象局,吉安 343000;
3.宜春市气象局,宜春 336000;4.九江市气象局,九江 332900)

摘要:使用 2012 年江西统计年鉴、"三农"气象服务效益评估调查表数据,针对农业总产值,农业、林业、牧业、渔业四大重点行业,电力、水利、交通三大高相关行业的调查结果,采用德尔菲法(专家评估法),对"三农"气象服务效益进行评估分析,结果表明:2001 年至 2012 年,江西农业总产值增长 2.13 倍,以 2012 年前十年增长率平均值估测 2013 年农业总产值为 2626 亿元,农业总产值和四大重点行业产值增长率有三个高峰期,最高 25.34%(2004 年),最低 3.17%(2009 年),呈波浪式增长。通过 20 个"两个体系"建设实施县的专家测评调查结果,气象服务贡献率稳定在 4%~4.9% 范围内,气象服务对"三农"总产值效益的新增贡献率为 2.6%,2010—2013 年投入产出比在 1:3.3~1:7.8 之间。三大高相关行业的产值贡献率为 4.0%~5.0% 之间。

关键词:农业总产值;产值增长率;气象服务贡献率;新增贡献率;投入产出比

0 引言

"三农"气象服务效益评估是农业气象服务体系和农村气象灾害防御体系(两个体系)建设中的重要环节。"三农"气象服务效益评估的成果,不仅可以客观地认识气象服务对"三农"经济发展中的作用,充分体现气象服务工作的价值,还可以科学地评估气象服务在"三农"中的作用。

由于气象服务的特殊性,其效益评估的技术方法也很多。20 世纪 60 年代,美国天气局进行了气象服务效益及成本分析,得出气象服务的投入成本与总体国家收益的比例是 1:10[1]。在公众服务效益评估方面,Stratus 咨询公司于 2002 年开展美国气象服务效益评估,表明,美国目前的预报系统,每年为每个家庭带来的经济价值是 109 美元,给国家带来的总体效益(公共和商业气象服务效益)是 114 亿美元[2]。美国国家天气局(NWS)在制定新世纪战略规划时,除了提出一系列的预报准确率指标作为衡量标准外,每年还会进行用户调查,并作为定性的评估标准[3,4]。澳大利亚气象局自 1997 年开始对气象服务展开评估,以问卷调查的形式,调查公众和重要用户对气象服务的满意程度、准确程度等内容。

基金项目:江西省气象局 2012 年重点项目《气象服务"三农"效益评估技术研究》资助。

第一作者简介:钟飞,1981 年出生,男,硕士,工程师。研究方向:农业气象和应用气象研究。

公众气象服务效益评估的方法有多种,最常用的是权变评价法,包括公众气象服务满意度的评估[5]、气象服务的支付意愿法、气象服务的节省费用法、影子价格法等;还有用户满意度指数(Customer satisfact index,简写 CSI)、平衡计分卡(Balanced score card,简写 BSC)。此外,条件价值评估方法(Contingent valuation method,CVM)是一种陈述偏好、对公共资源进行价值评估的方法[6]。蔡春光(2007)采用 CVM 方法调查北京市居民对改善空气质量提高健康水平的支付意愿为 652.3 元/年,认为支付意愿受家庭经济水平和受教育程度影响最大[7]。陈东景等(2003)采用 CVM 研究黑河流域居民每年对恢复额济纳旗生态环境的支付意愿约在 1435 万~2435 万元[8]。罗慧(2007)已开展相关研究,把高影响天气事件作为气象风险源,综合应用"12121"气象信息服务电话拨打次数等信息,计算潜在气象风险源发生的风险超越概率[9]。王新生等(2007)采用直接询问公众对气象服务支付意愿的调查方法,得出在安徽省公众每年愿意支付 11.7 亿元购买天气预报[10]。

我国行业气象服务效益评估工作从 1994 年开始,首次运用经济学和统计学理论建立评估模型,对行业气象服务效益做出定量评估,对我国的气象服务工作产生了深远的影响。在行业气象服务效益评估中,普遍使用的是生产效应法(投入—产出法)、层次分析法(The analytic hierarchy process,简写 AHP)、波士顿咨询集团矩阵(Boston consulting group matrix,简写 BCG 矩阵)[11~13]、专家调查法(德尔菲法或 Delphi 法)[14~16]、影子价格法、成果参照法[17]、损失矩阵法和贝叶斯决策理论模型(Bayesian decision theory)[18]。

江西"三农"气象服务效益评估工作处于起步发展阶段,存在着许多值得深入研究和探讨的问题。随着社会和经济的发展,人们对气象服务的需求将会越来越精细化和具体化,这就对气象部门提出了更高的要求,有计划有步骤地开展气象服务效益评估工作,提升气象服务质量,发挥气象服务的综合效益是我们共同努力的方向。本文就江西"三农"气象服务效益评估的方法,为下一步深入分析和研究奠定基础。

1 "三农"行业的划分

1.1 细分行业

文献[1]将气象服务行业分为十七大类:A. 农、林、牧、渔业;B. 采矿业;C. 制造业;D. 电力、燃气及水的生产和供应业;E. 建筑业;F. 交通运输(航空运输业、水上运输业、道路运输业、铁路运输业、城市交通业)、仓储和邮政业;H. 批发和零售业;I. 住宿和餐饮业;J. 金融(保险)业;M. 科学研究、技术服务和地质勘查业;N1. 水利(含防汛);N2. 环境和公共设施管理业;O. 居民服务和其他服务业;P. 教育;Q. 卫生、社会保障和社会福利业;R. 文化、体育和娱乐业;S. 公共管理与社会组织(含防灾减灾及重大社会活动气象服务)[17]。

为了突出"三农"概念,同时为了与统计年鉴中农业产值数据对接,本文将"三农"行业细分为四大重点行业(农业、林业、牧业、渔业)和三个高相关行业(电力、水利、交通)。

1.2 "三农"气象服务效益评估调查表

"三农"气象服务效益评估采用德尔菲法(专家调查法),调查表的设计和组织填写是关键环节,调查数据的客观性、真实性和准确性取决于这两个环节。调查表分为总产值效益评估调查表和典型案例调查表,两类效益评估调查表通过省气象局下发到23个"三农"气象服务专项实施县填写。

调查表是测量用户的满意度、看法、偏好和态度,需要对用户的评价用数字来量化。调查表需要经过细分不同行业、调查对象、专家评价指标等内容。设计调查表时,采用等级打分测度方式,量化细分打分专家评价等级。

效益评估调查表将"三农"服务行业划分为1总4大3高(1总:总产值;4大:农业、林业、牧业、渔业;3高:电力、水利、交通)。数据来自于江西省统计局、国家统计局江西调查总队政府权威部门2010—2012年统计数据[19]。调查表还就"三农"气象服务对总产值、4大重点行业和3个高相关行业产值效益贡献率,进行了四等级专家评估。2012年调查表增加了开展"两个体系"建设后新增贡献率调查项,并要求由2～3人组成的专家组共同填写。

2 农业产值与产值增长率估测

2.1 农业产值走向与估测

"三农"气象服务首先要搞清楚农业产值与产值增长率,尤其是在统计部门还没有公布当年数据时,产值估测就显得十分重要。目前,江西省统计年鉴[19]公开出版的统计数据截至2012年,2013年的产值是靠前十年产值增长率平均值加上订正系数推算得到,订正系数根据用此方法推算2001—2012年产值与实际值误差推算得到(图1)。

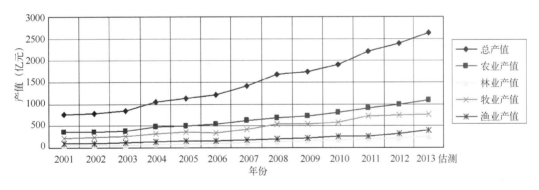

图1 2001—2013年江西农业总产值和农林牧渔行业产值曲线图

图1中列举了江西农业13年逐年总产值和农林牧渔行业产值的分布情况,可以看出,江西农业总产值和各行业产值逐年升高,农业总产值由2001年767亿元到2012年2399亿元,增长了2.13倍。2013年农业总产值估测为2626亿元(仅作为参考)。

2.2 农业产值增长率走向与估测

农业产值增长率是根据逐年农业总产值计算得出的(图2),可以看出,江西农业总产值增长有三个高峰:①2004年为25.34%;②2007—2008年分别为16.46%和17.77%;③2011年为16.14%。最低是2009年为3.17%。按照前十年增长均值速度,推算出2013年农业总产值增长率为 11.9%。值得注意的是 4 大行业中牧业最不稳定,2006 年和 2009 年出现负增长。

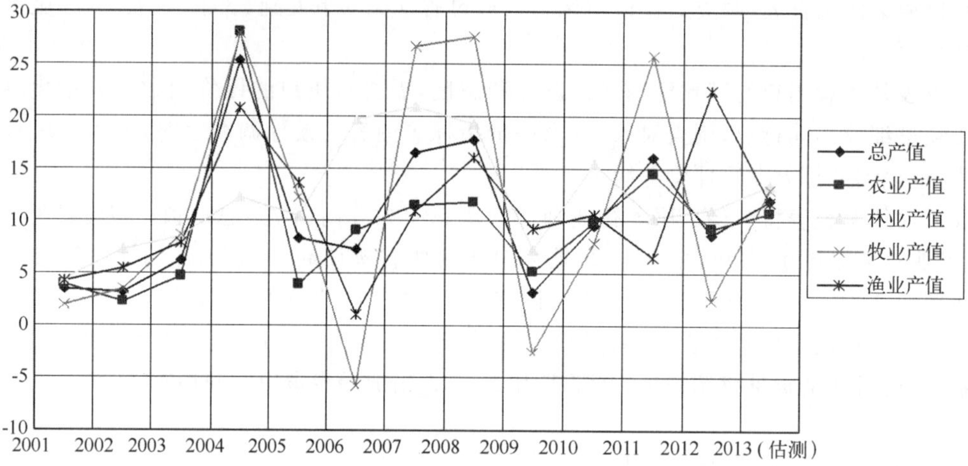

图 2　2001—2013 年江西农业总产值和农林牧渔行业产值增长率曲线图(单位:%)

3 "三农"气象服务贡献率

采用德尔菲法(专家调查法),通过调查表专家评分获得的数据,根据公式(1)可以计算得到典型单位的气象服务贡献率 e[20,21]:

$$e = \Big[\sum_{i=1}^{m} (A_i - B_i) \Big]/D = \Big(\sum_{i=1}^{m} C_i \Big)/D \tag{1}$$

式中:e 是气象服务贡献率;A_i 是第 i 个使用气象服务产品信息增加或减少的产值;B_i 是第 i 个气象服务成本;C_i 是第 i 个气象服务产生的直接效益值;D 是上年度农业总产值。

以统计年鉴和调查表数据为基础,依据公式(2)可以计算得出江西"三农"气象服务总体贡献率:

$$E = \sum_{k=1}^{20} \overline{e_k} \times W_k \tag{2}$$

式中:E 为"三农"气象服务总产值贡献率;$\overline{e_k}$ 是第 k 等级的中值;W_k 是专家选择第 k 等级的人数/总专家数。

此次"三农"气象服务贡献率评估采用德尔菲法(专家调查法),利用 23 个"三农"气象服务专项实施县调查数据,其中剔除了数据偏离较大的 3 个县,采用了 20 个县的调查数据。计算结果表明(图 3a),2010—2012 年气象服务贡献率最高是农业:4.7%~6.1%,其次是牧业和林业:3.9%~4.75%,最低是渔业:3.55%~4.6%,气象服务总产值贡献率稳定在 4%~4.9%。

从图 3a 可以看出,气象服务贡献率总体趋势 2011 年最高,2012 年次之,2010 年最低。分析其原因,2010 年最低主要是因为第一次开展气象服务效益评估,"三农"气象服务专项建设也是第一年,因此对气象服务效益评估相对保守,同时,按照投入产出规律,效益产生有个迟后期。随着项目的开展,2011 年贡献率明显增长。2012 年出现回落的原因是对调查表要求有县领导、农业、气象专家组成专家组经过讨论慎重填写造成的。因此,2012 年调查数据及统计结

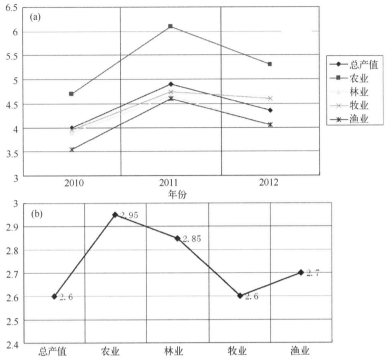

图 3　2010—2012 年江西"三农"4 大行业气象服务贡献率和新增贡献率曲线图
（a）气象服务贡献率曲线图（按行业分）；（b）气象服务新增贡献率曲线图（%）

果更具客观性。

2012 年调查表中设计了开展"两个体系"建设后新增贡献率项目，从计算结果看（图 3b），通过开展"两个体系"建设前后对比，气象服务信息对"三农"行业产值效益的新增贡献率农业最高为 2.95%，其次是林业 2.85%，渔业 2.7% 和牧业 2.6%，总产值新增贡献率为 2.6%。

4　"三农"气象服务效益评估值

依据公式（3）可以计算得出江西"三农"气象服务效益值。

$$P = E \cdot G \tag{3}$$

式中：P 是"三农"气象服务效益评估值；E 是气象服务农业总产值贡献率；G 是上年度农业总产值。

前面介绍了气象服务农业总产值贡献率 E 和上年度农业总产值 G，数据如表 1 所示，根据这些数据可以计算出江西"三农"气象服务效益评估值，大致可以看出气象服务对农业的贡献。

表 1　江西 2010—2013 年"三农"气象服务效益评估表

年份	农业总产值（亿元）	总产值贡献率（%）	效益评估值（亿元）
2010	$G = 1901$	$E = 4.0$	76.04
2011	$G = 2207$	$E = 4.9$	108.14
2012	$G = 2399$	$E = 4.35$	104.36
2013	$G = 2626$（估测）	$E = 4.42$（估测）	116.07（估测）

如表 1 所示,2010—2013 年江西"三农"气象服务效益值总体呈上升趋势。从行业上比较,农业效益值最高,其次是牧业,再次是渔业,林业效益值最低(图略)。

由于"三农"气象服务总产值贡献率(E)的确定涉及诸多方面,目前只是从"三农"试点县专家组打分统计得出,但人为因素误差依然较大,这方面工作还需要大量调查数据来丰富和完善。

5 "三农"气象服务投入产出比

"三农"气象服务"投入产出比"是指气象部门用于"三农"服务的投入经费与服务产出的效益值的比例。投入金额是由中央财政投入和地方配套投入两部分组成,配套投入比为1:1.8。2010—2013 年中央财政投入计算方法:按照每个"三农"实施县投入经费的平均值,推算得到全省中央财政投入金额,再按1:1.8 比例计算地方配套投入金额,最终得到两项合计投入总金额(图 4a),这种计算方法与全省农业总产值相配套。气象服务产出则按 2010—2013 年逐年农业总产值增长率中由气象服务贡献的效益值计算,即逐年农业总产值增长率与当年"三农"气象服务贡献率的乘积(图 4b)。最后计算得出:2010—2013 年"三农"气象服务投入产出比在1:3.3~1:7.8 之间(图 4c)。值得说明的是,这不包括"三农"气象服务自然增长的部分。

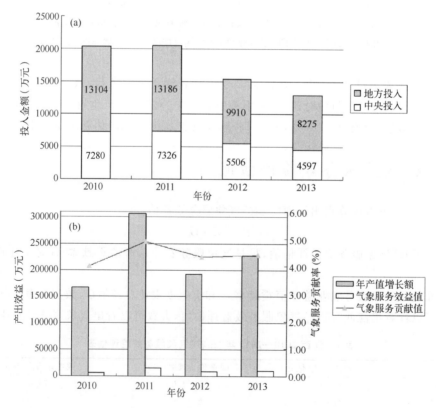

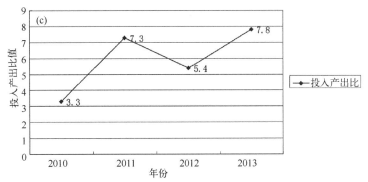

图4　2010—2013年"三农"气象服务投入产出金额曲线图
(a)中央地方投入金额；(b)产出效益值；(c)投入产出比

6　"三农"气象服务高相关行业效益评估

电力、水利、交通3个高相关行业的效益评估，由于文献[19]中数据难以统计，故采取调查表中10个实施县2010—2012年3个行业的产值，根据平均值，采用与重点行业一致的德尔菲法(专家调查法)，推算全省3个高相关行业的产值，分别为：628.1亿元、131.7亿元和853.7亿元(表2)。由于缺乏权威数据支持，这方面工作有待进一步提高。

表2　江西电力、水利、交通行业"三农"气象服务效益评估表

行业	产值(亿元)	产值贡献率(%)	效益评估值(亿元)
电力	$G = 628.1$	$E = 4.2$	26.40
水利	$G = 131.7$	$E = 5.0$	6.58
交通	$G = 853.7$	$E = 4.0$	34.24

7　结语

"三农"气象服务效益评估技术研究刚刚起步，还有很多技术方法可以应用，例如采用波士顿矩阵(BCG矩阵)等方法，但最为关键的两点是当年总产值的估测和总产值贡献率的确定，下一步重点在这两个方面深入调研、认真总结、有所突破。

本研究计算的气象服务农业总产值贡献率为4%～4.9%，投入产出比为1：3.3～1：7.8，这是由20个试点县(市)初步调研和统计的数据，是否能全面、准确反映全省的客观情况和实际现状，还有待于进一步地扩大调研面和深入研究。

另外，十二种高影响天气对"三农"气象服务的影响，典型案例的总结、归纳和分析，都还需要深入开展工作。

参考文献

[1] 贾朋群,刘英金.美国气象现代化历程和发达国家气象现代化指标体系[J].气象软科学,2008(2):57-93.

[2] Lazo J K. Economic value of current and improved weather forecasts in the US household sector[R]. Report prepared for the NOAA,Stratus Consulting Inc.,Boulder,CO. 2002.

[3] 章国材.美国国家天气局天气预报准确率及现代化计划[J].气象科技,2004,**32**(5):1-2.

[4] NWS. Working Together to Save Lives:National Weather Service Strategic Plan for 2005—2010[R].

[5] 王新生,陆大春,汪腊宝,等.安徽省公众气象服务效益评估[J].气象科技,2007,**35**(6):853-857.

[6] Hanemann W M. Valuing the Environment through Contingent Valuation[J]. *Journal of Economic Perspecties*,1994,(8):19-25.

[7] 蔡春光,郑晓瑛.北京市空气污染健康损失的支付意愿研究[J].经济科学,2007,**1**:107-115.

[8] 陈东景,徐中民,程国栋,等.恢复额济纳旗生态环境的支付意愿研究[J].兰州大学学报(自然科学版),2003,**39**(3):69-72.

[9] 罗慧,张雅斌,刘璐,等.高影响天气事件公众关注度的风险评估[J].气象,2007,**33**(10):15-22.

[10] 王新生,陆大春,汪腊宝,等.安徽省公众气象服务效益评估[J].气象科技,2007,(12):853-857.

[11] 罗慧,谢璞,薛允传,等.奥运气象服务社会经济效益评估的 AHP/BCG 组合分析[J].气象,2008,**34**(1):59-65.

[12] 息海波,王迎春,李青春.采用 AHP 方法的气象服务社会经济效益定量评估分析[J].气象,2008,**34**(3):86-92.

[13] 郭虎,熊亚军,息海波.北京市奥运期间气象灾害风险承受与控制能力分析[J].气象,2008,**34**(2):77-82.

[14] 罗慧,谢璞,俞小鼎.奥运气象服务社会经济效益评估个例分析[J].气象,2007,**33**(3):89-94.

[15] 罗慧,李良序,张彦宇,等.气象风险源的社会关注度风险等级分析方法[J].气象,2008,**34**(5):9-13.

[16] 戴有学,郭志芳,代淑媚,等.气象服务经济效益的一种客观计算方法[J].气象科技,2006,**34**(6):741-744.

[17] 许小峰,等.气象服务效益评估理论方法与分析研究[J].北京:气象出版社,2009.

[18] Solow A R,Adams R F,Bryant K J,*et al*. The value of improved ENSO prediction to U S agriculture[J]. *Climate Change*,1998,**39**(1):47-60.

[19] 江西省统计局,国家统计局江西调查总队.江西统计年鉴[M].北京:中国统计出版社,2012,**7**:257-305.

[20] 国家电力监管委员会安全监管局,等.风电气象服务效益评估(2011)[M].北京:气象出版社,2012:5-10.

[21] 交通运输部公路局,等.公路交通气象服务效益评估(2011)[M].北京:气象出版社,2012:6-12.

附:正文所对应的彩图

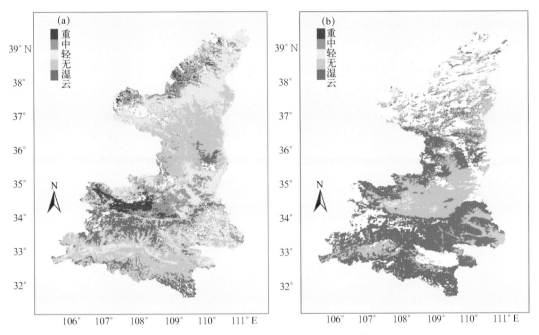

彩图 1　陕西省土壤干旱程度分布图(正文见第 74 页)
(a)2014 年 7 月 13 日;(b)2014 年 8 月 13 日

陕西省 10cm 土壤相对湿度实况图
2014 年 07 月 13 日 10 时至 2014 年 07 月 13 日 16 时

陕西省 20cm 土壤相对湿度实况图
2014 年 07 月 13 日 10 时至 2014 年 07 月 13 日 16 时

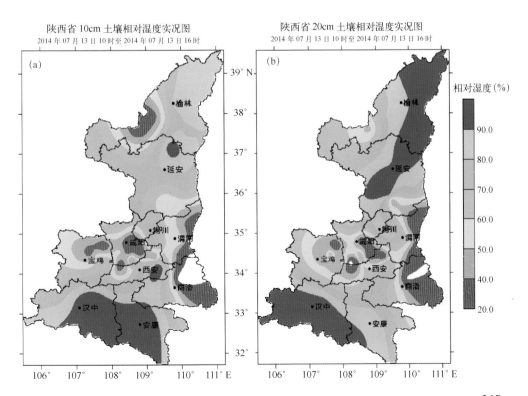

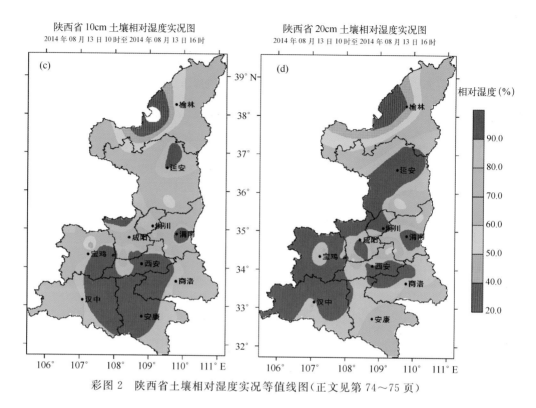

陕西省10cm土壤相对湿度实况图
2014 年 08 月 13 日 10 时至 2014 年 08 月 13 日 16 时

陕西省20cm土壤相对湿度实况图
2014 年 08 月 13 日 10 时至 2014 年 08 月 13 日 16 时

彩图 2　陕西省土壤相对湿度实况等值线图(正文见第 74～75 页)

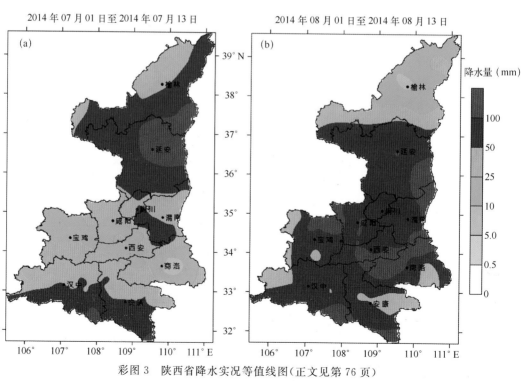

2014 年 07 月 01 日至 2014 年 07 月 13 日

2014 年 08 月 01 日至 2014 年 08 月 13 日

彩图 3　陕西省降水实况等值线图(正文见第 76 页)

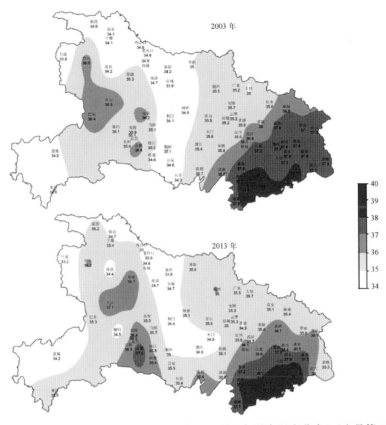

彩图 4　2003 年和 2013 年湖北省 7 月下旬至 8 月上旬最高温度分布（正文见第 90 页）

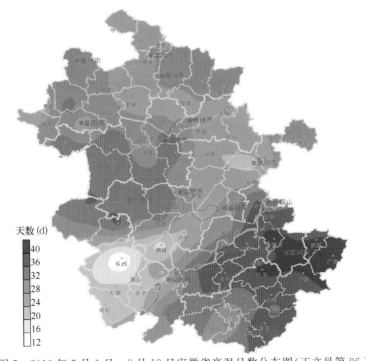

彩图 5　2013 年 7 月 1 日—8 月 18 日安徽省高温日数分布图（正文见第 96 页）

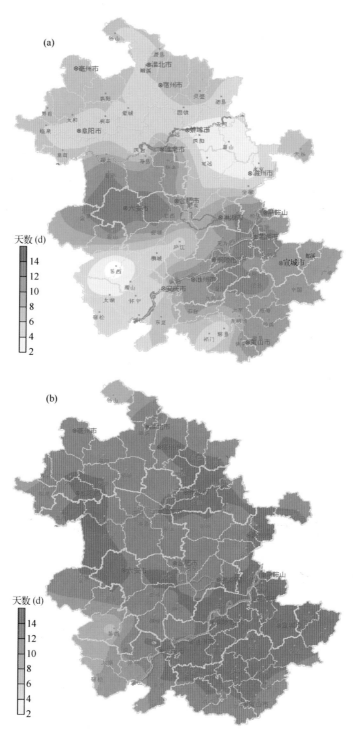

彩图 6 2013 年 7 月 1 日—8 月 4 日（a）和 8 月 5 日—8 月 18 日（b）

安徽省最长持续高温日数分布图（正文见第 96~97 页）

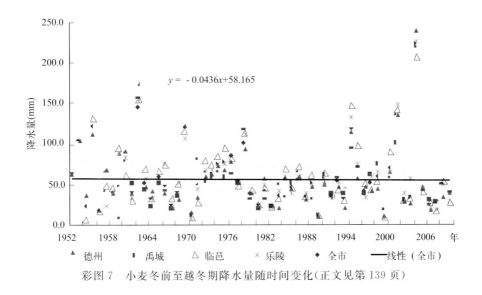

彩图 7　小麦冬前至越冬期降水量随时间变化（正文见第 139 页）

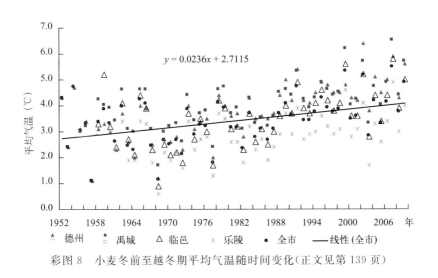

彩图 8　小麦冬前至越冬期平均气温随时间变化（正文见第 139 页）

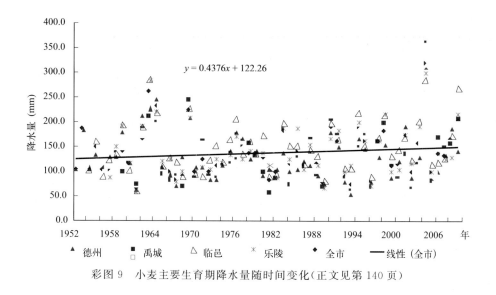

彩图 9　小麦主要生育期降水量随时间变化(正文见第 140 页)

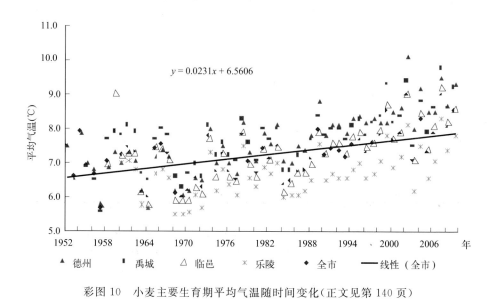

彩图 10　小麦主要生育期平均气温随时间变化(正文见第 140 页)

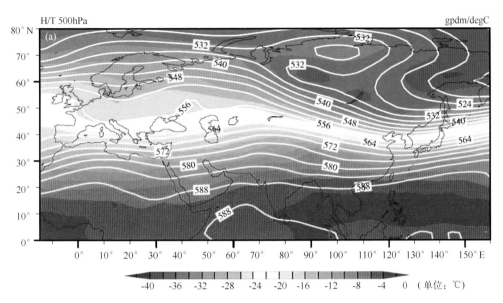

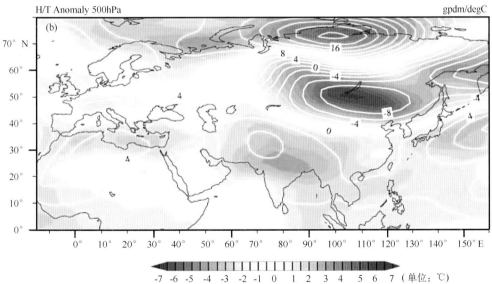

彩图 11　(a)2010 年 4 月 1—20 日 500 hPa 平均高度温度图；
(b)2010 年 4 月 1—20 日 500 hPa 平均高度温度距平图(正文见第 149 页)

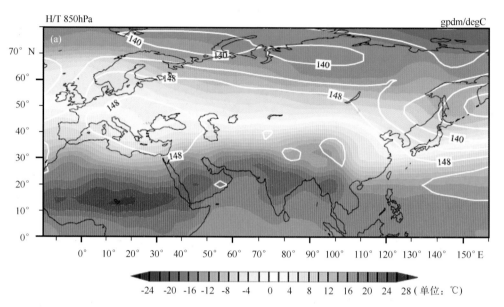

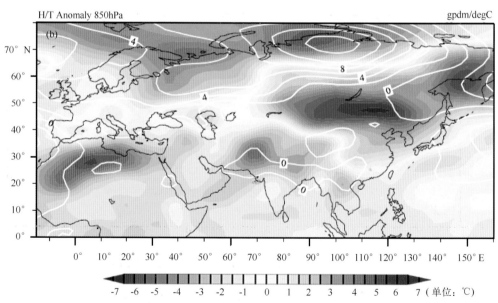

彩图 12 （a）2010 年 4 月 1—20 日 850 hPa 平均高度温度图；
（b）2010 年 4 月 1—20 日 850 hPa 平均高度温度距平图（正文见第 150 页）

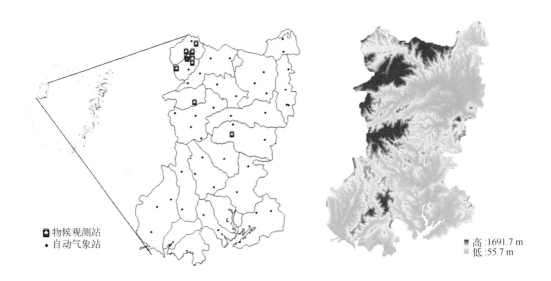

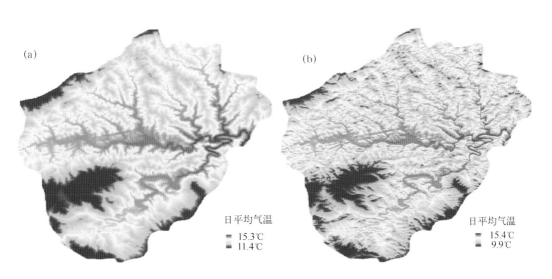

彩图 13　杭州市山核桃产区内自动气象站、物候观测站位置和海拔高度分布（正文见第 166 页）

彩图 14　4 月 5 日杭州市山核桃产区局部日平均气温坡度、
坡向订正前（图 a）与订正后（图 b）空间分布图（正文见第 169 页）

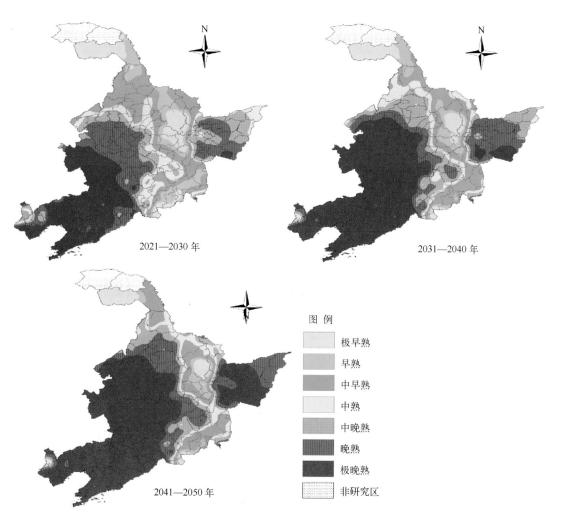

2021—2030 年

2031—2040 年

2041—2050 年

图 例

极早熟

早熟

中早熟

中熟

中晚熟

晚熟

极晚熟

非研究区

彩图 15　B2 情景下 2021—2050 年东北三省大豆熟型的可能分布（正文见第 210 页）

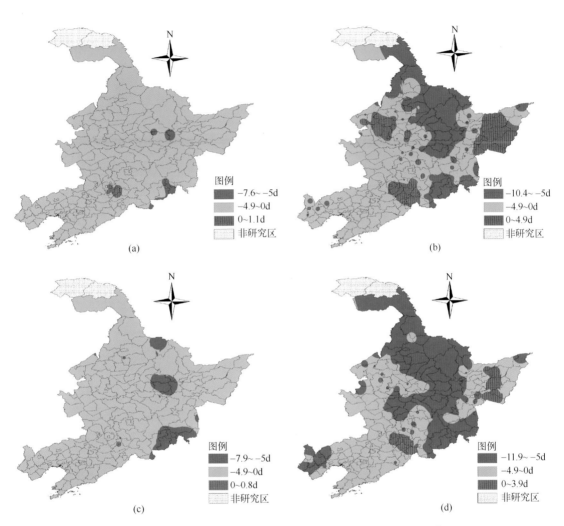

彩图 16　2021—2050 年东北三省大豆出苗及开花日期的变化(正文见第 212 页)

(a)A2 情景下大豆出苗日期相对基准时段的变化;(b)A2 情景下大豆开花日期相对基准时段的变化;

(c)B2 情景下大豆出苗日期相对基准时段的变化;(d)B2 情景下大豆开花日期相对基准时段的变化

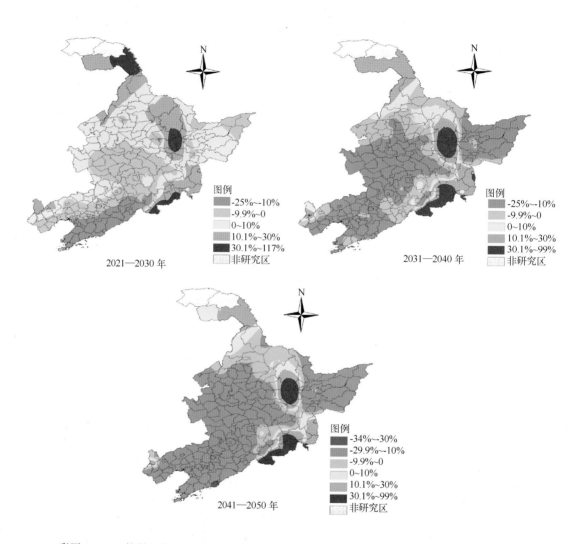

图例
- -25%~-10%
- -9.9%~0
- 0~10%
- 10.1%~30%
- 30.1%~117%
- 非研究区

2021—2030 年

图例
- -25%~-10%
- -9.9%~0
- 0~10%
- 10.1%~30%
- 30.1%~99%
- 非研究区

2031—2040 年

图例
- -34%~-30%
- -29.9%~-10%
- -9.9%~0
- 0~10%
- 10.1%~30%
- 30.1%~99%
- 非研究区

2041—2050 年

彩图 17 A2 情景下东北三省大豆单位面积产量相对基准时段变化百分比（正文见第 213 页）

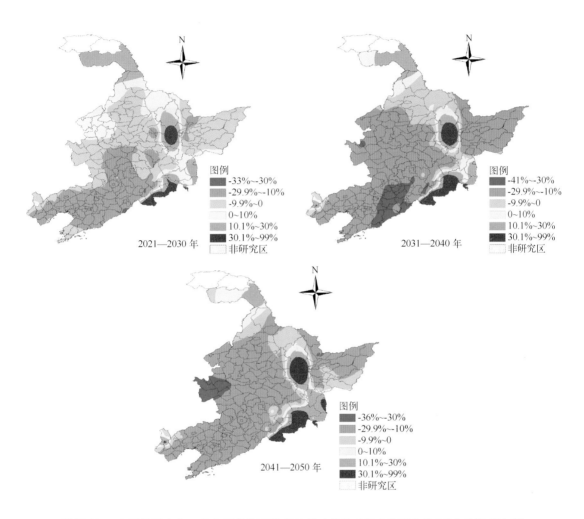

图例
- -33%~-30%
- -29.9%~-10%
- -9.9%~0
- 0~10%
- 10.1%~30%
- 30.1%~99%
- 非研究区

2021—2030 年

图例
- -41%~-30%
- -29.9%~-10%
- -9.9%~0
- 0~10%
- 10.1%~30%
- 30.1%~99%
- 非研究区

2031—2040 年

图例
- -36%~-30%
- -29.9%~-10%
- -9.9%~0
- 0~10%
- 10.1%~30%
- 30.1%~99%
- 非研究区

2041—2050 年

彩图 18　B2 情景下东北三省大豆单位面积产量相对基准时段变化百分比（正文见第 214 页）

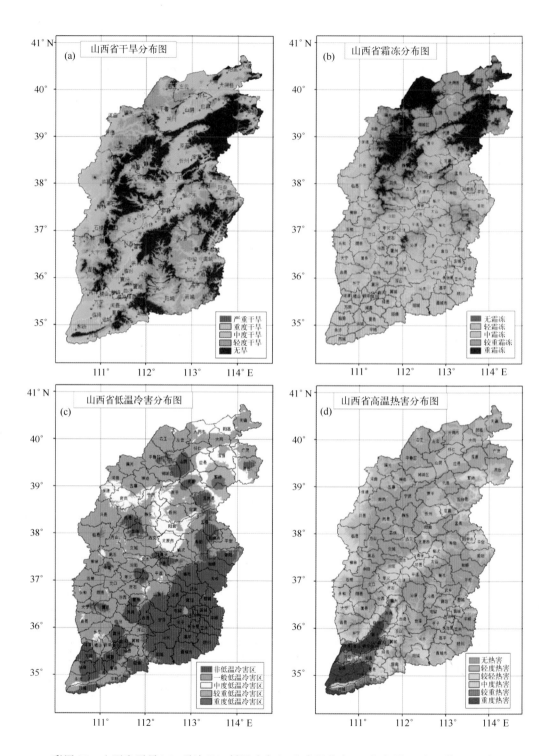

彩图 19　山西省干旱(a)、霜冻(b)、低温冷害(c)和高温热害(d)分布图(正文见第 227 页)

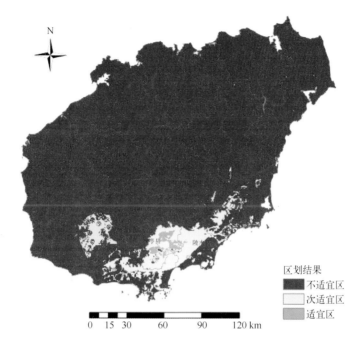

彩图 20　红毛丹精细化农业气候区划结果(正文见第 234 页)

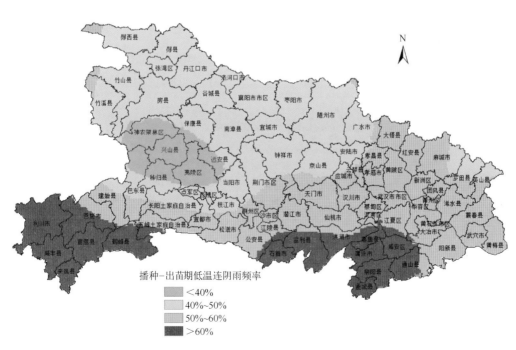

彩图 21　湖北省春玉米播种出苗期低温连阴雨发生频率分布图(正文见第 238 页)

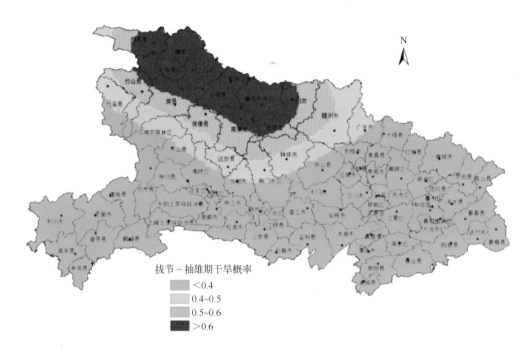

拔节－抽雄期干旱概率

<0.4
0.4~0.5
0.5~0.6
>0.6

彩图 22　湖北省春玉米拔节—抽雄期干旱发生概率分布图（正文见第 239 页）

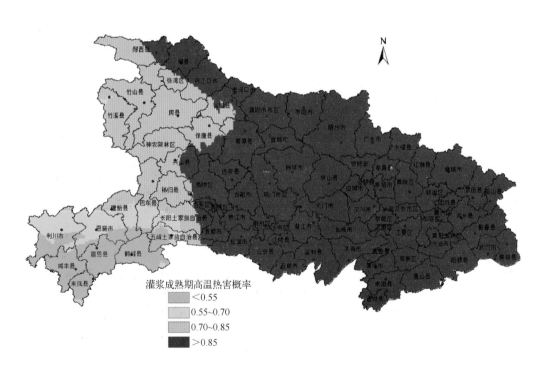

灌浆成熟期高温热害概率

<0.55
0.55~0.70
0.70~0.85
>0.85

彩图 23　湖北省春玉米灌浆成熟期高温热害发生概率分布图（正文见第 240 页）

春玉米适宜性分区
- 最适宜区
- 适宜区
- 较适宜区
- 次适宜区

彩图 24　湖北省春玉米种植生态气候分区图（正文见第 241 页）

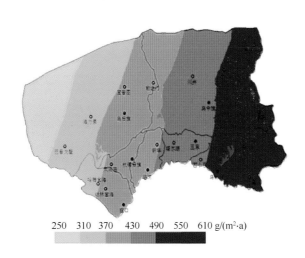

250　310　370　430　490　550　610 g/(m²·a)

彩图 25　巴彦淖尔市 1971—1980 年植物气候生产力（g/（m²·a））分级图（正文见第 245 页）

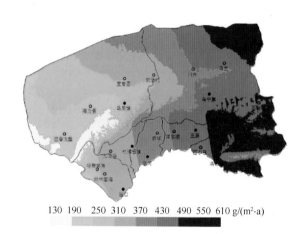

130 190 250 310 370 430 490 550 610 g/(m²·a)

彩图 26　巴彦淖尔市 1981—1990 年植物气候生产力（g/(m² · a)）分级图（正文见第 245 页）

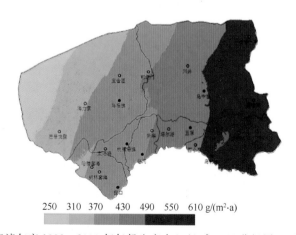

250　310　370　430　490　550　610 g/(m²·a)

彩图 27　巴彦淖尔市 1991—2000 年气候生产力（g/(m² · a)）分级图（正文见第 245 页）

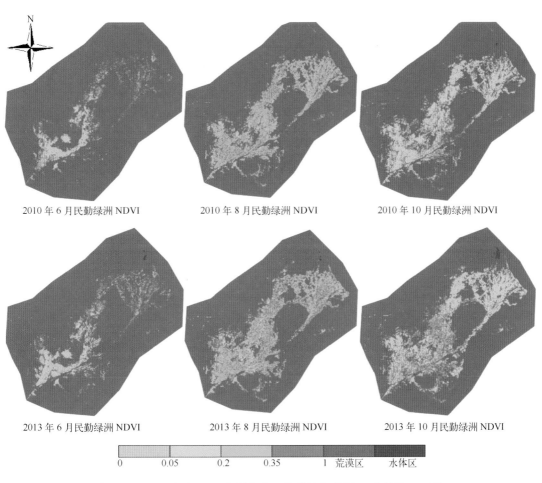

2010 年 6 月民勤绿洲 NDVI　　　　2010 年 8 月民勤绿洲 NDVI　　　　2010 年 10 月民勤绿洲 NDVI

2013 年 6 月民勤绿洲 NDVI　　　　2013 年 8 月民勤绿洲 NDVI　　　　2013 年 10 月民勤绿洲 NDVI

| 0 | 0.05 | 0.2 | 0.35 | 1 | 荒漠区 | 水体区 |

彩图 28　2010 年与 2013 年同期归一化植被指数图（正文见第 260 页）

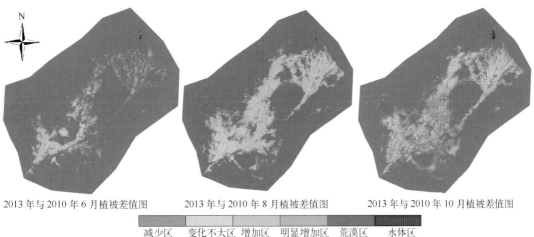

2013 年与 2010 年 6 月植被差值图　　2013 年与 2010 年 8 月植被差值图　　2013 年与 2010 年 10 月植被差值图

减少区　　变化不大区　　增加区　　明显增加区　　荒漠区　　水体区

彩图 29　2013 年与 2010 年 6 月、8 月和 10 月同期植被指数差值图（正文见第 260 页）

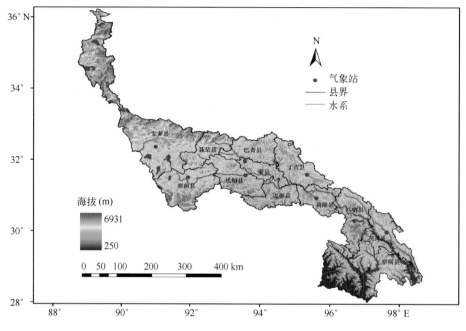

彩图 30　研究区地形地貌（正文见第 264 页）

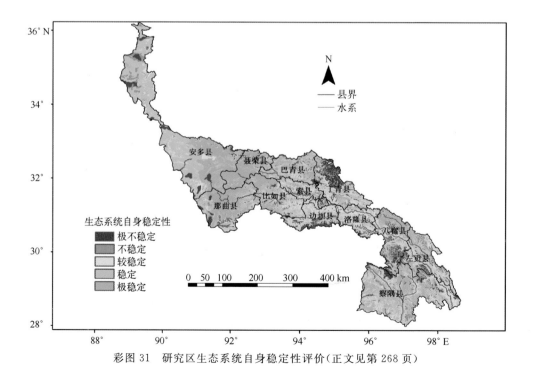

彩图 31　研究区生态系统自身稳定性评价（正文见第 268 页）

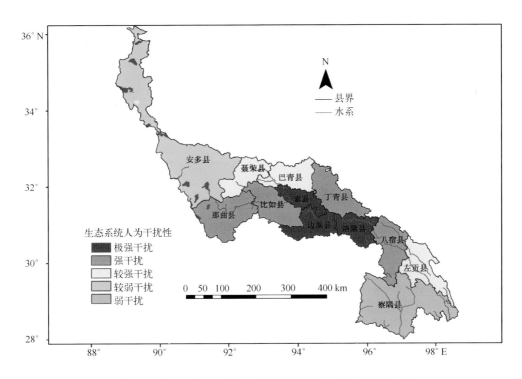

彩图 32　研究区生态系统人为干扰性评价(正文见第 268 页)

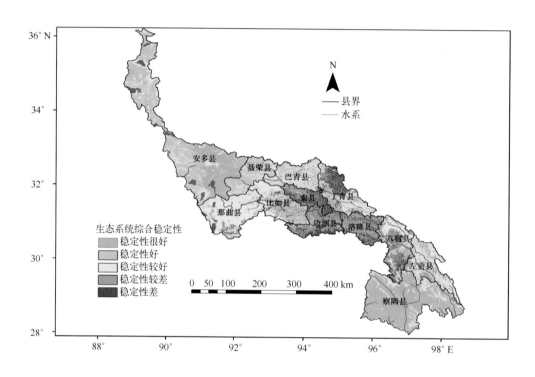

彩图 33　研究区生态系统稳定性综合评价（正文见第 269 页）